高职高专土建专业“互联网+”创新规划教材

建筑构造

（第　三　版）

（活页式）

主　编　肖　芳

北京大学出版社
PEKING UNIVERSITY PRESS

内容简介

本书根据建筑行业对高职高专层次建筑技术人才的要求，结合大量建筑实例，反映现代建筑构造的新动态和新做法，并根据我国建筑行业的现行标准和规范，运用简练的文字、真实的建筑实例、翔实的内容阐述了民用建筑的构造方法、构造做法，着重对学生进行基本知识的传授和基本技能的培养。同时通过 AR 增强现实技术，以“互联网+”教材的思路，通过“巧课力”App 客户端，应用 3ds Max 和 BIM 等多种工具，对书中的平面图形进行了三维模型的构建，并采用在线答题的形式对复习思考题进行了扩展，使读者对于“建筑构造”课程的学习不仅仅局限于教材，还有了更形象、直观的认识和了解。

本书共分为 11 个模块，主要内容包括绪论、民用建筑构造概述、基础与地下室、墙体、楼地层、楼梯与电梯、屋顶、门窗、变形缝、课程实训任务与指导、装配式建筑概述，除模块 9 课程实训任务与指导外，每个模块后面都有模块小结和复习思考题。

本书可作为高职高专院校、高等学校专科、成人教育学院等建筑工程类专业的教材和教学参考书，也可供从事土木建筑设计和施工的人员参考。

图书在版编目(CIP)数据

建筑构造：活页式/肖芳主编．—3 版．—北京：北京大学出版社，2021. 1
高职高专土建专业“互联网+”创新规划教材
ISBN 978-7-301-31786-0

Ⅰ. ①建…　Ⅱ. ①肖…　Ⅲ. ①建筑构造—高等职业教育—教材　Ⅳ. ①TU22

中国版本图书馆 CIP 数据核字(2020)第 203179 号

书　　名　建筑构造（第三版）（活页式）
JIANZHU GOUZAO (DI-SAN BAN) (HUO YE SHI)
著作责任者　肖　芳　主编
策 划 编 辑　杨星璐
责 任 编 辑　刘健军
数 字 编 辑　蒙俞材
标 准 书 号　ISBN 978-7-301-31786-0
出 版 发 行　北京大学出版社
地　　址　北京市海淀区成府路 205 号　100871
网　　址　http://www.pup.cn　新浪微博：@北京大学出版社
电 子 信 箱　pup_6@163.com
电　　话　邮购部 010-62752015　发行部 010-62750672　编辑部 010-62750667
印 刷 者　北京宏伟双华印刷有限公司
经 销 者　新华书店
787 毫米×1092 毫米　16 开本　19.25 印张　462 千字
2012 年 9 月第 1 版　2016 年 1 月第 2 版
2021 年 1 月第 3 版　2023 年 7 月第 5 次印刷
定　　价　53.00 元

第三版前言

Preface

本书为北京大学出版社“高职高专土建专业‘互联网+’创新规划教材”之一。本书在第二版的基础上，根据近几年建筑规范的修订更新了大量内容，主要涉及更新的规范有《建筑模数协调标准》（GB/T 50002—2013）、《建筑设计防火规范（2018版）》（GB 50016—2014）、《建筑地面设计规范》（GB 50037—2013）、《屋面工程技术规范》（GB 50345—2012）、《无障碍设计规范》（GB 50763—2012）、《种植屋面工程技术规程》（JGJ 155—2013）等。

“建筑构造”是建筑类各专业的主要专业课，与生产实践有着十分密切的联系。本书在编写过程中，努力反映我国当前在建筑构造方面的新技术、新材料、新工艺以及建筑设计的发展动态，增加了当前发展迅速的装配式建筑的相关内容，力争使书中内容与专业需求和行业发展紧密结合，并融入党的二十大精神体现教材的与时俱进。

针对“建筑构造”的课程特点，为了使学生更加直观地理解构造特点，也方便教师教学讲解，我们以“互联网+”教材的模式开发了与本书配套的手机App“巧课力”。读者可通过扫描封二中所附的二维码进行账号的激活绑定。“巧课力”通过AR（增强现实）技术，将书中的一些结构图转化成可360°旋转的三维模型。读者打开“巧课力”App之后，将手机摄像头对准“切口”带有AR的页面，即可在手机上多角度、交互式查看页面结构图所对应的三维模型。除增强现实的三维模型技术之外，书中通过二维码的形式链接了拓展学习资料、相关法律法规和在线答题等内容，读者通过扫描书中的二维码，即可在课堂内外进行相应知识点的拓展学习。

本书内容可按照56～74学时安排，推荐学时分配见下表。

推荐学时分配

序号	内容	建议学时
0	绪论	4 学时
1	民用建筑构造概述	2 学时
2	基础与地下室	6～10 学时
3	墙体	10～12 学时
4	楼地层	8～12 学时
5	楼梯与电梯	6～8 学时
6	屋顶	10～12 学时
7	门窗	4～6 学时
8	变形缝	4～6 学时
9	课程实训任务与指导	机动
10	装配式建筑概述	2 学时
	合计	56～74 学时＋机动

本书由广东交通职业技术学院肖芳任主编。本书在编写过程中，参考和借鉴了相关专业的书籍和图片资料、有关的高职高专院校土建类建筑工程技术专业教学文件以及国家现行的规范和标准。另外，书中很多实例来自广州某大型房地产公司住宅建筑的工程实际做法，李明总建筑师和高小勇和赵志强工程师等提供了很多资料和帮助，在此一并致以衷心的感谢。

由于编者水平有限，书中难免存在不足和疏漏之处，敬请读者批评指正。

编　者

资源索引

第二版前言

Preface

本书为北京大学出版社“高职高专土建专业‘互联网+’创新规划教材”之一。本书在第一版的基础上，根据近几年建筑规范的修订更新了大量内容，主要涉及更新的规范有《建筑模数协调标准》（GB/T 50002—2013）、《建筑设计防火规范》（GB 50016—2014）、《建筑地面设计规范》（GB 50037—2013）、《屋面工程技术规范》（GB 50345—2012）、《无障碍设计规范》（GB 50763—2012）、《种植屋面工程技术规程》（JGJ 155—2013）等。

“建筑构造”是建筑类各专业的主要专业课，其特点是与生产实际有十分密切的联系。随着建筑技术的迅速发展，新材料、新工艺、新技术不断得到应用，与建筑、装饰工程相关的新标准、新规范、新技术也不断修订与更新。本书在编写过程中，在沿用同类教材类似内容的基础上，努力反映我国当前在建筑构造方面的新技术、新材料、新工艺以及建筑设计的发展动态，增加了一些工程实际运用较多的与建筑装饰有关的新构造，力争使书中内容与本专业岗位的需要紧密结合，体现工学结合的培养模式。

同时，针对“建筑构造”课程的特点，为了使学生更加直观地理解建筑构造，也方便教师教学讲解，我们以“互联网+”教材的模式开发了本书配套的App，读者可以扫描封二中的二维码进行下载，App通过增强现实的手段，应用3dsMax等多种工具，将书中的平面图转化成可360°旋转的三维模型，读者打开App之后，将摄像头对准标有“”标志的图片，即可多角度地查看三维交互模型，所有可扫描的图侧切口均有彩色色块，便于读者查找。除了增强现实的三维模型之外，各模块最后的复习思考题也在App中进行了扩展，读者可以进行自我检测和练习。书中附有二维码的地方，可以通过手机的二维码扫描App或手机微信“扫一扫”功能进行扫描识别，查看对应知识点的拓展阅读资料以及案例图片所对应的彩图。

本书共分为10个模块，主要内容有绪论、民用建筑构造概述、基础与地下室、墙体、楼地层、楼梯与电梯、屋顶、门窗、变形缝、课程实训任务与指导，每个模块后面都有模块小结和复习思考题。本书内容可按照54～72学时安排，推荐学时分配：绪论，4学时；模块1，2学时；模块2，6～10学时；模块3，10～12学时；模块4，8～12学时；模块5，6～8学时；模块6，10～12学时；模块7，4～6学时；模块8，4～6学时。模块9为课程实训任务与指导，读者可根据需要自己选择。书中有大量的知识点、课外知识，教师可选择性地进行讲解。

本书由广东交通职业技术学院肖芳任主编。本书在编写过程中，参考和借鉴了有关书籍和图片资料、有关的高职高专院校土建类建筑工程技术专业教学文件以及国家现行的规范和标准。另外，书中很多实例来自广州某大型房地产公司住宅建筑的工程实际做法，在此一并致以衷心的感谢。

由于编者水平有限，书中难免存在不足和疏漏之处，敬请读者批评指正。

编　者

2015 年 11 月

第一版前言

Preface

“建筑构造”是建筑类各专业的主要专业课，其特点是与生产实际有着十分密切的联系。随着建筑技术的迅速发展，新材料、新工艺、新技术不断得到应用，与建筑工程、装饰工程相关的新标准、新规范也不断修订和更新。本书在编写过程中，在沿用同类教材类似内容的基础上，努力反映我国当前在建筑构造方面的新技术、新材料、新工艺以及建筑设计的发展动态，增加了一些工程实际运用较多的与建筑装饰有关的新构造，力争使教材内容与本专业岗位的需要紧密结合，体现工学结合的培养模式。

全书内容共分为10个模块，主要内容包括绪论、民用建筑构造概述、基础与地下室、墙体、楼地层、楼梯与电梯、屋顶、门窗、变形缝、课程实训任务与指导，每章后面都有本章小结和复习思考题。本书内容可按照54～72学时安排，推荐学时分配见下表。模块9为课程实训任务与指导，读者可根据需要自己选择。书中有大量的知识点、课外知识，教师可选择性地进行讲解。

推荐学时分配

序号	内容	建议学时
0	绪论	4学时
1	民用建筑构造概述	2学时
2	基础与地下室	6～10学时
3	墙体	10～12学时
4	楼地层	8～12学时
5	楼梯与电梯	6～8学时
6	屋顶	10～12学时
7	门窗	4～6学时
8	变形缝	4～6学时
9	课程实训任务与指导	机动
	合计	54～72学时＋机动

本书由广东交通职业技术学院肖芳任主编，负责教材的统稿和定稿工作。

本书在编写过程中，参考和借鉴了有关书籍、图片资料，有关的高职高专院校土建类建筑工程专业教学文件和国家现行的规范、规程及技术标准。另外，书中很多实例来自广州某大型房地产公司住宅建筑的工程实际做法。在此对相关作者和单位一并致以衷心的感谢！

由于编者水平有限，书中难免存在不足和疏漏之处，敬请读者批评指正。

编　者

2012 年 5 月

本书课程思政元素

本书课程思政元素从“格物、致知、诚意、正心、修身、齐家、治国、平天下”中国传统文化角度着眼，再结合社会主义核心价值观“富强、民主、文明、和谐、自由、平等、公正、法治、爱国、敬业、诚信、友善”设计出课程思政的主题。然后紧紧围绕“价值塑造、能力培养、知识传授”三位一体的课程建设目标，在课程内容中寻找相关的落脚点，通过案例、知识点等教学素材的设计运用，以润物细无声的方式将正确的价值追求有效地传递给读者。

本书的课程思政元素设计以“习近平新时代中国特色社会主义思想”为指导，运用可以培养大学生理想信念、价值取向、政治信仰、社会责任的题材与内容，全面提高大学生缘事析理、明辨是非的能力，把学生培养成为德才兼备、全面发展的人才。

每个思政元素的教学活动过程都包括内容导引、展开研讨、总结分析等环节。在课程思政教学过程，老师和学生共同参与其中，在课堂教学中教师可结合下表中的内容导引，针对相关的知识点或案例，引导学生进行思考或展开讨论。

页码	内容导引	思考问题	课程思政元素
2	建筑的发展	1. 你认为我国古代建筑最明显的特征是什么？ 2. 你认为我国古代建筑相较于其他国家或地区的古代建筑有什么优缺点？	传统文化
4	国内几个特色建筑	1. 你去过几个国内的新地标建筑参观？ 2. 谈一谈感受。	国之重器 大国风范
19	建筑工业化的概念	1. 是否知道工业化 4.0？ 2. 是否知道中国制造 2025？ 3. 为什么要发展工业化和中国制造？	工业化 国际竞争
24	知识点滴	1. 为什么我国古代建筑会有南北差异？ 2. 我国南北地貌有何明显不同？	传统文化 民族自豪感
32	建筑基础工程的发展概况	1. 你去过赵州桥吗？ 2. 你知道我国四大古桥是哪四座？	职业自豪感 工匠精神 专业能力
62	砖材的使用与改革	1. 谈一谈建筑材料与环境的关系。 2. 农田保护为什么重要？	环保意识 工业化意识 科技意识
69	墙体保温做法	1. 这么多工艺步骤如果少一个会怎样？ 2. 工匠精神的内涵是什么？ 3. 职业精神的内涵是什么？	工匠精神 职业精神
89	想一想	1. 有没有见过没有墙体装饰的公共建筑，可以举例学校附近的。 2. 为什么现在绝大多数新建筑都有装饰，原因是什么？	改革开放 经济发展 大国复兴

续表

页码	内容导引	思考问题	课程思政元素
128	陶瓷地砖	我国是瓷器的故乡，瓷器从古至今都有名，是否也是瓷砖的故乡？(不是，瓷砖源自西方，现在欧洲各国也是做得最好的)	世界文化 国际视野
164	想一想	1. 为什么会发生这样的事故？ 2. 学生坠落跟我们学的建筑构造这门课有什么关系？ 3. 怎样才能避免同类事故发生？	专业水准 职业精神
174－175	无障碍设计	1. 说一说你所见到的做得不成功的无障碍设施。 2. 知道我国残疾人数量吗？(8296 万)	特殊人群关爱意识 尊重人文情怀 公平公正
176	想一想	我国的电梯行业发展迅速的原因是什么？	行业发展 产业报国
186	知识点滴	1. 你们居住的小区经历过平改坡吗？谈一谈感受。 2. 平改坡工程有什么积极意义？ 3. 你知道还有什么民生工程吗？(各省不一样，项目有很多)	国家发展 国家关怀 制度自信
186	想一想	1. 为什么我国传统屋顶会有严格的等级制度？(跟礼制、皇权、宗教、材料贵贱都有关系) 2. 等级制度是否合理？	社会平等
187－189	中国古建筑屋顶形式	1. 介绍的这几种古建筑屋顶形式，你实地看到过几种？学校周边是否有？ 2. 你觉得哪一种最好看？	文化认同 爱祖国 爱家乡
226	知识点滴	1. 门窗行业发展受什么因素影响？ 2. 面对行业发展变化，个人应该如何适应？	行业发展 适者生存
247	欧洲的建筑遮阳	1. 欧洲的建筑遮阳设计有什么内涵。 2. 为什么要关注建筑遮阳？	人文关怀 能源意识
254	想一想	如何理解细节决定成败这一句话。	职业精神
265	课程实训任务与指导	1. 为什么要进行实训？ 2. 实训课要达到什么样的目的？ 3. 实战能力为什么重要？	职业规划 实战能力
276	日本住宅产业化对我国的借鉴意义	1. 你对装配式建筑有什么了解？ 2. 有没有参观过装配式建筑工厂或工地？ 3. 你认为装配式建筑的意义何在？	标准化 工业化 他山之石

注：教师版课程思政设计内容可联系出版社索取。

北京大学出版社
活页式创新教材使用说明

本书为活页式创新教材，积极响应 2019 年国务院颁布的《国家职业教育改革实施方案》（简称职教二十条）相关政策。与现在普遍采用的胶装教材不同，本书的内页是活动的，方便用书老师和读者根据实际情况进行调整。

本活页式创新教材的主要特点如下：

一、活“教”

★ 任课老师可根据自身情况随时调整教学顺序。

★ 替换、可添加、可删减，随时更新教学内容，添加教辅资料。

★ 课后作业可收缴评分并返给学生。

二、活“学”

★ 做好的笔记可随时添加到教材对应位置，方便复习。

★ 可自我添加学习辅助资料，如论文、试卷等。

★ 上课不用带整本书，只带当节课需要的内容即可，简单方便。

★ 根据自我学习进度随时调整学习顺序。

三、活“用”

★ 随书赠送一份活页式教材附件，内有装订环（3 大 3 小）、笔记页、封皮。

★ 装订环用于装订活页式教材，大环用于整本书或多数页，小环用于零散页，比如一章或两章。

★ 笔记页用于做笔记并装订。

★ 封皮用于装订时放在首页进行保护。

具体使用方法请扫二维码查看视频：

使用说明

目录

Contents

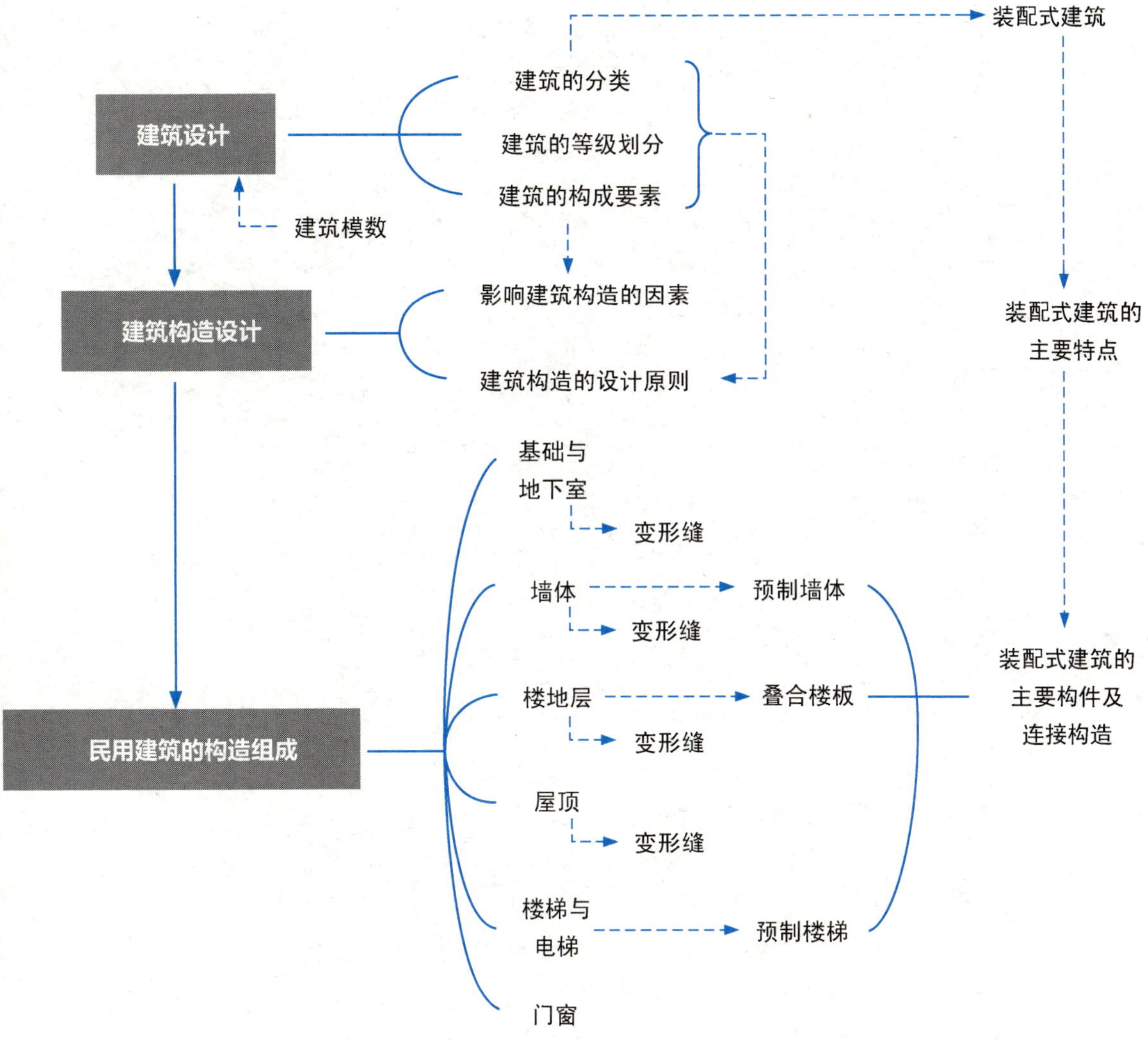
装配式建筑
建筑的分类
建筑设计
建筑的等级划分
建筑的构成要素
建筑模数
影响建筑构造的因素
建筑构造设计
装配式建筑的主要特点
建筑构造的设计原则
基础与地下室
变形缝
墙体
预制墙体
变形缝
楼地层
叠合楼板
装配式建筑的主要构件及连接构造
民用建筑的构造组成
变形缝
屋顶
变形缝
楼梯与电梯
预制楼梯
门窗

全书知识点思维导图

模块 0　绪论

思维导图

- 绪论
  - 课程概述
    - 了解｜建筑构造课程的内容、特点及学习方法
  - 建筑的构成要素
    - 掌握｜建筑的构成要素
  - 建筑的分类
    - 熟悉｜建筑按使用功能及属性分类
    - 熟悉｜建筑按层数或总高度分类
    - 熟悉｜建筑按承重结构的材料分类
    - 熟悉｜建筑按施工方法分类
    - 熟悉｜建筑按规模和数量分类
  - 建筑的等级划分
    - 了解｜建筑的工程设计等级划分方法
    - 了解｜建筑的设计使用年限划分方法
    - 了解｜建筑的耐火等级划分方法
  - 建筑模数
    - 熟悉｜建筑基本模数
    - 熟悉｜建筑导出模数
    - 熟悉｜建筑模数数列

知识点滴

我国古代建筑

建筑的发展

建筑，是人类创造的最伟大的奇迹和最古老的艺术之一。从古埃及的金字塔、古罗马斗兽场到中国的古长城，从秩序井然的北京城、宏阔显赫的故宫、圣洁高敞的天坛、诗情画意的苏州园林、清幽别致的峨眉山寺到端庄高雅的希腊神庙、威慑压抑的哥特式教堂、豪华炫目的凡尔赛宫、冷峻刻板的摩天大楼，无不闪耀着人类智慧的光芒。

人类从事建筑的最原始、最直接的原因是为了居住。我国境内已知的最早人类住所是天然的岩洞。原始社会，建筑的发展是极缓慢的，在漫长的岁月里，我们的祖先从艰难地建造穴居和巢居开始，逐步掌握了营建地面房屋的技术，创造了原始的木架建筑，满足了最基本的居住和公共活动要求。在奴隶社会，大量奴隶劳动和青铜工具的使用，使建筑有了巨大的发展，出现了宏伟的都城、宫殿、宗庙、陵墓等建筑。此时，以夯土墙和木构架为主体的建筑初步形成。经过长期的封建社会，中国古建筑逐步形成了一种成熟的、独特的体系，不论是在城市规划、建筑群、园林、民居等方面，还是在建筑空间处理、建筑艺术与材料结构方面，对人类建筑的发展都有非常卓越的创造与贡献。

中国的传统建筑以木结构建筑为主，西方的传统建筑以砖石结构为主，现代的建筑则是以钢筋混凝土为主。

0.1 课程概述

想一想

在日常生活中，人们会接触到各种不同类型的建筑，试分析图 0.1 所示的建筑的作用和功能?

(a) 住宅　　(b) 办公楼　　(c) 音乐厅

图 0.1　不同类型的建筑

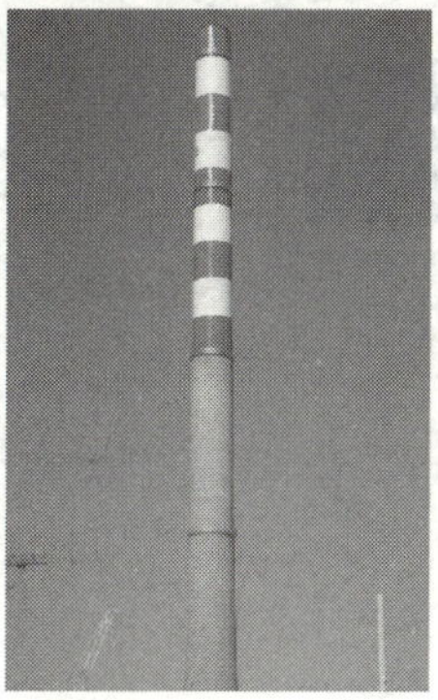

(d) 烟囱

(e) 水塔

(f) 大坝

图 0.1 不同类型的建筑（续）

建筑是人类为了满足日常生活和社会活动而创造的空间环境，通常认为是建筑物和构筑物的总称。人们一般把供人们生产、生活或进行其他活动的房屋或场所叫作“建筑物”，如住宅、学校、办公楼、影剧院、体育馆、工厂的车间等；而把间接供人们使用的建筑称为“构筑物”，如水坝、水塔、蓄水池、烟囱等。

本课程主要研究建筑的构造组成、构造原理和构造做法，研究对象是建筑物。构造组成研究的是一般房屋的各个组成部分及其作用；构造原理研究的是房屋各个组成部分的要求及构造理论；构造做法研究的是在构造原理的指导下，用建筑材料和建筑制品构成构件和配件，以及构配件之间的连接方法。

本课程的任务如下。

① 掌握房屋构造的基本理论，了解房屋各个部分的组成、功能要求。

② 根据房屋的功能、自然环境因素，建筑材料及施工技术的实际，选择合理的构造方案。

③ 熟练地识读一般民用建筑施工图纸，有效地处理建筑中的构造问题，合理地组织和指导施工，满足设计要求。

④ 能按照设计意图绘制一般的建筑构造图。

本课程是一门综合性、实践性较强的课程，学习时应注意掌握以下方法。

① 掌握构造规律：从简单的、常见的具体构造入手，逐步掌握建筑构造原理和方法的一般规律。

② 理论联系实际：观察、学习已建或在建工程的建筑构造，了解建筑构造和施工过程，印证所学的构造知识。

③ 学习查阅资料：注意收集、阅读有关的科技文献和资料，了解建筑构造方面的新工艺、新技术、新材料。

建筑的功能、技术、艺术及之间关系

0.2 建筑的构成要素

想一想

在图 0.1 中，有各种类型的建筑物，如住宅 [图 0.1 (a)]、办公楼 [图 0.1 (b)]、音乐厅 [图 0.1 (c)] 等，这些建筑从外观、造型上看各不相同，它们为什么会有如此大的差别？会有什么共同点？构成建筑的要素有哪些？

建筑的构成要素包括建筑功能、建筑技术和建筑艺术形象三方面。

1. 建筑功能

建筑功能是人们建造房屋的具体目的和使用要求的综合体现。建筑功能往往会对建筑的结构形式，平面空间构成，内部和外部空间的尺度、形象产生直接的影响，不同的建筑具有不同的个性。建筑的千变万化形式中，建筑功能起到了主导作用。

2. 建筑技术

建筑技术是建造房屋的手段，包括建筑材料与制品技术、结构技术、施工技术、设备技术等方面的内容。随着材料技术的不断发展，各种新型材料不断涌现，为建造各种不同结构形式的房屋提供了物质保障；随着建筑结构计算理论的发展和计算机辅助设计的应用，建筑结构技术不断革新，为房屋建造的安全性提供了保障；新的施工技术和工艺为房屋建造提供了新手段；建筑设备的发展为建筑满足各种使用要求创造了条件。随着建筑技术的不断发展，高强度建筑材料的产生、结构设计理论的成熟和更新、设计手段的更新、建筑内部垂直交通设备的应用，有效地促进了建筑朝大空间、大高度、新结构形式的方向发展。

3. 建筑艺术形象

建筑艺术形象是以其平面空间组合、建筑体形和立面、材料的色彩和质感、细部的处理构成的。成功的建筑应当反映时代特征、民族特点、地方特色和文化色彩等，并且与周围的建筑和环境有机融合、协调。

综上所述，建筑功能起到了主导作用，建筑技术是达到建造目的的手段，建筑艺术形象是建筑功能和建筑技术的综合反映。

知识延伸：国内几个特色建筑

国家体育场“鸟巢”与CCTV大楼

1. 国家体育场

国家体育场（“鸟巢”，如图 0.2 所示）创新技术达几十项，是世界上施工难度最大的钢结构工程之一。国际建筑界将“鸟巢”工程形象地比喻为“科技巨人”，因为这一工程几乎涉及了当今世界建筑界的所有疑难课题。“鸟巢”最大的一个特点是，它的结构就是它的建筑，它的外立面完全是靠结构来表现的，这种结构就是钢结构和里面的混凝土结构，通过钢结构和混凝土结构编织出来“鸟巢”。这种异形的、不规则的建造，和传统意义上的横平竖直的工程结构是完全不同的。这种像拧麻花一样的钢结构技术，国内外都没有先例，其难度之大，全世界排名第一。

图 0.2　国家体育场

2. 中央电视台（简称央视大楼）

央视大楼（图 0.3）由两栋倾斜的大楼作为支柱，两座竖立的塔楼双向倾斜 6°，在 162m 高处被 14 层高的悬臂结构连接起来，两段悬臂分别外伸 67m 和 75m，且没有任何支撑，在空中合拢为 L 形空间网状结构，总体形成一个闭合的环。

图 0.3　央视大楼

这是一种回旋式结构，在建筑界并没有现成的施工规范可循。在高层建筑结构设计方面，最难的是 3 个问题：倾斜、悬挑、扭转，央视大楼占了 2 项。央视大楼倾斜的方向和悬挑的方向是一致的，就更给人一种视觉上的“摇摇欲坠”感。由于北京位于地震带上，这个貌似不稳定的建筑，是否能经受地震和大风的袭击，一直是人们议论的话题。

在这种情况下，央视大楼既要保证安全性，又要体现经济性，就给结构设计带来了很多需要研究的问题。对于高层建筑来说，抗震、抗风的最关键因素就是倾覆力矩，就是水平作用力与建筑高度的乘积。另外，建筑在地震作用下抗震性能的好坏，取决于建筑本身的延性，也就是建筑是否能在地震往复位移中快速地消耗地震的能量。央视大楼的柱子采用的是型钢组合柱，是由混凝土和钢材两种材料组成的。出于抗震的要求，所使用的钢材必须要有很好的延性，可以发生很大的变形，但在变形耗能的过程中又不至于发生损坏。

国家大剧院

3. 国家大剧院

国家大剧院（图 0.4）外部为钢结构壳体，呈半椭球形，整个壳体风格简约大气，其表面由 18000 余块钛金属板和 1200 余块透明玻璃共同组成，两种材质经巧妙拼接呈现出唯美的曲线，营造出舞台帷幕徐徐拉开的视觉效果。国家大剧院造型新颖、前卫，构思独特，是传统与现代、浪漫与现实的结合。

图 0.4　国家大剧院

国家大剧院造型独特的主体结构，一池清澈见底的湖水，以及外围大面积的绿地、树木和花卉，不仅极大改善了周围地区的生态环境，更体现了人与人、人与艺术、人与自然和谐共融、相得益彰的理念。

广州大剧院与广州塔

4. 广州大剧院

广州大剧院设计者，是世界建筑界“诺贝尔”——Pritzker 奖的第一位女性获得者、来自英国的扎哈·哈迪德。广州大剧院（图 0.5）是她根据广州地势和周边环境度身定做的心爱之作，大剧院犹如珠江河畔被流水抚摩的两块漂亮石头，坚定、独特而内敛。

广州大剧院外墙虽然由石材和玻璃镶嵌而成，但内部却是“钢筋铁骨”，共用去 1 万多吨钢材，用量是国家大剧院的两倍。虽然其规模比不上“鸟巢”，但是建设难度却不亚于“鸟巢”。“鸟巢”的建筑有 1/4 是对称的，而广州大剧院纯粹是一个非几何形体设计，倾斜扭曲之处比比皆是，其复杂的钢结构在国内没有先例。幕墙上的花岗石、玻璃没有一块是重复的，全部要分片、分面定做，再一一组装，难度很大。

图 0.5　广州大剧院

5. 广州塔

广州塔（图 0.6）整体高 600m。塔身为椭圆形的渐变网格结构，其造型、空间和结构由两个向上旋转的椭圆形钢外壳变化生成，一个在基础平面，另一个在假想的 450m 高的平面上，两个椭圆彼此扭转 135°，两个椭圆扭转在腰部收缩变细。格子式结构底部比较疏松，向上到腰部则比较密集，腰部收紧固定，像编织的绳索，呈现“纤纤细腰”，再向上格子式结构放开，由逐渐变细的管状结构柱支撑。

平面尺寸和结构密度是由控制结构设计的两个椭圆控制的，它们同时产生了不同效果的范围。整个塔身从不同的方向看都不会出现相同的造型。顶部更开放的结构产生了透明的效果可供瞭望，建筑腰部较为密集的区段则可提供相对私密的体验。塔身整体网状的漏风空洞，可有效减少塔身的笨重感和风荷载。塔身采用特一级的抗震设计，可抵御7.8级地震和12级台风，设计使用年限超过100年。

图0.6 广州塔

6. 上海金茂大厦

上海金茂大厦（图0.7）高420.5m，由美国芝加哥SOM设计事务所设计规划。设计师以创新的设计思想，巧妙地将世界最新建筑潮流与中国传统建筑风格结合起来。上海金茂大厦成为海派建筑的里程碑，并已成为上海著名的标志性建筑物，1998年6月荣获伊利诺斯世界建筑结构大奖。1999年10月荣膺新中国50周年上海十大经典建筑金奖首奖。

7. 上海环球金融中心

上海环球金融中心（图0.8）位于上海陆家嘴，2008年8月29日竣工，楼高492m，地上101层，地下3层，开发商为“上海环球金融中心有限公司”，由日本森大厦株式会社主导兴建，2008年被世界高层建筑与都市人居学会（简称CTBUH）评为“年度最佳高层建筑”，2018年获CTBUH颁发的第16届全球高层建筑奖之“十年特别奖”。

图0.7 上海金茂大厦

图0.8 上海环球金融中心

上海代表性的超高层建筑

0.3 建筑的分类

想一想

建筑分类情况

在日常生活中，人们会接触到各种不同类型的建筑，如何将这些建筑进行分类?

建筑可以从不同角度进行分类研究，常见的分类方法有以下几种。

1. 按建筑的使用功能及属性分类（表 0-1）

表 0-1 按建筑的使用功能及属性分类

按照使用功能及属性分		分 类	举 例
民用建筑	供人们居住和进行各种公共活动的建筑的总称	居住建筑	如住宅、单身宿舍、公寓等
		公共建筑	如办公、科教、文体、商业、医疗、邮电、广播、交通建筑等
工业建筑	以工业性生产为主要使用功能的建筑	单层工业厂房	主要用于重工业类的生产企业
		多层工业厂房	主要用于轻工、IT 业类的生产企业
		单、多层混合厂房	主要用于化工、食品类的生产企业
农业建筑	以农业性生产为主要使用功能的建筑		如种子库、拖拉机站、温室等

2. 按层数或总高度分类

建筑层数是房屋建筑的一项非常重要的控制指标，但必须结合建筑总高度综合考虑。根据《全国民用建筑工程设计技术措施》(2009 年版)，民用建筑按地上层数或高度分类见表 0-2。

表 0-2 民用建筑按地上层数或高度分类

建筑类别	名 称	层数或高度	备 注
住宅建筑	低层住宅	1～3 层	包括首层设置商业服务网点的住宅
	多层住宅	4～6 层	
	中高层住宅	7～9 层	
	高层住宅	10 层及 10 层以上	
	超高层住宅	＞100m	
公共建筑	单层和多层建筑	≤24m	
	高层建筑	＞24m	不包括建筑高度大于 24m 的单层公共建筑
	超高层建筑	＞100m	

注：1. 普通建筑是指建筑高度不超过 24 m 的民用建筑和超过 24 m 的单层民用建筑。

2. 建筑高度按下列方法确定：

① 在重点文物保护单位和重要风景区附近的建筑物，其高度是指建筑物的最高点，包括电梯间、楼梯间、水箱、烟囱等。

② 在前条所指地区以外的一般地区，其建筑高度平顶房屋按女儿墙高度计算；坡顶房屋按屋檐和屋脊的平均高度计算。屋顶上的附属物，如电梯间、楼梯间、水箱、烟囱等，其总面积不超过屋顶面积的 20%，高度不超过 4m 的不计入高度之内。

③ 消防要求的建筑物高度为建筑物室外地面到其屋顶平面或檐口的高度。

根据《民用建筑设计统一标准》(GB 50352—2019)，民用建筑按地上建筑高度或层数进行分类应符合下列规定：

① 建筑高度不大于27m的住宅建筑、建筑高度不大于24m的公共建筑及建设高度大于24m的单层公共建筑为低层或多层民用建筑。

② 建筑高度大于27m的住宅建筑和建筑高度大于24m的非单层公共建筑，且高度不大于100m的，为高层民用建筑。

③ 建筑高度大于100m的为超高层建筑。

根据《建筑设计防火规范》(GB 50016—2014)(2018年版)规定，民用建筑根据其建筑高度和层数可分为单层民用建筑、多层民用建筑和高层民用建筑。高层民用建筑根据其建筑高度、使用功能和楼层的建筑面积可分为一类和二类。民用建筑的分类应符合表0-3的规定。

表0-3　民用建筑的分类

名　称	高层民用建筑		单、多层民用建筑
	一　类	二　类	
住宅建筑	建筑高度大于54m的住宅建筑(包括设置商业服务网点的住宅建筑)	建筑高度大于27m，但不大于54m的住宅建筑(包括设置商业服务网点的住宅建筑)	建筑高度不大于27m的住宅建筑(包括设置商业服务网点的住宅建筑)
公共建筑	1. 建筑高度大于50m的公共建筑； 2. 建筑高度24m以上部分任一楼层建筑面积大于$1000m^2$的商店、展览、电信、邮政、财贸金融建筑和其他多种功能组合的建筑； 3. 医疗建筑、重要公共建筑、独立建造的老年人照料设施； 4. 省级及以上的广播电视和防灾指挥调度建筑、网局级和省级电力调度建筑； 5. 藏书超过100万册的图书馆、书库	除一类高层公共建筑外的其他高层公共建筑	1. 建筑高度大于24m的单层公共建筑； 2. 建筑高度不大于24m的其他公共建筑

3. 按承重结构的材料分类

建筑的承重结构，即建筑的承重体系，是支撑建筑、维护建筑安全及建筑抗风、抗震的骨架。建筑承重结构部分所使用的材料，是建筑行业中使用最多、范围最广的木材、砖石、混凝土(或钢筋混凝土)、钢材等。根据这些材料的力学性能，砖石砌体和混凝土适合作为竖向承重构件，而木材、钢筋混凝土和钢材，既可作为竖向承重构件，也可作为水平承重构件。由这些材料制作的建筑构件组成的承重结构可大致分为以下五类。

木结构建筑

(1) 木结构

木结构是指单纯由木材或主要由木材承受荷载的结构，通过各种金属连接件或榫卯构造进行连接和固定。木结构建筑具有自重轻、构造简单、施工方便等优点。我国古代庙宇、宫殿、民居等建筑多采用木结构(图0.9和图0.10)，现代由于木材资源的缺乏，加上木材有易腐蚀、耐久性差、易燃等缺陷，单纯的木结构已极少采用，仅在木材资源丰富的北美、北欧等地区使用较多。

图 0.9　故宫太和殿

图 0.10　山西应县木塔

拓展讨论

党的二十大报告提出，中华优秀传统文化源远流长、博大精深，是中华文明的智慧结晶。中国传统建筑是中华优秀传统文化的重要组成部分。而中国古代建筑以独特的木构架结构体系、卓越的组群布局等屹立于世界建筑历史长河中，那么你还知道那些保留至今的著名木结构建筑文物？

著名的砖石结构建筑

(2) 砖石结构

砖石结构是指用砖石块材与砂浆配合砌筑而成的建筑。我国古建筑以木构建筑为主，砖石材料只在少数建筑中有所使用，如石桥、长城、砖塔、石塔等（图 0.11～图 0.14）。西方古建筑主要是砖石建构，楼板也大部分是砖石结构。如巴黎圣母院是一座著名的天主教教堂，全部采用石材，其特点是高耸挺拔，辉煌壮丽，整个建筑庄严和谐（图 0.15）。

图 0.11　赵州桥

图 0.12　长城

图 0.13　西安大雁塔（砖塔）

图 0.14　青龙山石塔（保存最早的石塔）

图 0.15　巴黎圣母院

(3) 砖木结构

砖木结构是用砖墙、砖柱、木屋架作为主要承重结构的建筑，如中国古建筑中的民居(图 0.16～图 0.17)、大多数农村的屋舍、庙宇等。

图 0.16　乔家大院

图 0.17　北京四合院

(4) 砖混结构

砖混结构是指建筑物中竖向承重结构的墙、柱等采用砖或者砌块砌筑，横向承重的梁、楼板、屋面板等采用钢筋混凝土结构（图 0.18）。

图 0.18　砖混结构

砖木结构、砖混结构及钢筋混凝土结构建筑

(5) 钢筋混凝土结构

钢筋混凝土结构是指由钢筋和混凝土两种材料结合成整体共同受力的工程结构，包括框架结构、框架－剪力墙结构、剪力墙结构、筒体结构等，如图 0.19 所示。钢筋混凝土结构具有整体性好、抗震性能良好、耐火性好、可模性好、比钢结构节约钢材等优点，但也存在施工工序多、周期长、自重大、容易开裂等缺点。与钢结构相比，其造价低，是应用最广泛的结构形式。

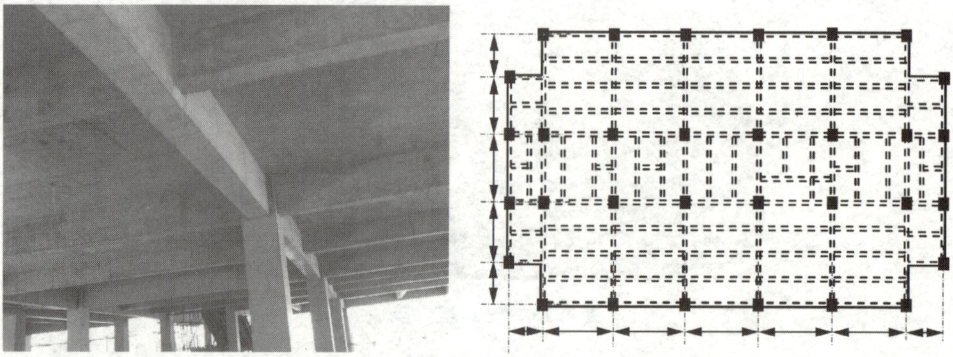

(a) 框架结构

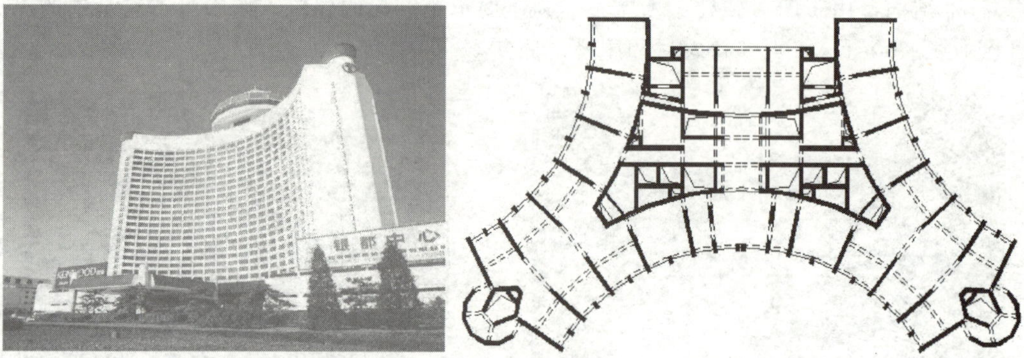

(b) 剪力墙结构

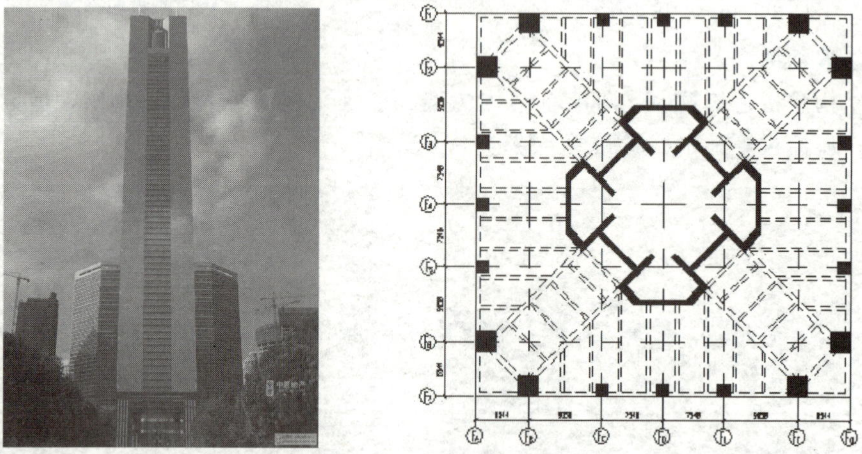

(c) 筒体结构

图 0.19　钢筋混凝土结构

钢结构建筑与钢-混凝土组合结构建筑

（6）钢结构

钢结构是指以型钢等钢材作为建筑承重骨架的建筑（图 0.20）。钢结构具有强度高、质量轻，抗震性能好，布局灵活，便于制作和安装，施工速度快等特点，适宜超高层和大跨度建筑采用。随着我国高层、大跨度建筑的发展，采用钢结构的趋势正在增长，轻钢结构在多层建筑中的应用也日渐增多。

图 0.20 钢结构

(7) 钢-混凝土组合结构

钢-混凝土组合结构是继木结构、砌体结构、钢筋混凝土结构和钢结构之后发展兴起的第五大类结构。国内外常用的钢-混凝土组合结构(图 0.21)主要包括以下五大类:①压型钢板混凝土组合楼板;②钢-混凝土组合梁;③钢骨混凝土结构(也称为型钢混凝土结构或劲性混凝土结构);④钢管混凝土结构;⑤外包钢混凝土结构。

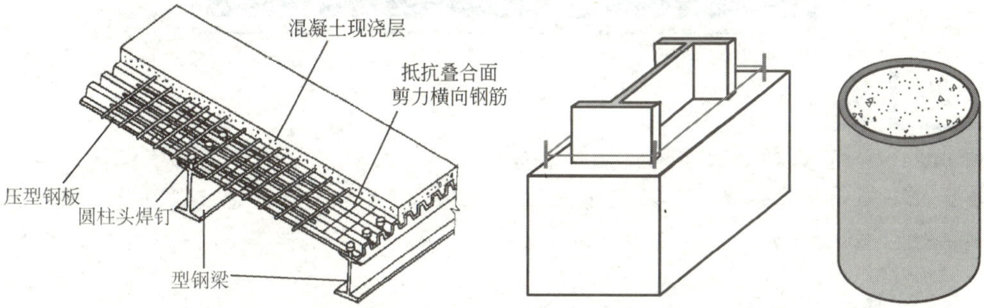

(a) 压型钢板混凝土组合楼板　(b) 钢骨混凝土结构　(c) 钢管混凝土结构

图 0.21 钢-混凝土组合结构

4. 按施工方法分类

施工方法是指建筑房屋所采用的方法,它分为以下几类。

建筑按施工方法分类

(1) 现浇、现砌式

主要构件均在施工现场砌筑(如砖墙等)或浇筑(如钢筋混凝土构件等)(图 0.22)。

(2) 预制、装配式

主要构件在加工厂预制,施工现场进行装配(图 0.23)。

图 0.22　现浇钢筋混凝土结构施工

图 0.23　预制装配式建筑施工

(3) 部分现浇现砌、部分装配式

部分构件在现场浇筑或砌筑（大多为竖向构件），部分构件为预制吊装（大多为水平构件）。

5. 按规模和数量分类

民用建筑还可以根据建筑规模和建造数量的差异进行分类。

(1) 大型性建筑

大型性建筑主要包括建造数量少、单体面积大、个性强的建筑，如机场候机楼、大型商场、旅馆等。

(2) 大量性建筑

大量性建筑主要包括建造数量多、相似性大的建筑，如住宅、中小学校、商店、加油站等。

0.4　建筑的等级划分

想一想

图 0.24 为中山大学（大学城校区）图书馆，位于广州大学城中山大学校区中心广场的中央，正面面向珠江，正对中山大学主入口，是广州大学城的标志性建筑物，试分析该建筑的等级。

中山大学图书馆彩图

图 0.24　中山大学（大学城校区）图书馆

民用建筑可根据建筑物的工程设计等级、建筑设计使用年限和耐火等级划分等级。

0.4.1 按工程设计等级划分

建筑按工程设计等级的不同可划分为特级、一级、二级和三级（表0-4），它是基本建设投资和建筑设计的重要依据。

表0-4 民用建筑工程设计等级分类

类型	特征	工程等级			
		特级	一级	二级	三级
一般公共建筑	单体建筑面积	>8万平方米	>2万平方米 ≤8万平方米	>0.5万平方米 ≤2万平方米	≤0.5万平方米
	立项投资	>20000万元	>4000万元 ≤20000万元	>1000万元 ≤4000万元	≤1000万元
	建筑高度	>100m	>50m ≤100m	>24m ≤50m	≤24m（其中砌体建筑不得超过抗震规范高度限值要求）
住宅、宿舍	层数		20层以上	12<层数≤20	≤12层（同上）

0.4.2 按建筑设计使用年限划分

建筑设计使用年限划分

建筑物使用年限的长短是依据建筑物的性质决定的。

在《民用建筑设计统一标准》（GB 50352—2019）中对建筑物的设计使用年限做了规定（表0-5）。

表0-5 按建筑物设计使用年限分类

类别	设计使用年限/年	示例
1	5	临时性建筑
2	25	易于替换结构构件的建筑
3	50	普通建筑和构筑物
4	100	纪念性建筑和特别重要的建筑

0.4.3 按耐火等级划分

建筑物的耐火等级是衡量建筑物耐火程度的标准。划分耐火等级是《建筑设计防火规范》（2018年版）中规定的防火技术措施中最基本的措施之一。为了提高建筑对火灾的抵抗能力，在建筑构造上采取措施对控制火灾的发生和蔓延就显得非常重要。《建筑设计防火规范》（2018年版）根据建筑材料和构件的燃烧性能及耐火极限，把建筑的耐火等级分为四级。

1. 燃烧性能

燃烧性能是指建筑构件在明火或高温辐射的情况下，能否燃烧及燃烧的难易程度。建筑构件按材料的燃烧性能把材料分为不燃烧体、难燃烧体和燃烧体，见表0-6。

表 0-6　建筑材料和构件的燃烧性能

材料分类	定　义	举　例
不燃烧体	用不燃材料做成的建筑构件	建筑中采用的金属材料和天然或人工的无机矿物材料均属于不燃烧体，如混凝土、钢材、天然石材等
难燃烧体	用难燃材料做成的建筑构件或用可燃材料做成而用不燃材料做保护层的建筑构件	如沥青混凝土、经过防火处理的木材、用有机物填充的混凝土和水泥刨花板等
燃烧体	用可燃材料做成的建筑构件	如木材等

2. 耐火极限

耐火等级取决于房屋的主要构件的耐火极限和燃烧性能，是衡量建筑物耐火程度的标准。耐火极限是指在标准耐火试验条件下，建筑构件、配件或结构从受到火的作用时起，至失去承载能力、完整性或隔热性时止所用时间，用小时表示。其中，失去支持能力是指构件自身解体或垮塌。梁、楼板等受弯承重构件，挠曲速率发生突变是失去支持能力的象征；完整性破坏是指楼板、隔墙等具有分隔作用的构件，在试验中出现穿透裂缝或较大的孔隙；失去隔火作用是指具有分隔作用的构件在试验中背火面测温点测得平均温升到达 140℃（不包括背火面的起始温度），或背火面测温点中任意一点的温升到达 180℃，或不考虑起始温度的情况下背火面任一测点的温度到达 220℃。建筑构件出现了上述现象之一，就认为其达到了耐火极限。

在建筑中相同材料的构件根据其作用和位置的不同，其要求的耐火极限也不相同。《建筑设计防火规范》（2018 年版）规定，民用建筑的耐火等级可分为一、二、三、四级。除规范另有规定外，不同耐火等级建筑相应构件的燃烧性能和耐火极限不应低于《建筑设计防火规范》（2018 年版）中表 5.1.2 的规定。其划分方法见表 0-7。

表 0-7　不同耐火等级建筑相应构件的燃烧性能和耐火极限　　单位：h

构件名称		耐火等级			
		一　级	二　级	三　级	四　级
墙	防火墙	不燃性 3.00	不燃性 3.00	不燃性 3.00	不燃性 3.00
	承重墙	不燃性 3.00	不燃性 2.50	不燃性 2.00	难燃性 0.50
	非承重墙	不燃性 1.00	不燃性 1.00	不燃性 0.50	可燃性
	楼梯间和前室的墙 电梯井的墙 住宅建筑单元之间的墙和分户墙	不燃性 2.00	不燃性 2.00	不燃性 1.50	难燃性 0.50
	疏散走道两侧的隔墙	不燃性 1.00	不燃性 1.00	不燃性 0.50	难燃性 0.25
	房间隔墙	不燃性 0.75	不燃性 0.50	难燃性 0.50	难燃性 0.25
柱		不燃性 3.00	不燃性 2.50	不燃性 2.00	难燃性 0.50
梁		不燃性 2.00	不燃性 1.50	不燃性 1.00	难燃性 0.50
楼板		不燃性 1.50	不燃性 1.00	不燃性 0.50	可燃性
屋顶承重构件		不燃性 1.50	不燃性 1.00	可燃性 0.50	可燃性
疏散楼梯		不燃性 1.50	不燃性 1.00	不燃性 0.50	可燃性
吊顶（包括吊顶格栅）		不燃性 0.25	难燃性 0.25	难燃性 0.15	可燃性

注：1. 除本规范另有规定外，以木柱承重且墙体采用不燃材料的建筑，其耐火等级应按四级确定。
2. 住宅建筑构件的耐火极限和燃烧性能可按现行国家标准《住宅建筑规范》（GB 50368—2005）的规定执行。

民用建筑的耐火等级应根据其建筑高度、使用功能、重要性和火灾扑救难度等确定，并应符合下列规定：①地下或半地下建筑（室）和一类高层建筑的耐火等级不应低于一级；②单、多层重要公共建筑和二类高层建筑的耐火等级不应低于二级。

民用建筑物的耐火等级属于几级，取决于该建筑物的层数、长度和面积，详见表0-8。防火分区间应采用防火墙做分隔，如有困难时，可采用防火卷帘和水幕分隔。托儿所、幼儿园及儿童游乐厅等儿童活动场所应独立建造。当必须设置在其他建筑内时，宜设置独立的出入口。

表0-8 不同耐火等级建筑的允许建筑高度或层数、防火分区最大允许建筑面积

名　称	耐火等级	允许建筑高度或层数	防火分区最大允许建筑面积/m^2	备　注
高层民用建筑	一、二级	按表0-2确定	1500	对于体育馆、剧场的观众厅，防火分区最大允许建筑面积可适当增加
单、多层民用建筑	一、二级	按表0-2确定	2500	
	三级	5层	1200	
	四级	2层	600	
地下、半地下建筑（室）	一级	—	500	设备用房的防火分区最大允许建筑面积不应大于1000 m^2

注：1. 表中规定的防火分区最大允许建筑面积，当建筑内设置自动灭火系统时，可按本表的规定增加1.0倍；局部设置时，防火分区的增加面积可按该局部面积的1.0倍计算。

2. 裙房与高层建筑主体之间设置防火墙时，裙房的防火分区可按单、多层建筑的要求确定。

0.5 建筑模数

想一想

图0.25为一住宅平面图，仔细观察图中平面尺寸的特点。请查阅资料，建筑中的各种尺寸应符合什么规定？为什么？

建筑设计中，为了实现工业化大规模生产，使不同材料、不同形式和不同制造方法的建筑构配件、组合件具有一定的通用性和互换性，统一选定、协调建筑尺度的增值单位。

模数是指选定的尺寸单位，作为尺度协调中的增值单位，也是建筑设计、建筑施工、建筑材料与制品、建筑设备、建筑组合件等各部门进行尺度协调的基础，其目的是使构配件安装吻合，并有互换性。我国建筑设计和施工中，必须遵循《建筑模数协调标准》(GB/T 50002—2013)。

1. 基本模数

基本模数是模数协调中选用的基本尺寸单位，其数值为100mm，符号为M，即1M＝100mm。整个建筑物及其一部分或建筑组合构件的模数化尺寸应为基本模数的倍数。

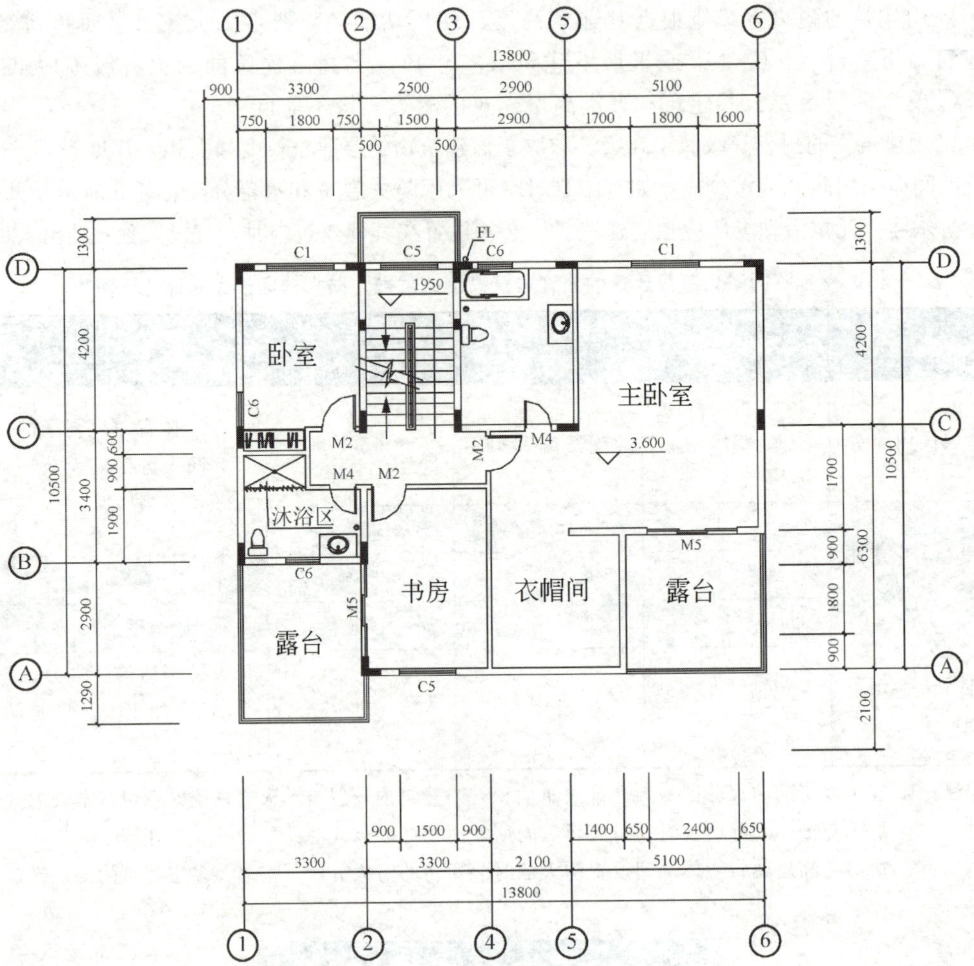

图 0.25 某住宅建筑平面图

2. 导出模数

由于建筑中需要用模数协调的各部位尺度相差较大，仅仅靠基本模数不能满足尺度的协调要求，因此在基本模数的基础上又发展了相互之间存在内在联系的导出模数，包括扩大模数和分模数。

扩大模数是基本模数的整数倍数。水平扩大模数基数为 2M 、3M、6M、9M、12M 等，其相应的尺寸分别是 200mm、300mm、600mm、900mm、1200mm 等。主要适用于建筑物的开间或柱距、进深或跨度、构配件尺寸和门窗洞口尺寸。

竖向扩大模数基数为 3M、6M，其相应的尺寸分别是 300mm、600mm。主要适用于建筑物的高度、层高、门窗洞口尺寸。

分模数是基本模数的分数值，一般为整数分数。分模数基数为 1/10M、1/5M、1/2M，其相应的尺寸分别是 10mm、20mm、50mm。主要适用于缝隙、构造节点、构配件断面尺寸。

3. 模数数列

模数数列以基本模数、扩大模数、分模数为基础，扩展成的一系列尺寸。它可以保证不同建筑及其组成部分之间尺度的统一协调，有效减少建筑尺寸的种类，并确保尺寸具有合理的灵活性。模数数列根据建筑空间的具体情况拥有各自的适用范围，建筑物的所有尺寸除特殊情况之外，均应满足模数数列的要求。

根据《建筑模数协调标准》，模数数列应满足以下要求。

① 模数数列应根据功能性和经济性原则确定；

② 建筑物的开间或柱距，进深或跨度，梁、板、隔墙和门窗洞口宽度等分部件的截面尺寸宜采用水平基本模数和水平扩大模数数列，且水平扩大模数数列宜采用 2nM、3nM（n 为自然数）；

③ 建筑物的高度、层高和门窗洞口高度等宜采用竖向基本模数和竖向扩大模数数列，且竖向扩大模数数列宜采用 nM；

④ 构造节点和分部件的接口尺寸等宜采用分模数数列，且分模数数列宜采用 M/10、M/5、M/2。

知识延伸：

1. 建筑工业化的概念

建筑工业化是指建筑业要从传统的以手工操作为主的小生产方式逐步向社会化大生产方式过渡，即以技术为先导，采用先进、适用的技术和装备，在建筑标准化的基础上，发展建筑构配件、制品和设备的生产，培育技术服务体系和市场的中介机构，使建筑业生产、经营活动逐步走上专业化、社会化道路。

建筑工业化的基本内容是：采用先进、适用的技术、工艺和装备，科学合理地组织施工，发展施工专业化，提高机械化水平，减少繁重、复杂的手工劳动和湿作业；发展建筑构配件、制品、设备生产并形成适度的规模经营，为建筑市场提供各类建筑使用的系列化的通用建筑构配件和制品；制定统一的建筑模数和重要的基础标准（模数协调、公差与配合、合理建筑参数、连接等），合理解决标准化和多样化的关系，建立和完善产品标准、工艺标准、企业管理标准、工法等，不断提高建筑标准化水平；采用现代管理方法和手段，优化资源配置，实行科学的组织和管理，培育和发展技术市场和信息管理系统，适应发展社会主义市场经济的需要。

2. 国外的工业化住宅

工业化住宅的兴起是从 20 世纪 30 年代美国的工业化住宅起步的，最初作为车房的一个分支业务而存在。20 世纪 50 年代，欧洲一些国家掀起住宅工业化高潮，60 年代遍及欧洲各国，并扩展到美国、加拿大、日本等经济发达国家。欧美与日本市场都经历数量和质量的转变过程，发展规模以及行业集中度都已达到较高水平。

在日本工业化住宅是全部或大部分在工厂生产，然后到现场组装的住宅，其结构种类有钢结构、木结构、钢筋混凝土结构等，是住宅建设的一种主要做法。日本工业化住宅占全住宅的 15%左右。

工业化生产的方式主要有两种：一种是将住宅的墙和楼板等分解为平面构件，在工厂生产的方式（图 0.26）。另一种是将住宅分解为立体空间的单元体，每一个单元体在工厂的流水线上生产，出厂时单元体的墙、楼板、设备、装修等所有的构成物件都已经安装完毕，运到现场组装，数小时后，至少在外形上一栋住宅便拔地而起。采用第二种方式建住宅的工业化程度很高，但工厂生产效率和运输效率稍低。

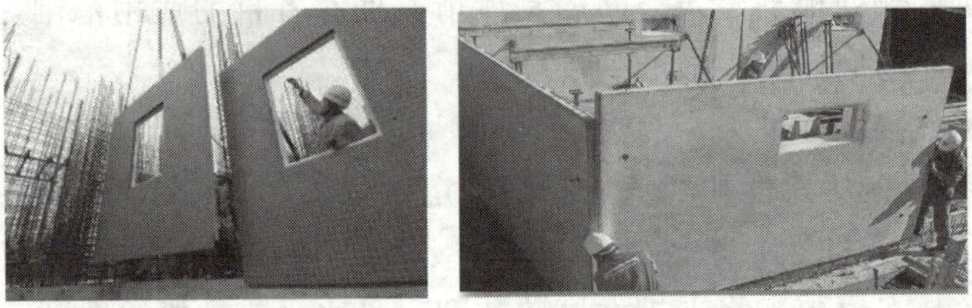

图 0.26　日本工业化住宅预制墙体及施工

3. 国内的工业化住宅（以万科地产为例）

万科是国内首个试水工业化住宅的企业，万科潜心多年研发了工业化住宅体系，具有精装无污染、住宅精度更高、更节能环保等特点。万科独创的 IHS（Industrialized Housing System）为居者带来了健康、安全、安心的现代生活方式。万科已从设计、材料、部品制造、装配施工等方面完善和建设产业链。

万科率先致力于国内住宅工业化的研发和建设，其工业化住宅研发基地设在东莞，目前在全国已经有北京、上海、深圳、广州、苏州、沈阳等多个城市设置了工业化住宅试点。万科在广州的工业化试点设在南沙区万科府前一号，府前一号工业化住宅总共有 8 栋，体量 10 万平方米，共有 860 多套房源。其建筑面积占万科府前一号总建筑面积的 30%～40%（图 0.27）。

建筑工业化—装配式建筑

图 0.27　广州万科府前一号工业化住宅墙体施工

拓展讨论

党的二十大报告提出，积极稳妥推进碳达峰碳中和。推进工业、建筑、交通等领域清洁低碳转型。为了能如期实现 2030 年前碳达峰 2060 年前碳中和这一“双碳”目标，建筑行业如何进行技术革新、产业升级转型？具体可以采取哪些措施和技术？

模块小结

建筑是建筑物和构筑物的总称。

建筑的构成要素包括建筑功能、建筑技术和建筑艺术形象三方面。

建筑可按使用性质、层数（高度）、承重结构材料、施工方法、规模和数量等进行分类。

民用建筑可根据建筑的工程设计等级、设计使用年限、耐火等级来划分。

建筑模数可分为基本模数和导出模数。

复习思考题

一、单项选择题

1. 我国建筑统一模数中规定的基本模数是（　　）mm。

A. 10　　B. 100　　C. 300　　D. 600

2. 对于大多数建筑物来说，（　　）经常起着主导设计的作用。

A. 建筑功能　　B. 建筑技术　　C. 建筑形象　　D. 经济

3. 建筑按设计使用年限可分为（　　）级。

A. 三　　B. 四　　C. 五　　D. 六

4. 按建筑物主体结构的设计使用年限，二级建筑物的设计使用年限为（　　）。

A. 25～50 年　　B. 40～80 年　　C. 50～100 年　　D. 100 年以上

5. 建筑按耐火等级可分为（　　）级。

A. 三　　B. 四　　C. 五　　D. 六

6. 建筑按照使用功能及其属性分类正确的是（　　）。

Ⅰ. 居住建筑　Ⅱ. 公共建筑　Ⅲ. 民用建筑　Ⅳ. 工业建筑　Ⅴ. 农业建筑

A. Ⅰ Ⅱ Ⅲ　　B. Ⅰ Ⅱ Ⅳ　　C. Ⅱ Ⅲ Ⅳ　　D. Ⅲ Ⅳ Ⅴ

7. 下列数字符合建筑模数统一制的要求的是（　　）。

Ⅰ. 3000mm　　Ⅱ. 3330mm　　Ⅲ. 50mm　　Ⅳ. 1560mm

A. Ⅰ Ⅱ　　B. Ⅰ Ⅲ　　C. Ⅱ Ⅲ　　D. Ⅰ Ⅳ

8. 模数系列主要用于缝隙、构造节点，属于（　　）。

A. 基本模数　　B. 扩大模数　　C. 分模数　　D. 标准模数

9. 普通高层建筑中常采用的结构类型是（　　）。

A. 砖混结构　　B. 框架结构　　C. 木结构　　D. 砌体结构

10. 在普通高层住宅中应用最多的结构是（　　）。

A. 砖混结构　　B. 钢筋混凝土结构

C. 木结构　　D. 砌体结构

二、简答题

1. 建筑的构成要素有哪些？

2. 建筑按使用性质、层数（高度）、承重结构材料、施工方法、规模和数量等如何进行分类？

3. 什么是耐火极限？

4. 什么是建筑模数？

模块0
在线答题

模块 1 民用建筑构造概述

思维导图

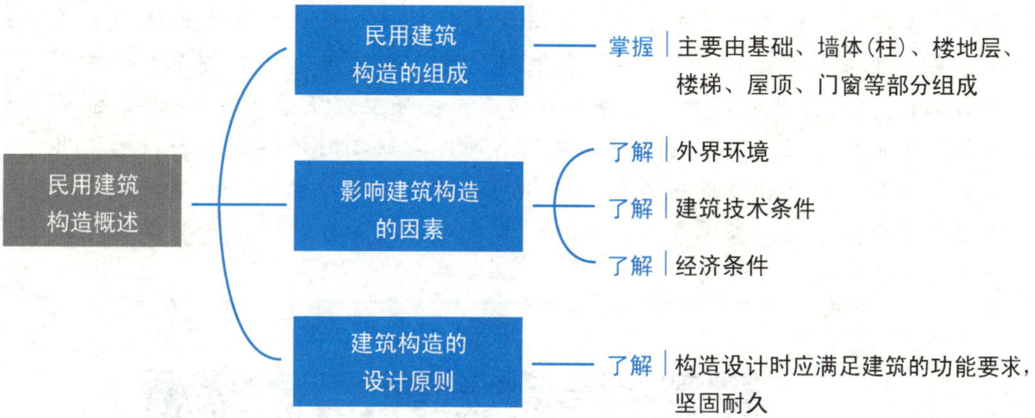

知识点滴

中华建筑文化源远流长。据考古发掘证明，我国最早的房屋建筑产生于距今约七千年的新石器时代。当时人们的住房主要有两种：一种是半地穴式的建筑，主要是北方的建筑模式，以陕西西安半坡遗址为代表；另一种是桩上建筑，主要是长江流域及以南地区的建筑模式，以浙江余姚河姆渡遗址为代表。

半地穴房屋有方和圆两种形式，地穴有深有浅，这种房子都是用坑壁作墙基或墙壁，有的四壁和屋室的中间立有木柱支撑屋顶。为了加固柱基，立柱周围加上一圈夯实的细泥。有的泥里夹杂着碎陶片和红烧土，也有的用天然石块作柱基，木柱上架设横梁和椽子，铺上柴草，用草拌泥涂敷屋顶。有的地四周没有柱子，把屋檐直接搭在墙基上。为了防潮，并使房屋经久耐用，居住面及四壁常用白灰或草搅泥涂抹，有的还用火烤。门道有的是斜坡，有的是台阶。屋内对着门口有一个灶坑供做饭、取暖、照明和保留火种用。

桩上建筑，也叫干栏式建筑，是用竖立的木桩或竹桩构成高出地面的底架，再在底架上用竹木，茅草等建造住房。古代文献中有许多关于干栏式建筑的记载，《岭外代答》中有“结棚以居，上设茅屋，下豢牛豕”。浙江余姚河姆渡遗址中发现有密集的干栏式建筑遗址，梁柱之间用榫卯接合，地板用企口板密拼，具有相当成熟的木构技术。这种干栏式竹木结构的建筑，在我国延续了很长时间，直至今天，仍是我国西南地区和台湾地区一些少数民族地区人们借以栖身的住所。

各种类型建筑及建筑构造

1.1 民用建筑构造的组成

想一想

在日常生活中，人们会接触到各种不同类型的建筑，如住宅、办公楼、教学楼、影剧院，等等，这些建筑的构造组成是否相同？

民用建筑通常是由基础、墙体或柱、楼地层、楼梯、屋顶、门窗六个主要构造部分组成，此外还有其他的构配件和设施，如阳台、雨篷、台阶、散水、垃圾道、通风道等，可根据建筑物的要求设置，以保证建筑可充分发挥其功能。图 1.1 为某砖混结构民用建筑的构造组成。

1. 基础

基础是建筑物最下部的承重构件，承担建筑物的全部荷载，并将这些荷载传给它下面的土层（该土层称为地基）。基础作为建筑的主要受力构件，是建筑物得以立足的根基。由于基础埋置于地下，受到地下各种不良因素的侵袭，因此基础应具有足够的强度、刚度和耐久性。

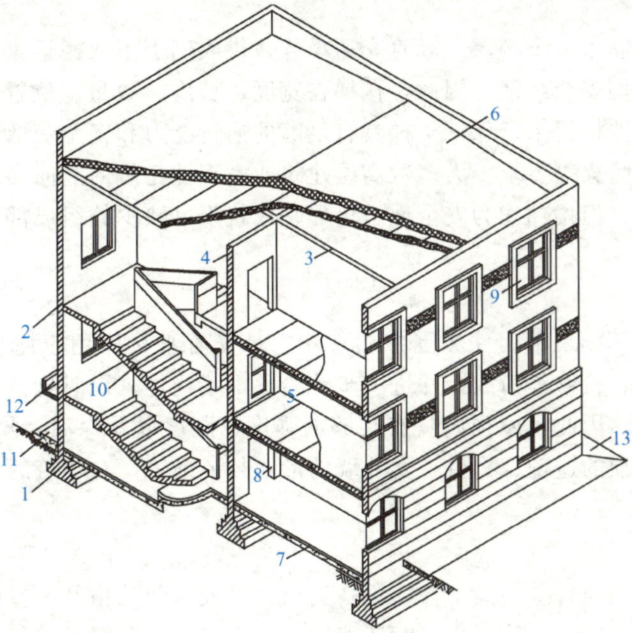

1—基础；2—外墙；3—内横墙；4—内纵墙；5—楼板；6—屋顶；7—地坪；
8—门；9—窗；10—楼梯；11—台阶；12—雨篷；13—散水

图 1.1　某砖混结构民用建筑的构造组成

2. 墙体或柱

墙体是建筑物的重要构造组成部分。在砖混结构或混合结构中，墙体作为承重构件时，它承担屋顶和楼板层传下来的各种荷载，并把荷载传递给基础。作为墙体，外墙还具有围护功能，抵御风霜雨雪及寒暑等自然界各种因素对室内的侵袭；内墙起到分隔建筑内部空间，创造适宜的室内环境的作用。因此，墙体应具有足够的强度、稳定性、保温、隔热、防火、防水、隔声等性能，以及一定的耐久性、经济性。

柱是框架或排架等以骨架结构承重的建筑物的竖向承重构件，承受屋顶和楼板层传来的各种荷载，并进一步传递给基础，要求具有足够的强度、刚度、稳定性。

3. 楼地层

楼地层指楼板层和地坪层。

楼板层是建筑沿水平方向的承重构件，承担楼板上的家具、设备和人体荷载及自身的重量，并把这些荷载传给建筑的竖向承重构件，同时对墙体起到水平支撑的作用，传递着风、地震等侧向水平荷载。同时还有竖向分隔空间的功能，将建筑物沿水平方向分为若干层。因此，楼板层应具有足够的强度、刚度和隔声性能，还应具备足够的防火、防潮、防水的能力。

地坪层是建筑底层房间与地基土层相接的构件，它承担着底层房间的地面荷载，也应有一定的强度来满足承载能力，且地坪下面往往是土壤夯实的，还应具有防潮、防水的能力。

楼板层与地坪层都是人们使用接触的部分，应满足耐磨损、防尘、保温和地面装饰等要求。

4. 楼梯

楼梯是建筑中联系上下各层的垂直交通设施，供人们上下或搬运家具、设备上下，遇到紧急情况时供人们安全疏散。因此，楼梯在宽度、坡度、数量、位置、布局形式、防火性能等诸方面均要严格要求，保证楼梯具有足够的通行能力和安全疏散能力，并且满足坚固、耐磨、防滑、防火等要求。大多数高层建筑或大型性建筑的竖向交通主要靠电梯、自动扶梯等设备解决，但楼梯作为安全通道仍然是建筑不可缺少的组成部分，在建筑设计中不容忽视。

5. 屋顶

屋顶是建筑顶部的承重构件和围护构件。它承受着直接作用于屋顶的各种荷载，如风、雨、雪及施工、检修等荷载，并进一步传给承重墙或柱，同时抵抗风、雨、雪的侵袭和太阳辐射的影响，因此，屋顶应具有足够的强度、刚度以及保温、隔热、防水等性能。在建筑设计中，屋顶的造型、檐口、女儿墙的形式与装饰等，对建筑的体形和立面形象具有较大的影响。

6. 门和窗

门主要是供人们通行或搬运家具、设备进出建筑或房间的构件，室内门兼有分隔房间的作用，室外门兼有围护的作用，有时还能进行采光和通风。因此进行门的布置时，应符合规范的要求，合理确定门的宽度、高度、数量、位置和开启方式等，以保证门的通行能力，并应考虑安全疏散的要求。

窗是建筑围护结构的一部分，主要作用是采光、通风和供人眺望，所以窗应有足够的面积。窗的形式和选材对建筑的立面形象也有较大程度的影响。

门和窗是围护结构的薄弱环节，因此在构造上应满足保温、隔热的要求，在某些有特殊要求的房间，还应具有隔声、防火等性能。

1.2 影响建筑构造的因素

建筑存在于自然界之中，在使用过程中经受着人为和自然界的各种影响，在进行建筑构造设计时，必须考虑这些因素，采取必要措施，以提高建筑抵御外界影响的能力，提高使用质量和耐久性，从而满足人们的使用要求。

影响建筑构造的因素，归纳起来主要有以下三个方面。

1.2.1 外界环境的影响

1. 外力作用的影响

人们把使结构产生效应（包括内力、变形、裂缝等）的各种原因统称为结构上的作用，包括直接作用和间接作用。直接作用在建筑结构上的各种外力统称为荷载。荷载可分为恒荷载（如结构自重、土压力等）和活荷载（如人群、家具、设备的重量，作用在墙面和屋顶上的风压力，落在屋顶上的雨、雪质量及地震作用等）两类。荷载的大小是建筑结构设计的主要依据，也是结构选型的重要依据。在构造设计时，必须认真分析作用在建筑构造上的各种外力的作用形式、作用位置和力的大小，以便正确合理确定构件的用材类型、用料多少、尺寸大小、构件形式和连接方式，以及合理确定建筑的构造方式和结构形式。所以，外力作用是确定建筑构造方案的主要影响因素。

2. 自然环境的影响

处于自然环境中的建筑物时时受到各种各样的自然环境的影响，如日晒、雨淋、冰冻、太阳辐射、大气污染、冷热寒暖、地下水侵蚀等。在进行构造设计时，应该针对建筑物所受影响的性质与程度，对有关构配件及构造部位采取相应的构造措施，如防潮、防水、防冻、保温、隔热、防腐蚀、设伸缩缝等。有时也可将一些自然因素加以利用。例如，在寒冷地区利用太阳辐射热提高室内温度，在炎热地区组织自然风通过室内以降温，保证住宅的一定日照时间以满足使用需要。

南北方建筑的差异

3. 人为因素的影响

人们在生产、工作、生活等活动中，往往会对建筑产生一些不利的影响。例如，机械振动、噪声、化学腐蚀，甚至遇到火灾、爆炸等，这些都是人为因素的影响。为防止这些影响对建筑造成危害，在进行建筑构造设计时，必须针对这些影响因素，认真分析，采取相应的防振、隔声、防腐、防火、防爆等构造措施，以防止建筑物遭受不应有的损失。

1.2.2 建筑技术条件的影响

建筑物是由不同的建筑材料构成的，而在形成建筑的过程中，受到建筑结构技术、施工技术、设备技术等条件的制约。任何好的设计方案如果没有技术的保证，都只能停留在图纸上，不能成为建筑物。建筑物所在地区不同，用途不同，对建筑构造设计也有不同的技术要求。随着科学技术的不断发展，建筑新材料、新工艺、新技术等不断出现，相应地促进了建筑构造技术的不断进步，促使建筑可以向大空间、大高度、大体量的方向发展，从而涌现出大量现代建筑。

1.2.3 经济条件的影响

随着社会的发展，建筑技术的不断发展，各类新型装饰材料和中、高档的配套家具设备等相继大量出现。人们的生活水平日益提高，对建筑的使用要求也越来越高，相应地促使建筑标准也在不断变化。建筑标准所包含的内容较多，与建筑构造关系密切的主要有建筑的造价标准、建筑装饰标准和建筑设备标准。所以，对建筑构造的要求也将随着经济条件的改变而发生着大的变化。

1.3 建筑构造的设计原则

进行建筑构造设计时应综合处理好各种技术因素，遵循以下原则。

1. 满足建筑的功能要求

由于建筑物所处位置不同、使用性质不同，因而进行建筑设计时必须满足不同的使用功能要求，进行相应的构造处理。如北方寒冷地区要满足建筑物冬季保温的要求；南方炎热地区要求建筑物夏季能通风隔热；会堂、播音室等要求吸声；影剧院、音乐厅，要求满足视听要求、疏散要求；住宅建筑要求满足隔声要求；厕所、厨房等用水房间要求防潮、防水等。在进行构造设计时，应设计出合理的构造方案，以满足建筑物各项功能的要求。

2. 保证结构坚固安全

建筑设计除按荷载的大小、性质及结构要求确定构件的基本尺寸之外，在构造设计时，也要结合荷载合理确定构件的尺寸和用材，保证具有足够的强度与刚度，并保证构件之间连接的可靠。如阳台和楼梯的栏杆要承受水平推力、吊顶稳固、门窗与墙体的牢固连接等构造设计，都必须保证建筑物构配件在使用时的坚固安全。

3. 适应建筑工业化的需要

积极推广先进生产技术、施工技术，恰当使用先进施工设备，尽量采用轻质高强的新型建筑材料，充分利用标准设计、标准通用构配件，为适应和发展建筑工业化创造条件。

4. 考虑建筑的综合效益

建筑不会孤立存在，还要注重社会、经济和环境效益。

5. 注意美观

建筑物的形象主要取决于建筑设计中的体形组合和立面处理，而一些建筑细部的处理对建筑的美观也有很大的影响。如檐口的造型，阳台栏杆的形式，雨篷的形式，门窗的类型，室内外的细部装饰等，从形式、材料、颜色、质感等方面进行合理的构造设计，符合人们的审美观。

总之，在建筑构造的设计中，应全面执行坚固适用、先进合理、经济美观的基本原则。

模块小结

民用建筑通常是由基础、墙体或柱、楼地层、楼梯、屋顶、门窗六个主要构造部分组成。

影响建筑构造的主要因素有外界环境、建筑技术、经济条件。

复习思考题

一、简答题

1. 民用建筑的主要组成部分有哪些？各部分有哪些作用与要求？

2. 影响建筑构造的因素有哪些？

3. 建筑构造设计的原则有哪些？

二、判断题

1. 建筑物最下面的部分是基础。(　　)

2. 民用建筑通常由地基与基础、墙体或柱、楼地层、楼梯、屋顶、门窗六个主要构造部分组成。(　　)

3. 外力作用是确定建筑构造方案的主要影响因素。(　　)

4. 楼板层是建筑沿水平方向的承重构件，并将所承受的荷载传给建筑的竖向承重构件。(　　)

5. 大多数高层建筑或大型性建筑的竖向交通主要靠电梯、自动扶梯等设备解决，楼梯在建筑设计中不是很重要。(　　)

模块1
在线答题

模块 2 基础与地下室

思维导图

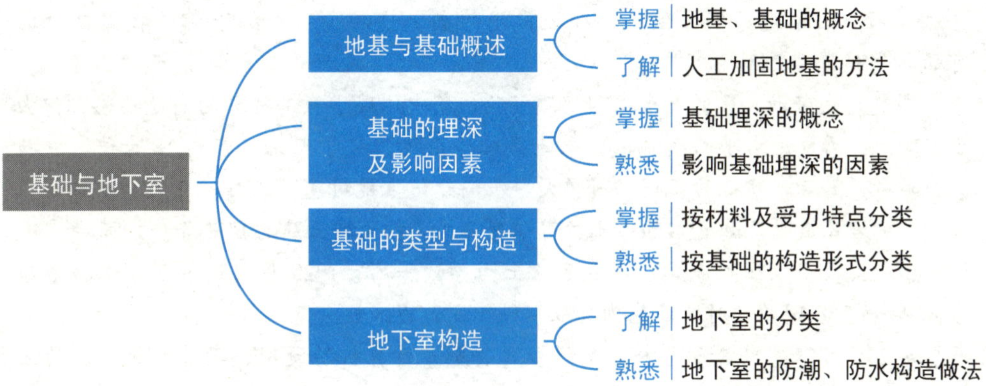

知识点滴

建筑基础工程的发展概况

我国古代建筑基础工程

地基与基础既是一项古老的工程技术，又是一门年轻的应用科学。世界文化古国的远古先民，在史前的建筑活动中，就已经创造了自己的地基基础工艺。

我国西安半坡村新石器时代遗址和河南安阳殷墟遗址的考古发掘，就发现有土台和石基础。隋朝李春修建的赵州桥，不仅因其建筑和结构设计的成就而著称于世，其地基基础的处理也是非常合理的。他把桥台砌筑于密实粗砂层上，一千四百多年来估计沉降仅约几厘米。我国木桩基础的使用源远流长。考古发现河姆渡文化遗址中可见到七千年前打入沼泽地带木构建筑下土中排列成行的、以石器砍削成形的木质圆桩、方桩和板桩。

在人工地基方面，秦代修建驰道时，就已经采用了“厚筑其外，隐以金椎”(《汉书》)的路基压实方法；至今还采用的灰土垫层、石灰桩等都是我国自古已有的传统地基处理方法。

封建时代劳动人民的无数工程实践经验，集中体现于能工巧匠的高超技艺，但由于当时生产力发展水平的限制，还未能提炼为系统的科学理论。直到 18 世纪，欧洲工业革命开始后，建筑的规模不断扩大，人们开始重视对基础工程的研究，得出了很多重要的理论成果，如著名的砂土抗剪强度公式、挡土墙土压力理论等。1925 年，太沙基归纳发展了以往的成就，发表了《土力学》一书，1929 年又发表了《工程地质学》，带动了各国学者对地基基础工程学科各方面的探索。

近几十年来，随着科学技术的进步，特别是计算机的使用、数值分析方法的应用，极大地推动了本学科的发展。在基础形式方面，出现了桩筏基础、桩箱基础等基础形式。在地基处理技术方面，出现了砂井预压法、真空预压法、深层搅拌法等许多新方法。随着高层、超高层建筑和城市地下空间利用的发展，深基坑技术不断得到发展与完善，出现了悬臂式围护结构、水泥土重力式围护结构、内撑式维护结构、拉锚式维护结构、土钉墙等基坑支护技术。

由于基础工程属于地下隐蔽工程，它的勘察、设计和施工质量直接关系着建筑物的安危，加上工程地质条件复杂又差异性很大，因此基础工程这一领域仍有许多问题值得研究和探讨。

2.1 地基与基础概述

土钉墙施工

想一想

仔细观察图 2.1，它们之间有何不同之处？本节主要介绍地基与基础的概念，人工加固地基的方法。

(a) 天然地基

(b) 人工地基

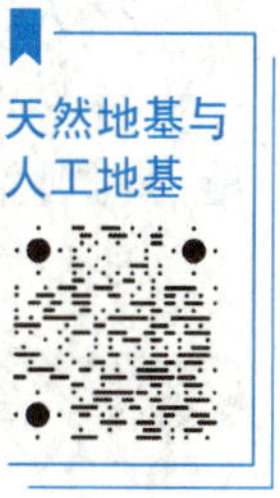

图 2.1 地基

2.1.1 地基与基础的基本概念

基础是建筑物最下面与土壤直接接触的扩大构件，是建筑的下部结构。它承受建筑物上部结构传下来的全部荷载，并把这些荷载连同自身的重量一起传给地基，如图 2.2、图 2.3 所示。

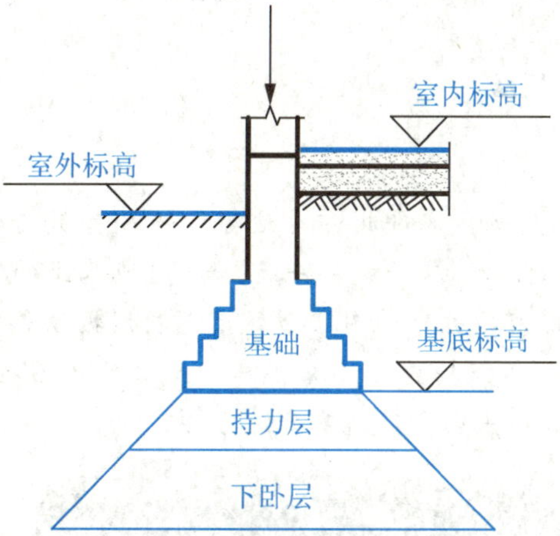

图 2.2 基础与地基

图 2.3 独立基础

地基是承受由基础传下来的荷载的土层，它不属于建筑物的组成部分，它是承受建筑物荷载而产生的应力和应变的土壤层，而且地基的应力和应变随着土层深度的增加而减小，达到一定深度后就可以忽略不计。直接承受荷载的土层称为持力层。持力层以下的土层称为下卧层。

2.1.2 地基的分类

地基按土层性质和承载力的不同，可分为天然地基和人工地基两大类。

1. 天然地基

凡天然土层具有足够的承载力，不需经过人工加固，可直接在其上建造房屋的地基称为天然地基［图 2.1 (a)、图 2.4］。一般呈连续整体状的岩层或由岩石风化破碎成松散颗粒的土层可作为天然地基。天然地基根据土质不同可分为岩石、碎石土、砂土、黏性土和人工填土五大类。

2. **人工地基**

当地基的承载力较差或虽然土质较好，但上部荷载较大时，为使地基具有足够的承载能力，则需对土层进行人工加固，这种经人工处理的地基称为人工地基（图 2.5）。

地基加固处理的方法有土体增密法、置换法、化学处理法和排水法等。

图 2.4　天然地基

图 2.5　人工地基

人工加固地基方法

知识延伸：人工加固地基的方法

1. **土体增密法**

土体增密法包括强夯法（如图 2.6 所示，即用质量达数十吨的重锤自数米高处自由下落，给地基以冲击力和振动，从而提高一定深度内地基土的密度、强度并降低其压缩性的方法）、挤密砂桩（如图 2.7 所示，利用振动或锤击作用，将桩管打入土中，分段向桩管加砂石料，不断提升并反复挤压而形成的砂石桩）和爆炸加密法（利用爆炸的冲击和振动作用使饱和砂土密实的地基处理方法）。

图 2.6　强夯法

图 2.7　挤密砂桩

2. **置换法**

置换法是将基础下一定范围内的土层挖去，然后回填强度较大的砂、碎石或灰土等，或做成石灰桩、灰土桩等。

3. 化学处理法

化学处理法是在土中掺和水泥来改良土性，有深层搅拌法、高压喷射注浆法、挤密喷浆法等。

深层搅拌法是利用水泥、石灰或其他材料作为固化剂，通过特别的深层搅拌机械，在地基中就地将软黏土和固化剂强制拌和，使软黏土硬结成具有整体性、水稳性和足够强度的地基土（图 2.8）。

图 2.8 深层搅拌法

高压喷射注浆法采用注浆管和喷嘴，借高压将水泥浆等从喷嘴射出，直接破坏地基土体，并与之混合，硬凝后形成固结体，以加固土体和降低其渗透性的方法。旋转喷射的称旋喷法，定向喷射的称定喷法。

挤密喷浆法是通过钻孔向土层压入浓浆，在压浆周围形成泡形空间，使浆液对地基起到挤压和硬化作用形成桩柱的加固方法。

4. 排水法

排水法包括排水砂井、塑料排水带法、预压法和真空预压法等。

排水砂井是指在软土基中成孔，填以砂砾石，形成排水通道，以加速软土排水固结的地基处理方法。

塑料排水带法是指将塑料板芯材外包排水良好的土工织物排水带，用插带机插入软土地基中代替砂井，以加速软土排水固结的地基处理方法。

预压法是指在软黏土上堆载或利用抽真空时形成的土内外压力差加载，使土中水排出，以实现预先固结，减小建筑物地基后期沉降的一种地基处理方法。

真空预压法是指在软黏土中设置竖向塑料排水带或砂井，上铺砂层，再覆盖薄膜封闭，抽气使膜内排水带、砂层等处于部分真空，利用膜内外压力差作为预压荷载，排除土中多余水量，使土预先固结，以减少地基后期沉降的一种地基处理方法（图 2.9）。

进行真空预压处理的工序：平整场地→插打塑料排水板→测量放线→铺设主支滤排水管→铺设上层砂垫层→砂面整平→铺设聚氯乙烯薄膜→施工密封沟→设置测量标志→安装真空泵→抽真空预压固结土层。

(a) 插打塑料排水板

(b) 铺设主支滤排水管

(c) 踩膜

图 2.9　真空预压法施工

2.1.3　地基与基础的设计要求

1. 基础应具有足够的强度和耐久性

基础处于建筑物的底部，是建筑物的重要组成部分，对建筑物的安全起着根本性作用，因此基础本身应具有足够的强度和刚度来支承和传递整个建筑物的荷载。

基础是埋在地下的隐蔽工程，建成后检查和维修困难，所以在选择基础材料和构造形式时，应考虑其耐久性与上部结构相适应。

2. 地基应具有足够的强度和均匀程度

地基直接支承着整个建筑，对建筑物的安全使用起保证作用，因此地基应具有足够的强度和均匀程度。建筑物应尽量选择地基承载力较高而且均匀的地段，如岩石、碎石等。地基土质应均匀，否则基础处理不当，会使建筑物发生不均匀沉降，引起墙体开裂，甚至影响建筑物的正常使用。

3. 造价经济

基础工程占建筑总造价的 10%～40%，因此选择土质好的地段，降低地基处理的费用，可以减少建筑的总投资。需要特殊处理的地基，也要尽量选用地方材料及合理的构造形式。

2.2 基础的埋置深度及影响因素

想一想

某高层建筑，高100m，地下2层，采用桩与筏形基础组合地基（图2.10），基坑深10m。为什么该建筑需要这样的基础埋置深度？影响基础埋置深度的因素有哪些？

图2.10 桩与筏形基础组合地基

高层建筑地基

2.2.1 基础的埋置深度

基础的埋置深度是指从设计室外地面至基础底面的垂直距离，简称基础埋深，如图2.11所示。基础埋深不超过5m时称为浅基础，埋深超过5m时称为深基础。从基础的经济效果看，基础埋深度越小，工程造价越低。但基础底面的土层受到压力后，会把基础四周的土挤出，没有足够厚度的土层包围基础，基础本身将产生滑移而失去稳定。同时，基础埋置过浅易受到外界因素的影响而损坏。所以，基础埋置需要一个适当的深度，既保证建筑物的坚固安全，又节约基础的用材，并加快施工速度。根据实践证明，在没有其他条件的影响下，基础埋深不应小于500mm。

2.2.2 影响基础埋置深度的因素

影响基础埋深的因素有很多，主要应考虑下列条件：

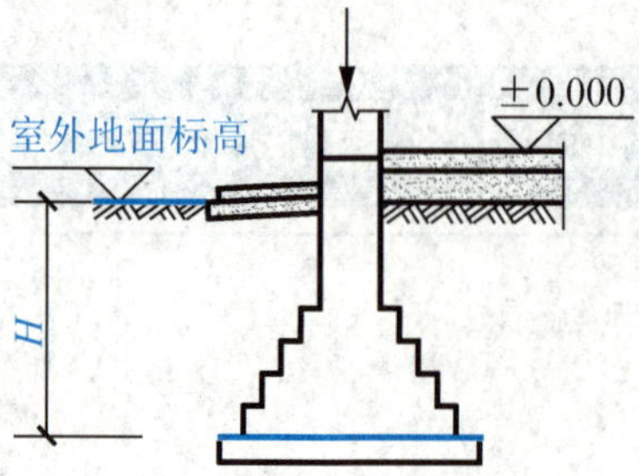

图 2.11　基础埋深

1. 建筑物的用途，有无地下室、设备基础和地下设施，基础的形式和构造

当建筑物设置地下室、设备基础或地下设施时，基础埋深应满足其使用要求。高层建筑筏形和箱形基础的埋深应满足地基承载力、变形和稳定性要求。在抗震设防区，除岩石地基外，天然地基上的箱形和筏形基础的埋深不宜小于建筑物高度的1/15；桩箱或桩筏基础的埋深（不计桩长）不宜小于建筑物高度的1/18。位于岩石地基上的高层建筑，常须依靠基础侧面土体承担水平荷载，其基础埋深应满足抗滑要求。

2. 作用在地基上的荷载大小和性质

选择基础埋深时必须考虑荷载的大小和性质。一般来说，荷载大的建筑，其基础尺寸需要大些，同时基础埋深也应适当增加。长期作用有较大水平荷载和位于坡顶、坡面上的建筑，其埋深也要适当增加，确保基础具有足够的稳定性。

3. 工程地质和水文地质条件

（1）工程地质条件

基础应建造在坚实可靠的地基上，基础底面应尽量选在常年未经扰动而且坚实平坦的土层或岩石上，因为在接近地表面的土层内，常带有大量植物根、茎的腐殖质或垃圾等，故不宜选作地基。由此可见，基础埋深与地质构造密切相关，在选择埋深时应根据建筑物的大小、特点、体形、刚度、地基土的特性、土层分布等情况区别对待。下面介绍几种典型情况：

① 地基由均匀的、压缩性较小的良好土层构成，承载力能满足要求，基础可按最小埋深建造，如图 2.12（a）所示。

② 地基由两层土构成。上面软弱土层的厚度不超过 2m，而下层为压缩性较小的好土。这种情况一般应将基础埋在下面良好的土层上，如图 2.12（b）所示。

③ 地基由两层土构成，上面软弱土层的厚度在 2～5m。低层和轻型建筑争取将基础埋在表层的软弱土层内，如图 2.12（c）所示。如采用加宽基础的方法，以避免开挖大量土方，延长工期、增加造价。必要时可采用换土法、压实法等较经济的人工地基。而高大的建筑则应将基础埋到下面的好土层上。

④ 如果软弱土层的厚度大于 5m，低层和轻型建筑应尽量将基础埋在表层的软弱土层内，必要时可加强上部结构或进行人工加固地基，如采用换土法、短桩法等，如图 2.12（d）所示。高大建筑物和带地下室的建筑是否需要将基础埋到下面的好土上，则应根据表土层的厚度、施工设备等情况而定。

⑤ 地基由两层土构成，上层是压缩性较小的好土，下层是压缩性较大的软弱土。此时，应根据表层土的厚度来确定基础埋深。如果表层土有足够的厚度，基础应尽可能争取

浅埋，同时注意下卧层软弱土的压缩对建筑物的影响，如图 2.12（e）所示。

⑥ 当地基是由好土与弱土交替构成，或上面持力层为好土，下卧层有软弱土层或旧矿床、老河床等，在不影响下卧层的情况下，应尽可能做成浅基础。当建筑物较高大，持力层强度不足以承载时，应做成深基础，如打桩法，将基础底面落到下面的好土上，如图 2.12（f)所示。

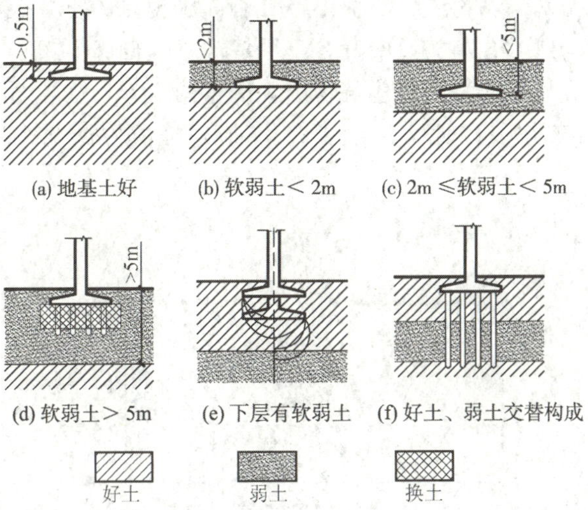

图 2.12 地质构造与基础埋深的关系

（2）水文地质条件

地下水对某些土层的承载力有很大影响。如黏性土在地下水上升时，将因含水量增加而膨胀，使土的强度下降；当地下水位下降，使土粒直接的接触压力增加，基础产生下沉。为了避免地下水位变化直接影响地基承载力，同时防止地下水对基础施工带来麻烦和有侵蚀性的地下水对基础的腐蚀，一般应尽量将基础埋置在地下水位以上，如图 2.13（a）所示。

当地下水位较高，基础不能埋置在地下水位以上时，应采取地基土在施工时不受扰动的措施，宜将基础底面埋置在最低地下水位以下不小于 200mm 处，如图 2.13（b）所示。

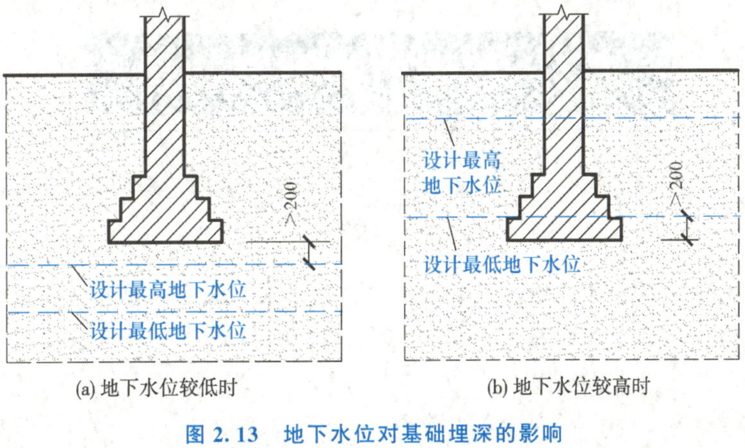

图 2.13 地下水位对基础埋深的影响

4. 地基土冻胀和融陷的影响

确定基础埋深应考虑地基的冻胀性。冻结土与非冻结土的分界线，称为土的冰冻线。土的冻结深度主要取决于当地的气候条件，气温越低和低温持续时间越长，冻结深度越大。如哈尔滨地区冻结深度为 2m 左右，北京地区为 0.8～1.0m，武汉地区基本上无冻结土。

当建筑物基础处在粉砂、粉土、黏性土等具有冻胀现象的土层范围内时，冬季土的冻胀会把房屋向上拱起；到了春季气温回升，土层解冻，基础又下沉，使房屋处于不稳定状态。由于土中冰融化情况不均匀，使建筑物产生严重的变形，如墙身开裂，门窗倾斜，甚至使建筑物遭到严重破坏。因此，一般要求将基础埋置在冰冻线以下 200mm 处，如图 2.14所示。

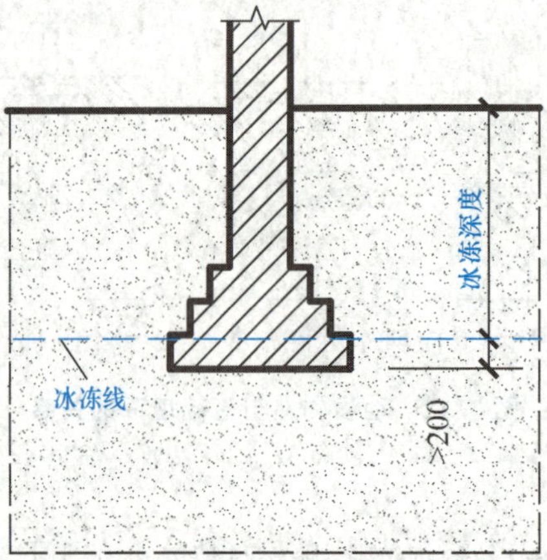

图 2.14　基础埋深与冰冻线的关系

5. 相邻建筑物基础的影响

在原有建筑物附近建造房屋，为保证原有建筑物的安全和正常使用，新建建筑物的基础不宜深于原有建筑物的基础。基础埋深大于既有建筑基础埋深并对既有建筑产生影响时，应进行地基稳定性验算。

2.3　基础的类型与构造

想一想

某中学教学楼，共 5 层，钢筋混凝土框架结构，采用天然地基，独立基础。

天津市某高层商住建筑，高 122m，地下 2 层，地上 19 层，抗震设防烈度为 7 度，基础采用桩与筏形基础组合基础形式。

建筑的基础有哪些类型？应该怎样选择？

基础的类型很多，按基础所用材料及受力特点可分为刚性基础和柔性基础；按构造形式可分为独立基础、条形基础、筏形基础、箱形基础和桩基础等。

2.3.1 按材料及受力特点分类

1. 刚性基础

用刚性材料制作的基础称为刚性基础。刚性材料一般是指抗压强度较高，而抗拉、抗剪强度较低的材料，常用的刚性材料有砖、石、混凝土等。

由于土壤单位面积的承载力很小，上部结构通过基础将其荷载传给地基时，只有将基础底面积不断扩大（即基础底宽 B_0 往往大于墙身的宽度 B），才能适应地基承载受力的要求，如图 2.15 所示。

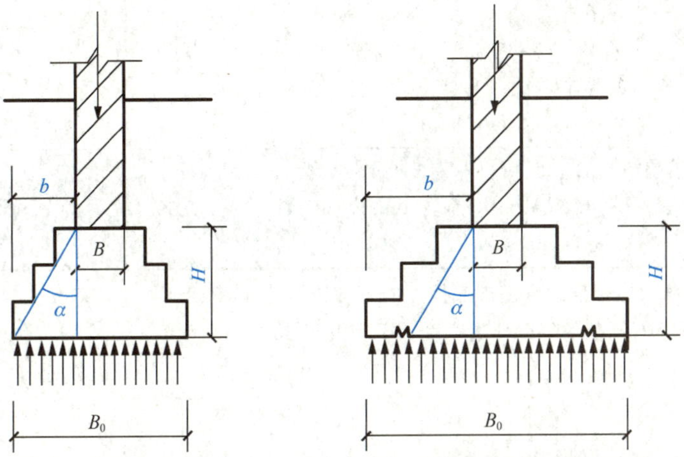

(a) 基础在刚性角范围内传力　　(b) 基础底面宽超过刚性角范围而破坏

图 2.15　刚性基础

当基础 B_0 很宽（即出挑部分 b 很长）时，如果不能保证有足够的高度 H，基础将因受弯曲或冲切而破坏。为了保证基础不受拉力或冲切的破坏，基础必须有足够的高度。因此，根据材料的抗拉、抗剪极限强度，对基础的出挑宽度 b 与基础高度 H 之比进行限制，即宽高比，并按此宽高比形成的夹角来表示，保证基础在此夹角内不因材料受拉和受剪而破坏，这一夹角称为刚性角，用 α 表示，刚性基础放大角不应超过刚性角。如砖、石基础的刚性角控制在（1∶1.25）～（1∶1.50）以内，混凝土基础刚性角控制在 1∶1 以内。

为了设计施工方便将刚性角 α 换算成宽高比，表 2－1 是各种材料基础宽高比的容许值。

2. 柔性基础

用钢筋混凝土建造的基础，不仅能承受压应力，还能承受较大的拉应力，基础宽度加大不受刚性角的限制，称为柔性基础，如图 2.16 所示。在同样条件下，采用钢筋混凝土基础可节省大量的混凝土材料和减少土方量工程。

表 2-1　刚性基础台阶宽高比的允许值

基础材料类型	质量要求	台阶宽高比允许值		
		$P\leqslant$100kPa	100kPa<$P\leqslant$200kPa	200kPa<$P\leqslant$300kPa
混凝土基础	C15 混凝土	1∶1.00	1∶1.00	1∶1.25
毛石混凝土基础	C15 混凝土	1∶1.00	1∶1.25	1∶1.50
砖基础	砖不低于 MU10，砂浆不低于 M5	1∶1.50	1∶1.50	1∶1.50
毛石基础	砂浆不低于 M5	1∶1.25	1∶1.50	
灰土基础	体积比为 3∶7 或 2∶8 的灰土，其最小干密度 粉土：1.55 t/m^3 粉质黏土：1.50 t/m^3 黏土：1.45 t/m^3	1∶1.25	1∶1.50	
三合土基础	体积比 1∶2∶4～1∶3∶6（石灰∶砂∶骨料），每层约虚铺 220mm，夯实至 150mm	1∶1.50	1∶2.00	

注：1. P 为荷载效应标准组合基础底面处的平均压力值（kPa）。

2. 阶梯形毛石基础的每阶伸出宽度，不宜大于 200mm。

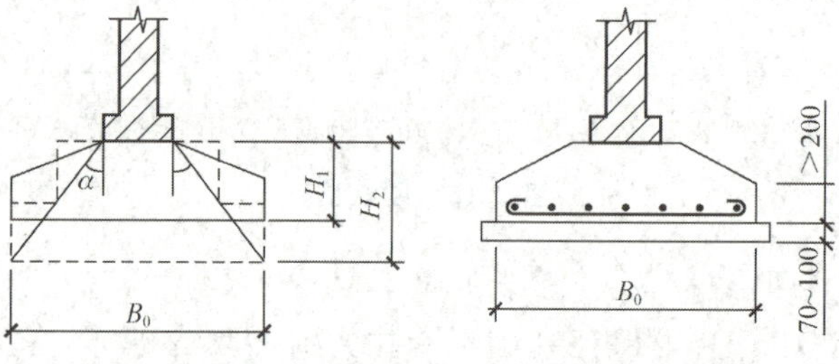

(a) 混凝土与钢筋混凝土基础比较　　(b) 钢筋混凝土基础构造

B_0—柔性基础底宽；H_1—柔性基础高；H_2—混凝土基础高

图 2.16　钢筋混凝土基础

钢筋混凝土基础相当于受均布荷载的悬臂梁，它的截面可做成锥形或阶梯形。如做成锥形，最薄处不宜小于 200mm；如做成阶梯形，每阶高度宜为 300～500mm。基础垫层的厚度不宜小于 70mm，垫层混凝土强度等级应为 C15。底板受力钢筋直径不宜小于 ϕ10，间距不宜大于 200mm，也不宜小于 100mm。钢筋保护层厚度有垫层时不小于 40mm，无垫层时不小于 70mm。

混凝土基础施工

2.3.2　按构造形式分类

基础构造的形式随建筑物上部结构形式、荷载大小及地基土壤性质的变化而不同。一般情况下，上部结构形式直接影响基础的形式，当上部荷载较大，地基承载力有变化时，基础形式也随之变化。基础按构造特点可分为六种基本类型。

1. 独立基础

独立基础和条形基础

独立基础呈独立的块状，形式有阶形、坡形、杯形等，如图 2.17、图 2.18所示。当建筑物上部结构采用框架结构或单层排架结构承重时，基础常常采用独立基础。当柱为预制时，则将基础做成杯形，然后将柱子插入，并嵌固在杯口内。

图 2.17　独立基础施工

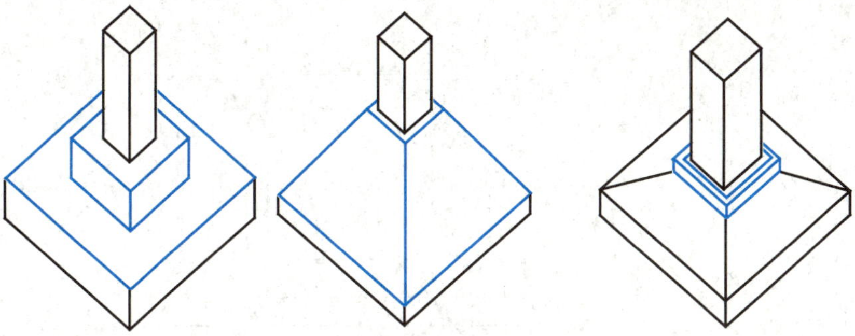

(a) 阶形　　(b) 坡形　　(c) 杯形

图 2.18　独立基础

2. 条形基础

条形基础呈连续的带形，又称带形基础。条形基础可分为墙下条形基础和柱下条形基础。

(1) 墙下条形基础

当建筑物上部为混合结构，在承重墙下往往做成通长的条形基础。如一般中小型建筑常选用砖、石、混凝土、灰土、三合土等材料的刚性条形基础，如图 2.19（a）所示。当上部是钢筋混凝土墙，或地基很差、荷载较大时，承重墙下也可用钢筋混凝土条形基础，如图 2.19（b）所示。

(2) 柱下条形基础

当建筑物上部为框架结构或部分框架结构，荷载较大，地基又属于软弱土时，为了防止不均匀沉降，将各柱下的基础相互连接在一起，形成钢筋混凝土条形基础（图 2.20），使整个建筑物的基础具有较好的整体性。

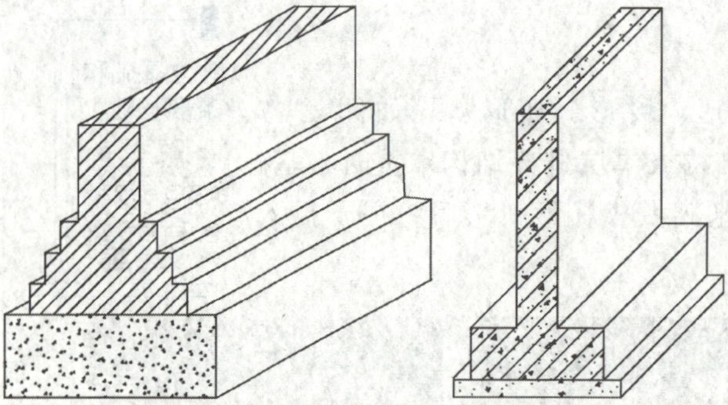

图 2.19　墙下条形基础

图 2.20　柱下条形基础

3. 井格基础

当地基条件较差，为了提高建筑物的整体性，防止柱子之间产生不均匀沉降，常将柱下基础沿纵横两个方向连接起来，形成十字交叉的井格基础，如图 2.21 所示。

井格基础和筏形基础

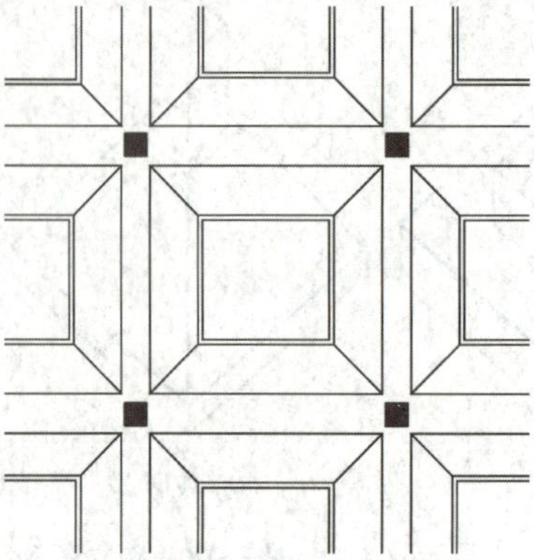

图 2.21　井格基础

4. 筏形基础

当建筑物上部荷载大而地基又软弱，采用简单的条形基础或井格基础不能适应地基承载力或变形的需要时，通常将墙下或柱下基础连成一片，使建筑物的荷载承受在一块整板上，这种基础称为筏形基础，如图 2.22 所示。筏形基础整体性好，可跨越基础下的局部软弱土，常用于地基软弱的多层砌体结构、框架结构、剪力墙结构的建筑，以及上部结构荷载较大或地基承载力低的建筑。筏形基础按其结构布置分为平板式和梁板式。

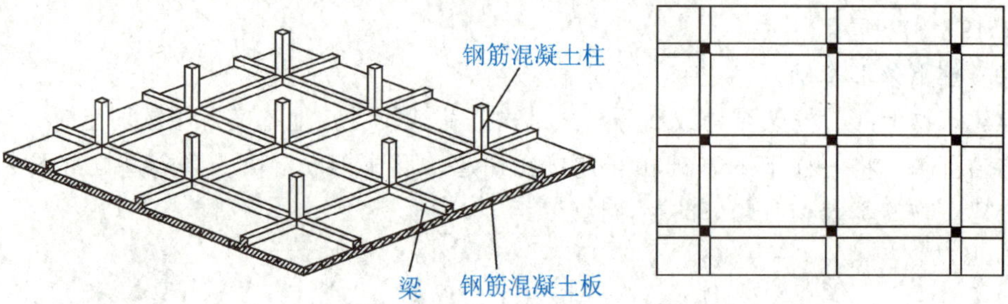

图 2.22　筏形基础

图 2.22　筏形基础（续）

5. 箱形基础

当建筑物设有地下室，且基础埋深较大时，可将地下室做成整浇的钢筋混凝土箱形基础，如图 2.23 所示。箱形基础由底板、顶板和若干纵、横墙组成，整体空间刚度很大，整体性好，能承受很大的弯矩，抵抗地基的不均匀沉降，常用于高层建筑或在软弱地基上建造的重型建筑物。

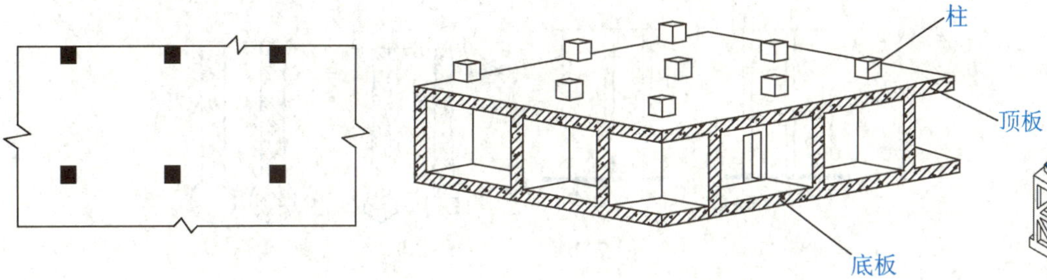

(a) 平面图　　(b) 空间示意图

图 2.23　箱形基础

6. 桩基础

箱形基础和桩基础

当建筑物上部荷载较大，而且地基的软弱土层较厚，地基承载力不能满足要求，做成人工地基又不具备条件或不经济时，可采用桩基础，使基础上的荷载通过桩柱传给地基土层，以保证建筑物的均匀沉降或安全使用。

桩基础由承台和桩两部分组成。

(1) 承台

承台是在桩顶现浇的钢筋混凝土板或梁，上部支承柱的为承台板，上部支承墙的为承台梁，承台的厚度由结构计算确定（图 2.24）。

图 2.24　钢筋混凝土承台

护坡桩施工

(2) 桩

桩的种类很多，按桩的材料可以分为木桩、钢筋混凝土桩、钢桩等；按桩的入土方法可以分为打入桩、振入桩、压入桩及灌注桩等；按桩的受力性能又可以分为端承桩与摩擦桩。

桩基础把建筑的荷载通过桩端传给深处坚硬土层，这种桩称为端承桩，如图 2.25（a）所示；或通过桩侧表面与周围土的摩擦力传给地基，称为摩擦桩，如图 2.25（b）所示。端承桩适用于表面软土层不太厚，而下部为坚硬土层的地基情况，端承桩的荷载主要由桩端应力承受。摩擦桩适用于软土层较厚，而坚硬土层距地表很深的地基情况，摩擦桩上的荷载由桩侧摩擦力和桩端应力承受。当前用得最多的是钢筋混凝土桩，包括预制桩和灌注桩两大类。

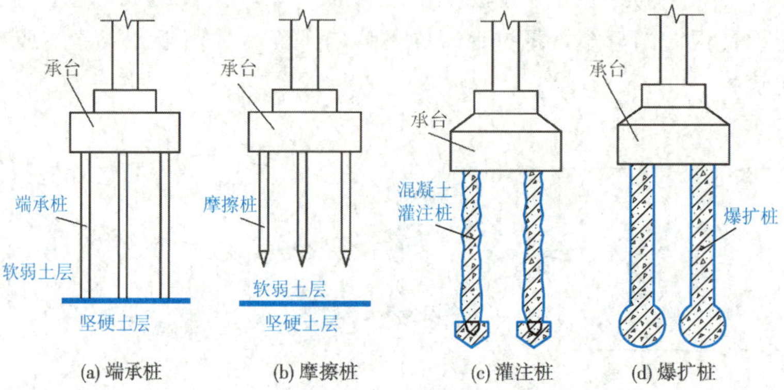

图 2.25　桩基础

预制桩：在混凝土构件厂或施工现场预制，然后打入、压入或振入土中。桩身横截面多采用方形，桩长一般不超过 12m。预制桩制作简便，容易保证质量（图 2.26）。

灌注桩：灌注桩是直接在桩位上就地成孔，然后在孔内灌注混凝土或钢筋混凝土的一种成桩方法，如图 2.27 所示。灌注桩的优点是没有振动和噪声、施工方便、造价较低、无须接桩及截桩，特别适合用于周围有危险房屋或深挖基础不经济的情况。但也存在一些缺点，如不能立即承受荷载，操作要求严，在软土地基中易缩颈、断裂，桩尖处虚土不易清除干净等。灌注桩的施工方法，常用的有钻孔灌注桩、挖孔灌注桩、套管成孔灌注桩和爆扩成孔灌注桩等多种，图 2.25（d）为爆扩桩示意图。

图 2.26　预制桩

图 2.27　灌注桩

知识延伸：静力压桩施工介绍

静力压桩是利用静压力（压桩机自重及配重）将预制桩逐节压入土中的压桩方法（图2.28）。这种方法节约钢筋和混凝土，降低工程造价，而且施工时无噪声、无振动，无污染，对周围环境的干扰小，适用于软土地区、城市中心或建筑物密集处的桩基础工程，以及精密工厂的扩建工程。

静力压桩机施工

图2.28 静力压桩施工

静力压桩在一般情况下是分节预制，分节压入、逐节接长。每节桩长度取决于桩架高度，通常6m左右，压桩桩长可达30m以上，桩断面为400mm×400mm。接桩方法可采用焊接法、硫黄胶泥锚接法等。压桩一般是分节压入，逐节接长。当第一节桩压入土中，其上端距地面2m左右时将第二节桩接上，继续压入，压桩应连续进行。

静力压桩施工

2.4 地下室构造

想一想

广州某酒店，地下一层，地下室防水采用防水涂料涂膜和BAC防水卷材，如图2.29所示。地下室为什么要做防水层？其构造做法是怎样的？

图2.29 地下室防水工程实例

地下室防水工程

地下室是建筑物首层以下的房间。利用地下空间，可节约建筑用地。一些高层建筑的基础埋置很深，可利用这一深度建造地下室，在增加投资不多的情况下增加使用面积，较为经济。此外，考虑供战争时期防御空袭需要，按照防空要求建造地下室。防空地下室也可适当考虑和平时期的利用。

2.4.1 地下室的分类

1. 按使用功能分

(1) 普通地下室

普通地下室是建筑空间在地下的延伸，由于地下室的环境比地上房间差，通常不用来居住，往往布置一些无长期固定使用对象的公共场所或建筑的辅助房间，如健身房、营业厅、车库、仓库、设备间等。

(2) 人民防空地下室

人民防空地下室（简称人防地下室）是战争时期人们隐蔽之所，在建设的位置、面积和结构构造等方面均要符合防空管理有关规定。应考虑到防空地下室平时也能充分发挥其作用，尽量做到平战结合。

图 2.30 人防地下室

人防地下室

知识延伸：人防地下室

人防地下室（图 2.30）与普通地下室最主要相同点就是它们都是埋在地下的工程，在平时使用功能上都可以用作商场、停车场、医院、娱乐场所甚至是生产车间，它们都有相应的通风、照明、消防、给排水设施，因此从一个工程的外表和用途上是很难区分该地下工程是否是人防地下室。

人防地下室由于在战时具有防备空袭和核武器、生化武器袭击的作用，因此在工程的设计、施工及设备设施上与普通地下室有着很多的区别：首先在工程的设计中普通地下室只需要按照该地下室的使用功能和所承受的荷载进行设计就可以了，它可以全埋或半埋于地下。而防空地下室除了考虑平时使用外，还必须按照战时标准进行设计，因此人防地下室只能是全部埋于地下的。由于战时工程所承受的荷载较大，人防地下室的顶板、外墙、底板、柱子和梁都要比普通地下室的尺寸大。有时为了满足平时的使用功能需要，还需要进行临战前转换设计，如战时封堵墙、洞口、临战加柱等。另外对重要的人防工程，还必须在顶板上设置水平遮弹层用来抵挡导弹、炸弹的袭击。

2. 按地下室顶板标高分

(1) 全地下室

当地下室房间地坪埋深为地下室房间净高一半以上时为全地下室。地下室埋深较大，不易采光、通风，一般多用作建筑辅助房间、设备用房等。

(2) 半地下室

当地下室房间地坪埋深为地下室房间净高的 1/3～1/2 时为半地下室。半地下室有相当一部分处于室外地面以上，可进行自然采光和通风，故可作为普通使用房间，如客房、办公室等。

3. 按结构材料分

（1）砖墙结构地下室

当建筑的上部结构荷载不大及地下室水位较低时，可采用砖墙作为地下室的承重外墙和内墙，形成砖墙结构地下室。

（2）钢筋混凝土结构地下室

当建筑的上部结构荷载较大或地下室水位较高时，可采用钢筋混凝土墙作为地下室的外墙，形成钢筋混凝土结构地下室。

2.4.2　地下室的构造组成与要求

地下室一般由墙体、顶板、底板、门和窗、采光井、楼梯等部分组成，地下室构造组成如图 2.31 所示。

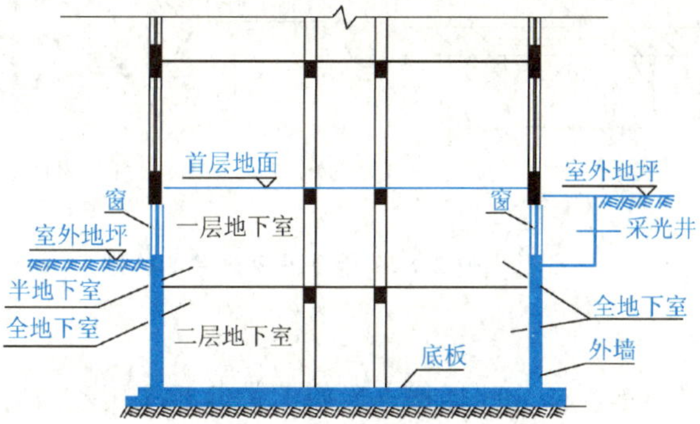

图 2.31　地下室组成构造

1. 墙体

地下室的外墙不仅承受上部结构的荷载，还要承受外侧土、地下水及土壤冻结时产生的侧压力，所以地下室的墙体要求具有足够的强度与稳定性。同时地下室外墙处于潮湿的工作环境，故在选材上还要具有良好的防水、防潮性能，一般采用砖墙、混凝土墙或钢筋混凝土墙。

2. 顶板

通常与建筑的楼板相同，如用钢筋混凝土现浇板、预制板、装配整体式楼板（预制板上做现浇层）。防空地下室为了防止空袭时的冲击破坏，顶板的厚度、跨度、强度应按相应防护等级的要求进行确定，其顶板上面还应覆盖一定厚度的夯实土。

3. 底板

当底板高于最高地下水位时，可在垫层上现浇 60～80mm 厚的混凝土，再做面层；当底板低于最高地下水位时，底板不仅承受上部垂直荷载，还承受地下水的浮力作用，此时应采用钢筋混凝土底板。底板还要在构造上做好防潮或防水处理。

4. 门和窗

普通地下室的门窗与地上房间门窗相同。地下室外窗如在室外地坪以下时，可设置采光井，以便采光和通风。人防地下室的门窗应满足密闭、防冲击的要求。一般采用钢门或钢筋混凝土门，平战结合的人防地下室，可以采用自动防爆波窗，在平时可采光和通风，战时封闭。

5. 采光井

在城市规划和用地允许的情况下，为了改善地下室的室内环境，可在窗外设置采光井。采光井由侧墙、底板、遮雨设施或铁格栅组成。侧墙为砖墙，底板为现浇混凝土，面层用水泥砂浆抹灰向外找坡，并设置排水管。地下室采光井的构造如图 2.32 所示。

地下室采光

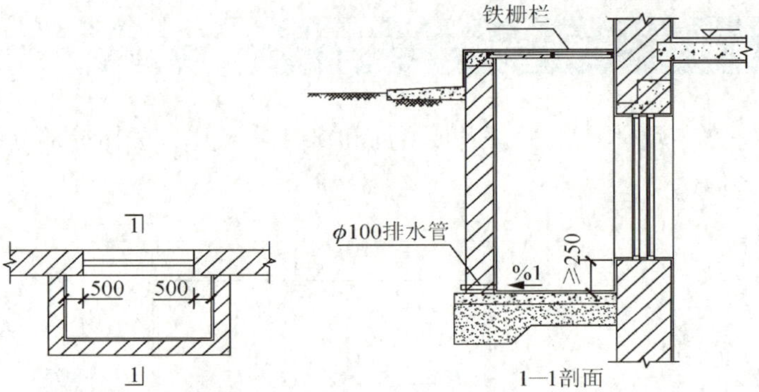

(a) 地下室平面图　　(b) 地下室剖面图

图 2.32　地下室采光井的构造

6. 楼梯

地下室的楼梯可以与地上部分的楼梯连通使用，但要求用乙级防火门分隔。若层高较小或用作辅助房间的地下室，可设置单跑楼梯。一个地下室至少应有两部楼梯通向地面。人防地下室也应至少有两个出口通向地面，其中一个必须是独立的安全出口。独立安全出口与地面以上建筑物的距离要求不小于地面建筑物高度的一半，以防空袭时建筑物倒塌，堵塞出口，影响疏散。

2.4.3 地下室防潮

当设计最高地下水位低于地下室底板 0.30～0.50m，且基底范围内的土壤及回填土无形成上层滞水的可能时，地下室的墙体和底板只受到无压水和土壤中毛细管水的影响，此时地下室只需做防潮处理。

防潮的构造要求是砖墙必须用水泥砂浆砌筑，灰缝必须饱满；在外墙外侧设垂直防潮层，做法是先用 1∶3 的水泥砂浆找平 20mm 厚，再刷冷底子油一道，热沥青两道，然后在防潮层外侧回填渗透性差的土壤，如黏土、灰土等，并逐层夯实，底宽 500mm 左右；地下室所有墙体必须设两道水平防潮层，一道设在地下室地坪附近，一道设在室外地面散水以上 150～200mm 的位置，防潮构造如图 2.33 所示。

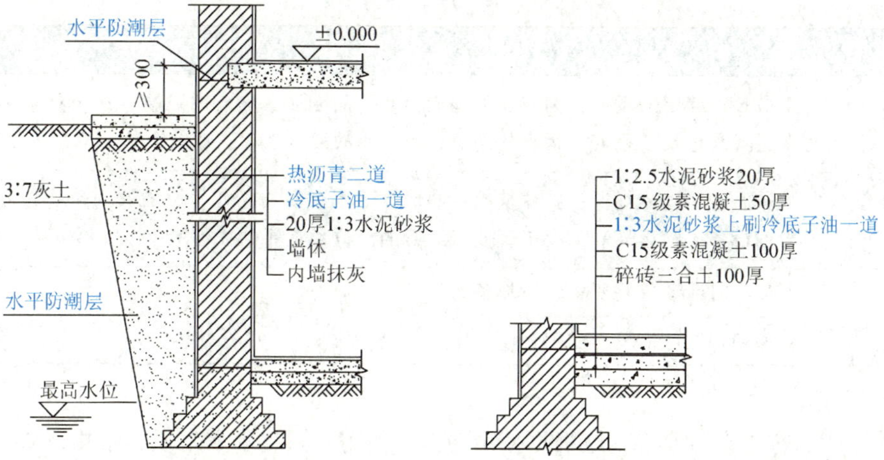

(a) 墙身防潮　　(b) 地坪防潮

图 2.33　地下室防潮构造

2.4.4　地下室防水

当设计最高地下水位高于地下室地坪时，地下室相当于浸泡在地下水中，其外墙受到地下水的侧压力，底板受到地下水的浮力。因此必须对地下室的外墙和底板做防水处理。

《地下工程防水技术规范》(GB 50108—2008) 中将地下工程的防水等级分为四级，各等级防水标准应符合表 2-2 的规定。

表 2-2　地下工程防水标准

防水等级	防水标准
一级	不允许渗水，结构表面无湿渍
二级	不允许漏水，结构表面可有少量湿渍； 工业与民用建筑：总湿渍面积不应大于总防水面积（包括顶板、墙面、地面）的 1/1000；任意 100m² 防水面积上的湿渍不超过 2 处，单个湿渍的最大面积不大于 0.1 m²
三级	有少量漏水点，不得有线流和漏泥沙；任意 100m² 防水面积上的漏水或湿渍点数不超过 7 处，单个漏水点的最大漏水量不大于 2.5L/d，单个湿渍的最大面积不大于 0.3 m²
四级	有漏水点，不得有线流和漏泥沙；整个工程平均漏水量不大于 2L/(m²·d)，任意 100m² 防水面积上的平均漏水量不大于 4L/(m²·d)

地下工程不同防水等级的适用范围，应根据工程的重要性和使用中对防水的要求按表 2-3选定。

表 2-3　不同防水等级的适用范围

防水等级	适用范围
一级	人员长期停留的场所；因有少量湿渍会使物品变质、失效的贮物场所及严重影响设备正常运转和危及工程安全运营的部位；极重要的战备工程、地铁车站
二级	人员经常活动的场所；在少量湿渍的情况下不会使物品变质、失效的贮物场所及基本不影响设备正常运转和危及工程安全运营的部位；重要的战备工程
三级	人员临时活动的场所；一般战备工程
四级	对渗漏水无严格要求的工程

注：一般的地下室都按二级考虑。

地下工程的防水设防要求，应根据使用功能、使用年限、水文地质、结构形式、环境条件、施工方法及材料性能等因素确定。明挖法地下工程的防水设防要求应按表 2-4 选用。

表 2-4　明挖法地下工程防水设防要求

<table>
<tr><th colspan="2">工程部位</th><th colspan="7">主体结构</th></tr>
<tr><td colspan="2">防水措施</td><td>防水混凝土</td><td>防水卷材</td><td>防水涂料</td><td>塑料防水板</td><td>膨润土防水材料</td><td>防水砂浆</td><td>金属防水板</td></tr>
<tr><td rowspan="4">防水等级</td><td>一级</td><td>应选</td><td colspan="6">应选一至二种</td></tr>
<tr><td>二级</td><td>应选</td><td colspan="6">应选一种</td></tr>
<tr><td>三级</td><td>应选</td><td colspan="6">宜选一种</td></tr>
<tr><td>四级</td><td>宜选</td><td colspan="6">—</td></tr>
</table>

地下室常用的防水措施有卷材防水和防水混凝土两类。

1. 卷材防水

规范规定卷材防水层应铺设在混凝土结构的迎水面。卷材防水层用于建筑物地下室时，应铺设在结构底板垫层至墙体防水设防高度的结构基面上。

卷材防水的品种有高聚物改性沥青类防水卷材（如 SBS 卷材、BAC 卷材等）和合成高分子类防水卷材（如三元乙丙橡胶防水卷材），卷材的品种见表 2-5。

表 2-5　卷材防水层的卷材品种

类　别	品种名称
高聚物改性沥青类防水卷材	弹性体沥青防水卷材
	改性沥青聚乙烯胎防水卷材
	自粘聚合物改性沥青防水卷材
合成高分子类防水卷材	三元乙丙橡胶防水卷材
	聚氯乙烯防水卷材
	聚乙烯丙纶复合防水卷材
	高分子自粘胶膜防水卷材

防水卷材的品种规格和层数，应根据地下工程防水等级、地下水位高低及水压力作用状况、结构构造形式好施工工艺等元素确定。铺贴高聚物改性沥青卷材应采用热熔法施工；铺贴合成高分子卷材应采用冷粘法施工。

防水卷材粘贴在外墙外侧称外防水，粘贴在外墙内侧称内防水。由于外防水的防水效果较好，因此应用较多。内防水施工方便，容易维修，但对防水不利，故一般在补救或修缮工程中应用较多。

铺贴防水卷材应符合以下要求：①应铺设卷材加强层；②结构底板垫层混凝土部位的卷材可采用空铺法或点粘法施工，其黏结位置、点粘面积应按设计要求确定，侧墙采用外防外贴法的卷材及顶板部位的卷材应采用满粘法施工；③卷材与基面、卷材与卷材间的黏结应紧密、牢固，铺贴完成的卷材应平整顺直，搭接尺寸应准确，不得产生扭曲和皱折；④卷材搭接处和接头部位应粘贴牢固，接缝口应封严或采用材性相容的密封材料封缝；⑤铺贴立面卷材防水层时，应采取防止卷材下滑的措施；⑥铺贴双层卷材时，上下两层和相邻两幅卷材的接缝应错开 1/3～1/2 幅宽，且两层卷材不得相互垂直铺贴。

采用外防外贴法铺贴卷材防水层时，应符合下列规定：①应先铺平面，后铺立面，交接处应交叉搭接；②临时性保护墙宜采用石灰砂浆砌筑，内表面宜做找平层；③从底面折向立面的卷材与永久性保护墙的接触部位，应采用空铺法施工，卷材与临时性保护墙或围护结构模板的接触部位，应将卷材临时贴附在该墙上或模板上，并应将顶端临时固定；④当不设保护墙时，从底面折向立面的卷材接槎部位应采取可靠的保护措施；⑤混凝土结构完成，铺贴立面卷材时，应先将接槎部位的各层卷材揭开，并应将其表面清理干净，如卷材有局部损伤，应及时进行修补，卷材接槎的搭接长度，高聚物改性沥青类卷材应为 150mm，合成高分子类卷材应为 100mm；当使用两层卷材时，卷材应错槎接缝，上层卷材应盖过下层卷材。卷材防水层甩槎、接槎构造如图 2.34 所示。

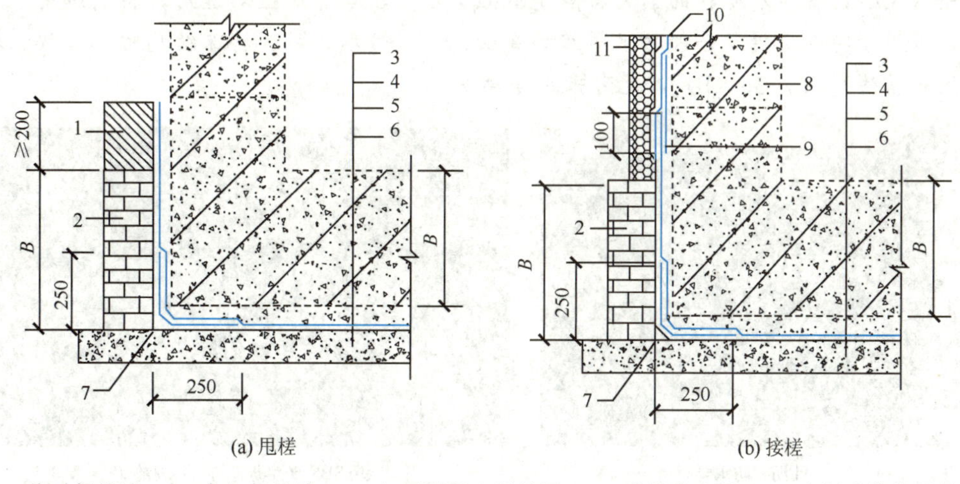

1—临时保护墙；2—永久保护墙；3—细石混凝土保护层；4—卷材防水层；5—水泥砂浆找平层；6—混凝土垫层；7—卷材加强层；8—结构墙体；9—卷材加强层；10—卷材防水层；11—卷材保护层

图 2.34 卷材防水层甩槎、接槎构造

图 2.35 为地下室防水卷材施工的部分工序。

地下室防水卷材施工

(a) 防水卷材铺贴完成后　　(b) 保护层施工

图 2.35　地下室防水卷材施工

知识延伸：常用防水卷材介绍

常用防水卷材

1. 高聚物改性防水卷材

高聚物改性防水卷材是在传统沥青防水卷材的基础上，将填充、改性材料等添加剂掺入沥青材料或其他主体材料中，经混炼、压延或挤出成型而成的卷材。高聚物改性沥青防水卷材克服了传统沥青防水卷材的不足，具有高温不流淌、低温不脆裂、拉伸强度较高、延伸率较大等优异性能。常用的该类防水卷材有 SBS 改性沥青防水卷材和 APP 改性沥青防水卷材等。

（1）SBS 改性沥青防水卷材

SBS 改性沥青防水卷材属于“弹性体改性沥青防水卷材”[图 2.36（a）]。SBS 改性沥青防水卷材是用 SBS 改性沥青浸滞胎基，两面涂以 SBS 沥青涂盖层，上表面撒以细砂、矿物粒（片）料或覆盖聚乙烯膜，下表面撒以细砂或覆盖聚乙烯膜所制成的一类卷材。

SBS 改性沥青防水卷材的最大特点是低温柔性好，冷热地区均适用，特别适用于寒冷地区，可用于特别重要及一般防水等级的屋面、地下防水工程、特殊结构防水工程。施工可采用热熔法[图 2.36（b）]，也可采用冷粘法。

(a) SBS 改性沥青防水卷材　　(b) SBS 改性沥青防水卷材施工

图 2.36　SBS 改性沥青防水卷材

（2）APP 改性沥青防水卷材

APP 改性沥青防水卷属于“塑性体改性沥青防水卷材”[图 2.37（a）]。APP 改性沥青防水卷材属塑性体沥青防水卷材中的一种。它是用 APP 改性沥青浸渍胎基（玻纤毡、聚酯毡），并涂盖两面，上表面撒以细砂、矿物粒（片）料或覆盖聚乙烯膜，下表面撒以砂或覆盖聚乙烯膜的一类防水卷材。

APP改性沥青防水卷材的性能接近SBS改性沥青卷材。其最突出的特点是耐高温性能好，130℃高温下不流淌，特别适合高温地区或太阳辐射强烈地区使用。另外，APP改性沥青防水卷材热熔性非常好，特别适合热熔法施工，也可用冷粘法施工［图2.37（b）］。

(a) APP改性沥青防水卷材

(b) APP改性沥青防水卷材施工

图2.37　APP改性沥青防水卷材

（3）BAC自粘改性聚酯防水卷材

BAC自粘改性聚酯防水卷材是由增强胎体、高品质的改性沥青胶料和含有$CaSiO_3$的自粘胶料复合而成的新型防水卷材［图2.38（a）］。其中独特的高分子聚合物能够与水泥砂浆或水泥素浆粘贴，也可与后续浇筑的混凝土结合，产生较强的黏结力。该卷材采用湿铺法施工，自粘胶料能与未固化的水泥水化物互相渗透，形成咬合效果，最终形成连续的机械黏结，永久地密封于水泥胶凝材料构件上，最终形成“皮肤式”的防水层［图2.38（b）］。

(a) BAC自粘改性聚酯防水卷材

(b) 冷粘法施工

图2.38　BAC自粘改性聚酯防水卷材

2. 合成高分子防水卷材

三元乙丙橡胶防水卷材是以三元乙丙橡胶为主体材料的高弹性防水材料［图2.39（a）］，由于主体材料自身的分子结构，使这类卷材耐候性、耐臭氧性、耐热性、化学稳定性非常优异，并且弹性好，拉伸性能优异，使用寿命可达 40 年以上。三元乙丙橡胶防水卷材采用冷粘法施工［图 2.39（b)］。

(a) 三元乙丙橡胶防水卷材

(b) 冷粘法施工

图 2.39　三元乙丙橡胶防水卷材

2. 防水混凝土防水

防水混凝土防水是把地下室的墙体和底板用防水混凝土整体浇筑在一起，以具备承重、围护和防水的功能。防水混凝土的配制要求满足强度的同时，还要满足抗渗等级的要求。防水混凝土设计抗渗等级应符合表 2－6 的规定。

表 2－6　防水混凝土设计抗渗等级

工程埋置深度 H/m	设计抗渗等级
$H<10$	P6
$10\leqslant H<20$	P8
$20\leqslant H<30$	P10
$H\geqslant 30$	P12

要提高混凝土的抗渗能力，通常采用的防水混凝土有以下几种。

① 骨料级配混凝土：采用不同粒径的骨料进行级配，且适当减少骨料的用量和增加砂率与水泥用量，以保证砂浆充满于骨料之间，从而提高混凝土的密实性和抗渗性。

② 外加剂防水混凝土：在混凝土中掺入微量有机或无机外加剂，以改善混凝土内部组织结构，使其有较好的和易性，从而提高混凝土的密实性和抗渗性。常用的外加剂有引气剂、减水剂、三乙醇胺、氯化铁等。

③ 膨胀防水混凝土：在水泥中掺入适量膨胀剂或使用膨胀水泥，使混凝土在硬化过程中产生膨胀，弥补混凝土冷干收缩形成的孔隙，从而提高混凝土的密实性和抗渗性。防水混凝土自防水构造如图 2.40 所示。

图 2.41 为某建筑地下室防水混凝土构造大样图。

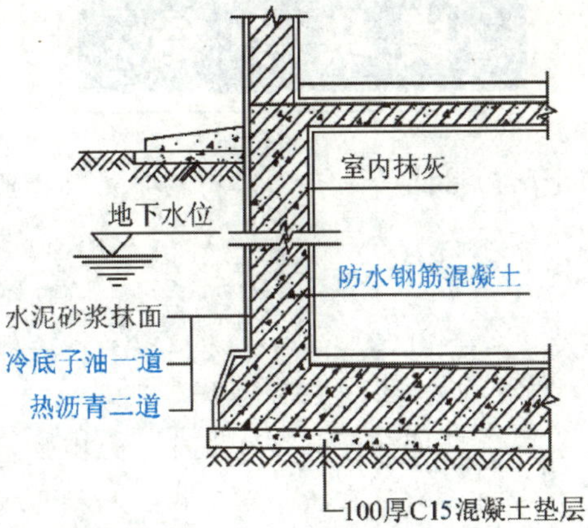

图 2.40 防水混凝土自防水构造

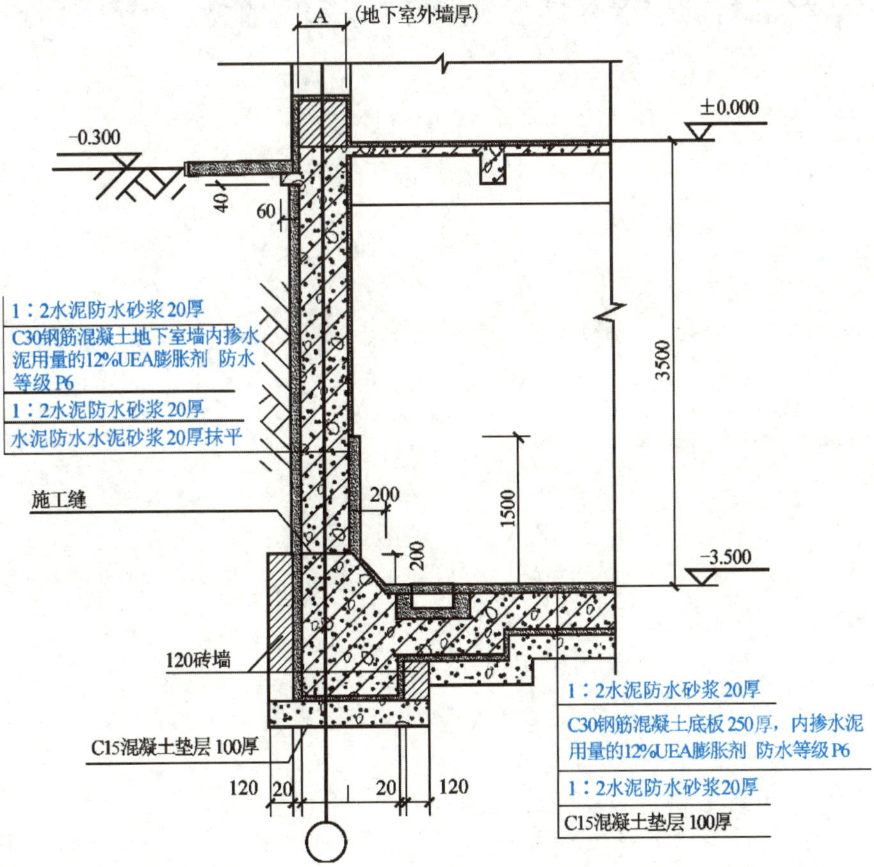

图 2.41 某建筑地下室防水混凝土构造大样图

模块小结

地基是承受由基础传下来的荷载的土层，它不属于建筑物的组成部分，它是承受建筑物荷载而产生的应力和应变的土壤层。基础是建筑物最下面与土壤直接接触的扩大构件，是建筑的下部结构。

地基按土层性质和承载力的不同，可分为天然地基和人工地基两大类。

基础埋深是指从设计室外地面至基础底面的垂直距离。

基础的类型很多，按基础所用材料及受力特点可分为刚性基础和柔性基础；按构造形式可分为独立基础、条形基础、筏形基础、箱形基础和桩基础等。

当设计最高地下水位低于地下室底板 0.30～0.50m，且基地范围内的土壤及回填土无形成上层滞水的可能时，地下室的墙体和底板只受到无压水和土壤中毛细管水的影响，此时地下室只需做防潮处理。

当设计最高地下水位高于地下室地坪时，地下室相当浸泡于地下水中，其外墙受到地下水的侧压力，底板受到地下水的浮力，必须对地下室的外墙和底板做防水处理。

复习思考题

一、名词解释

1. 地基
2. 基础
3. 基础埋深
4. 刚性基础
5. 柔性基础

二、选择题

1. 当建筑物为柱承重且柱距较大时宜采用（　　）。
   A. 独立基础　B. 条形基础　C. 桩基础　D. 筏形基础
2. 基础埋深不超过（　　）时，叫浅基础。
   A. 500mm　B. 5m　C. 6m　D. 5.5m
3. 基础设计中，在连续的墙下或密集的柱下，宜采用（　　）。
   A. 独立基础　B. 条形基础　C. 井格基础　D. 筏形基础
4. 地基软弱的多层砌体结构，当上部荷载较大且地基不均匀时，一般采用（　　）。
   A. 独立基础　B. 条形基础　C. 井格基础　D. 筏形基础
5. 以下基础中，刚性角最大的基础通常是（　　）。
   A. 混凝土基础　B. 砖基础　C. 砌体基础　D. 石基础
6. 属于柔性基础的是（　　）。
   A. 砖基础　B. 毛石基础
   C. 混凝土基础　D. 钢筋混凝土基础
7. 刚性基础的受力特点是（　　）。
   A. 抗拉强度大、抗压强度小
   B. 抗拉强度小、抗压强度大
   C. 抗拉强度、抗压强度均大
   D. 抗剪切强度大
8. 直接在上面建造房屋的土层称为（　　）。
   A. 原土地基　B. 天然地基　C. 人造地基　D. 人工地基
9. 对于大量砖混结构的多层建筑的基础，通常采用（　　）。
   A. 单独基础　B. 条形基础　C. 筏形基础　D. 箱形基础

三、简答题

1. 什么是地基和基础？地基和基础有何区别？
2. 天然地基和人工地基有何区别？人工加固地基的方法有哪些？
3. 地基和基础的设计要求有哪些？
4. 什么是基础埋深？影响基础埋深的因素有哪些？
5. 什么是刚性基础？刚性基础为什么要考虑刚性角？
6. 简述常用基础的分类及其特点。

7. 砖大放脚的构造如何?
8. 什么是柔性基础?
9. 简述地下室的分类和构造组成。
10. 如何确定地下室应该防潮还是防水?简述地下室防水的构造做法。

模块2
在线答题

模块 3 墙体

思维导图

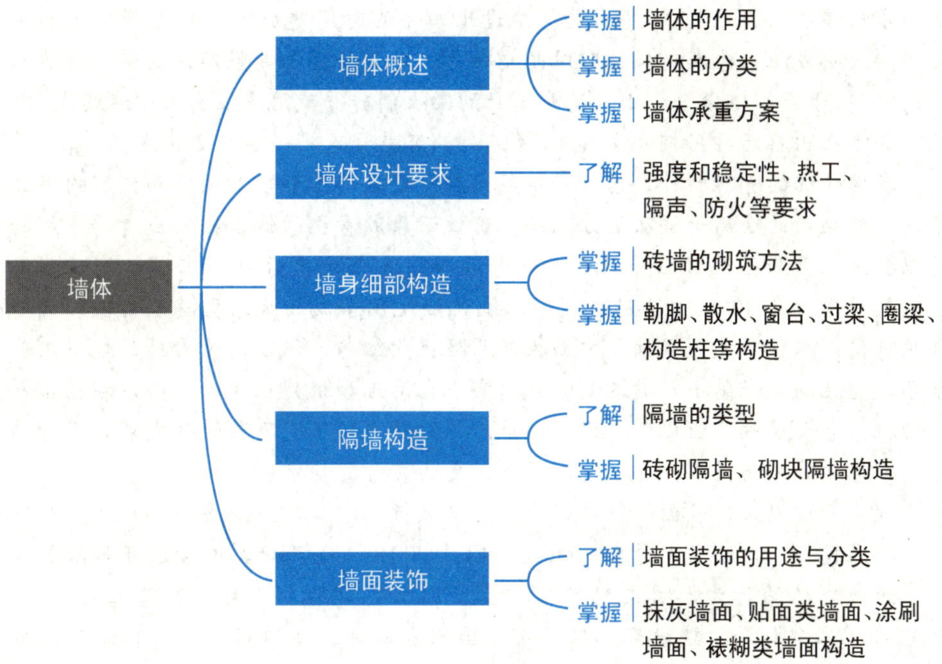

墙体
墙体概述
掌握 墙体的作用
掌握 墙体的分类
掌握 墙体承重方案
墙体设计要求
了解 强度和稳定性、热工、隔声、防火等要求
墙身细部构造
掌握 砖墙的砌筑方法
掌握 勒脚、散水、窗台、过梁、圈梁、构造柱等构造
隔墙构造
了解 隔墙的类型
掌握 砖砌隔墙、砌块隔墙构造
墙面装饰
了解 墙面装饰的用途与分类
掌握 抹灰墙面、贴面类墙面、涂刷墙面、裱糊类墙面构造

知识点滴

砖材的使用与改革

我国古代砖材的使用

砖是以泥土为原料并经高温烧制而成的建筑材料。在中国，砖出现于奴隶社会的末期和封建社会的初期。从战国时的建筑遗址中，已发现条砖、方砖和栏杆砖，品种繁多，主要用于铺地和砌壁面。条砖和方砖用模压成型，外饰花纹，栏杆砖两面刻兽纹。真正大量使用砖开始于秦朝。秦始皇统一中国后，兴都城、建宫殿、修驰道、筑陵墓，烧制和应用了大量的砖。历史上著名的秦朝都城阿房宫中就是使用青砖铺地。公元前214年，秦始皇为防御北方的匈奴贵族南侵，动用大量劳动力，使用砖石建造举世闻名的“万里长城”。东汉时期，佛教传入了中国，佛教的兴隆给中国的砖建筑带来了一个划时代的转变。在佛教流行的期间，用砖砌筑的砖塔在中国各地出现，从而成为一个砖建筑的象征。北京故宫是从明永乐四年（公元1406年）起，经过十四年的时间建成的一组规模宏大的宫殿组群。明成祖朱棣在建筑故宫时想要一种比石头和金属更坚实的材料，他想到了“砖”。于是，他命令用山东德州出产的黏土制砖并使用高温窑柴火连续烧130天，并且在出窑后再用桐油浸透49天。桐油容易浸透，一磨就会出光。

我国传统的青砖制作工艺是在烧成高温阶段后期将全窑封闭从而使窑内供氧不足，砖坯内的铁离子被从呈红色的三价铁还原成青色的低价铁而成青砖。红砖是以黏土、页岩、煤矸石等为原料，经粉碎，混合捏练后以人工或机械压制成型，经干燥后在900℃左右的温度下以氧化焰烧制而成的烧结型建筑砖块。青砖在抗氧化、水化、大气侵蚀等方面性能明显优于红砖。但是因为青砖的烧成工艺复杂，能耗高，产量小，成本高，难以实现自动化和机械化生产，所以在轮窑及挤砖机械等大规模工业化制砖设备问世后，红砖得到了突飞猛进的发展，而青砖除个别仿古建筑仍使用外，已基本退出历史的舞台。

改革开放以来，我国的红砖产量呈几何级数式增长，但众多的小型红砖厂取土烧砖滥挖乱采，造成大量农田被毁，因此从1993年开始，国家已开始限制和取缔毁田烧砖的行为，明文规定禁止生产黏土实心砖，限制生产黏土空心砖。2000年国家建材局、建设部、农业部、国土资源部、墙体材料革新建筑节能办公室联合发布文件，要求在住宅建设中逐步限时禁止使用实心黏土砖，直辖市定于2000年12月31日前，计划单列市和副省级城市定于2001午6月30日前，地级城市定于2002年6月30日前为实现禁止使用实心黏土砖目标的最迟日期。

随着全面禁止使用红砖、黏土砖，出现了一批新型墙体材料，有加气混凝土砌块、陶粒砌块、小型混凝土空心砌块、纤维石膏板、新型隔墙板等。这些新型墙体材料以粉煤灰、煤矸石、石粉、炉渣等废料为主要原料，具有质轻、隔热、隔声、保温等特点。

党的二十大报告提出，推动绿色发展，促进人与自然和谐共生。保护耕地、禁止使用红砖，推广新型墙材应用，也正是践行了"绿水青山就是金山银山"的发展理念，夯实粮食安全根基，牢牢守住十八亿亩耕地红线。

3.1 墙体概述

想一想

观察图 3.1，下面两种墙体有何不同之处？有何作用？

墙体

图 3.1 墙体

墙体是房屋的重要组成部分。在一般砌体（砖混）结构建筑中，墙的自重占房屋总重的 40%～65%。如何选择墙体的材料和构造方法，将直接影响房屋的使用质量、自重、造价、材料消耗和施工工期。

3.1.1 墙体的作用

1. 承重作用

承重墙承担建筑的屋顶、楼板传给它的荷载以及自重、风荷载，是砖混结构、混合结构建筑的主要承重构件（图 3.2）。

(a) 红砖墙　　(b) 灰砂砖墙

图 3.2 砌体结构中的墙体

2. 围护作用

外墙起着抵御自然界中风、霜、雨、雪的侵袭，防止太阳辐射、噪声干扰和保温、隔热等作用，是建筑围护结构的主体。

墙体的作用

3. 分隔作用

外墙体界定室内与室外空间。内墙体是建筑水平方向划分空间的构件，把建筑内部划分成若干房间或使用空间。

在砌体结构中，墙体（图 3.3）具有以上三个作用，而对于以钢筋混凝土承重的框架（图 3.4）、剪力墙、筒体等结构来说，墙体不具有承重作用，主要是围护和分隔空间的作用。

图 3.3　砌体结构的墙体

图 3.4　框架结构的墙体

3.1.2　墙体的类型

1. 按承重情况分类

按墙体的承重情况可分为承重墙和非承重墙两类。承担楼板、屋顶等构件传来荷载的墙称为承重墙；一般情况下仅承受自重的墙体称为非承重墙。

2. 按材料分类

墙体按所用材料分类有很多种，较常见的有：用砖和砂浆砌筑的砖墙；用石块和砂浆砌筑的石墙；工业废料制作各种砌块砌筑的砌块墙；钢筋混凝土墙；墙体板材通过设置骨架或无骨架方式固定形成的板材墙等。

3. 按墙体在建筑中的位置和走向分类

墙体按所在位置可分为外墙、内墙。沿建筑四周边缘布置的墙体称为外墙。被外墙所包围的墙体称为内墙。沿着建筑物短轴方向布置的墙体称为横墙，横墙有内横墙、外横墙之分，位于建筑物两端的外横墙俗称山墙。沿着建筑物长轴方向布置的墙体称为纵墙，纵墙有内纵墙、外纵墙之分，如图 3.5 所示。在同一道墙上，门窗洞口之间的墙体称为窗间墙，门窗洞口上、下的墙体分别称为窗上墙、窗下墙。

4. 按墙体的施工方式分类

墙体可分为块材墙、板筑墙和板材墙三种。块材墙是用砂浆等胶结材料将砖、石块、中小型砌块等组砌而成的，如实砌砖墙、砌块墙等。板筑墙是在墙体部位设置模板现浇而成的墙体，如夯土墙（图 3.6）、滑模或大模板现浇钢筋混凝土墙（图 3.7）。板材墙是将

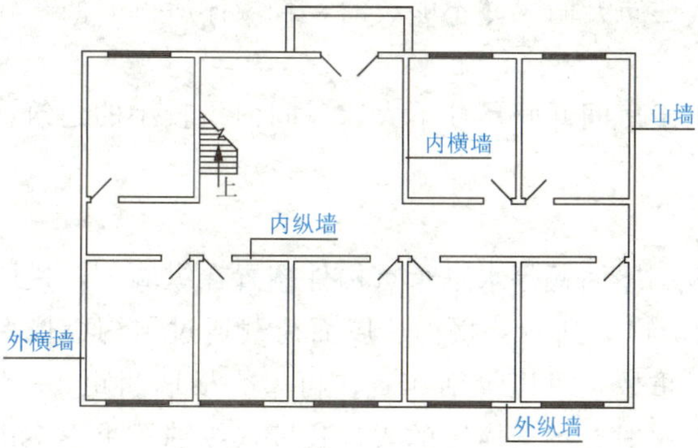

图 3.5 墙体各部分的名称

预先制成的墙体构件运至施工现场，然后安装、拼接而成的墙体，如预制混凝土大板墙（图 3.8）、石膏板墙（图 3.9）、金属面板墙、各种幕墙等。

图 3.6 夯土墙（土楼）

图 3.7 现浇钢筋混凝土墙

块材墙、板筑墙、板材墙

图 3.8 预制混凝土大板墙

图 3.9 石膏板墙

3.1.3 墙体的承重方案

墙体有四种承重方案：横墙承重、纵墙承重、纵横墙混合承重和墙与柱混合承重。

1. 横墙承重

横墙承重是将楼板、屋面板等水平承重构件搁置在横墙上，如图 3.10（a）所示，楼面、屋面荷载通过结构板依次传递给横墙、基础与地基。横墙承重的建筑横向刚度较强，整体性好，有利于抵抗水平荷载（风荷载、地震作用等）和调整地基不均匀沉降。由于纵墙是非承重墙，因此内纵墙可自由布置，在外纵墙上开设门窗洞口较为灵活。但是横墙间距受到最大间距限制，建筑开间尺寸不够灵活，且墙体所占的面积较大，相应地降低了建筑面积的使用率。

横墙承重方案适用于房间开间尺寸不大，房间面积较小的建筑，如宿舍、旅馆、办公楼、住宅等。

2. 纵墙承重

纵墙承重是将楼板、屋面板等水平承重构件搁置在纵墙上，横墙只起分隔空间和连接纵墙的作用，如图 3.10（b）所示。楼面、屋面荷载通过结构板依次传递给纵墙、基础及地基。由于横墙是非承重墙，可以灵活布置，可增大横墙间距，分隔出较大的使用空间。建筑中纵墙的累计长度一般要小于横墙的累计长度，纵墙承重方案中横墙厚度薄，相应地增大使用面积，同时节省墙体材料；纵墙因承重需要而较厚，而在北方地区，外纵墙因保温需要，其厚度往往大于承重所需的厚度，因此充分发挥了外纵墙的作用。但由于横墙不承重，自身的强度和刚度较低，抵抗水平荷载的能力比横墙承重差；水平承重构件的跨度较大，其截面高度增加，单件重量较大，施工要求高；承重纵墙上开设门窗洞口有一定限制，不易组织采光、通风。

纵墙承重方案适用于使用上要求有较大空间的建筑，如办公楼、商店、餐厅等。

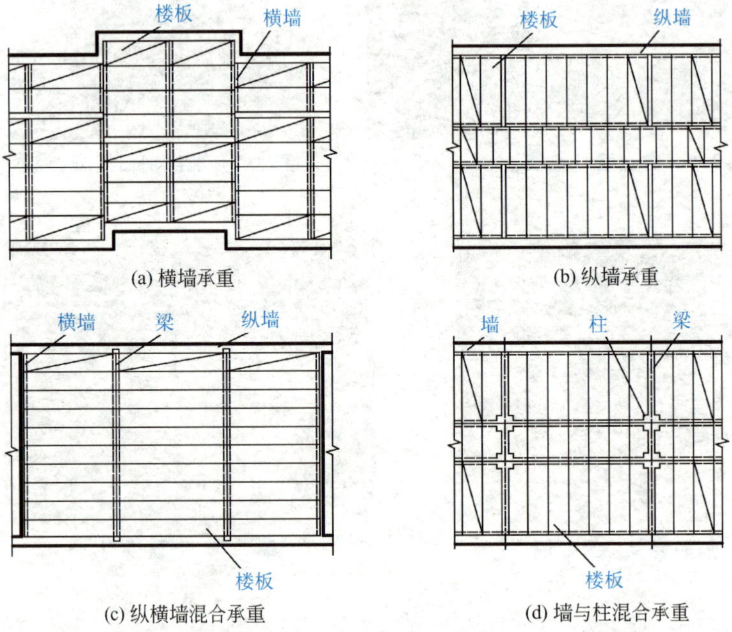

图 3.10　墙体的承重方案

3. 纵横墙混合承重

纵横墙混合承重方案的承重墙体由纵横两个方向的墙体组成，如图 3.10（c）所示。纵横墙混合承重方式综合了横墙承重和纵墙承重的优点，房屋刚度较好，平面布置灵活，可根据建筑功能的需要综合运用。但水平承重构件类型较多，施工复杂，墙体所占面积较大，降低了建筑面积的使用率，消耗墙体材料较多。

纵横墙混合承重方案适用于房间开间、进深变化较多的建筑，如医院、幼儿园、教学楼、阅览室等。

4. 墙与柱混合承重

墙与柱混合承重方案是建筑内部采用柱、梁组成的内框架承重，四周采用墙承重，由墙和柱共同承担水平承重构件传来的荷载，又称内骨架结构，如图 3.10（d）所示。建筑的强度和刚度较好，可形成较大的室内空间。

墙与柱混合承重方案适用于室内需要较大空间的建筑，如大型商店、餐厅、阅览室等。

3.2 墙体设计要求

想一想

北方某一个宿舍楼，采用砌体结构，采用 37 墙，外墙加一层泡沫保温层。广州某一多层住宅，框架结构，外墙采用灰砂砖砌筑成 18 墙。思考墙体有何设计要求？南北方地区建筑墙体有何不同之处？

1. 具有足够的强度和稳定性

强度是指墙体承受荷载的能力。它与墙体采用的材料、材料强度等级、墙体的截面积、构造和施工方式有关。强度等级高的砖和砂浆所砌筑的墙体比强度等级低的砖和砂浆所砌筑的墙体强度高；相同材料和相同强度等级的墙体相比，截面积大的墙体强度要高。作为承重墙的墙体，必须具有足够的强度以保证结构的安全。

2. 满足热工要求

外墙是建筑围护结构的主体，其热工性能的好坏会对建筑的使用及能耗带来直接的影响。建筑物热工设计应与地区气候相适应，热工要求主要是考虑墙体的保温与隔热。

《民用建筑热工设计规范》（GB 50176—2016）规定，建筑热工设计区划分为两级，一级分为严寒地区、寒冷地区、夏热冬冷地区、夏热冬暖地区和温和地区，二级区划指标及设计要求应符合表 3－1 的规定。

表 3－1 热工设计二级区划指标及设计要求

二级区划名称	设计要求	城市举例
严寒 A 区（1A）	冬季保温要求极高，必须满足保温设计要求，不考虑防热设计	黑河、漠河、嫩江、伊春
严寒 B 区（1B）	冬季保温要求非常高，必须满足保温设计要求，不考虑防热设计	哈尔滨、齐齐哈尔、牡丹江
严寒 C 区（1C）	必须满足保温设计要求，可不考虑防热设计	呼和浩特、长春、长岭、延吉、沈阳、酒泉、张掖、西宁、乌鲁木齐
寒冷 A 区（2A）	应满足保温设计要求，可不考虑防热设计	锦州、大连、丹东、青岛、日照、张家口、承德、唐山、太原、延安、宝鸡、兰州、敦煌、银川、伊宁、喀什、拉萨、林芝、毕节

续表

二级区划名称	设计要求	城市举例
寒冷 B 区（2B）	应满足保温设计要求，宜满足隔热设计要求，兼顾自然通风、遮阳设计	北京、天津、济南、石家庄、邢台、保定、郑州、西安、吐鲁番、徐州
夏热冬冷 A 区（3A）	应满足保温、隔热设计要求，重视自然通风、遮阳设计	上海、合肥、蚌埠、南京、溧阳、安庆、杭州、武汉、宜昌、长沙、岳阳、常德、邵阳、南昌、成都、绵阳、雅安、遵义
夏热冬冷 B 区（3B）	应满足隔热、保温设计要求，强调自然通风、遮阳设计	重庆、赣州、吉安、宜宾、泸州、武夷山市、桂林、韶关、连州、南平、邵武
夏热冬暖 A 区（4A）	应满足隔热设计要求，宜满足保温设计要求，强调自然通风、遮阳设计	福州、柳州、梧州、河池、连平、漳平
夏热冬暖 B 区（4B）	应满足隔热设计要求，可不考虑保温设计要求，强调自然通风、遮阳设计	厦门、广州、深圳、梅县、河源、汕头、湛江、阳江、汕尾、南宁、百色、北海、海口、琼海、三亚
温和 A 区（5A）	应满足冬季保温设计要求，可不考虑防热设计	贵阳、昆明、丽江、大理
温和 B 区（5B）	宜满足冬季保温设计要求，可不考虑防热设计	瑞丽、临沧、江城、澜沧

（1）墙体的保温

建筑的外墙应具有良好的保温能力，在采暖期尽量减少热量损失，降低能耗，保证室内温度不致过低，不出现墙体内表面产生冷凝水的现象。通常采取的保温措施有：①适当增加墙体厚度，提高墙体的热阻。②选择导热系数小的墙体材料，墙体节能保温材料包括有机类（如苯板、聚苯板、挤塑板、聚苯乙烯泡沫板、硬质泡沫聚氨酯、聚碳酸酯及酚醛等）、无机类（如珍珠岩水泥板、泡沫水泥板、复合硅酸盐、岩棉、传统保温砂浆等）和复合材料类［如金属夹芯板（芯材为聚苯）、玻化微珠、聚苯颗粒等］。由于建筑节能的需要，北方地区天气寒冷，保温要求较高，但保温材料一般承载能力较差，故常采用轻质高效的保温材料与砖、混凝土或钢筋混凝土组成复合保温墙体，并将保温材料放在靠低温一侧以利保温，保温复合墙构造如图 3.11 所示。同时在保温层靠高温一侧采用沥青、卷材、隔汽涂料等设置隔汽层，以防产生冷

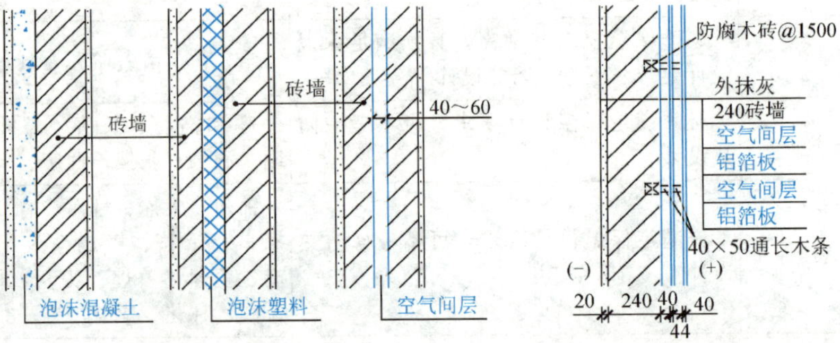

(a) 保温围护结构构造　　(b) 铝箔保温处理

图 3.11　保温复合墙构造图

凝水，隔蒸汽构造如图 3.12 所示。由各种接缝和混凝土嵌入体构成的热桥部位，应做保温处理，如图 3.13 所示。

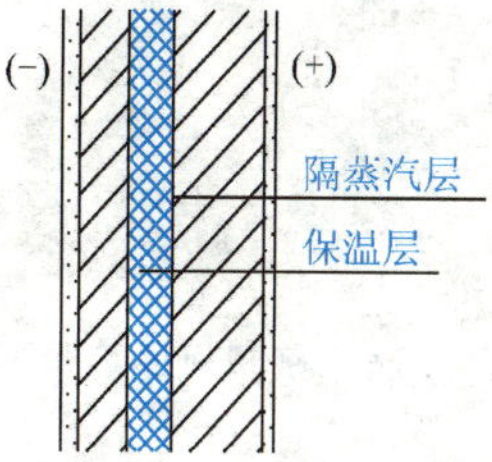

图 3.12　隔蒸汽构造

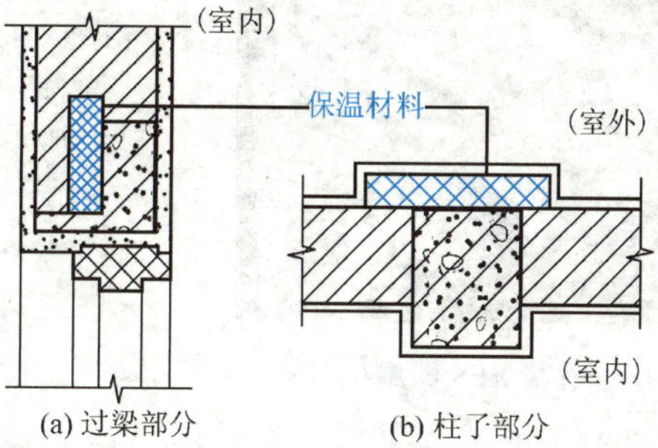

图 3.13　热桥部位保温处理

《外墙外保温工程技术规程》（JGJ 144—2019）中指出，粘贴保温板薄抹灰外保温系统由黏结层、保温层、抹面层和饰面层构成，如图 3.14 所示。

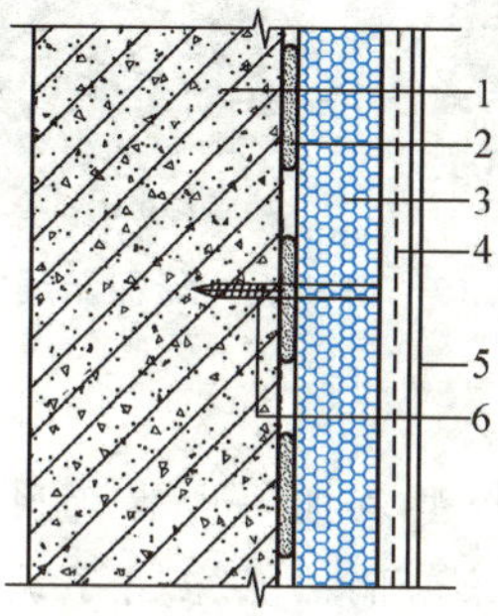

图 3.14　粘贴保温板薄抹灰外保温系统

1—基础墙体；2—胶黏剂；3—保温层；4—抹面胶浆复合玻纤网；5—饰面层；6—锚栓

知识延伸 1：墙体保温做法

墙体的保温做法

1. 挤塑板保温做法

挤塑 XPS（聚苯乙烯泡沫塑料）保温板（图 3.15），以聚苯乙烯树脂为主要原料，经特殊工艺连续挤出发泡成型的硬质板材，具有独特完美的闭孔蜂窝结构，有抗高压、防潮、不透气、不吸水、耐腐蚀、导热系数低、轻质、使用寿命长等优质性能的环保型材料。挤塑聚苯乙烯保温板广泛使用于墙体保温、低温储藏设施、屋顶等保温构造中。挤塑板外墙保温构造图如图 3.16 所示。

粘贴外墙挤塑板保温层施工工艺为：基层处理→刷界面剂一遍→配专用黏结砂浆→粘贴挤塑板→挤塑板隐检验收→挤塑板打磨找平、清洁→刷界面剂一遍→钻孔及安装固定钢丝网片→配聚合物砂浆→抹聚合物砂浆→抹聚合物砂浆验收（图 3.17）。工艺烦琐，需要工人认真、仔细、有责任心，才能确保施工不出错。

图 3.15 挤塑 XPS 保温板

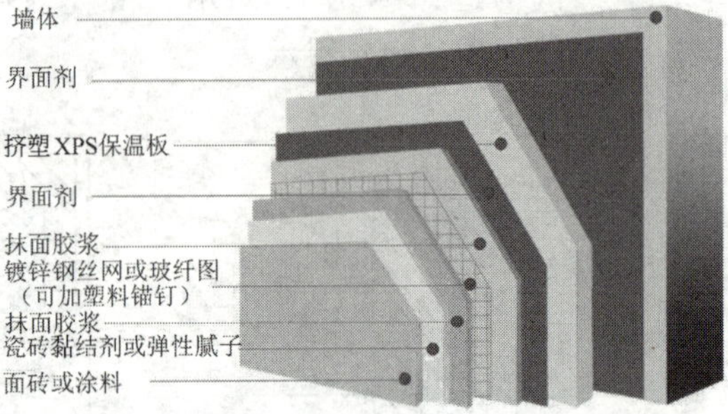

图 3.16 挤塑板外墙保温构造

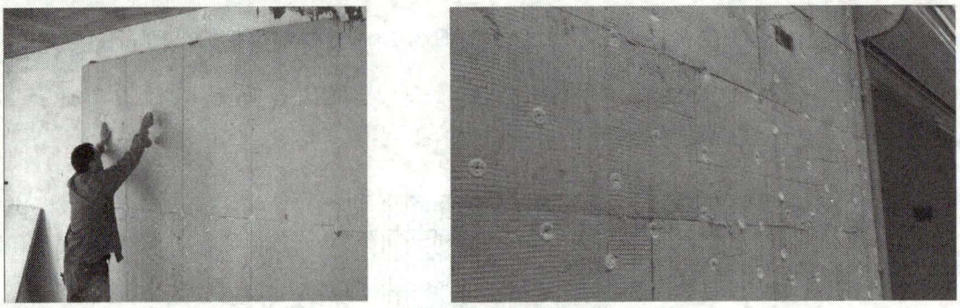
图 3.17 挤塑板外墙保温层施工

2. 玻化微珠保温砂浆

玻化微珠保温砂浆是一种干粉型无机高性能新型墙体保温材料，保温体系由保温隔热层和抗裂防护层两层组成，保温隔热层采用了玻化微珠，替代传统的普通膨胀珍珠岩和聚苯颗粒作为保温型干混砂浆的轻骨料，预拌在干粉改性剂中，形成单组分无机干混料保温砂浆，现场加水搅拌即可使用，可直接抹于干状墙体上，或用喷涂发泡方法施工，该体系弥补了用聚苯颗粒和普通膨胀珍珠岩作轻骨料等其他传统保温砂浆中的诸多缺陷和不足，克服了膨胀珍珠岩吸水性大、易粉化、在料浆搅拌中体积收缩率大、易造成产品后期保温性能降低和空鼓开裂等现象，同时也弥补了聚苯有机材料的防火性能差、高温产生有害气体和抗老化耐候性低、施工中反弹性大等缺陷，特别是在国家强制性提高防火等级，增设防火带的要求下，该系统具有 A 级防火的优点，使得该系统更受青睐。

玻化微珠保温砂浆具有优良的保温隔热性能，强度高，黏结性和抗流挂性好，十分便于施工，不空鼓开裂，耐候抗老化性强，防虫蚁噬蚀，防火等级为 A 级一不燃烧体，具有很高的性价比。

其抗裂防护层采用的是一种具有优异的防渗抗裂性能和耐水耐候性能的面层特种干混砂浆，施工于面层，有利于提高和保护保温基层的综合性能，同时也为下道工序（饰面层）提供优良的底层界面、保证装饰装修材料与基层具有良好的亲和性。

玻化微珠保温砂浆施工工艺：基层检查→吊垂线做灰饼→拌和保温胶浆→抹保温胶浆→滚涂防水剂→抹涂防水抗裂胶浆，压入耐碱玻纤网格布→抹涂弹性腻子→滚涂外墙涂料（图 3.18）。

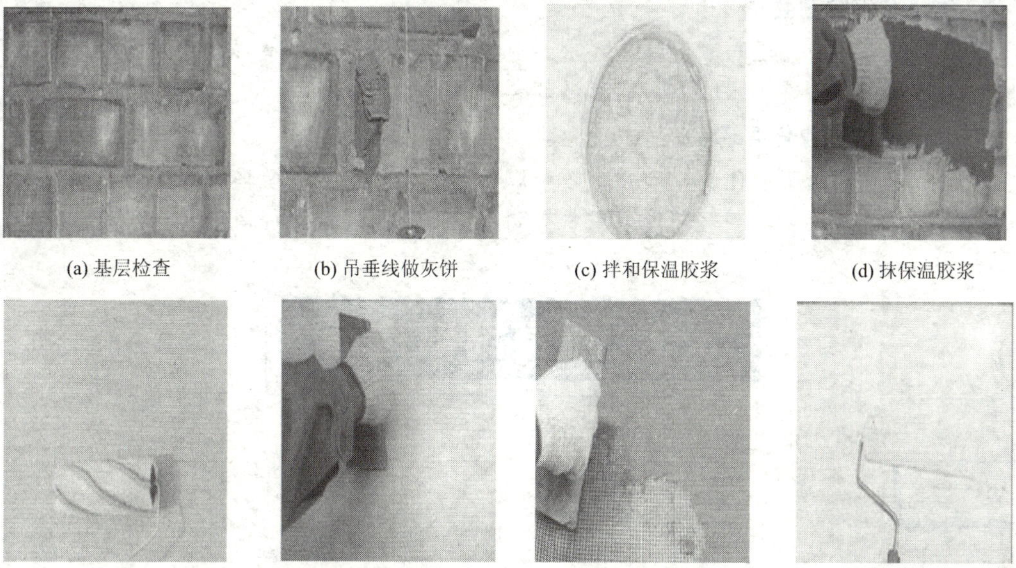

(a) 基层检查 (b) 吊垂线做灰饼 (c) 拌和保温胶浆 (d) 抹保温胶浆

(e) 滚涂防水剂 (f) 抹涂防水抗裂胶浆 (g) 抹涂弹性腻子 (h) 滚涂外墙涂料

图 3.18 外墙保温砂浆保温层施工工艺

(2) 墙体的隔热

要求建筑的外墙应具有良好的隔热能力，以阻隔太阳辐射热传入室内，避免影响到室内的舒适程度。隔热应采取绿化环境、加强自然通风、遮阳及围护结构隔热等综合措施。墙体隔热的通常做法如下：

① 房屋的墙体采用导热系数小的材料或采用中空墙体以减少热量的传导。

② 外墙采用浅色而平滑的外饰面，以减少墙体对太阳辐射热的吸收。

③ 房屋东、西向的窗口外侧可设置遮阳设施，以避免阳光直射室内。

④ 合理选择建筑朝向、平面、剖面设计和窗户布置以有利组织通风。

3. 满足隔声要求

结构隔绝空气传声的能力，主要取决于墙体的单位面积质量（面密度），面密度越大，隔声量越好，故在墙体设计时，应尽量选择面密度大的材料。另外，适当增加墙体厚度，选用密度大的墙体材料，设置中空墙或双层墙均是提高墙体的隔声能力的有效措施。

声音的大小可用 dB（分贝）表示，它是声强级的单位。例如：《民用建筑隔声设计规范》中规定，无特殊要求的住宅分户墙的隔声标准是 45dB；学校一般教室与教室之间的隔墙隔声标准为大于或等于 40dB 等，采用双面抹灰的半砖墙能满足隔声要求。

4. 满足防火要求

作为建筑墙体的材料及厚度，应满足《建筑设计防火规范》的要求。当建筑的单层建筑面积或长度达到一定指标时，应划分防火分区，以防止火灾蔓延。防火分区一般利用防火墙进行分隔。防火墙应采用不燃烧体制作，且耐火极限不低于 4h，一般墙体按所在位置不同、作用不同、耐火等级不同，防火规范要求分别采用不燃烧体或难燃烧体，耐火极限从 3h 到 0.25h 不等。

5. 满足防水防潮要求

地下室的墙体应满足防潮、防水要求。卫生间、厨房、实验室等用水房间的墙体应满足防潮、防水、易清洗、耐摩擦、耐腐蚀的要求。

6. 满足建筑工业化要求

建筑节能和建筑工业化的发展要求改革以普通黏土砖为主的墙体材料，发展和应用新型的轻质高强砌墙材料，减轻墙体自重，提高施工效率，降低工程造价。

3.3 墙身细部构造

想一想

北方某住宅楼采用37墙，如图3.19所示。什么是37墙，如何砌筑而成？图中采用的承重材料是什么？圈梁和构造柱有何作用？构造做法如何？

不同种类的砖

图3.19 北方某住宅楼墙体施工图

3.3.1 砖墙材料

1. 砖的种类和强度等级

砖是传统的砌墙材料，按材料不同，有黏土砖、灰砂砖、页岩砖（图3.20）、粉煤灰砖、炉渣砖等；按外观形状分有普通实心砖（标准砖）、多孔砖和空心砖三种。

普通实心砖的标准名称叫烧结普通砖，是指没有孔洞或孔洞率小于15%的砖。常见的有黏土砖，还有炉渣砖、粉煤灰砖等。

多孔砖是指孔洞率不小于15%，孔的直径小而数量多的砖，常用于承重部位。

空心砖是指孔洞率不小于15%，孔的直径大而数量少的砖，常用于非承重部位。

砖的强度等级是由其抗压强度和抗折强度综合确定的，分为MU30、MU25、MU20、MU15、MU10五个等级。

承重结构的块体的强度等级，应按下列规定采用：烧结普通砖、烧结多孔砖的强度等

(a) 黏土砖　(b) 灰砂砖　(c) 页岩砖

图 3.20　常用砖的类型

级为 MU30、MU25、MU20、MU15 和 MU10；蒸压灰砂普通砖、蒸压粉煤灰普通砖的强度等级为 MU25、MU20 和 MU15；混凝土普通砖、混凝土多孔砖的强度等级为 MU30、MU25、MU20 和 MU15。

标准砖的规格为 240mm×115mm×53mm，每块砖的重量为 2.5～2.65kg。加入灰缝尺寸后，砖的长、宽、厚之比为 4∶2∶1。即一个砖长等于两个砖宽加灰缝（240mm＝2×115mm＋10mm）或等于四个砖厚加三个灰缝（240mm≈4×53mm＋3×9.5mm）。标准砖砌筑墙体时通常以砖宽度的倍数（115mm＋10mm＝125mm）为模数，这与《建筑模数协调统一标准》中的基本模数 M＝100mm 不协调。标准砖的尺寸关系如图 3.21 所示。

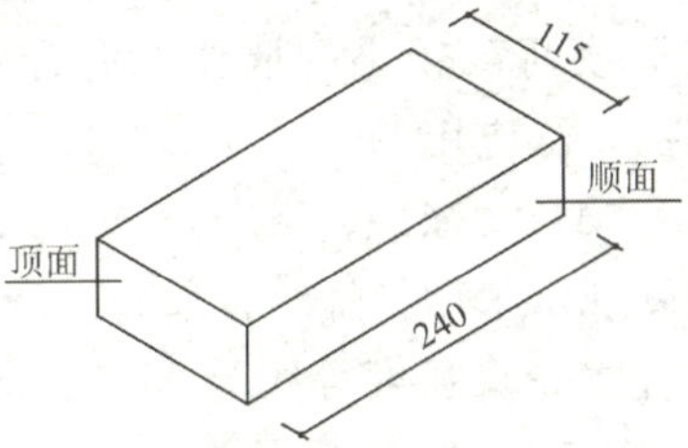

(a) 标准砖的尺寸

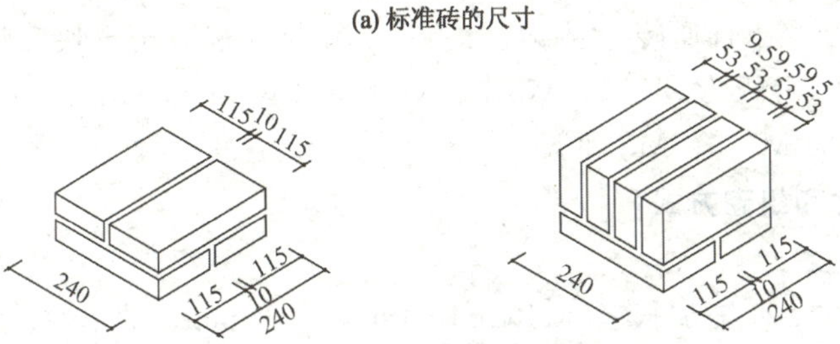

(b) 标准砖的组合尺寸关系

图 3.21　标准砖的尺寸关系

2. 砂浆

知识延伸：砂浆

砂浆根据用途的不同可以分为砌筑砂浆、抹灰砂浆、地面找平砂浆、聚合物防水砂浆等。

(1) 砌筑砂浆（代号 M）

根据《建筑砂浆基本性能试验方法标准》(JGJ/T 70—2009)，建筑砂浆是由水泥基胶凝材料、细骨料、水以及根据性能确定的其他组分按适当比例配合、拌制并经硬化而成的工程材料，可分为施工现场拌制的砂浆和由专业生产厂生产的预拌砂浆。预拌砂浆分为湿拌砂浆（WM）和干混砂浆（DM）。干混砂浆按照砌体材料不同的吸水特点，可以分为：

高保水性砌筑砂浆，用于加气混凝土砌块和烧结砖；中等保水性砌筑砂浆，用于普通混凝土砌块和轻质混凝土砌块；低保水性砌筑砂浆，用于灰砂砖。

(2) 抹灰砂浆（代号 P）

大面积涂抹于建筑物墙、顶棚、柱等表面的砂浆，包括水泥抹灰砂浆、水泥粉煤灰抹灰砂浆、水泥石灰抹灰砂浆、掺塑化剂水泥抹灰砂浆、聚合物水泥抹灰砂浆及石膏抹灰砂浆等，也称抹灰砂浆。抹灰砂浆包括干拌抹灰砂浆（DP）和湿拌抹灰砂浆（WP）。

(3) 地面找平砂浆（代号 S）

地面找平砂浆包括：干拌地面找平砂浆（DS）、湿拌地面找平砂浆（WS）、水泥基自流平砂浆（SLF）等。

(4) 聚合物防水砂浆

以水泥、细骨料为主要组分，以聚合物乳液或可再分散乳胶粉为改性剂，添加适量助剂混合制成的防水砂浆。产品按组分分为单组分（S 类）和双组分（D 类）两类。单组分（S 类）：由水泥、细骨料和可再分散乳胶粉、添加剂等组成。双组分（D 类）：由粉料（水泥、细骨料等）和液料（聚合物乳液、添加剂等）组成。

砌筑墙体的常用砂浆有水泥砂浆、石灰砂浆和混合砂浆。水泥砂浆属于水硬性材料，强度高，主要用于砌筑地下部分的墙体和基础。石灰砂浆属于气硬性材料，防水性差、强度低，适宜用于砌筑非承重墙或荷载较小的墙体。混合砂浆有较高的强度和良好的可塑性、保水性，在地上砌体中被广泛应用。

砂浆强度等级分为 M20、M15、M10、M7.5、M5、M2.5 六个等级。

砂浆的强度等级应按下列规定采用：烧结普通砖、烧结多孔砖、蒸压灰砂普通砖和蒸压粉煤灰普通砖砌体采用的普通砂浆强度等级为 M15、M10、M7.5、M5 和 M2.5；蒸压灰砂普通砖和蒸压粉煤灰普通砖砌体采用的专用砌筑砂浆强度等级为 Ms15、Ms10、Ms7.5、Ms5.0；混凝土普通砖、混凝土多孔砖、单排孔混凝土砌块和煤矸石混凝土砌块砌体采用的砂浆强度等级为 Mb20、Mb15、Mb10、Mb7.5 和 Mb5；毛料石、毛石砌体采用的砂浆强度等级为 M7.5、M5 和 M2.5。

3. 砖墙的尺寸和组砌方式

(1) 砖墙的厚度

实心砖墙的尺寸为砖宽加灰缝（115mm＋10mm＝125mm）的倍数。砖墙的厚度在工程上习惯以它们的标志尺寸来称呼，如 12 墙、18 墙、24 墙等。砖墙的厚度尺寸见表 3－2。

表 3－2　砖墙的厚度尺寸　　单位：mm

墙厚名称	1/2 砖	3/4 砖	1 砖	1 砖半	2 砖	2 砖半
标志尺寸	120	180	240	370	490	620
构造尺寸	115	178	240	365	490	615
习惯称谓	12 墙	18 墙	24 墙	37 墙	49 墙	62 墙

(2) 砖墙的组砌方式

为了保证墙体的强度，砖墙在砌筑时应遵循“内外搭接、上下错缝”的原则，砖缝要横平竖直、砂浆饱满、厚薄均匀。砖与砖之间搭接和错缝的距离一般不小于 60mm。

将砖的长边垂直于砌体长边砌筑时，称为丁砖。将砖的长边平行于砌体长边砌筑时，称为顺砖。每排列一层砖称为一皮。常见的砖墙砌筑方式有全顺式、一顺一丁式、两平一侧式、三顺一丁式、每皮丁顺相间式等，实际中应根据墙体厚度、墙面观感和施工便利等进行选择。通常全顺式应用于120墙，两平一侧式应用于180墙，一顺一丁式应用于240墙、370墙，如图3.22所示。

砖墙的组砌方式

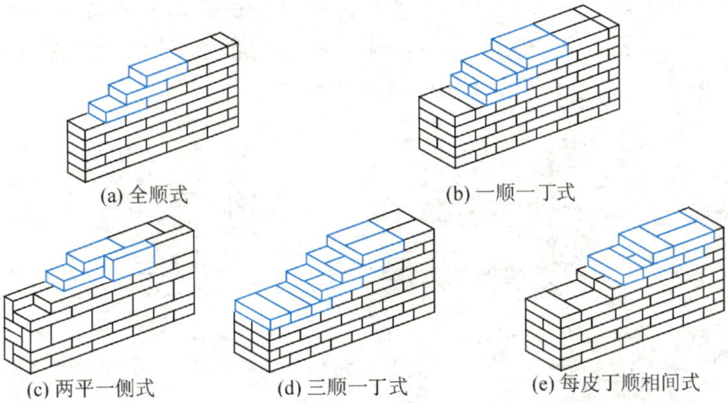

图3.22 砖墙砌筑方式

(3) 空斗墙

用普通砖侧砌或平砌与侧砌相结合砌成的内空的墙体称为空斗墙。空斗墙中采用侧砌方式砌成的称为无眠空斗墙，如图3.23（a）所示；采用平砌与侧砌相结合方式砌成的称为有眠空斗墙，如图3.23（b）所示。空斗墙节省材料，自重轻，隔热性能好，在南方炎热地区一些小型民居中有采用，但该墙体整体性稍差，对砖和施工技术水平要求较高。

(4) 空心墙

空心墙又称空腹墙，是由普通黏土砖砌筑的空斗墙或由空心砖砌筑的具有空腔的墙体。空心砖具有孔洞，较普通砖墙自重小、保温（隔热）性能好、造价低，在要求保温地区用得较多。空心墙构造如图3.24所示。

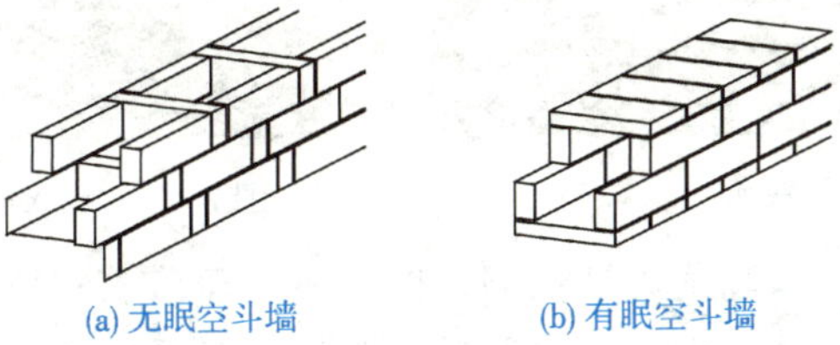

图3.23 空斗墙

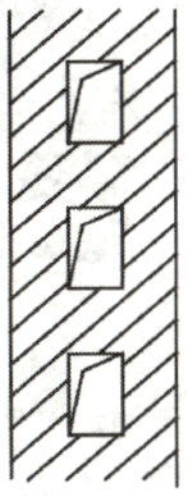

图3.24 空心墙

3.3.2 砖墙的细部构造

1. 散水与明沟

散水是沿建筑物外墙四周设置的向外倾斜的坡面，其作用是将屋面下落的雨水排到远处，保护墙基避免雨水侵蚀。散水的宽度一般为 600～1000mm，散水的坡度一般为 3%～5%。当屋面为自由落水时，散水宽度应比屋面檐口宽 200mm 左右，以保证屋面雨水能够落在散水上。散水适用于降雨量较小的地区，通常的做法有砖砌、砖铺、块石、碎石、水泥砂浆、混凝土等，如图 3.25、图 3.26 所示。在季节性冰冻地区的散水，需在散水垫层下加设防冻胀层，以免散水被土壤冻胀而破坏。防冻胀层应选用砂石、炉渣灰土和非冻胀材料，其厚度可结合当地经验确定，通常在 300mm 左右。散水整体面层纵向距离每隔 6～12m 做一道伸缩缝，缝宽为 20～30mm，缝内填粗砂，上嵌沥青胶盖缝，以防渗水，构造如图 3.25（e）所示。由于建筑物的沉降，勒脚与散水施工时间的差异，在勒脚与散水交接处应留有缝隙，缝内处理一般用沥青麻丝灌缝。

墙身的细部构造

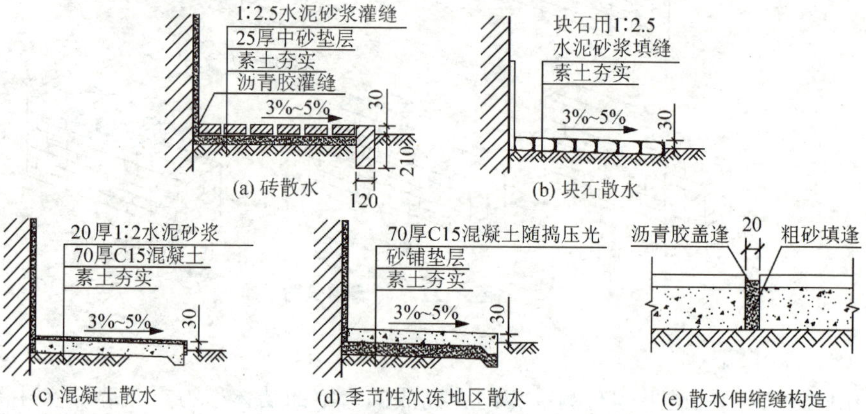

图 3.25　散水构造

散水与明沟

图 3.26　散水

图 3.27　散水与明沟

明沟又称阳沟、排水沟，设置在建筑物的外墙四周，以便将屋面落水和地面积水有组织地导向地下排水井，然后流入排水系统，保护外墙基础。明沟一般采用混凝土浇筑，或用砖、石砌筑成宽不少于 180mm、深不少于 150mm 的沟槽，然后用水泥砂浆抹面。为保证排水通畅，沟底应有不少于 1%的纵向坡度。明沟适用于降雨量较大的南方地区，其构造如图 3.27、图 3.28 所示。

2. 勒脚

勒脚是指室内地平以下、室外地面以上的这段墙体。作用是保护近地墙身免受外界环

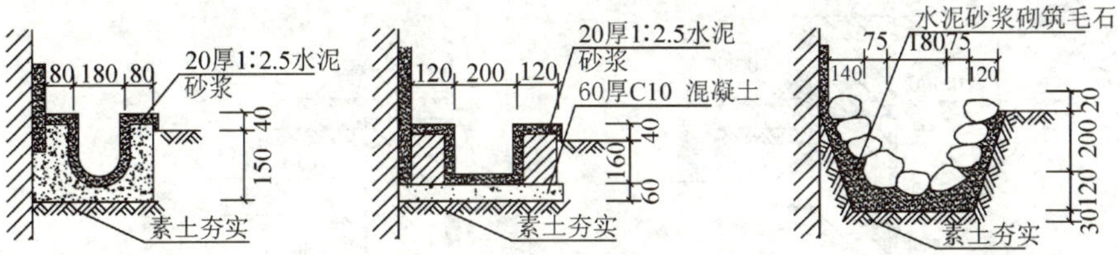

(a) 混凝土明沟　　(b) 砖砌明沟　　(c) 石砌明沟

图 3.28　明沟的构造

境中的雨、雪或地表水的侵蚀，或人为因素的碰撞、破坏等，而且对建筑立面处理产生一定的效果。所以要求勒脚坚固、防水和美观。勒脚高度一般为室内地坪与室外地坪之高差，也可根据立面需要提高到底层窗台位置。勒脚的做法常有以下几种：①对一般建筑，采用水泥砂浆抹面或水刷石、斩假石等；②标准较高的建筑，可贴墙面砖或镶贴天然、人工石材，如花岗石、水磨石等；③换用砌墙材料，采用强度高、耐久性和防水性好的墙体材料，如毛石、料石、混凝土等，如图 3.29 所示。为了避免勒脚抹灰常出现的表皮脱壳现象，勒脚施工时应严格遵守操作规程，在构造上应采取必要的措施，如切实做好防潮处理，适当加大勒脚抹灰的咬口，将勒脚抹灰伸入散水抹灰以下等。

勒脚

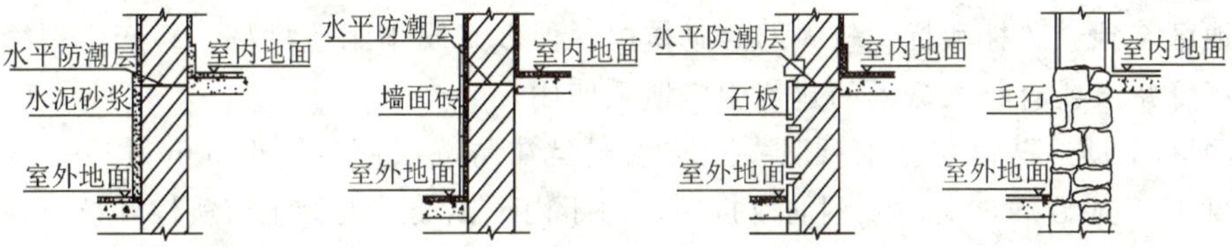

(a) 抹灰类　　(b) 贴面类 1　　(c) 贴面类 2　　(d) 石砌类

图 3.29　勒脚

3. 墙身防潮层

在墙身中设置防潮层的目的是防止土壤中的水分沿基础和墙脚上升，或位于勒脚处的地面水渗入墙内而导致地上部分墙体受潮，以保证建筑的正常使用和安全。因此，必须在内、外墙脚部位连续设置防潮层，有水平防潮层和垂直防潮层两种形式。

(1) 防潮层的位置

① 水平防潮层。水平防潮层一般在室内地面不透水垫层（如混凝土垫层）厚度范围之内，与地面垫层形成一个封闭的隔潮层，通常在－0.060m 标高处设置，而且至少要高于室外地坪 150mm，以防雨水溅湿墙身。

② 垂直防潮层。当室内地面出现高差或室内地面低于室外地面时，为了保证这两地面之间的墙体干燥，除了要分别按高差不同在墙体内设置两道水平防潮层之外，还要在两道水平防潮层的靠土壤一侧设置一道垂直防潮层。防潮层的位置如图 3.30 所示。

(2) 防潮层的做法

防潮层按所用材料的不同，一般有油毡防潮层、砂浆防潮层、细石混凝土防潮层等做法。

① 油毡防潮层。油毡防潮层通常是用沥青油毡，在防潮层部位先抹 20mm 厚的 1∶3

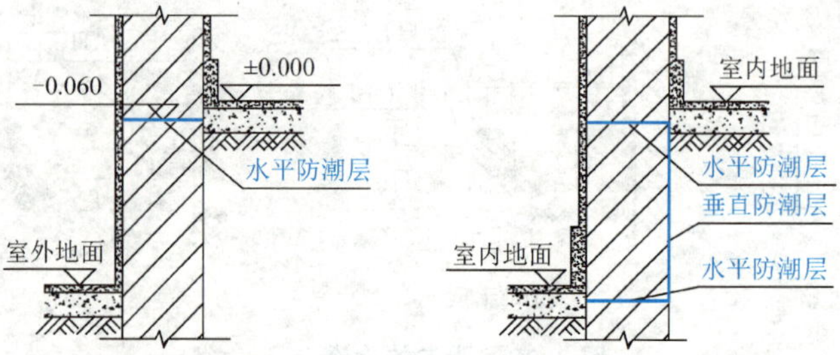

(a) 实铺地面外墙防潮层　　(b) 实铺地面内墙防潮层(两侧地面有标高差)

图 3.30　防潮层的位置

水泥砂浆找平层，然后干铺油毡一层或用沥青粘贴一毡二油。卷材的宽度应比墙体宽20mm，搭接长度不小于100mm。油毡防潮层具有一定的韧性、延伸性和良好的防潮性能，但不能与砂浆有效地黏结，降低了结构的整体性，对抗震不利，而且卷材的使用年限往往低于建筑的设计使用年限，老化后将失去防潮的作用。因此，卷材防潮层在建筑中已较少采用。

② 砂浆防潮层。砂浆防潮层是在防潮层部位抹20mm厚掺入防水剂的1∶3水泥砂浆，防水剂的掺入量一般为水泥用量的3%～5%。或者在防潮层部位用防水砂浆砌筑4～6皮砖，同样可以起到防潮层的作用。防水砂浆防潮层在实际工程中应用较多，特别适用于抗震地区、独立砖柱和扰动较大的砖砌体中。但砂浆属于刚性材料，易产生裂缝，所以在基础沉降量大或有较大振动的建筑中应慎重使用。

③ 细石混凝土防潮层。细石混凝土防潮层是在防潮层部位铺设60mm厚C15或C20细石混凝土，内配3Φ6或3Φ8钢筋以抗裂。由于内配钢筋的混凝土密实性和抗裂性好，防水、防潮性强，且与砖砌体结合紧密，整体性好，故适用于整体刚度要求较高的建筑中，特别是抗震地区。墙身水平防潮层如图3.31所示。

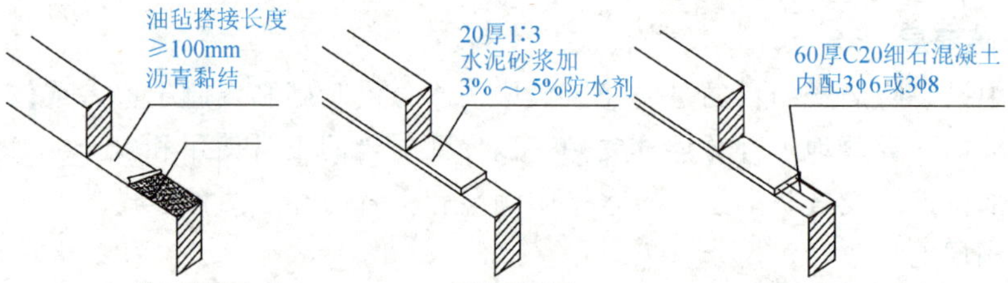

(a) 油毡防潮层　　(b) 砂浆防潮层　　(c) 细石混凝土防潮层

图 3.31　墙身水平防潮层

窗台

4. 窗台

窗台根据位置的不同分为外窗台和内窗台两种。外窗台的主要作用是排水，避免室外雨水沿窗向下流淌时，积聚在窗洞下部并沿窗下框向室内渗透。同时外窗台也是建筑立面细部的重要组成部分。外窗台应有不透水的面层，并向外形成一定的坡度以利于排水。

外窗台有悬挑和不悬挑两种。悬挑窗台常采用顶砌一皮砖挑出60mm[图3.32(a)]，或将一砖侧砌并挑出60mm[图3.32(b)]，也可采用预制钢筋混凝土窗台挑出 60mm［图 3.32（c）］。悬挑窗台底部边缘处抹灰时应做滴水线或滴水槽，避免排水时雨水沿窗台底面流至下部墙体污染墙面。

处于阳台位置的窗不受雨水冲刷，通常设不悬挑窗台；当外墙面材料为贴面砖时，因为墙面砖表面光滑，容易被上部淌下的雨水冲刷干净，可设不悬挑窗台［图 3.32（d）］，只在窗洞口下部用面砖做成斜坡，现在不少建筑采用这种形式。

内窗台可直接为砖砌筑，常常结合室内装饰做成砂浆抹灰、水磨石、贴面砖或天然石材等多种饰面形式。

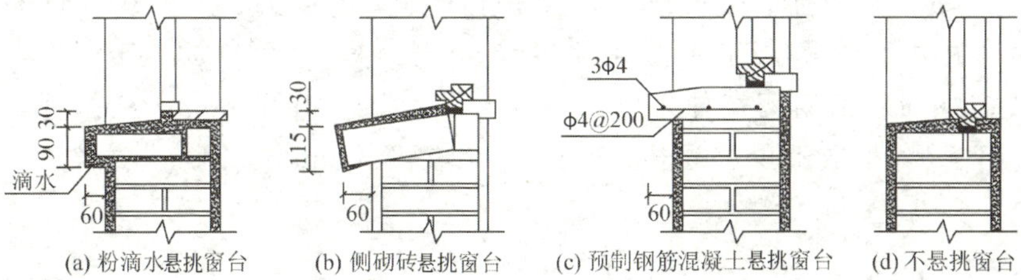

图 3.32 窗台形式

5. 门窗过梁

当墙体上要开设门窗洞口时，为了承担洞口上部砌体传来的荷载，并把这些荷载传给洞口两侧的墙体，常在门窗洞口上设置门窗过梁。常见的有砖拱过梁、钢筋砖过梁和钢筋混凝土过梁三种。

（1）砖拱过梁

砖拱过梁有平拱和弧拱两种类型，其中平拱形式用得较多。砖拱过梁应事先设置胎模，由砖侧砌而成，拱中的砖垂直放置，称为拱心。两侧砖对称拱心分别向两侧倾斜，灰缝上宽下窄，靠材料之间产生的挤压摩擦力来支撑上部墙体。为了使砖拱能更好地工作，平拱的中心应比拱的两端略高，为跨度的 1/100～1/50，砖拱过梁构造如图 3.33 所示。

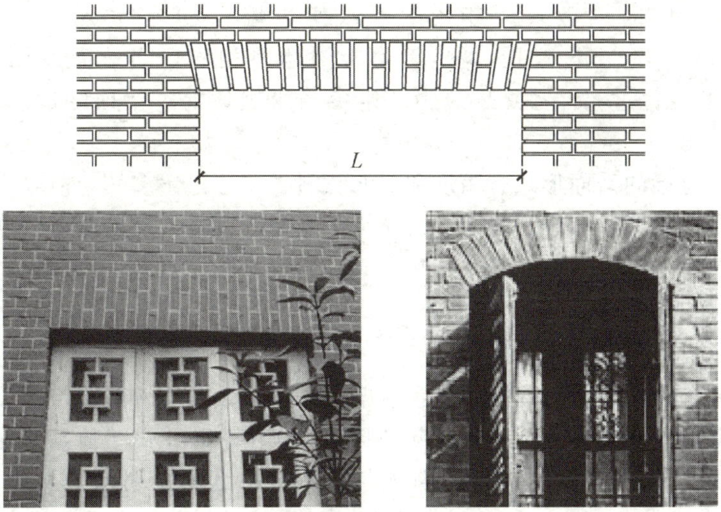

门窗洞口构造

图 3.33 砖拱过梁构造

砖砌平拱过梁适用跨度一般不大于 1.2m。砖拱过梁可节约钢材和水泥，但施工麻烦，过梁整体性较差，不适用于过梁上部有集中荷载、振动较大、地基承载力不均匀以及地震区的建筑。

(2) 钢筋砖过梁

钢筋砖过梁是由平砖砌筑，并在砖缝中加设适量钢筋而形成的过梁。该梁的适宜跨度为 1.5m 左右，且施工简单，所以在无集中荷载的门窗洞口上应用比较广泛。

钢筋砖过梁的构造要求：① 应用强度等级不低于 MU7.5 的砖和不低于 M5 的砂浆砌筑；② 过梁的高度应在 5 皮砖以上，且不小于洞口跨度的 1/4；③ϕ6 钢筋放置于洞口上部的砂浆层内，砂浆层为 1∶3 水泥砂浆 30mm 厚，也可以放置于洞口上部第一皮砖和第二皮砖之间，钢筋两端伸入墙内不少于 240mm，并做 60mm 高的垂直弯钩。钢筋直径不小于 ϕ5，根数不少于 2 根，间距小于或等于 120mm。钢筋砖过梁构造如图 3.34 所示。

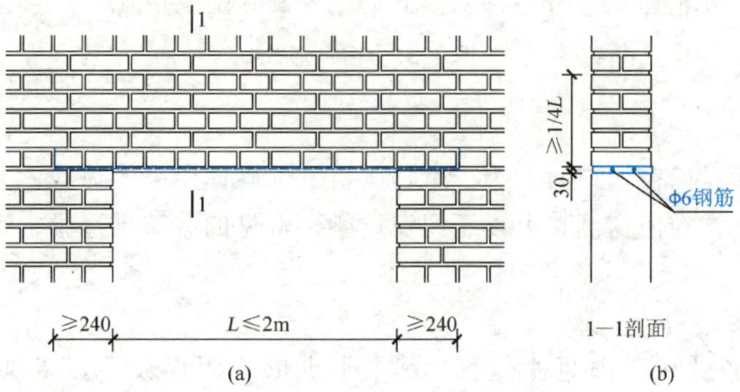

图 3.34 钢筋砖过梁构造

(3) 钢筋混凝土过梁

钢筋混凝土过梁承载能力强，跨度可超过 2m，施工简便，被广泛采用。按照施工方式不同，钢筋混凝土过梁分为现浇和预制两种，截面尺寸及配筋应由计算确定。过梁的高度应与砖的皮数尺寸相配合，以便于墙体的连续砌筑，常见的梁高为 120mm、180mm、240mm。过梁的宽度通常与墙厚相同，当墙面不抹灰，为清水墙结构时，其宽度应比过梁小 20mm。为了避免局压破坏，过梁两端伸入墙体的长度各不应小于 240mm。

钢筋混凝土过梁的截面形式有矩形和 L 形两种。矩形过梁多用于内墙或南方地区的混水墙。钢筋混凝土的导热系数比砖砌体的导热系数大，为避免过梁处产生热桥效应，内壁结露，在严寒及寒冷地区外墙或清水墙中多用 L 形过梁。钢筋混凝土过梁构造如图 3.35 所示。

6. 圈梁

圈梁是沿建筑物外墙及部分内墙设置的连续水平闭合的梁。圈梁与楼板共同作用，能增强建筑的空间刚度和整体性，对建筑起到腰箍的作用，防止由于地基不均匀沉降、振动引起的墙体开裂。在抗震设防地区，圈梁与构造柱一起形成骨架，可提高房屋的抗震能力。

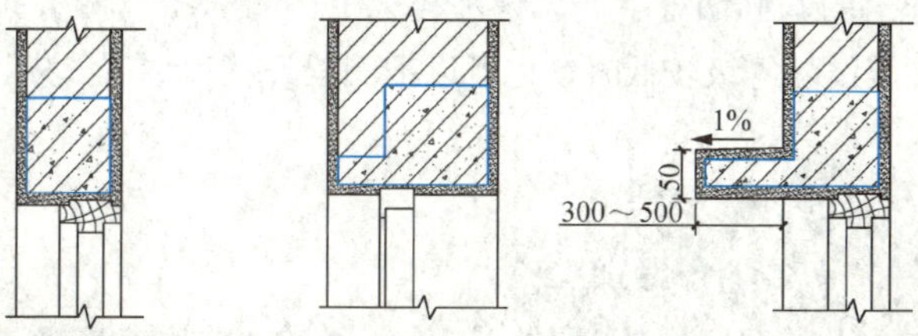

(a) 矩形截面 (1)　(b) L形截面　(c) 带窗楣板的钢筋混凝土过梁

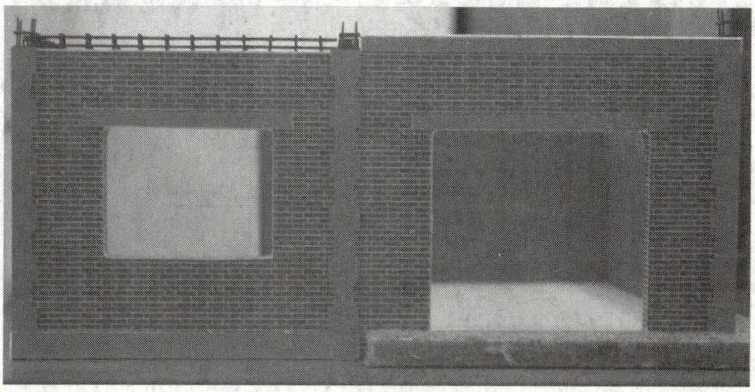

(d) 矩形截面 (2)

图 3.35　钢筋混凝土过梁构造

圈梁有钢筋砖圈梁和钢筋混凝土圈梁两种。钢筋砖圈梁是将前述的钢筋砖过梁沿外墙和部分内墙连通砌筑而成，目前已经较少使用。钢筋混凝土圈梁的高度应与砖的皮数相配合，以方便墙体的连续砌筑，一般不小于 120mm。圈梁的宽度宜与墙体的厚度相同，且不小于 180mm，在寒冷地区可略小于墙厚，但不宜小于墙厚的 2/3。圈梁一般是按构造要求配置钢筋，通常纵向钢筋不小于 4φ10，而且要对称布置，箍筋间距不大于 300mm。圈梁应该在同一水平面上连续、封闭，当被门窗洞口截断时，应就近在洞口上部或下部设置附加圈梁，其配筋和混凝土强度等级不变。附加圈梁与圈梁搭接长度不应小于二者垂直间距的 2 倍，且不得小于 1.0m，如图 3.36 所示。地震设防地区的圈梁应当完全封闭，不宜被洞口截断。

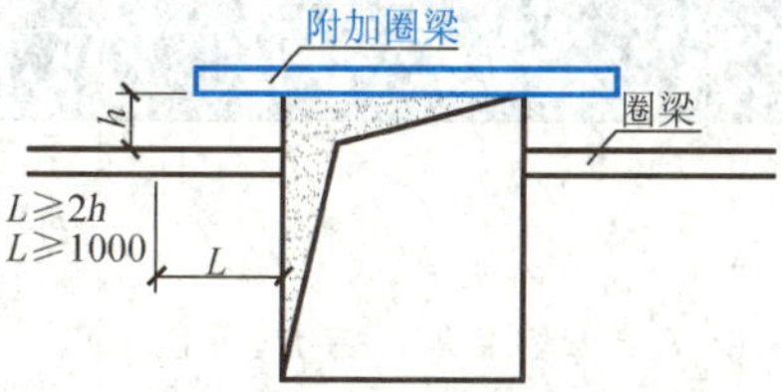

图 3.36　附加圈梁

圈梁在建筑中设置的道数应结合建筑的高度、层数、地基情况和抗震设防要求等综合考虑。单层建筑至少设置一道圈梁，多层建筑一般隔层设置一道圈梁。在地震设防地区，往往要层层设置圈梁。圈梁除了在外墙和承重内纵墙中设置之外，还应根据建筑的结构及防震要求，每隔 16～32m 在横墙中设置圈梁，以充分发挥圈梁的腰箍作用。图 3.37 (a) 所示为某住宅圈梁的设置情况。

圈梁通常设置在建筑的基础墙处、檐口处和楼板处［图 3.37（b）］，当屋面板或楼板与窗洞口间距较小，而且抗震设防等级较低时，也可以把圈梁设在窗洞口上皮，兼做过梁使用。

圈梁和构造柱

构造柱

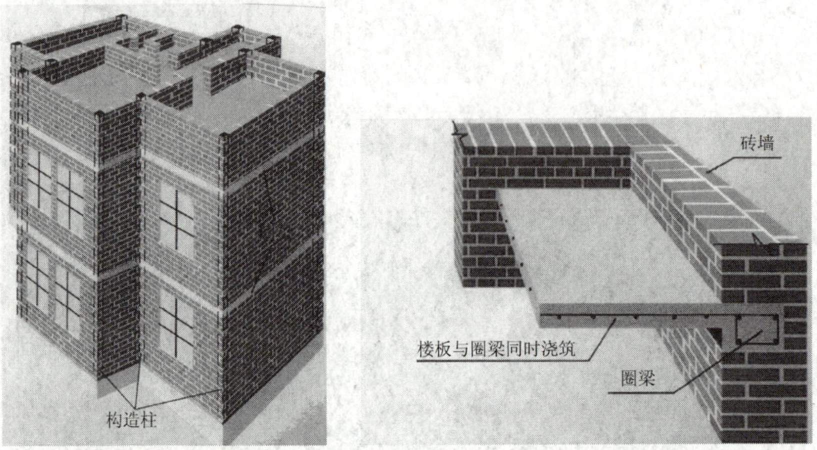

(a) 图中每层都设置圈梁　　(b) 圈梁与楼板同时浇筑

图 3.37　圈梁的设置位置

7. 构造柱

由于砖砌体的整体性差，抗震能力较差，我国有关规范对地震设防地区砖混结构建筑的总高度、横墙间距、圈梁的设置、墙体的局部尺寸等，都提出了一定的限制和要求，设置构造柱也能有效地加强建筑的整体性，设置构造柱是防止房屋倒塌的有效措施。构造柱不是承重柱，是从构造角度考虑而设置的，一般设置在建筑物的四角、内外墙体交接处、楼梯间、电梯间以及某些较长的墙体中部。构造柱在墙体内部与水平设置的圈梁相连，相当圈梁在水平方向将楼板和墙体箍住，构造柱则从竖向加强层与层之间墙体的连接，共同形成具有较大刚度的空间骨架，从而加强建筑物的整体刚度，提高墙体抵抗变形的能力。多层砖房构造柱的设置要求见表 3-3。

表 3-3　多层砖房构造柱的设置要求

层数				各种层数和烈度均应设置的部位	随层数和烈度变化而增设的部位
6 度	7 度	8 度	9 度		
四、五	三、四	二、三		外墙四角，错层部位，横墙与外纵墙交接处，较大洞口两侧，大房间内外墙交接处	7～9 度时，楼、电梯间的横墙与外墙交接处
六～八	五、六	四	二		隔开间横墙（轴线）与外墙交接处；山与内纵墙交接处；7～9 度时，楼、电梯间的横墙与外墙交接处
	七	五、六	三、四		内墙（轴线）与外墙交接处；内墙局部墙垛较小处；7～9 度时，楼、电梯间横墙与外墙交接处；9 度时内纵墙与横墙（轴线）交接处

构造柱下端应锚固于钢筋混凝土条形基础或基础梁内，上部与楼层圈梁连接。如圈梁隔层设置的，应在无圈梁的楼层增设配筋砖带。构造柱应通至女儿墙顶部，与其钢筋混凝

土压顶相连。构造柱的最小截面尺寸为180mm×240mm；主筋宜用4Φ12，箍筋间距不大于250mm；墙与柱之间应沿墙每500mm设置拉结钢筋，每边伸入墙内长度不小于1m。构造柱在施工时应先砌砖墙形成“马牙槎”，随着墙体的上升，逐段现浇钢筋混凝土构造柱，构造如图3.38、图3.39所示。

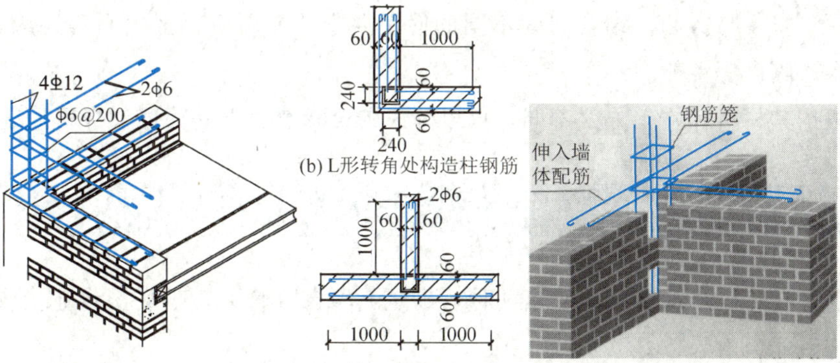

(a) L形转角处构造柱　　(c) T形转角处构造柱钢筋　　(d) T形转角处构造柱

图3.38　转角处的钢筋混凝土构造柱

图3.39　构造柱中的马牙槎

3.4 隔墙构造

想一想

在钢筋混凝土结构中，竖向构件采用钢筋混凝土柱或剪力墙承重，此类建筑中的墙体与砌体结构中的墙体的构造做法是否相同？其做法主要有哪些？

在钢筋混凝土承重结构体系中，荷载由钢筋混凝土承受，墙体只是起到围护和分割空间的作用，这种结构中的墙就是隔墙。隔墙是分隔建筑物内部空间的非承重内墙，隔墙的重量由楼板或墙梁承担，所以要求隔墙质量轻。为了增加建筑的有效使用面积，隔墙在满足稳定的前提下，应尽量厚度薄。建筑物的室内空间在使用过程中有可能重新划分，所以要求隔墙便于安装与拆卸。结合房间不同的使用要求，如厨房、卫生间等还应具备防火、防潮、防水、隔声等性能。

隔墙根据其材料和施工方式不同，可以分成砌筑隔墙、立筋隔墙和板材隔墙。

3.4.1 砌筑隔墙

砌筑隔墙有砖砌隔墙和砌块隔墙两种。砌筑隔墙自重较大，现场湿作业量较大，但经过抹灰装饰后隔声效果较好。

1. 砖砌隔墙

我国大部分地区都已经禁止使用红砖，灰砂砖已成为工程中使用最广泛的砖。砖砌隔墙有 1/4 砖墙和 1/2 砖墙两种，其中 1/2 砖砌隔墙应用较广。

1/2 砖砌隔墙又称半砖隔墙，标志尺寸是 120mm，采用全顺式砌筑而成，砌筑砂浆强度不应低于 M5。由于隔墙的厚度较薄，应控制墙体的长度和高度，以确保墙体的稳定。为使隔墙的上端与楼板之间结合紧密，隔墙顶部采用斜砌立砖一皮或每隔 1.0m 用木楔打紧，用砂浆填缝，1/2 砖砌隔墙构造如图 3.40 所示。

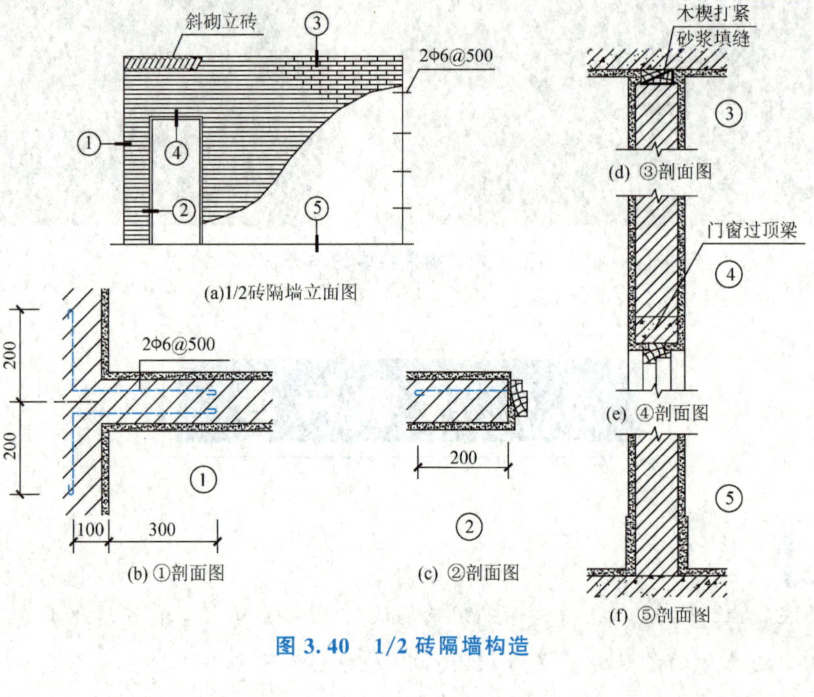

图 3.40　1/2 砖隔墙构造

《建筑抗震设计规范》(GB 50011—2010)(2016 年版)中规定：钢筋混凝土结构中的砌体填充墙应沿框架柱全高每隔 500～600mm 设 2Φ6 拉筋，拉筋伸入墙内的长度，6、7 度时宜沿墙全长贯通，8、9 度时应全长贯通。墙长大于 5m 时，墙顶与梁宜有拉结；墙长超过 8m 或层高 2 倍时，宜设置钢筋混凝土构造柱(图 3.41)；墙高超过 4m 时，墙体半高宜设置与柱连接且沿墙全长贯通的钢筋混凝土水平系梁。

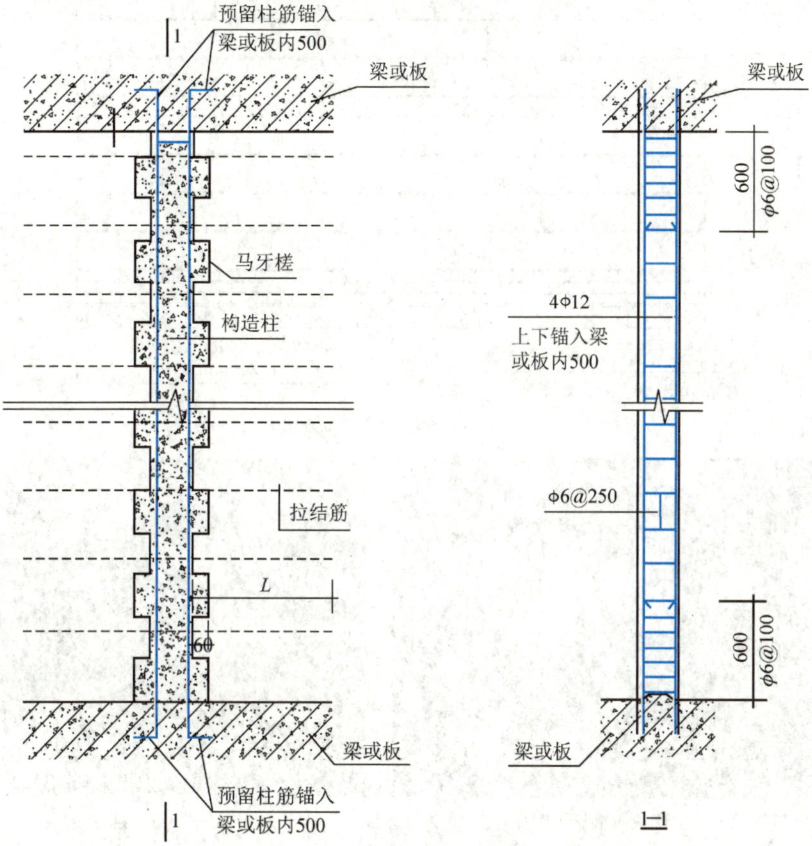

图 3.41 填充墙的构造柱

注：用于底层的构造柱应伸入室外地面以下 500mm 或与埋深小于 500mm 的基础梁相连，竖向钢筋锚入基础梁内 500mm。

2. 砌块隔墙

为了减轻隔墙自重和节约用砖，可采用轻质砌块来砌筑隔墙。应用较多的砌块有炉渣混凝土砌块、陶粒混凝土砌块、加气混凝土砌块等。炉渣混凝土砌块和陶粒混凝土砌块通常采用 90mm 厚，加气混凝土砌块多采用 100mm 厚，砌块隔墙厚由砌块尺寸决定。由于砌块墙吸水性强，一般不在潮湿环境中应用。在砌筑时应先在墙下部实砌三皮实心砖再砌砌块。砌块不够整块时宜用实心砖填补，砌块隔墙的加固措施与普通砖隔墙相同，如图 3.42 所示。

砌块隔墙

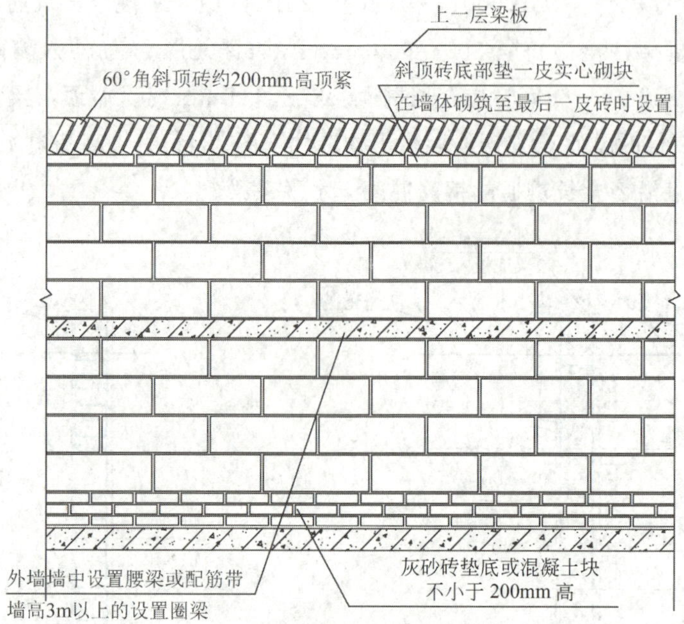

(a) 砌块隔墙立面图

(b) 砌块隔墙施工图

(c) 顶部立砖斜砌

图 3.42　砌块隔墙构造做法

3.4.2 立筋隔墙

立筋隔墙

立筋隔墙由骨架和面板两部分组成，一般采用木材、铝合金或薄壁型钢等做成骨架，然后将面板通过钉结或粘贴在骨架上形成。常用的面板有板条抹灰、钢丝网抹灰、纸面石膏板、纤维板、吸声板等。这种隔墙自重轻、厚度薄、安装与拆卸方便，在建筑中应用较广泛。

1. 板条抹灰隔墙

板条抹灰隔墙的特点是耗费木材多，防火性能差、不适用于潮湿环境中，如厨房、卫生间等隔墙。

板条抹灰隔墙是由上槛、下槛、立筋（龙骨、墙筋）、斜撑等构件组成木骨架，在立筋上沿横向钉上板条，然后抹灰而成，如图 3.43 所示。具体做法：先立边框立筋，撑稳上槛、下槛并分别固定在顶棚和楼板（或砖垄）上，每隔 500～700mm 将立筋固定在上下槛上，然后沿立筋每隔 1.5m 左右设一道斜撑以加固立筋。立筋一般采用 50mm×70mm 或 50mm×100mm 的木方。灰板条钉在立筋上，板条之间在垂直方向应留出 6～10mm 的缝隙，以便抹灰时灰浆能够挤入缝隙之中，与灰板条黏结。灰板条的接头应在立筋上，且接头处应留出 3～5mm 的缝隙，以利伸缩，防止抹灰后灰板条膨胀相顶而弯曲，灰板的接头连续高度应不超过 0.5m，以免出现通长裂缝。为了使抹灰层黏结牢固和防止开裂，砂浆中应掺入适量的草筋、麻刀或其他纤维材料。为了保证墙体干燥，常常在下槛下方先砌三皮砖，形成砖垄。

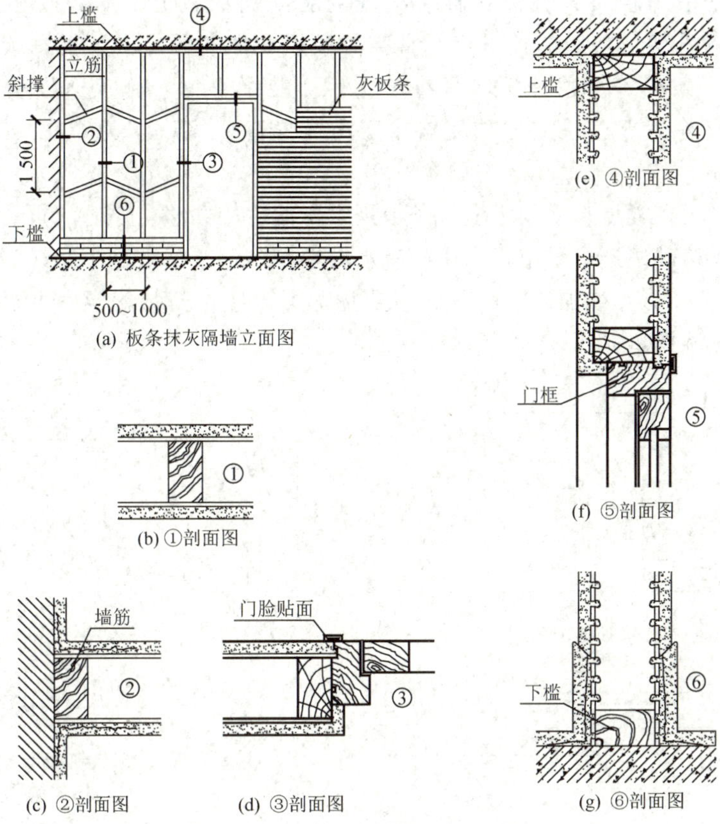

图 3.43 板条抹灰隔墙构造

2. 立筋面板隔墙

立筋面板隔墙的面板常用的有胶合板、纤维板、石膏板或其他轻质薄板。胶合板、纤维板是以木材为原料，多采用木骨架。石膏板多采用石膏或轻金属骨架。木骨架的做法同板条抹灰隔墙，金属骨架通常采用薄型钢板、铝合金薄板或拉眼钢板网加工而成。面板可用自攻螺钉（木骨架）或膨胀铆钉（金属骨架）等固定在骨架上，并保证板与板的接缝在立筋和横档上，缝隙间距为 5mm 左右以供板的伸缩，采用木条或铝压条盖缝。面板固定好后，可在面板上刮腻子后裱糊墙纸、墙布或喷涂油漆等。

石膏面板隔墙是建筑中使用较多的一种隔墙。石膏板是一种新型建筑材料，自重轻，防火性能好，加工方便，价格便宜，为增加其搬运时的抗弯能力，生产时在板的两面贴上面纸，又称纸面石膏板。但石膏板极易吸湿，不宜用于厨房、卫生间等处。

钢丝（钢板）网抹灰隔墙和板条钢丝网抹灰隔墙也是立筋隔墙。前者是薄壁型钢做骨架，后者是用木方做骨架，然后固定钢丝（板）网，再在其上面抹灰形成隔墙。这两种隔墙强度高、质量轻、变形小，多用于防火、防水要求较高的房间，但隔声能力稍差。

3.4.3 板材隔墙

板材隔墙是采用轻质大型板材直接在现场装配而成。板材的高度相当于房间的净高，不需要依赖骨架。常用的板材有石膏空心条板、加气混凝土条板、碳化石灰板、水泥玻璃纤维空心条板等。这种隔墙具有自重轻，装配性好，施工速度快，工业化程度高，防火性能好等特点。条板的长度略小于房间净高，宽度多为 600～1000mm，厚度多为 60～100mm。

安装条板时，在楼板上采用木楔将条板揳紧，然后用砂浆将空隙堵严，条板之间的缝隙用胶黏剂或黏结砂浆进行黏结，常用的有水玻璃胶黏剂（水玻璃∶细矿渣∶细砂∶泡沫剂＝1∶1∶1.5∶0.01）或加入 108 胶的聚合物水泥砂浆，安装完毕后可根据需要进行表面装饰。板材隔墙构造如图 3.44 所示。

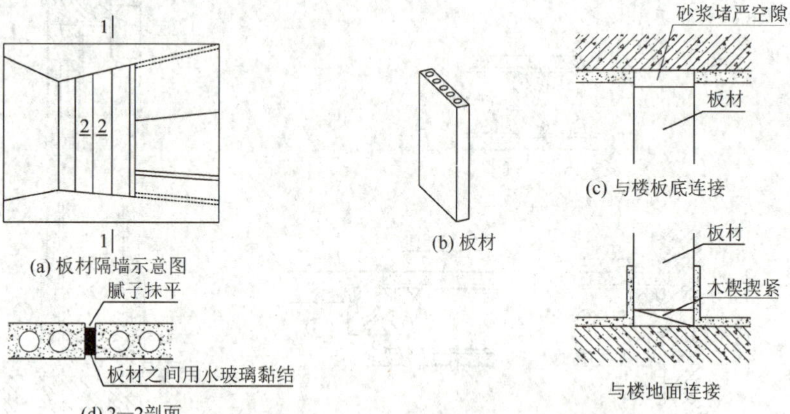

(a) 板材隔墙示意图 (b) 板材 (c) 与楼板底连接 (d) 2—2剖面 (e) 1—1剖面

板材隔墙

(f) 板材隔墙施工

图 3.44 板材隔墙构造

3.5 墙面装饰

想一想

20 世纪 80 年代以前，由于受经济水平所限，我国绝大多数建筑的墙体没有装饰，一般都是清水砖墙为主。即便是公共建筑，一般也就是利用水刷石、干粘石等构造做法进行装饰。改革开放后，国家经济得到迅速发展，人民生活水平日渐提高，对建筑的要求越来越高，建筑装饰的需求越来越多且呈现多样化的格局，瓷砖、墙纸、墙漆、天然石材幕墙、铝板幕墙装饰等构造做法已经非常普遍。

本节主要介绍室内墙面和室外墙面的装饰构造做法。

3.5.1 墙面装饰的作用与分类

1. 墙面装饰的作用

(1) 保护墙体

外墙是建筑的围护结构，进行饰面，可避免墙体直接受到风吹、日晒、雨淋、霜雪和冰雹的袭击，可抵御空气中腐蚀性气体和微生物的破坏作用，增强墙体的坚固性、耐久性，延长墙体的使用年限。内墙虽然没有直接受到外界环境的不利影响，但在某些相对潮湿或酸碱度高的房间中，饰面也能起到保护墙体作用。

(2) 改善墙体的物理性能

对墙面进行装饰，墙厚增加，或利用饰面层材料的特殊性能，可改善墙体的保温、隔热、隔声等能力。平整、光滑、色浅的内墙面装饰，可便于清扫，保持卫生，可增加光线的反射，提高室内照度和采光均匀度。某些声学要求较高的建筑，可利用不同饰面材料所具有的反射声波及吸声的性能，达到控制混响时间，改善室内音质效果。

(3) 美化环境，丰富建筑的艺术形象

建筑的外观效果主要取决于建筑的体量、形式、比例、尺度、虚实对比等立面设计手法。而外墙的装饰可通过饰面材料的质感、色彩、线形等产生不同的立面装饰效果，丰富建筑的艺术形象。内墙装饰适当结合室内的家具陈设及地面和顶棚的装饰，恰当选用装饰材料和装饰手法，可在不同程度上起到美化室内环境的作用。

2. 墙面装饰的分类

① 墙面装饰按其所处的部位不同，可分为外墙面装饰和内墙面装饰。外墙面装饰应选择耐光照、耐风化、耐大气污染、耐水、抗冻性强、抗腐蚀、抗老化的建筑材料，以起到保护墙体作用，并保持外观清新。内墙面装饰应根据房间的不同功能要求及装饰标准来选择饰面，一般选择易清洁、接触感好、光线反射能力强的饰面。

② 墙面装饰按材料及施工方式的不同，通常分为抹灰类、贴面类、涂刷类、裱糊类、铺钉类（图 3.45）和其他类。

常见墙面装修类型

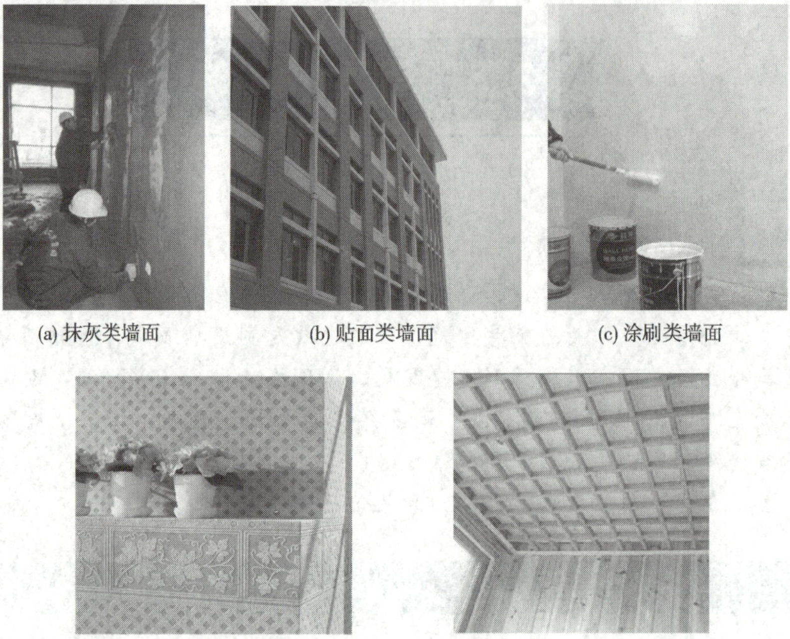

(a) 抹灰类墙面　(b) 贴面类墙面　(c) 涂刷类墙面

(d) 裱糊类墙面　(e) 铺订类墙面

图 3.45　常见墙面类型

墙面装饰分类见表 3-4。

表 3-4　墙面装饰分类

类　别	室　外　装　饰	室　内　装　饰
抹灰类	水泥砂浆、混合砂浆、聚合物水泥砂浆、拉毛、水刷石、干粘石、斩假石、拉假石、假面砖、喷涂、滚涂等	纸筋灰、麻刀灰粉面、石膏粉面、膨胀珍珠岩灰浆、混合砂浆、拉毛、拉条等
贴面类	外墙面砖、马赛克、玻璃马赛克、人造水磨石板、天然石板等	釉面砖、人造石板、天然石板等
涂刷类	石灰浆、水泥浆、溶剂型涂料、乳液涂料、彩色胶砂涂料、彩色弹涂等	大白浆、石灰浆、油漆、乳胶漆、水溶性涂料、弹涂等
裱糊类		塑料墙纸、金属面墙纸、木纹壁纸、花纹玻璃纤维布、纺织面墙纸及锦缎等
铺钉类	各种金属装饰板、石棉水泥板、玻璃	各种竹、木制品和塑料板、石膏板、皮革等各种装饰面板
其他类	清水墙饰面	

3.5.2　墙面装饰构造

1. 抹灰类墙面装饰

抹灰类墙面装饰是我国传统的饰面作法，是用各种加色的、不加色的水泥砂浆或石灰砂浆、混合砂浆、石膏砂浆，以及水泥石渣浆等，做成的各种装饰抹灰层。其材料来源丰富、造价较低、施工操作简便，通过施工工艺可获得不同的装饰效果，还具有保护墙体、改善墙体物理性能等功能。这类装饰属于中、低档装饰，在墙面装饰中应用广泛。

抹灰用的各种砂浆，往往在硬化过程中随着水分的蒸发，体积要收缩。当抹灰层厚度过大时，会因体积收缩而产生裂缝。为保证抹灰牢固、平整、颜色均匀、避免出现龟裂、脱落，抹灰要分层操作。抹灰的构造层次通常由底层、中间层、饰面层三部分组成。底层厚5～15mm，主要起与墙体基层黏结和初步找平的作用；中层厚5～12mm，主要起进一步找平和弥补底层砂浆的干缩裂缝的作用；面层抹灰厚3～8mm，表面应平整、均匀、光洁，以取得良好的装饰效果。抹灰层的总厚度依位置不同而异，外墙抹灰为20～25mm，内墙抹灰为15～20mm。按建筑标准及不同墙体，抹灰可分为三种标准。

抹灰

普通抹灰：一层底灰，一层面灰或不分层一次成活。

中级抹灰：一层底灰，一层中灰，一层面灰。

高级抹灰：一层底灰，一层或数层中灰，一层面灰。

常用的抹灰做法见表3-5。

表3-5　常用抹灰做法举例

抹灰名称	材料配合比及构造	适用范围
水泥砂浆	15mm厚1∶3水泥砂浆打底； 10mm厚1∶2.5水泥砂浆饰面	室外饰面及室内需防潮的房间及浴厕墙裙、建筑物阳角
混合砂浆	12～15mm厚1∶1∶6水泥、石灰膏、砂的混合砂浆打底； 5～10mm厚1∶1∶6水泥、石灰膏、砂的混合砂浆饰面	一般砖、石砌筑的外墙、内墙均可
纸筋（麻刀）灰	12～17mm厚1∶3石灰砂浆（加草筋）打底； 2～3mm厚纸筋（麻刀）灰、玻璃丝罩面	一般砖、石砌筑的内墙抹灰
石膏灰	13mm厚1∶(2～3)麻刀灰砂浆打底； 2～3mm厚石膏灰罩面	高级装饰的内墙面抹灰的罩面
水刷石	15mm厚1∶3水泥砂浆打底； 10mm厚1∶(1.2～1.4)水泥石渣浆抹面后水刷饰面	用于外墙
水磨石	15mm厚1∶3水泥砂浆打底； 10mm厚1∶1.5水泥石渣饰面，并磨光、打蜡	室内潮湿部位
膨胀珍珠岩	13mm厚1∶(2～3)麻刀灰砂浆打底； 9mm厚水泥∶石灰膏∶膨胀珍珠岩=100∶(10～20)∶(3～5)（质量比）分2～3次饰面	室内有保温、隔热或吸声要求的房间内墙抹灰
干粘石	10～12mm厚1∶3水泥砂浆打底； 7～8mm厚1∶0.5∶2外加5%108胶的混合砂浆黏结层； 3～5mm厚彩色石渣面层（用喷或甩的方式进行）	用于外墙
斩假石	15厚1∶3水泥砂浆打底后刷素水泥浆一道； 8～10mm厚水泥石渣饰面； 用剁斧斩去表面层水泥浆或石尖部分使其显出凿纹	用于外墙或局部内墙

不同的墙体基层，抹灰底层的操作有所不同，以保证饰面层与墙体的连接牢固及饰面层的平整度：砖、石砌筑的墙体，表面一般较为粗糙，对抹灰层的黏结较有利，可直接抹灰；混凝土墙体表面较为光滑，甚至残留有脱模油，需先进行除油垢、凿毛、甩浆、划纹等，然后再抹灰；轻质砌块的表面孔隙大、吸水性极强，需先在整个墙面上涂刷一层108建筑胶封闭基层，再进行抹灰。

室内墙面抹灰

室内抹灰砂浆的强度较差，阳角位置容易碰撞损坏，因此，通常在抹灰前先在内墙阳角、柱子四角、门洞转角等处，用强度较高的1∶2水泥砂浆强度M20以上抹出护角，或预埋角钢做成护角。护角高度从地面起高度不宜小于1.8m，每侧宽度宜为50mm，如图3.46所示。

在室内抹灰中，卫生间、厨房、洗衣房等常受到摩擦、潮湿的影响，人群活动频繁的楼梯间、走廊、过厅等处常受到碰撞、摩擦的损坏，为保护这些部位，通常做墙裙处理，如用水泥砂浆、水磨石、瓷砖、大理石等进行饰面，高度一般为1.2～1.8m，有些将高度提高到天棚底。

室外墙面抹灰一般面积较大，为施工操作方便和立面处理的需要，保证装饰层平整、不开裂、色彩均匀，常对抹灰层先进行嵌木条分格，做成引条，如图3.47所示。面层抹灰完成后，可取出木引条，再用水泥砂浆勾缝，以提高抗渗能力。

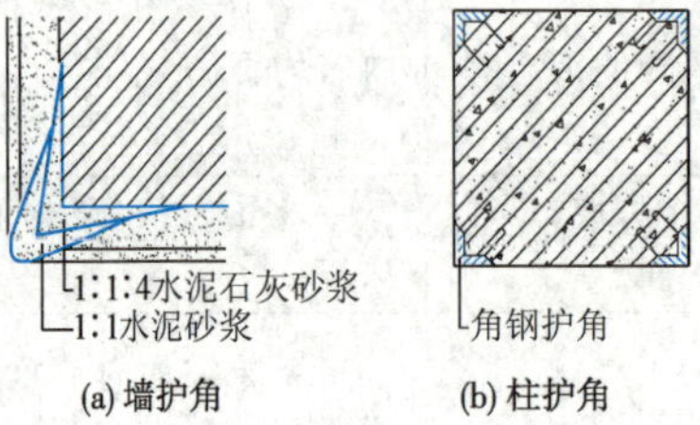

图3.46 墙和柱的护角

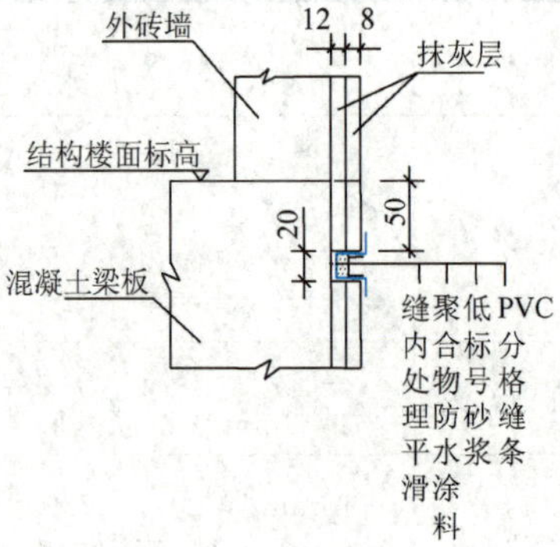

图3.47 抹灰面的分块与设缝

知识延伸2：抹灰防止开裂的方法

1. **纸筋灰**［图3.48 (a)］

纸筋灰是一种用草或者其他纤维物质加工成浆状，冷却凝固而成的一种加固材料。将其按比例均匀的拌入抹灰砂浆内，能增加灰浆连接强度和稠度，减少墙体抹灰层的开裂。在砂浆中掺入纸筋灰是一种传统的防止抹灰层开裂的做法。

2. **聚丙烯**［图3.48 (b)］

聚丙烯是由丙烯聚合而制得的一种热塑性树脂。工程用聚丙烯纤维分为聚丙烯单丝纤维和聚丙烯网状纤维，聚丙烯网状纤维以改性聚丙烯为原料，经挤出、拉伸、成网、表面改性处理、短切等工序加工而成的高强度束状单丝或者网状有机纤维，具有极其稳定的化学性能。加入混凝土或砂浆中可有效地控制混凝土或砂浆的固塑性收缩、干缩、温度变化等因素引起的微裂缝，防止及抑止裂缝的形成及发展，大大改善混凝土或砂浆的阻裂抗渗性能，抗冲击及抗震能力，可以广泛地应用于地下工程防水，建筑工程的屋面、墙体、地坪、水池、地下室等，以及道路和桥梁工程中，是砂浆与混凝土工程抗裂、防渗、耐磨、保温的新型理想材料。

(a) 纸筋灰

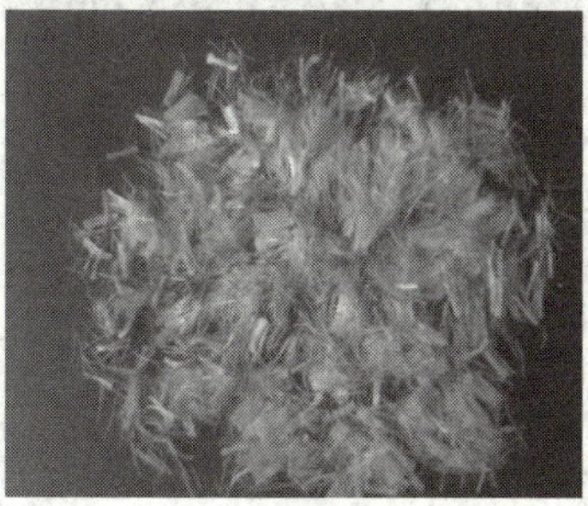
(b) 聚丙烯

图 3.48 纸筋与聚丙烯

2. 贴面类墙面装饰

贴面类墙面装饰是指将各种天然的或人造的板材通过构造连接或镶贴的方法形成墙体装饰面层。它具有坚固耐用、装饰性强、容易清洗等优点。常用的贴面材料可分为三类：天然石材，如花岗岩、大理石等；陶瓷制品，如瓷砖、面砖、陶瓷锦砖等；预制块材，如仿大理石板、水磨石、水刷石等。由于材料的形状、重量、适用部位不同，装饰的构造方法也有一定的差异，轻而小的块材可以直接镶贴，大而厚的块材则必须采用挂贴的方式，以保证它们与主体结构连接牢固。

(1) 天然石板及人造石板墙面装饰

天然石材具有强度高、结构密实、装饰效果好等优点。由于它们加工复杂、价格昂贵，多用于高级墙面装饰中。

花岗岩是由长石、石英和云母组成的深成岩，属于硬石材，质地密实，抗压强度高，吸水率低，抗冻和抗风化性好。花岗岩的纹理多呈斑点状，有白、灰、墨、粉红等不同的色彩，其外观色泽可保持百年以上。经过加工的石材面板，主要用于重要建筑的内外墙面装饰。

大理石是由方解石和白云石组成的一种变质岩，属于中硬石材，质地密实，呈层状结构，有显著的结晶或斑纹条纹，色彩鲜艳，花纹丰富，经加工的板材有很好的装饰效果。由于大理石板材的硬度不大，化学稳定性和大气稳定性不是太好，其组成中的碳酸钙在大气中易受二氧化碳、二氧化硫、水汽的作用转化为石膏，从而使经过精磨、抛光的表面很快失去光泽，并变得疏松多孔，因此，除白色大理石（又称汉白玉）外，一般大理石板材宜用于室内装饰。

人造石板一般由白水泥、彩色石子、颜料等配合而成，具有天然石材的花纹和质感、质量轻、厚度薄、强度高、耐酸碱、抗污染、表面光洁、色彩多样、造价低等优点。对于大理石和花岗岩等石材装饰墙面，常采用的施工方法是干挂法，如图 3.49 所示，即在饰面石材上直接打孔或开槽，用各种形式的连接件（干挂构件）与结构基体上的膨胀螺栓或钢架相连接而不需要灌注水泥砂浆，使饰面石材与墙体间形成 80～150mm 宽的空气层的施工方法。其施工工艺：脚手架搭设→测量、放线→型钢骨架（角钢）制作安装→干挂件安装→石材安装→清缝打胶→清洁收尾→验收。

外墙干挂石材施工

饰面石材（花岗石大理石）

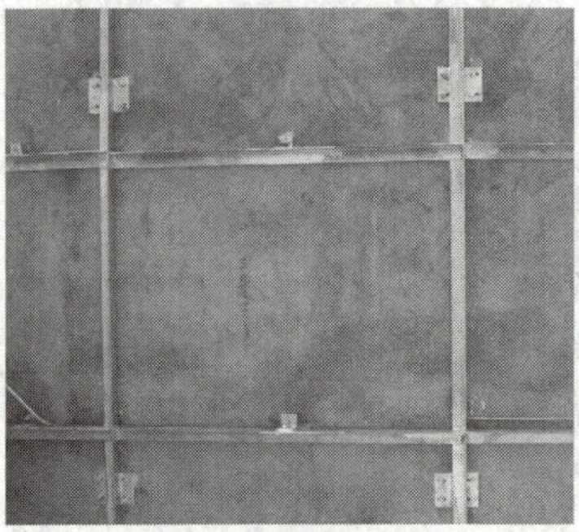

(a) 直骨架制作安装

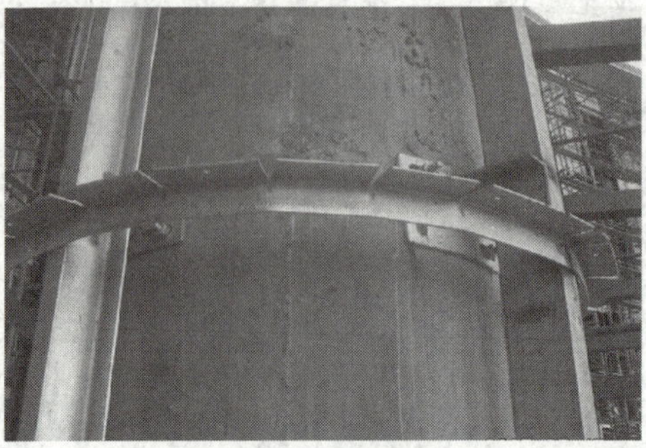

(b) 圆形骨架制作安装

(c) 石材开槽，用连接件固定

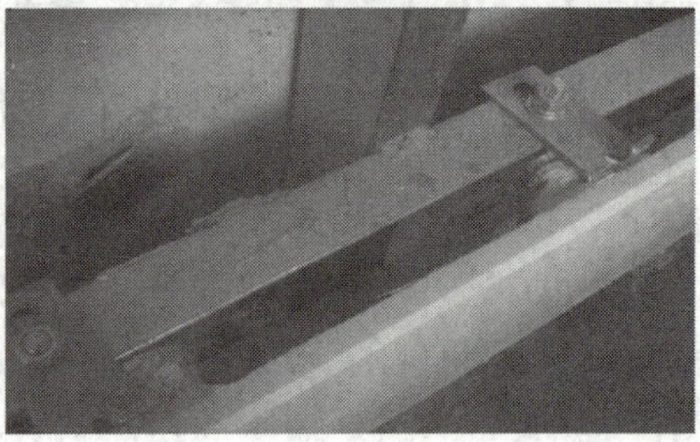

(d) 连接件与石材间填满石材胶

图 3.49　石材干挂法施工构造做法

知识延伸 3：大理石

1. 天然大理石

大理石又称云石，因其盛产于云南大理而得名。大理石是石灰岩或白云岩受接触或区域变质作用而重结晶的产物，矿物成分主要为方解石，遇盐酸发生气泡，具有等粒或不等粒的变晶结构，颗粒粗细不一，如图 3.50 所示。

大理石原指产于云南省大理的白色带有黑色花纹的石灰岩，剖面可以形成一幅天然的水墨山水画，古代常选取具有成型的花纹的大理石用来制作画屏或镶嵌画，后来大理石这个名称逐渐发展成称呼一切有各种颜色花纹的、用来做建筑装饰材料的石灰岩，白色大理石一般称为汉白玉。

图 3.50　天然大理石

2. 人造大理石

人造大理石是用天然大理石或花岗岩的碎石为填充料，用水泥、石膏和不饱和聚酯树脂为胶黏剂，经搅拌成型、研磨和抛光后制成，如图3.51所示。

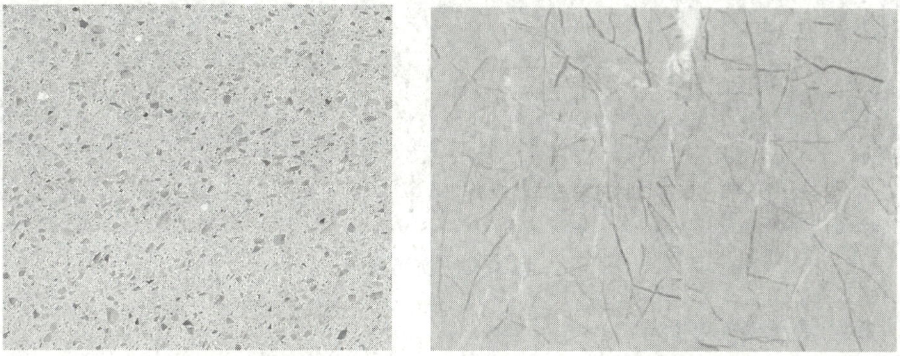

图3.51 人造大理石

(1) 水泥型人造大理石

这种人造大理石是以各种水泥作为胶黏剂，砂为细骨料，碎大理石、花岗石、工业废渣等为粗骨料，经配料、搅拌、成型、加压蒸养、磨光、抛光而制成，俗称水磨石。

(2) 聚酯型人造大理石

这种人造大理石是以不饱和聚酯为胶黏剂，与石英砂、大理石、方解石粉等搅拌混合，浇铸成型，在固化剂作用下产生固化作用，经脱模、烘干、抛光等工序而制成。我国多用此法生产人造大理石，常简称人造大理石，是模仿大理石的表面纹理加工而成的，具有类似大理石的机理特点，并且花纹图案可由设计者自行控制确定，重现性好；而且人造大理石重量轻、强度高、厚度薄、耐腐蚀性好、抗污染，并有较好的可加工性，能制成弧形、曲面等形状，施工方便。

(3) 复合型人造大理石

这种人造大理石是以无机材料和有机高分子材料复合组成。用无机材料将填料黏结成型后，再将坯体浸渍于有机单体中，使其在一定条件下聚合。对板材而言，底层用低廉而性能稳定的无机材料，面层用聚酯和大理石粉制作。

(4) 烧结型人造大理石

这种人造大理石是将长石、石英、辉石、方解石粉和赤铁矿粉及少量高岭土等混合，用泥浆法制备坯料，用半干压法成型，在窑炉中用1000℃左右的高温烧结而成。

上述四种人造大理石装饰板中，以聚酯型最常用，其物理、化学性能最好，花纹容易设计，有重现性，适用多种用途，但价格相对较高；水泥型最便宜，但抗腐蚀性能较差，容易出现微裂纹，只适合做板材。其他两种生产工艺复杂，应用很少。

知识延伸4：花岗岩

花岗岩是一种由火山爆发的熔岩在受到相当的压力的熔融状态下隆起至地壳表层，岩浆不喷出地面，而在地底下慢慢冷却凝固后形成的构造岩，是一种深成酸性火成岩，属于岩浆岩。花岗岩是火成岩中分布最广的一种岩石，由长石、石英和云母组成，岩质坚硬密实，如图3.52所示。

花岗岩不易风化，颜色美观，外观色泽可保持百年以上，由于其硬度高、耐磨损，除了用作高级建筑装饰工程、大厅地面外，还是露天雕刻的首选之材。

图 3.52　花岗岩

(2) 陶瓷制品墙面装饰

镶贴

陶瓷制品是以陶土或瓷土为原料，压制成型后，经 1100℃左右的高温煅烧而成的。它具有良好的耐风化、耐酸碱、耐摩擦、耐久等性能，可以做成各种美丽的颜色和花纹，起到很好的装饰效果。陶瓷制品一般是采用直接镶贴的方式进行墙面装饰。

① 外墙面砖饰面。外墙面砖分挂釉和不挂釉、平滑和有一定纹理质感等不同类型，釉面又可分为有光釉和无光釉两种表面。面砖装饰的构造做法：在基层上抹 1∶3 水泥砂浆找平层 15～20mm，宜分层施工，以防出现空鼓或裂缝，然后划出纹道，接着利用胶黏剂将在水中浸泡过并晾干或擦干的面砖贴于墙上，用木槌轻轻敲实，使其与底灰粘牢，面砖之间要留缝隙，以利于湿气的排除，缝隙用1∶1水泥砂浆勾缝。胶黏剂可以是素水泥浆或 1∶2.5 水泥细砂砂浆，若采用掺 108 胶（水泥重的 5%～10%）的水泥砂浆则粘贴效果更好。外墙面砖装饰构造如图 3.53（a）所示。

② 釉面砖饰面。釉面砖又称瓷砖或釉面瓷砖，色彩稳定、表面光洁美观、吸水率较低、易于清洗，但由于釉面砖是多孔的精陶体，长期与空气接触过程中，会吸收水分而产生吸湿膨胀现象，甚至会因膨胀过大而使釉面发生开裂，所以多用于厨房、卫生间、浴室等处墙裙、墙面和池槽。釉面砖饰面的构造做法是：在基层上用 1∶3 水泥砂浆找平 15mm 厚，并划出纹道，以 2～4mm 厚的水泥胶或水泥细砂砂浆（掺入水泥重的 5%～10%的 108 胶黏结效果更好）黏结浸泡过水的釉面砖。为便于清洗和防水，面砖之间不应留灰缝，细缝用白水泥抹平。釉面砖装饰构造如图 3.53（b）所示。

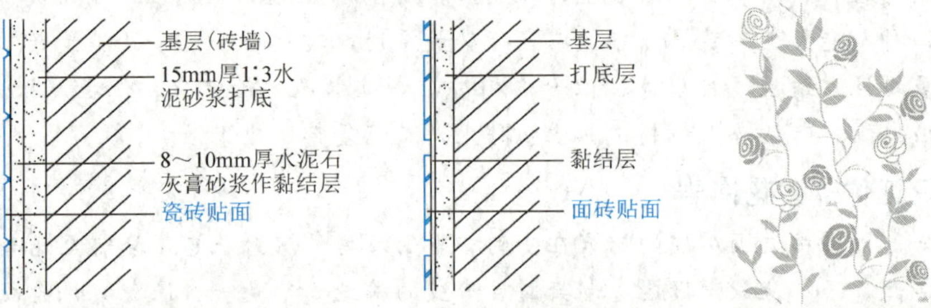

(a) 瓷砖贴面　(b) 面砖贴面　(c) 釉面砖

图 3.53　瓷砖、面砖贴面

③ 马赛克。马赛克，建筑术语称为锦砖，分为玻璃锦砖和非玻璃类锦砖。非玻璃材质的马赛克按照其材质可以分为陶瓷马赛克、石材马赛克、金属马赛克、夜光马赛克等。陶瓷锦砖（图 3.54）是以优质陶土烧制，在生产时将多种颜色、不同形状的小瓷片拼贴在 300mm×300mm 的牛皮纸上。其特点是色泽稳定、坚硬耐磨、耐酸耐碱、防水性好、造价较低，可用于室内外装饰。但由于易脱落，装饰效果一般，近来采用玻璃锦砖较多，它是由各种颜色玻璃掺入其他原料经高温熔炼发泡后压延制成小块，然后结合不同的颜色与图案贴于 325mm×325mm 牛皮纸上，是一种半透明的玻璃质饰面材料，质地坚硬、色泽柔和；具有耐热、耐寒、耐腐蚀、不龟裂、不褪色、自重轻等优点。两种锦砖的装饰方法基本相同：在基层上用 1∶3 水泥砂浆找平 12～15mm 厚，并划出纹道，用 3～4mm 厚白水泥胶（掺入水泥重 5%～10%的 108 胶）满刮在锦砖背面，然后将整张纸皮砖粘贴在找平层上，用木板轻轻挤压，使其粘牢，然后水洗去牛皮纸，再用白水泥浆擦缝。

马赛克饰面

图 3.54　陶瓷马赛克

④ 预制板块材墙面装饰。预制板块材的材料主要有水磨石、水刷石、人造大理石等。它们要经过分块设计、制模型、浇捣制品、表面加工等步骤制成。其长和宽尺寸一般在 1.0m 左右，有厚型和薄型之分，薄型的厚度为 30～40mm，厚型的厚度为 40～130mm。在预制板达到强度后，才能进行安装。预制饰面板材与墙体的固定方法，和大理石固定于墙基上一样。通常是先在墙体内预埋铁件，然后绑扎竖筋与横筋形成钢筋网，再将预制面板与钢筋网连接牢固，离墙面留缝 20～30mm，最后水泥砂浆灌缝。

知识延伸 5：瓷砖的分类

1. 按吸水率分

（1）瓷质砖：吸水率≤0.5%，包括抛光砖、瓷质外墙砖、地砖、耐磨砖、玻化砖。

（2）炻瓷砖：0.5 ＜吸水率≤3%，包括仿古砖、地砖、外墙砖等。

（3）细炻砖：3% ＜ 吸水率≤6%，包括釉面地砖、水晶砖等。

（4）炻质砖：6%＜ 吸水率≤10%，包括釉面地砖。

（5）陶质砖：吸水率＞10%，包括釉面内墙砖、瓷片等。

2. 按用途分

内墙砖、室内地砖、广场砖、外墙砖、室外地砖、游泳池砖、配件砖。

3. 按装饰工艺分

有釉砖、无釉砖、抛光砖、渗花砖、劈开砖、仿古砖、陶瓷锦砖（马赛克）。

知识延伸6：马赛克

马赛克译自MOSAIC，原意是用镶嵌方式拼接而成的细致装饰。马赛克是已知最古老的装饰艺术之一，早期居住在洞穴里的人们，为了让地板更加坚固耐用，采用各种大理石铺设地面，最早的马赛克就是在这一基础上衍生发展起来的。马赛克最早是一种镶嵌艺术，以小石子、贝壳、瓷砖、玻璃等有色嵌片应用在墙壁面或地板上的绘制图案来表现的一种艺术。

在现代，马赛克更多的是属于瓷砖的一种，它是一种特殊存在方式的砖，一般由数十块小块的砖组成一个相对的大砖。它以小巧玲珑、色彩斑斓的特点被广泛使用于室内小面积地面、墙面和室外大小幅墙面和地面。马赛克由于体积较小，可以做一些拼图，产生渐变效果。

涂料施工

3. 涂刷类墙面装饰

涂刷类墙面装饰是指将建筑涂料涂刷于墙基表面并与之很好黏结，形成完整而牢固的膜层，以对墙体起到保护与装饰的作用。这种装饰具有工效高、工期短、自重轻、造价低等优点，虽然耐久性差些，但操作简单、维修方便、更新快，且涂料几乎可以配成任何需要的颜色，因而在建筑上应用广泛。

涂料按其主要成膜物质的不同可分为无机涂料和有机涂料两大类。

（1）无机涂料

无机涂料有普通无机涂料和无机高分子涂料。

普通无机涂料有石灰浆、大白浆（图3.55）、可赛银浆、白粉浆等水质涂料，适用于一般标准的室内刷浆装修。无机高分子涂料有JH80－1型、JH80－2型、JHN84－1型、F8－32型、LH－82型、HT－1型等，它具有耐水、耐酸碱、耐冻融、装饰效果好、价格较高等特点，主要用于外墙面装饰和有耐擦洗要求的内墙面装饰。

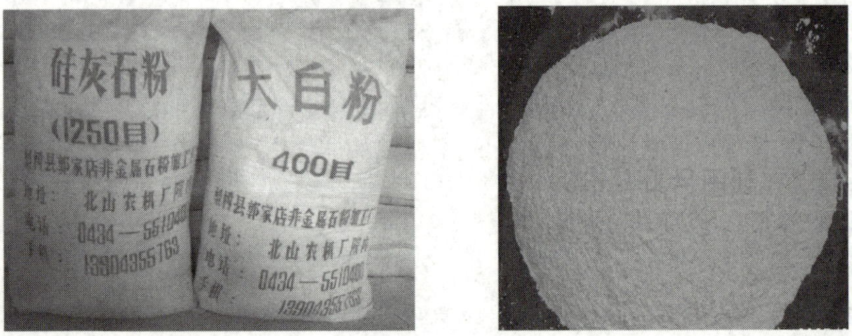

图3.55　大白浆

（2）有机涂料

有机涂料依其主要成膜物质与稀释剂不同，可分为溶剂型涂料、水溶性涂料和乳液涂料三大类。

溶剂型涂料有传统的油漆涂料和现代发展起来的苯乙烯内墙涂料、聚乙烯醇缩丁醛内

(外）墙涂料、过氯乙烯内墙涂料等。常见的水溶性涂料有聚乙烯醇水玻璃内墙涂料（即106涂料）、聚合物水泥砂浆饰面涂料、改性水玻璃内墙涂料、108内墙涂料、SJ－803内墙涂料、JGY－821内墙涂料、801内墙涂料等。乳液涂料又称乳胶漆。常用的有乙丙乳胶涂料、苯丙乳胶涂料等，多用于内墙装饰。

建筑涂料品种繁多，应结合使用环境与不同装饰部位，合理选用，如外墙涂料应有足够的耐水性、耐候性、耐污染性、耐久性；内墙涂料应具有一定硬度，耐干擦与耐湿擦，满足人们需要的颜色等装饰效果，潮湿房间的内墙涂料应具有很好的耐水性和耐清洗、摩擦性能；用于水泥砂浆和混凝土等基层的涂料，要有很好的耐碱性和防止基层的碱析出涂膜表面的现象。

涂料类装饰构造是：平整基层后满刮腻子，对墙面找平，用砂纸磨光，然后再用第二遍腻子进行修整，保证坚实牢固、平整、光滑、无裂纹，潮湿房间的墙面可适当增加腻子的胶用量或选用耐水性好的腻子或加一遍底漆。待墙面干燥后便进行施涂，涂刷遍数一般为两遍（单色），如果是彩色涂料可多涂一遍，颜色要均匀一致。在同一墙面应用同一批号的涂料。每遍涂料施涂厚度应均匀，且后一遍应在前一遍干燥后进行，以保证各层结合牢固，不发生皱皮、开裂。图3.56为涂料施工的工具与做法。

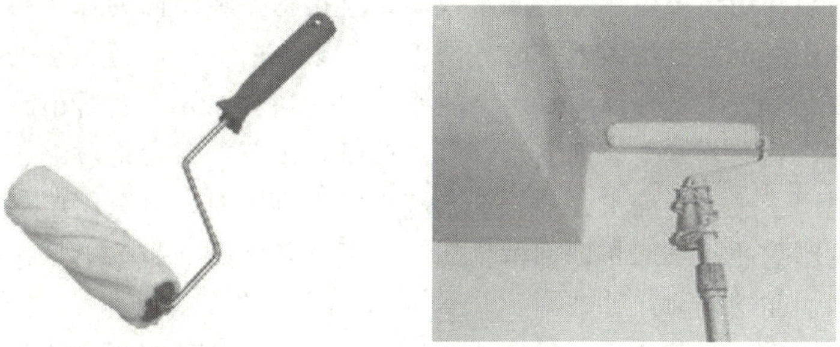

裱糊工程

图3.56　涂料施工

4. 裱糊类墙面装饰

裱糊类墙面装饰是将墙纸、墙布、织锦等各种装饰性的卷材材料裱糊在墙面上形成装饰面层。常用的饰面卷材有PVC塑料墙纸、墙布、玻璃纤维墙布、复合壁纸、皮革、锦缎、微薄木等，品种众多，在色彩、纹理、图案等方面丰富多样，选择性很大，可形成绚丽多彩、质感温暖、古雅精致、色泽自然逼真等多种装饰效果，且造价较经济、施工简捷高效、材料更新方便，在曲面与墙面转折等处可连续粘贴，获得连续的饰面效果，因此，经常被用于餐厅、会议室、高级宾馆客房和居住建筑中的内墙装饰。

（1）墙纸饰面

墙纸的种类较多，有多种分类方法。若按外观装饰效果分，有印花的、压花的、发泡（浮雕）的；若按施工方法分，有刷胶裱贴和背面预涂压敏胶直接铺贴两种；若从墙纸的基层材料分，有全塑料基的、纸基的、布基的、石棉纤维基的。

塑料墙纸是使用最为广泛的装饰卷材，是以纸基、布基和其他纤维基等为底层，以聚氯乙烯或聚乙烯为面层，经复合、印花或发泡压花等工序而制成。它图案雅致、色彩艳丽、美观大方，且在使用中耐水性好、抗油污、耐擦洗、易清洁等，是理想的室内装饰材料。塑料墙纸有普通、发泡和特种三类，其中特种有耐水墙纸、防火墙纸、抗静电墙纸、吸声墙纸、防污墙纸等，可适应不同功能需要。

(2) 玻璃纤维墙布

玻璃纤维墙布是以玻璃纤维织物为基层，表面涂布树脂，经染色、印花等工艺制成的一种装饰卷材。由于纤维织物的布纹感强，经套色印花后品种丰富，色彩鲜艳，有较好的装饰效果，而且耐擦洗、遇火不燃烧、抗拉力强、不产生有毒气体、价格便宜，因此应用广泛。但其覆盖力较差，易反色，当基层颜色有深浅不一时，容易在裱糊面上显现出来，而且玻璃纤维本身属碱性材料，使用时间长易变黄色。

(3) 无纺贴墙布

无纺贴墙布是采用棉、麻等天然纤维或涤纶、腈纶等合成纤维，经过无纺成型，上树脂、印彩花而成的一种新型高级饰面材料。它具有挺括、富有弹性、色彩鲜艳、图案雅致、不褪色、耐晒、耐擦洗，且有一定的吸声性和透气性。

(4) 丝绒和锦缎

丝绒和锦缎是高级的墙面装饰材料，它具有绚丽多彩、质感温暖、古雅精致、色泽自然逼真等优点，适用于高级的内墙面裱糊装饰。但它柔软光滑、极易变形，且不耐脏、不能擦洗，裱糊技术工艺要求很高以避免受潮、霉变。

裱糊类墙面装饰的构造做法是将墙纸或墙布直接粘贴在墙面的抹灰层上。粘贴前先清扫墙面，满刮腻子，干燥后用砂纸打磨光滑。墙纸裱糊前应先进行胀水处理，即先将墙纸在水槽中浸泡 2～3min，取出后抖掉多余的水，再静置 15min，然后刷胶裱糊。这样，纸基遇水充分涨开，粘贴到基层表面上后，纸基壁纸随水分的蒸发而收缩、绷紧。复合纸质壁纸耐湿性较差，不能进行涨水处理。纸基塑料壁纸刷胶时，可只刷墙基或纸基背面；裱糊顶棚或裱糊较厚重的墙纸墙布，如植物纤维壁纸、化纤贴墙布等，可在基层和饰材背面双面刷胶，以增加黏结能力。

玻璃纤维墙布和无纺贴墙布不需要涨水处理，且要将胶黏剂刷在墙基上，用的胶黏剂与纸基不同，宜用聚醋酸乙烯浮液，可掺入一定量的淀粉糊。由于它们的盖底力稍差，基层表面颜色较深时，可满刮石膏腻子或在胶黏剂中掺入 10%的白涂料，如白乳胶漆等。

丝绒和锦缎饰面的施工技术和工艺要求较高。为了更好地防潮、防腐，通常做法是：在墙面基层上用水泥砂浆找平，待彻底干燥后刷冷底子油，再做一毡二油防潮层，然后固定木龙骨，将胶合板钉在龙骨上，最后利用 108 胶、化学糨糊、墙纸胶等胶黏剂裱糊饰面卷材。

裱糊的原则：先垂直面，后水平面；先细部，后大面；先保证垂直，后对花拼缝；垂直面是先上后下，先长墙面后短墙面；水平面是先高后低。粘贴时，要防止出现气泡，并对拼缝处压实。裱糊类墙面构造如图 3.57 所示。

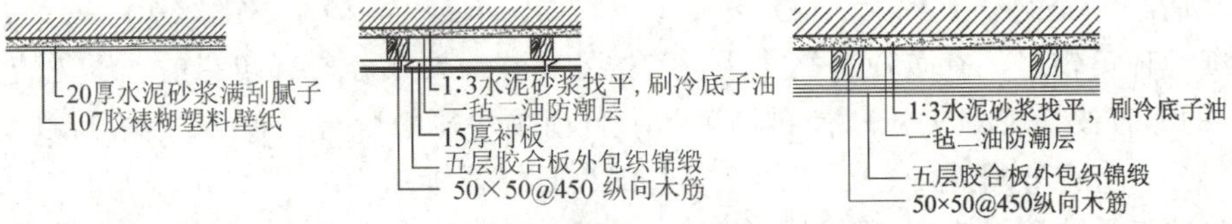

图 3.57 裱糊类墙面构造（单位：mm）

5. 铺钉类墙面装饰

铺钉类墙面装饰是指将各种装饰面板通过镶、钉、拼贴等构造手法固定于骨架上构成的墙面装饰，其特点是无湿作业，饰面耐久性好，采用不同的饰面板，具有不同的装饰效果，在墙面装饰中应用广泛。常用的面板有木条、竹条、实木板、胶合板、纤维板、石膏板、石棉水泥板、皮革、人造革、玻璃和金属薄板等。骨架有木骨架和金属骨架。

(1) 木质板饰面

木质板饰面常选用实木板、胶合板、纤维板、微薄木贴面板等装饰面板，若有声学要求的，则选用穿孔夹板、软质纤维板、装饰吸声板等。这类饰面美观大方、安装方便，外观若保持本来的纹理和色泽更显质朴、高雅，但消耗木材多，防火、防潮性能较差，多用于宾馆等公共建筑的门厅、大厅的内墙面装饰。

木质板饰面的构造做法：在墙面上钉立木骨架，木骨架由竖筋和横筋组成，竖筋的间距为400～600mm，横筋的间距视面板规格而定，然后钉装木面板。为了防止墙体的潮气对面板的影响，往往采取防潮构造措施，可先在墙面上做一层防潮层或装饰时面板与墙面之间留缝。如果是吸声墙面，则必须要先在墙面上做一层防潮层再钉装，如果在墙面与吸声面板之间填充矿棉、玻璃棉等吸声材料则吸声效果更佳，图 3.58 为木质面板墙面装饰示意。

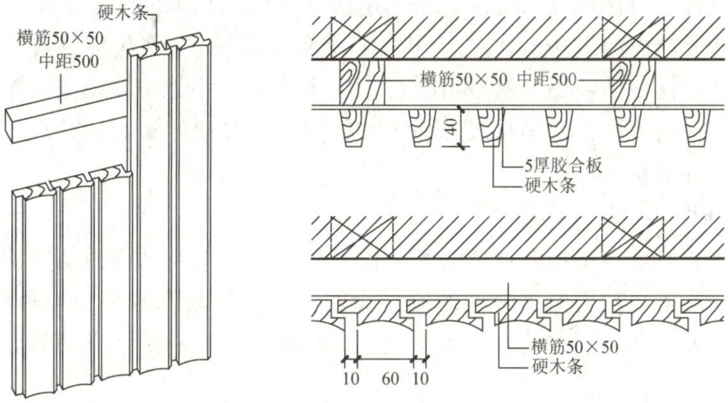

图 3.58 木质面板墙面装饰构造

(2) 金属薄板饰面

金属薄板饰面常用的面板有薄钢板、不锈钢板、铝板或铝合金板等，安装在型钢或铝合金板所构成的骨架上。不锈钢板具有良好的耐腐蚀性、耐气候性和耐磨性，强度高，质软且富有韧性，便于加工，表面呈银白色，显得高贵华丽，多用于高级宾馆等门厅的内墙、柱面的装饰。铝板、铝合金板的质量轻、花纹精巧别致、装饰效果好，且经久耐用，在建筑中应用广泛，尤其是商店、宾馆的入口和门厅以及大型公共建筑的外墙装饰采用较多，如图 3.59 所示。

金属薄板饰面的构造做法：在墙基上用膨胀铆钉固定金属骨架，间距为 600～900mm，然后用自攻螺钉或膨胀铆钉将金属面板固定，有些内墙装饰是将金属薄板压卡在特制的龙骨上。金属骨架多数采用型钢，因为型钢强度高、焊接方便、造价较低。金属薄板固定后，还要进行盖缝或填缝处理，以达到防渗漏或美观要求。

(3) 皮革和人造革饰面

皮革和人造革墙面，具有质地柔软、格调高雅、保温、耐磨、吸声、易清洁的特点，常用于防碰撞的房间，如健身房、练功房、幼儿园等，或咖啡室、酒吧台、会客室等优雅

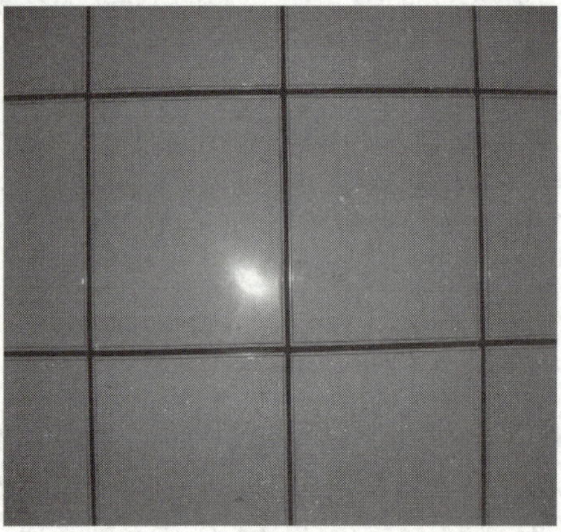

(a) 铝扣板

(b) 广州燕塘地铁站铝扣板墙面

图 3.59　铝扣板墙面

舒适的房间，或有一定消声要求的录音室、电话亭等墙面。

皮革和人造革饰面的做法与木护壁相似。墙面先用 1∶3 水泥砂浆找平 20mm 厚，涂刷冷底子油一道，再粘贴油毡，然后再通过预埋木砖立木龙骨，间距按皮革面分块，钉胶合板衬底，最后将皮革铺钉或铺贴成饰面。往往皮革里衬泡沫塑料做硬底，或衬棕丝、玻璃棉、矿棉等软材料做成软底。

6. 清水墙饰面

清水墙饰面是指墙面不加其他覆盖性装饰面层，只是在原结构砖墙或混凝土墙的表面进行勾缝或模纹处理，利用墙体材料的质感和颜色以取得装饰效果的一种墙体装饰方法。这种装饰具有耐久性好、耐候性好、不易变色，利用墙面特有的线条质感，起到淡雅、凝重、朴实的装饰效果。

清水墙饰面主要有清水砖、石墙和混凝土墙面，而在建筑中清水砖、石墙用得相对广泛。石材料有料石和毛石两种，质地坚实、防水性好，在产石地区用得较多。清水砖墙的砌筑工艺讲究，灰缝要一致，阴阳角要锯砖磨边，接槎要严密，有美感。清水砖墙灰缝的面积约是清水墙面积的 1/6，适当改变灰缝的颜色能够有效地影响整个墙面的色调与明暗程度，这就要对清水砖墙进行勾缝处理。清水砖墙的勾缝形式主要有平缝、斜缝、凹缝、圆弧凹缝等形式，如图 3.60 所示。清水砖墙勾缝常用 1∶1.5 的水泥砂浆，可根据需要在勾缝砂浆中掺入一定量颜料。也可以在勾缝之前涂刷颜色或喷色，色浆由石灰浆加入颜料(氯化铁红、氯化铁黄等)、胶黏剂构成。

清水墙面的应用

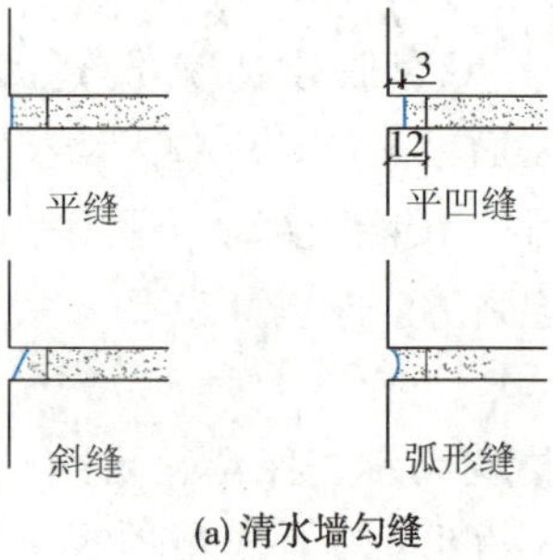

(a) 清水墙勾缝

(b) 某外墙清水墙勾缝

图 3.60　清水墙的勾缝形式

3.5.3 墙面装饰构造工程实例

工程概况：某大学校园建筑位于夏热冬暖B区（4B），由多栋建筑组成（教学楼、实训楼、学生宿舍、教师公寓等），墙体根据建筑使用功能要求不同，采用了多种装饰装修做法，见表3-6。

表3-6 某工程墙体构造做法

单位：mm

粉刷涂料面（内墙）	防水内墙面
15厚WP M5水泥石灰砂浆； 5厚WP M20水泥石灰砂浆； 满刮腻子一遍； 面饰层（选择以下做法中的一种）： A.（内墙涂料）刷底涂料一遍，内墙涂料一遍 B.（乳胶漆）刷底漆一遍，乳胶漆二遍	素水泥浆一遍； 15厚WP M15水泥砂浆找平层； 1.5厚聚合物水泥防水涂料，刷基层处理剂一遍； 4～5厚聚合物乳液防水砂浆镶贴面砖； 面饰层（选择以下做法中的一种）： A. 4～5厚釉面砖，白水泥浆填缝 B. 4～5厚釉美术瓷片，白水泥浆填缝 C. 4～5厚白瓷片，白水泥浆填缝
面砖贴面	**干挂石材面（外墙）**
15厚WP M15抹灰砂浆； 素水泥浆一遍； 5厚WP M20抹灰砂浆加水重20%的建筑胶镶贴； 面饰层（选择以下做法中的一种）： A. 4～5厚釉面砖，白水泥浆填缝 B. 4～5厚釉美术瓷片，白水泥浆填缝 C. 4～5厚白瓷片，白水泥浆填缝 D. 8～10厚陶瓷面砖，水泥浆擦缝 E. 8～12厚石质板材，水泥浆擦缝	15厚WP M15水泥砂浆找平； 墙体按规格设固定点（须设在混凝土柱或梁上）； 石材背面用16号双股铜丝与石材绑扎并与膨胀螺栓固定，石材离墙30； 按石材高度安装配套不锈钢挂件； 25～30厚花岗石，用环氧树脂胶固定销钉；石材接缝宽5～8，用硅酮密封胶填缝
面砖贴面（外墙）	**水刷石墙面（外墙）**
刷专用界面剂一遍； 15厚WP M15抹灰砂浆； 7厚聚合物水泥抗裂防水砂浆抹平，刷素水泥浆一遍； 5厚WP M20抹灰砂浆加水重20%的建筑胶镶贴； 8～10厚面砖，WP M20抹灰砂浆勾缝或水泥浆擦缝	15厚WP M15抹灰砂浆； 素水泥浆结合层一道； 面饰层（选择以下做法中的一种）： A. 10厚1∶1.5水泥石子（粒径5～8），水刷表面； B. 12厚1∶1.5水泥石子（粒径小于5），内掺3%石粉屑用斧斩毛二遍（斩假石面）

某住宅内墙构造做法（1）如图3.61所示。
某住宅内墙构造做法（2）如图3.62所示。
某住宅外墙采用涂料，构造做法如图3.63所示。

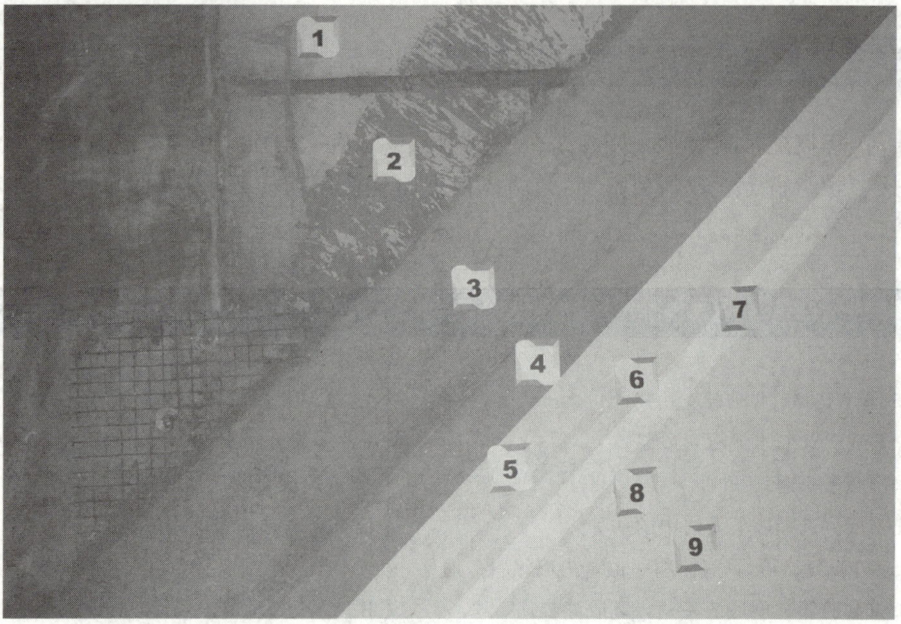

1—加气混凝土砌块墙体；2—甩毛；3—水泥砂浆底层；4—水泥砂浆面层；
5—内墙腻子第一道；6—内墙腻子第二道；7—底漆；
8—内墙面漆第一道；9—内墙面漆第二道

图 3.61　内墙构造做法（1）

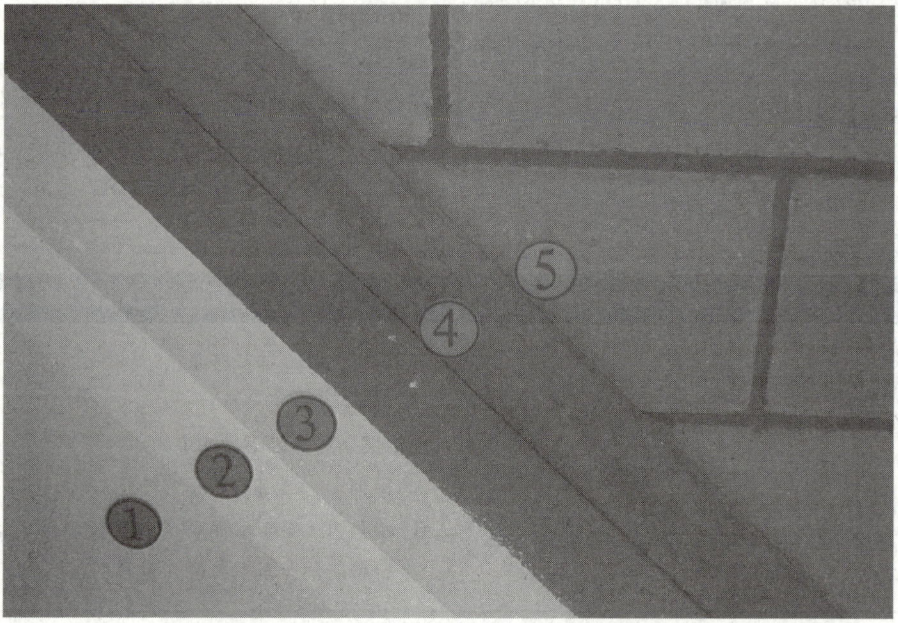

1—内墙涂料；2—底漆；3—内墙腻子；
4—水泥砂浆面层；5—蒸压加气混凝土砌块墙体

图 3.62　内墙构造做法（2）

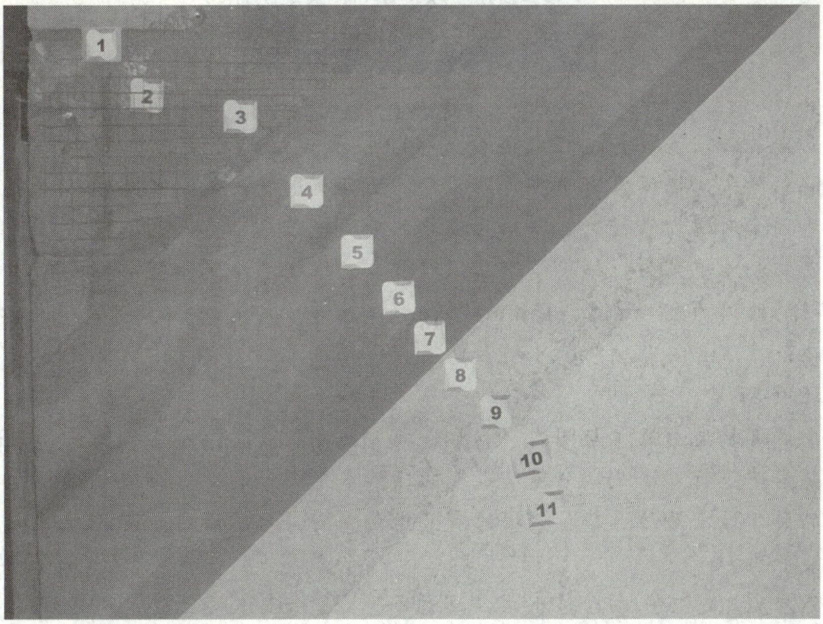

1—加气混凝土砌块墙体；2—甩毛；3—满挂铁丝网；4—水泥砂浆底层；5—水泥砂浆面层；
6—外墙腻子第一道；7—外墙腻子第二道；8—底漆；9—喷点；10—外墙面漆第一道；11—外墙面漆第二道

图 3.63　外墙涂料构造做法

某住宅外墙采用粘贴面砖，构造做法如图 3.64 所示。

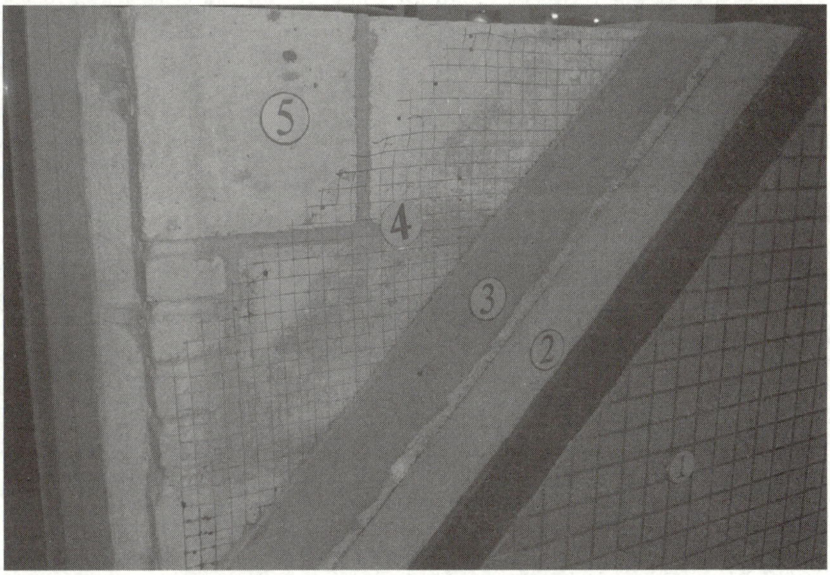

1—外墙粘贴面砖；2—水泥砂浆面层；3—水泥砂浆找平层；
4—满挂铁丝网；5—加气混凝土砌块墙体

图 3.64　粘贴面砖外墙构造

模块小结

墙体是建筑物的重要构造组成部分。墙体按承重情况可分为承重墙和非承重墙两类。在砖混结构中，墙体具有承重作用。外墙还具有围护功能，抵御风霜雨雪及寒暑等自然界各种因素对室内的侵袭。隔墙主要起到分隔建筑内部空间的作用。

墙体有四种承重方案：横墙承重、纵墙承重、纵横墙承重和墙与柱混合承重。

标准砖的规格为 240mm×115mm×53mm。

砖的砌筑方法主要有顺砖、丁砖和侧砖。常用的砌筑砖墙有 12 墙、18 墙和 24 墙，北方地区还有 37 墙。

砖墙的细部构造有散水与明沟、勒脚、墙身防潮、过梁、窗台、圈梁和构造柱等。

圈梁是沿建筑物外墙及部分内墙设置的连续水平闭合的梁。设置构造柱也能有效地加强建筑的整体性，是防止房屋倒塌的有效措施。圈梁与构造柱一起形成骨架，可提高房屋的抗震能力。

构造柱在施工时应先砌砖墙形成“马牙槎”，随着墙体的上升，逐段现浇钢筋混凝土构造柱。

隔墙根据其材料和施工方式不同，可以分成砌筑隔墙、立筋隔墙和板材隔墙。

墙面装饰按材料及施工方式的不同，通常分为抹灰类、贴面类、涂刷类、裱糊类、铺钉类和其他类。

复习思考题

一、填空题

1. 普通砖的规格为（　　）。
2. 墙体的承重方案一般有（　　）、（　　）、（　　）和墙柱共同承重四种方式。
3. 圈梁一般采用钢筋混凝土材料现场浇筑，混凝土强度等级不低于（　　）。
4. 外墙与室外地坪接触的部分叫（　　）。

二、判断题

1. 圈梁是均匀地卧在墙上的闭合的梁。（　　）
2. 钢筋混凝土过梁的断面尺寸是由荷载的计算来确定的。（　　）
3. 构造柱属于承重构件，同时对建筑物起到抗震加固作用。（　　）
4. 与建筑物长轴方向垂直的墙体为横墙。（　　）

三、选择题

1. 墙体按受力情况可分为（　　）。
   A. 纵墙和横墙
   B. 承重墙和非承重墙
   C. 内墙和外墙
   D. 空体墙和实体墙
2. 钢筋混凝土圈梁断面高度不宜小于（　　）。
   A. 180mm　　B. 120mm　　C. 60mm　　D. 200mm
3. 散水的宽度应大于房屋挑檐宽（　　）。
   A. 300mm　　B. 600mm　　C. 200mm　　D. 500mm
4. 如果室内地面面层和垫层均为不透水性材料，其防潮层应设置在（　　）。
   A. 室内地坪以下 60mm
   B. 室内地坪以上 60mm
   C. 室内地坪以下 120mm
   D. 室内地坪以上 120mm
5. 勒脚是墙身接近室外地面的部分，常用的材料为（　　）。
   A. 混合砂浆　　B. 水泥砂浆
   C. 纸筋灰　　D. 膨胀珍珠岩
6. 散水宽度一般应为（　　）。
   A. ≥80mm　　B. ≥600mm
   C. ≥2000mm　　D. ≥1000mm
7. 圈梁的设置主要是为了（　　）。
   A. 提高建筑物的整体性、抵抗地震力
   B. 承受竖向荷载
   C. 便于砌筑墙体
   D. 建筑设计需要

8. 标准砖的尺寸为（　　）(单位 mm)。

A. 240×115×53　　B. 240×115×115

C. 240×180×115　　D. 240×115×90

9. 横墙承重一般不用于（　　）。

A. 宿舍　　B. 教学楼

C. 办公楼　　D. 旅馆

10. 在墙体中设置构造柱时，构造柱中的拉结钢筋每边伸入墙内应不小于（　　）。

A. 1000mm　　B. 500mm

C. 100mm　　D. 200mm

四、简答题

1. 墙的作用有哪些?
2. 墙体在设计上有哪些要求?
3. 墙体的承重方案有几种，它们的优缺点分别是什么?
4. 砖墙的组砌原则是什么? 组砌方式有哪些?
5. 常见勒脚的构造做法有哪些?
6. 简述墙体防潮层的作用、常用的做法和设置的位置。
7. 简述散水和明沟的作用和常用的做法。
8. 过梁主要有哪几种? 它们的适用范围和构造特点分别是什么?
9. 圈梁的作用是什么? 一般设置在什么位置?
10. 构造柱的作用是什么? 有哪些构造要求?
11. 常用的隔墙有哪些? 它们的构造要求是什么?
12. 常用的墙面装饰有哪些类别? 各自的特点和构造做法是什么?

模块3
在线答题

模块 4 楼地层

思维导图

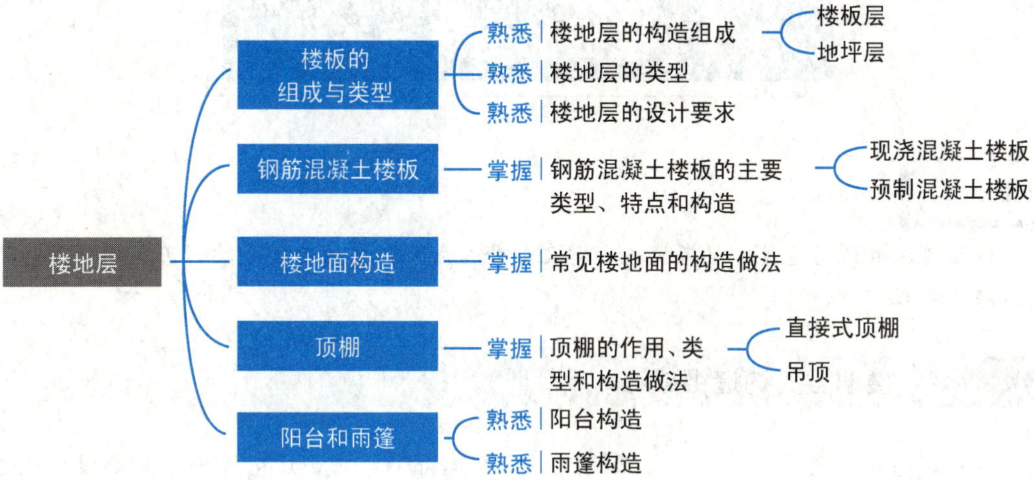

楼地层
楼板的组成与类型
熟悉 | 楼地层的构造组成
楼板层
地坪层
熟悉 | 楼地层的类型
熟悉 | 楼地层的设计要求
钢筋混凝土楼板
掌握 | 钢筋混凝土楼板的主要类型、特点和构造
现浇混凝土楼板
预制混凝土楼板
楼地面构造
掌握 | 常见楼地面的构造做法
顶棚
掌握 | 顶棚的作用、类型和构造做法
直接式顶棚
吊顶
阳台和雨篷
熟悉 | 阳台构造
熟悉 | 雨篷构造

知识点滴

楼板是水平方向承重构件，它在垂直方向上将房屋分隔为若干层，并把人和家具等竖向荷载及楼板自重通过墙体、梁或柱传给基础。按其使用的材料可分为木楼板、砖拱楼板、钢筋混凝土楼板、压型钢板组合楼板等。木楼板构造简单，自重轻，保温性能好，但耐久和防火性差，是我们古建筑的主要楼板形式，现在一般较少采用。砖拱楼板的施工麻烦，抗震性能较差，现很少采用。钢筋混凝土楼板具有强度高，刚性好，耐久、防火、防水性好，又便于工业化生产等优点，是现在广为使用的楼板类型。压型钢板组合楼板是一种新型的楼板，由压型钢板、混凝土板通过抗剪连接措施共同作用形成，主要用于钢结构建筑中。

4.1 楼板的组成与类型

想一想

仔细观察身边的建筑，思考楼板由哪几部分组成？与其他房间相比，卫生间的楼板有没有特殊要求？

4.1.1 楼地层的构造组成

楼板层通常由面层、结构层、顶棚层三个基本部分组成，还可以根据需要设置附加层，如图 4.1 所示。

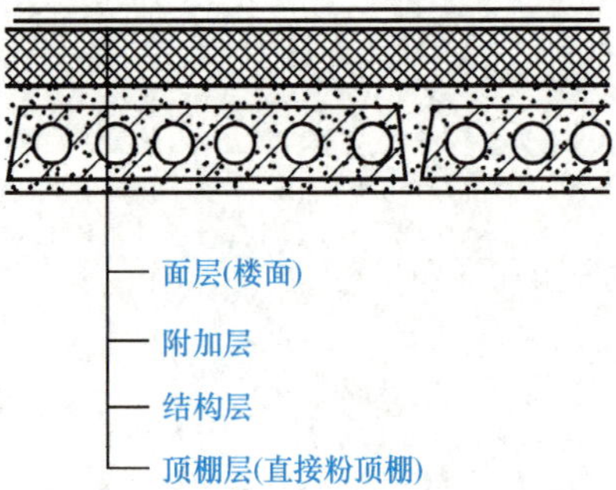

(a) 预制钢筋混凝土楼板层

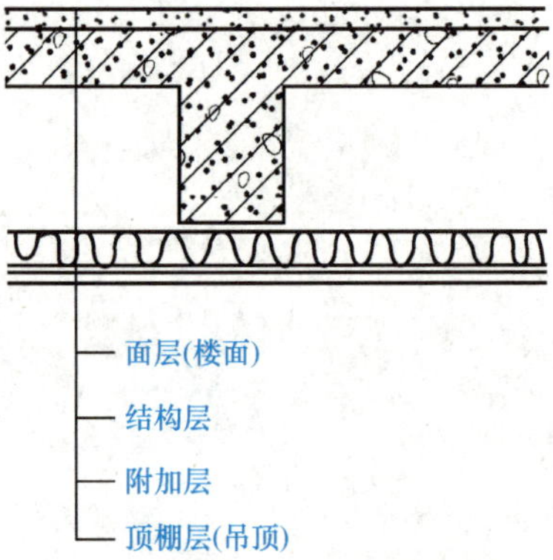

(b) 现浇钢筋混凝土楼板层

图 4.1 楼板层构造组成

1. 楼板层构造组成

(1) 面层

面层是楼板层最上面的层次，通常又称为楼面。面层是楼板层中直接与人和家具相接触经受摩擦的部分，起着保护结构层、传递荷载的作用，同时可以美化建筑的室内空间。

(2) 结构层

结构层是楼板层的承重构件，位于楼板层的中部，通常称为楼板。结构层可以是板，也可以是梁和板。主要作用是承受楼板层上的荷载并将其传递给墙体或柱，同时可以提高墙体的稳定性，增大建筑的整体刚度。

(3) 附加层

附加层可以设置在面层和结构层之间，也可以设在结构层和顶棚层之间，设置的位置视具体需要而定。附加层通常有隔声层、保温层、隔热层、防水层等类型。附加层是为满足特定需要而设的构造层次，因此又称为功能层。

(4) 顶棚层

顶棚层是楼板层最下部的层次，既保护了楼板，又对室内空间起一定的美化作用，同时还应该满足管线敷设的要求。

2. 地坪层构造组成

地坪层主要由面层、垫层、基层组成，也可以根据实际需要设置附加层（图 4.2）。

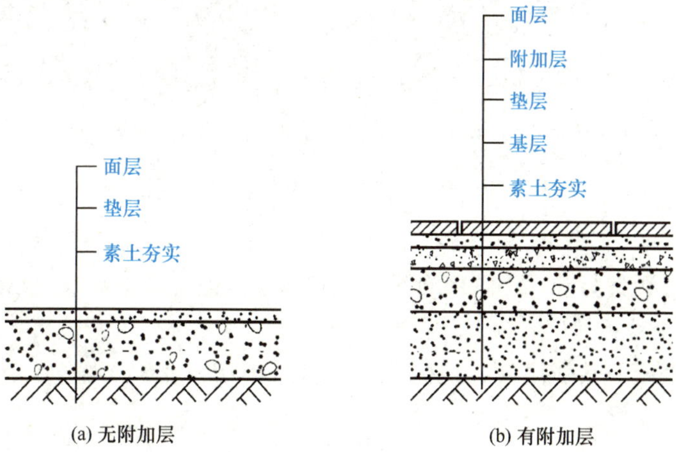

图 4.2 地坪层构造组成

(1) 面层

面层的作用与楼面基本相同，是室内空间下部的装修层，又称为地面。地面应具有一定的装饰作用。

(2) 垫层

垫层是面层下部的填充层，作用是承受和传递荷载，并起到初步找平的作用。通常采用 C10 混凝土垫层，厚度是 60～100mm。有时也可以用砂、碎石、炉渣等松散材料。

(3) 基层

基层位于垫层之下，又称为地基。通常的做法是用原土或者填土分层夯实。建筑物的荷载较大、标准较高或者使用中有特殊要求的情况下，可以在夯实的土层上再铺设灰土层、道砟三合土层、碎砖层，以对基层进行加强。

4.1.2 楼板的类型

楼板

楼板按使用的材料不同，主要有木楼板、砖拱楼板、钢筋混凝土楼板和压型钢板组合楼板四种类型。

1. 木楼板

木楼板构造简单，自重轻，保温、隔热性能好，弹性好，但防火性、耐腐蚀性差，耗费木材，一般工程中很少采用，如图 4.3 所示。

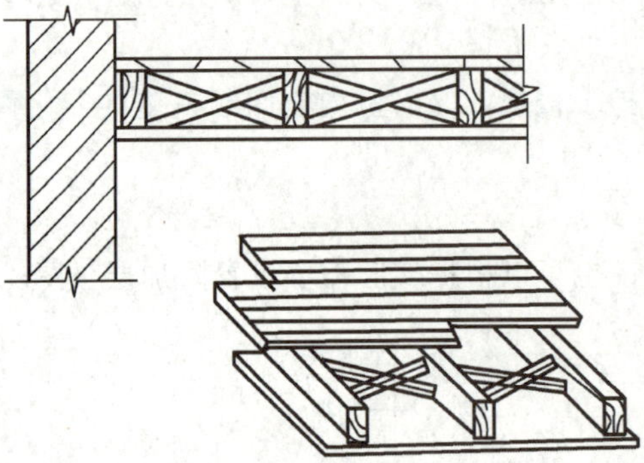

(a) 砖木结构中的木楼板

(b) 木结构中的木楼板

图 4.3　木楼板

2. 砖拱楼板

砖拱楼板可节约钢材和水泥，但自重大，抗震性能差，现在基本上已经不采用了。

3. 钢筋混凝土楼板

钢筋混凝土楼板因其强度高、整体性好、耐久性好、可模性好、防火和抗震能力强，在实际中应用最为广泛，如图 4.4 所示。

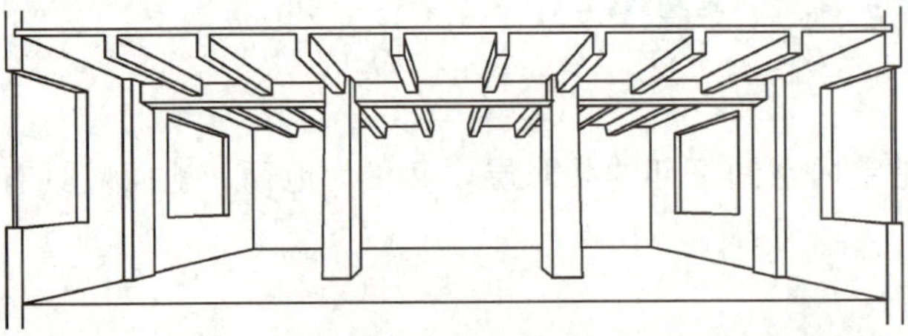

(a) 框架结构中的楼板

(b) 楼板中的钢筋

图 4.4　钢筋混凝土楼板

4. 压型钢板组合楼板

压型钢板组合楼板又称钢衬板楼板，是利用压型钢板作为模板，在其上现浇混凝土而形成的。压型钢板作为模板，省掉了支模拆模的复杂工序。同时其作为楼板的一部分，可永久地留在楼板中，提高了楼板的抗弯刚度和强度，虽然其造价高，但仍是值得大力推广应用的楼板，如图 4.5 所示。

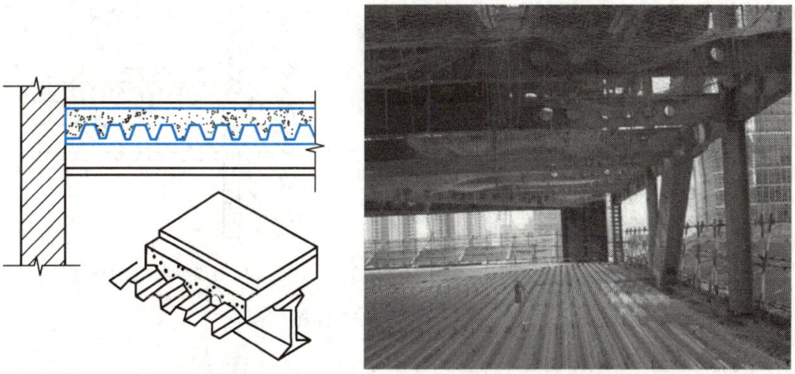

(a) 压型钢板组合楼板的线条图　　(b) 压型钢板

图 4.5　压型钢板组合楼板

4.1.3　楼板层的设计要求

楼板层的设计应该满足以下要求。

1. 具有一定的强度和刚度

楼板层直接承受着自重和作用在其上的各种荷载，因此设计楼板时应使楼板具有一定的强度，保证在荷载作用下不致因楼板承载力不足而引起结构的破坏。为了满足建筑物的正常使用要求，楼板还应具有一定的刚度要求，保证在正常使用的状态下，不会发生过大的影响产生裂缝和挠度变形，刚度要求通常是通过限定板的最小厚度来保证。

2. 具有一定的防火能力

楼板作为分割竖向空间的承重构件，应具有一定的防火能力。《建筑设计防火规范》(2018 年版）对多层建筑楼板的耐火极限做了明确规定：建筑物耐火等级为一级时，楼板采用不燃烧体，耐火极限不小于 1.50h；建筑物耐火等级为二级时，楼板采用不燃烧体，耐火极限不小于 1.00h；建筑物耐火等级为三级时，楼板采用不燃烧体，耐火极限不小于 0.50h；建筑物耐火等级为四级时，楼板可采用燃烧体。

3. 具有一定的隔声能力

噪声会影响到我们的工作、学习和生活。建筑设计中，隔声是一个很重要的问题。对于楼板而言，噪声主要是撞击声，如楼板上人的脚步声、拖动家具的声音等。楼板隔声通常有以下几种方法。

(1）面层下设弹性垫层

在楼板的结构层和面层之间增设弹性垫层，称为“浮筑式楼板”，减弱楼板的振动，以降低噪声。弹性垫层可以是块状、条状、片状，使楼板面层与结构层完全脱离，起到一定的隔声作用，如图 4.6（a）所示。

(2) 对楼板表面进行处理

在楼板表面铺设塑料地毡、地毯、橡胶地毡、软木板等弹性较好的材料，以降低楼板的振动，减弱撞击声。这种方法隔声效果好，也便于机械化施工，如图 4.6（b）所示。

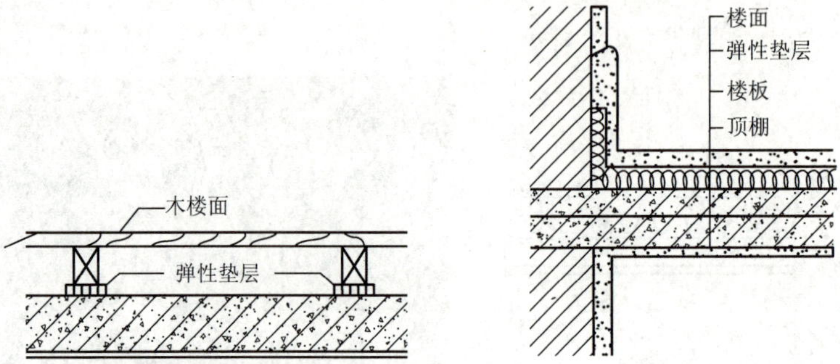

(a) 面层下设弹性垫层　　(b) 对楼板表面进行处理

图 4.6　浮筑式楼板

(3) 楼板下设吊顶

在楼板下设吊顶，利用隔绝空气声的方法降低撞击声。吊顶面层不留缝隙。吊顶层还可以敷设一些吸声材料，加强隔声效果。如果吊顶和楼板之间采用弹性连接，隔声能力可以得到大的提高，如图 4.7 所示。

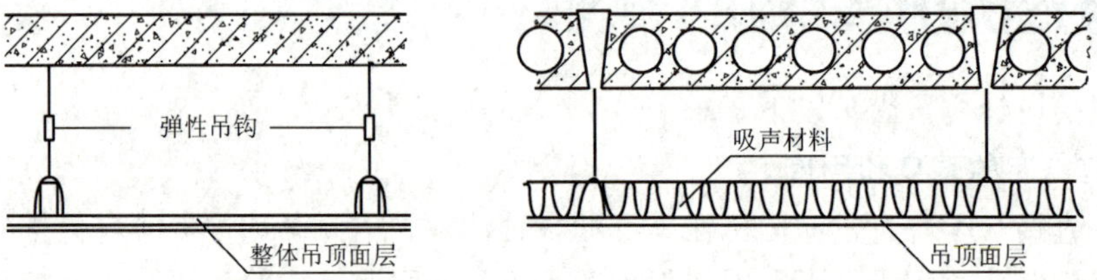

(a) 吊顶设弹性吊钩　　(b) 吊顶铺吸声材料

图 4.7　楼板下设吊顶

4. 具有一定的防潮、防水能力

建筑物使用当中有水侵蚀的房间，如厨房、卫生间、浴室、实验室等，楼板层应进行防潮、防水处理，防止影响相邻空间的使用和建筑物的耐久性。

5. 满足各种管线的敷设要求

随着科学技术的发展和生活水平的提高，现代建筑中电器等设施的应用越来越多。楼板层的顶棚层应满足设备管线的敷设要求。

4.2　钢筋混凝土楼板

想一想

图 4.8（a）为现浇钢筋混凝土楼板，图 4.8（b）为预制装配式楼板，图 4.8（c）为

叠合楼板，图 4.8（d）为压型钢板组合楼板。在实际工程中还有哪些类型的楼板？

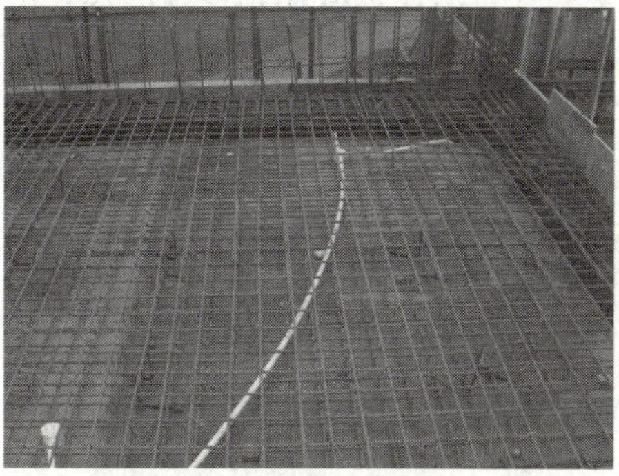

(a) 现浇钢筋混凝土楼板

(b) 预制装配式楼板

(c) 叠合楼板

(d) 压型钢板组合楼板

图 4.8　楼板

钢筋混凝土楼板

钢筋混凝土楼板是应用最广泛的一种楼板形式，按照施工方法可以分为现浇整体式、预制装配式和装配整体式三种类型。

4.2.1　现浇整体式钢筋混凝土楼板

现浇整体式钢筋混凝土楼板是在施工现场经过支模板、扎钢筋、浇筑混凝土等工序而整体浇筑成型的楼板。这种楼板具有整体性强、抗震能力好、梁板布置灵活等优点，但施工的湿作业量大，模板使用量大，施工的工期较长。对于整体性要求较高的建筑、平面形状不规则的房间、有较多管道需要穿越楼板的房间、使用中有防水要求的房间，适合采用现浇整体式钢筋混凝土楼板，现浇整体式钢筋混凝土楼板的应用也越来越广泛。

现浇整体式钢筋混凝土楼板根据楼板的具体组成，可分为板式楼板、肋形楼板、井字楼板、无梁楼板和压型钢板组合楼板等几种类型。

1. 板式楼板

板式楼板是直接搁置在墙体上的楼板，由于受到楼板经济跨度的限制，楼板的尺寸不大，因此这种形式的楼板通常用于跨度较小的厨房、卫生间等房间和走廊。楼板根据受力特点和支撑情况，可以分为单向板和双向板。根据《混凝土结构设计规范》(GB 50010—2010)规定：①两对边支承的板应按单向板计算。②四边支承的板应按相关规定计算：当长边与短边长度之比不大于 2.0，应按双向板计算，如图 4.9(b) 所示；当长边与短边长度之比大于 2.0 时，但小于 3.0 时，宜按双向板计算；当长边与短边长度之比不小于 3.0 时，宜按沿短边方向受力的单向板计算，并应沿长边方向布置构造钢筋，如图 4.9(a) 所示。

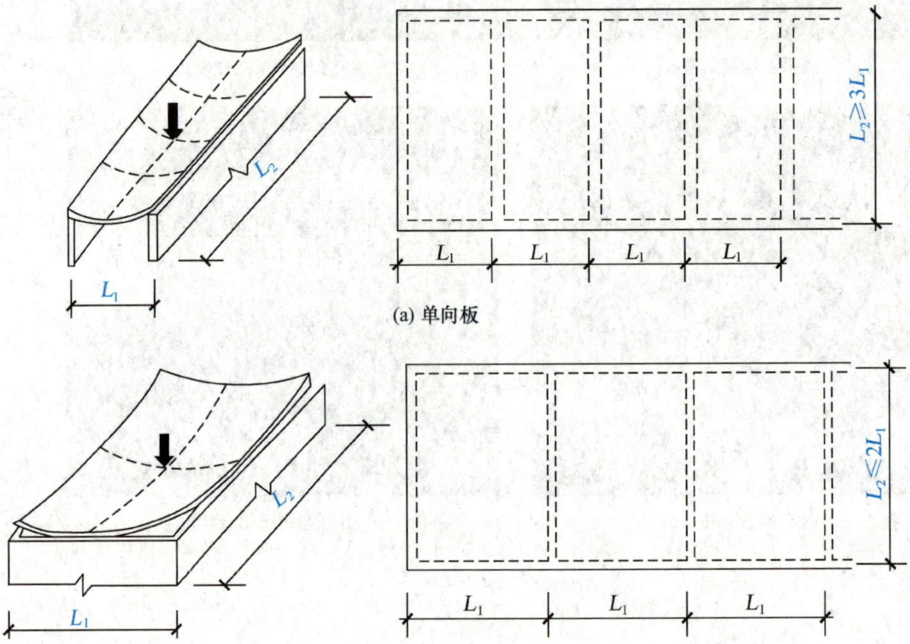

图 4.9　板的受力与传力方式

2. 肋形楼板

当房间的平面尺寸较大时，为使楼板的受力与传力更合理，建筑物中广泛采用肋形楼板，又称梁板式楼板，有双向板肋形楼板和单向板肋形楼板两种。

双向板肋形楼板的受力更合理一些，材料利用更充分，顶棚比较美观，但容易在板的角部出现裂缝，当楼板的跨度比较大时，板厚也较大，不是很经济，因此其一般用在跨度小的建筑物中，如住宅、旅馆等。

单向板肋形楼板由板、次梁、主梁组成(图 4.10)。荷载按照板→次梁→主梁→墙体或者柱的路线向下传递。单向板肋形楼板的主梁通常布置在房屋的短跨方向，次梁垂直于主梁并支承在主梁上，板支承在次梁上。主梁的跨度一般是 5～8m，最大也可以达到 12m，次梁比主梁的截面高度小，跨度一般是 4～6m，板的跨度一般是 1.7～2.5m。

《混凝土结构设计规范》(GB 50010—2010)(2015 年版) 规定了现浇钢筋混凝土板的最小厚度，见表 4-1。

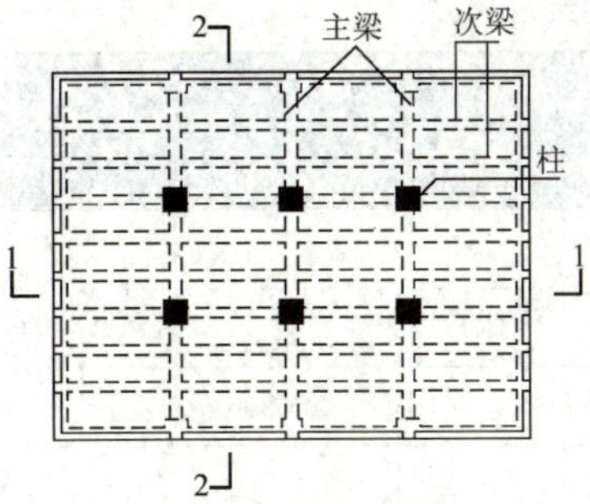

(a) 单向板肋形楼板平面图

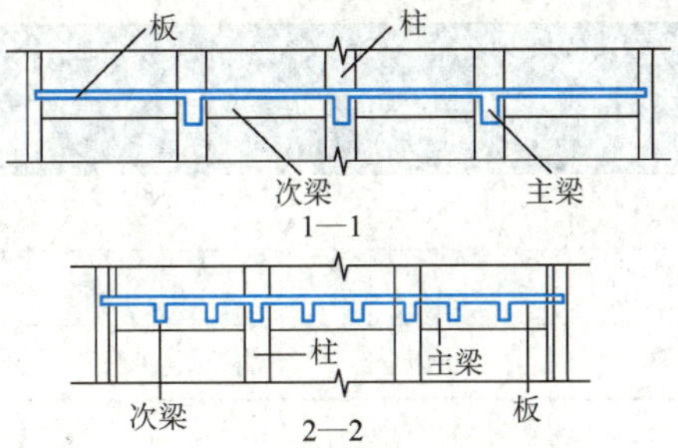

(b) 单向板肋形楼板剖面图

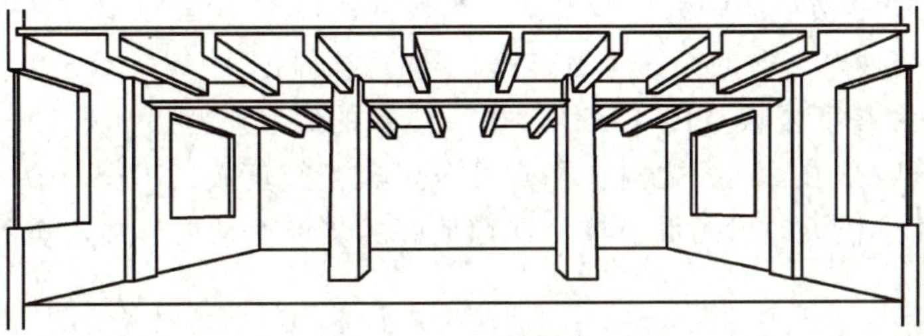

(c) 单向板肋形楼板线条图

图 4.10　单向板肋形楼板

表 4－1　现浇钢筋混凝土板的最小厚度　　单位：mm

板的类别		最小厚度
单向板	屋面板	60
	民用建筑楼板	60
	工业建筑楼板	70
	行车道下的楼板	80
双向板		80
密肋楼盖	面板	50
	肋高	250
悬臂板（根部）	悬臂长度不大于 500mm	60
	悬臂长度 1200mm	100
无梁楼板		150
现浇空心楼盖		200

为了充分发挥结构的能力，应该考虑构件的合理尺寸。肋形楼板的经济尺寸见表 4－2。

表 4-2 肋形楼板的经济尺寸

构件名称	经济尺寸		
	跨度 L	梁高或者板厚 h	宽度 b
主梁	5～8m	$(1/14 \sim 1/8)L$	$(1/3 \sim 1/2)L$
次梁	4～6m	$(1/18 \sim 1/12)L$	$(1/3 \sim 1/2)L$
板	3m以内	简支板 $L/35$，连续板 $L/40$，不小于 60～80mm	

3. 井字楼板

井字楼板是肋形楼板的一种特殊形式。当房间跨度在 10m 以上且两个方向的尺寸比较接近时，可以将两个方向的梁等间距布置，梁的截面高度相等，不分主次，形成井格式的肋梁楼板，称为井字楼板（图 4.11）。井字楼板的跨度一般为 6～10m，板厚为 70～80mm，井格边长一般在 2.5m 之内。井格可布置成正交正放、正交斜放、斜交斜放，如图 4.12 所示。井字楼板的顶棚很规整，具有很好的装饰性，在公共建筑的门厅和大厅中有一定的采用。

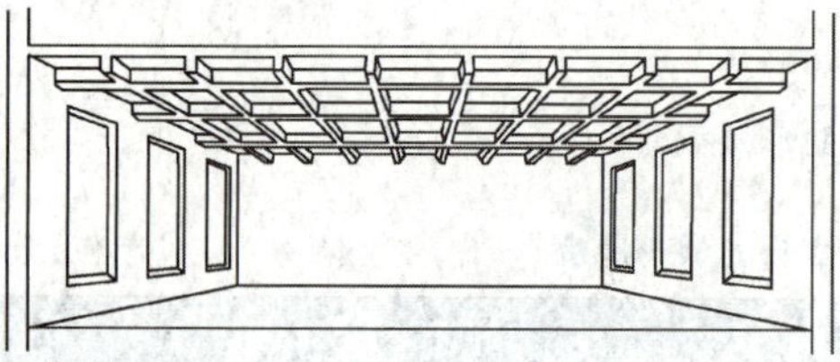

图 4.11 井字楼板

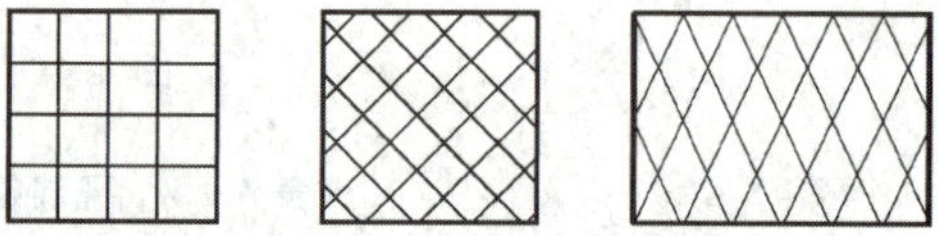

(a) 正交正放　(b) 正交斜放　(c) 斜交斜放

图 4.12 井字楼板的布置方式

4. 无梁楼板

无梁楼板是将楼板直接支承在柱子上而不设梁的楼板形式，如图 4.13 所示。这种楼板净空高度大，通风效果好，施工简单，可用于尺寸较大的房间和门厅，如商店、展览馆、仓库等建筑。无梁楼板的柱网通常布置成矩形或者方形，跨度一般在 6m 以内比较经济，板厚通常不小于 120mm，一般为 160～200mm。根据有无柱帽，无梁楼板可以分为有柱帽和无柱帽两种。当楼板的荷载较大时，为了扩大柱子的支承面积，通常采用有柱帽的无梁楼板。

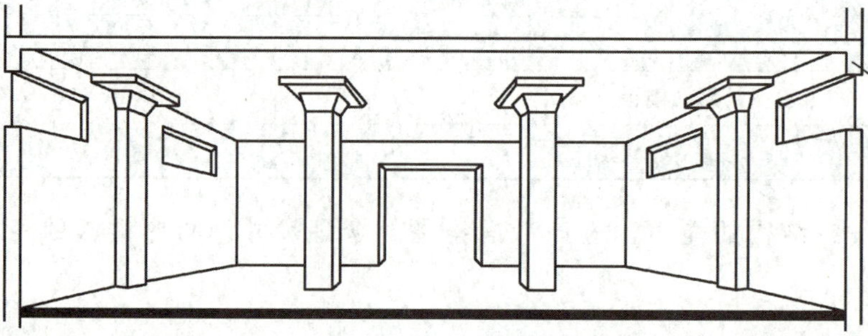

图 4.13 无梁楼板

5. 压型钢板组合楼板

压型钢板组合楼板是一种由钢板与混凝土两种材料组合而成的楼板，如图 4.14 所示。压型钢板组合楼板是在钢梁上铺设表面凹凸相间的压型钢板，以钢板作为衬板现浇混凝土，形成整体的组合楼板，由楼面层、组合板和钢梁三部分构成，也可以根据需要设吊顶棚。

压型钢板一方面作为浇筑混凝土的永久性模板来使用，另一方面承受着楼板下部的弯拉应力，起着模板和受拉钢筋的双重作用，省掉了拆模板的程序，加快了施工速度，压型钢板肋间的空隙还可用来敷设管线，钢衬板的底部可以焊接架设悬吊管道、通风管、吊顶棚的支托。这种形式的楼板整体性强，刚度大，承载能力好，施工速度快，自重轻，但防火性和耐腐蚀性不如其他类型的钢筋混凝土楼板，外露的受力钢板需做防火处理。其适用于大空间建筑、高层建筑和大跨的工业建筑，近年来国内建成的高层建筑，如上海金茂大厦、上海环球金融中心、中央电视台总部大楼、广州大剧院、广州国际金融中心等都采用了这一形式的楼板。

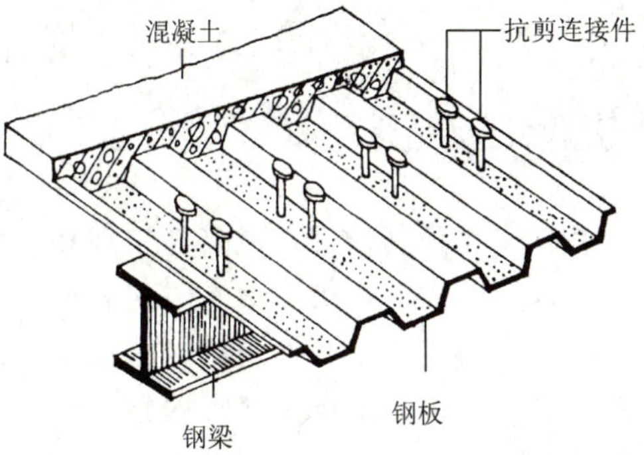

(a) 立体图

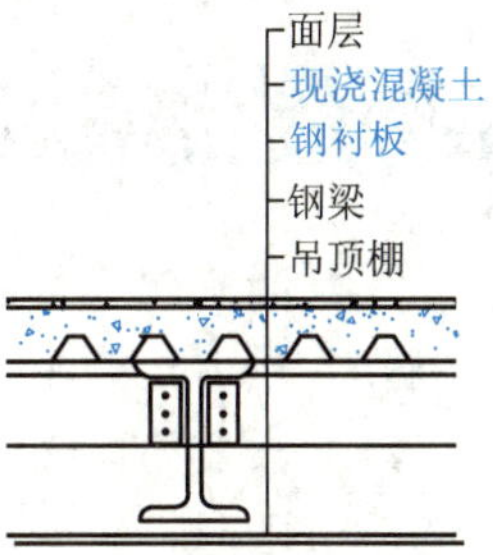

(b) 基本组成

图 4.14 压型钢板组合楼板构造图

压型钢板组合楼板的钢衬板有单层和双层孔格式两种。钢衬板之间及钢衬板与钢梁之间的连接，一般是采用焊接、自攻螺栓连接、膨胀铆钉连接或者压边咬接的方式，如图 4.15 所示。

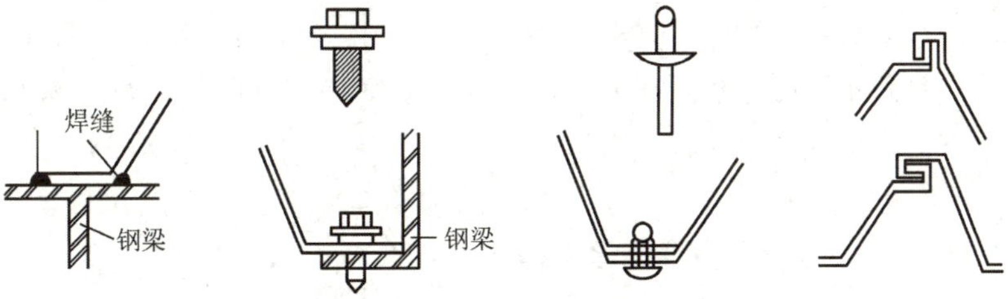

(a) 焊接　(b) 自攻螺栓连接　(c) 膨胀铆钉连接　(d) 压边咬接

图 4.15 钢衬板之间及钢衬板与钢梁之间的连接方式

知识延伸：压型钢板组合楼板的发展

压型钢板组合楼板由压型钢板、混凝土板通过抗剪连接措施共同作用形成受力构件。早在20世纪30年代，人们就认识到压型钢板与混凝土板的组合结构具有节省模板、施工速度快、经济效益好等优点，到50年代，第一代压型钢板在市场上出现。20世纪60年代前后，随着日本、美国和欧洲一些发达国家多层和高层建筑的大量兴起，人们开始使用压型钢板作为楼板的永久性模板和施工平台，随后人们便在压型钢板表面做些凹凸不平的齿槽，使它和混凝土黏结成一个整体共同受力。20世纪80年代以后，压型钢板组合楼板的试验和理论有了新进展，特别是在高层建筑中，其得到了广泛采用。日本、美国和欧洲一些国家相应地制定了相关规程。

我国对压型钢板组合楼板的研究和应用是在20世纪80年代以后。与国外相比起步较晚，主要是由于当时我国钢材产量较低，薄卷材尤为紧缺，成型的压型钢板和连接件等配套技术未得到开发。党的二十大报告提出，以国家战略需求为导向，集聚力量进行原创性引领性科技攻关，坚决打赢关键核心技术攻坚战。由于压型钢板核心技术的攻克，此项施工技术会越来越成熟，应用越来越广泛。

4.2.2 预制装配式钢筋混凝土楼板

预制装配式建筑

预制装配式钢筋混凝土楼板是在预制构件厂或者施工现场外完成构件的制作，然后运到施工现场进行装配而成的楼板。预制装配式钢筋混凝土楼板可以大大节约模板的用量，提高劳动生产率，提高施工的速度，同时施工不受季节限制，有利于实现建筑的工业化，缺点是楼板的整体性较差，不宜用于抗震设防要求较高的地区和建筑中。

1. 预制板的类型

预制板可分为预应力和非预应力两种。采用预应力构件可以推迟裂缝的出现，从而提高构件的承载力和刚度，减轻构件自重，降低造价。预制板按形式一般可分为实心板、槽形板和空心板三种类型。

(1) 实心板

实心板制作简单，跨度一般在2.4m以内，厚度一般为60～80mm，宽度一般为600～900mm，隔声效果较差一些，通常用于走廊、楼梯平台、阳台或者小开间房间的楼板，也可用于搁板和管沟盖板。实心板的两端支承在梁或者墙上，如图4.16所示。

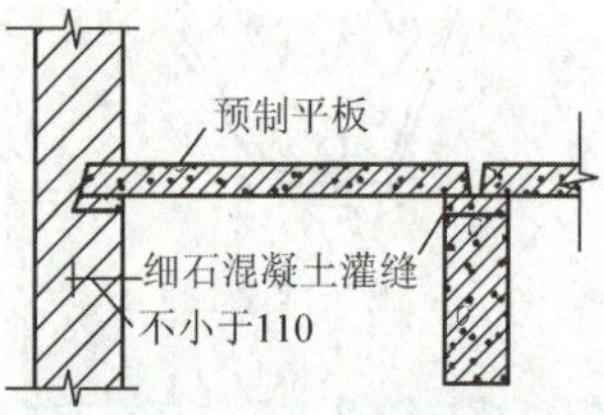

(a) 实心板剖面图

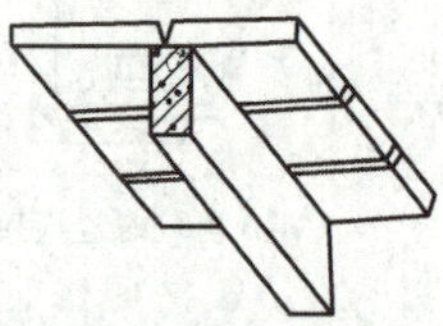
(b) 空间示意图

图4.16 实心板

（2）槽形板

槽形板是一种梁板结合的构件，由板和肋组成，在实心板的两侧设置纵肋。为了提高楼板的刚度和方便板的放置，通常在板的端部设端肋封闭。板的跨度大于 6m 时，每 500～700mm 设置一道横肋。预应力槽形板的荷载主要由板的纵肋来承担，因此板的厚度较小，跨度较大，厚度通常为 30～50mm，宽度为 600～1200mm，跨度可以达到 6m 以上，非预应力槽形板的跨度通常在 4m 以内。槽形板的自重轻，材料省，可以在板上临时开洞，但隔声能力比空心板要差。

槽形板有两种搁置方式：正置和倒置，如图 4.17 所示。正置的槽形板，肋向下，板的受力合理，但板底不平整，通常需要设吊顶来解决美观等问题。对于观瞻要求不高的房间，也可直接采用正置的槽形板，不设吊顶。倒置的搁置方式，即肋向上，可使板底平整，但受力不太合理，板面需另做面层。可以在槽内填充隔声材料以增强隔声效果。

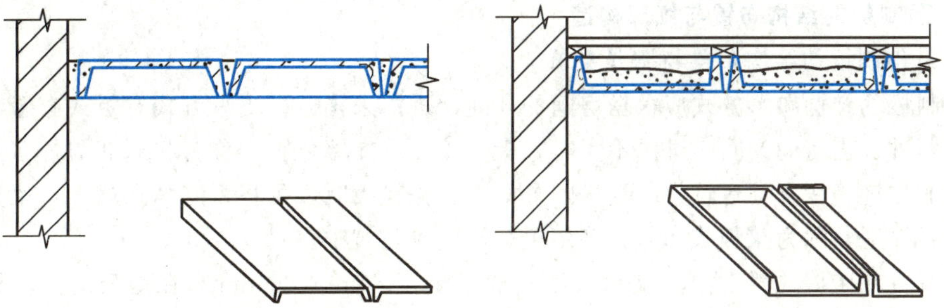

(a) 正置槽形板　　(b) 倒置槽形板

图 4.17　槽形板

（3）空心板

空心板制作最简单，预制板基本上采用圆孔板。大型空心板的跨度可以达到 4.5～7.2m，板宽为 1200～1500mm，厚度为 180～240mm。中型空心板常见宽度为 600～1200mm，厚度为 90～120mm。空心板在安装时，两端常用砖、砂浆块或者混凝土块填塞，以免浇灌端缝时混凝土进入孔中，同时能使荷载更好地传递给下部构件，避免板端被压坏。空心板如图 4.18 所示。

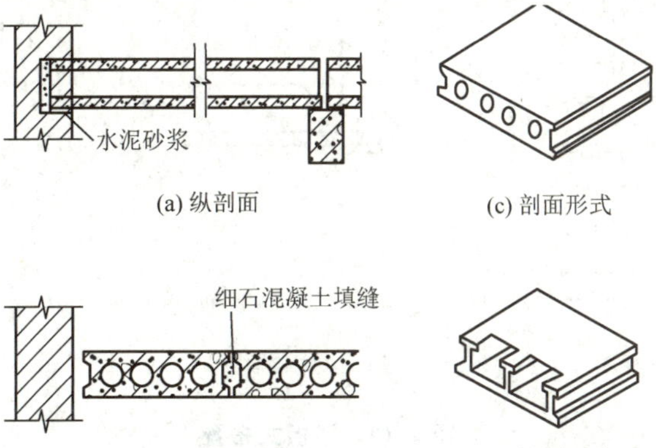

(a) 纵剖面　　(c) 剖面形式

(b) 横剖面　　(d) 端面形式

图 4.18　空心板

(e) 预制空心板

图 4.18　空心板（续）

2. 预制板的结构布置与细部构造

(1) 预制板的结构布置与搁置要求

预制板的结构布置方式应根据房间的开间、进深来确定，支承方式有板式布置和梁板式布置两种。当房间开间、进深不大时，板直接支承在墙体上，称为板式布置，多用于横墙较密的住宅、宿舍等建筑中。当房间开间、进深较大时，可将板支承在梁上，梁支承在墙体或者柱上，称为梁板式布置，多用于教学楼等建筑中。

板搁置在砖墙、梁上时，支承长度一般不小于 80mm、60mm。在地震地区，板的端部伸入外墙、内墙和梁的长度分别不小于 120mm、100mm、80mm。安装时，为使墙体与楼板有较好的连接，先在墙体上抹厚度为 10～20mm 的水泥砂浆坐浆。空心板靠墙的纵向长边不能搁置在墙体上，与墙体之间的缝隙用细石混凝土灌实。

采用梁板式布置（图 4.19），板的支承长度一般不小于 80mm。板在梁上的搁置方式一般有两种（图 4.20）：一种是板直接搁置在矩形或者 T 形截面梁上，另一种是板搁置在花篮梁或者十字梁上。梁高不变的情况下，后者可以获得更大的房间净高。板在梁上搁置时，坐浆厚度在 20mm 左右。

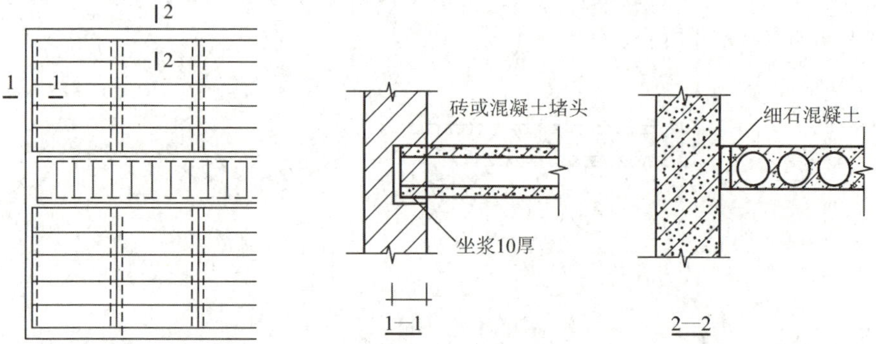

(a) 梁板式平面图　(b) 梁板式剖面图(1)　(c) 梁板式剖面图(2)

图 4.19　梁板式布置

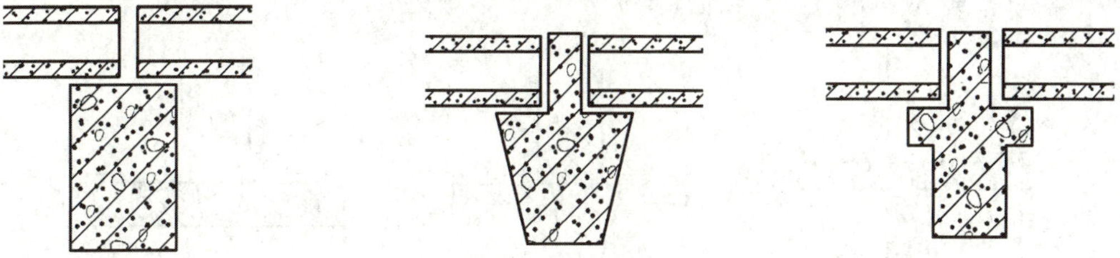

(a) 板搁置在矩形梁上　　(b) 板搁置在T形梁上　　(c) 板搁置在十字梁上

图 4.20　板在梁上的搁置方式

为增强房屋的整体刚度，可以用锚固筋即拉结筋将楼板与墙体之间、楼板与楼板之间拉结起来，具体设置要求按抗震要求及刚度要求设定。图 4.21 为锚固筋示意。

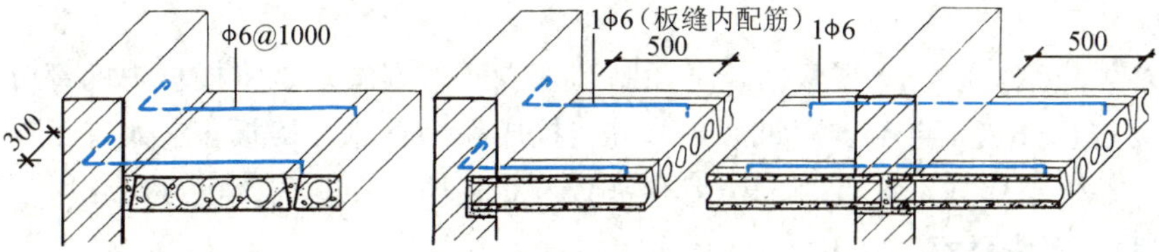

(a) 非支承端锚筋　　(b) 板支承端锚筋 (1)　　(c) 板支承端锚筋 (2)

图 4.21　锚固筋示意

(2) 预制板的板缝处理

预制板的端缝一般以砂浆或混凝土灌实，为提高抗震能力，还可以将板端露出的钢筋交错搭接在一起，或者加钢筋网片，再灌细石混凝土。

预制板的侧缝有 V 形缝、U 形缝和凹槽缝三种，如图 4.22 所示。凹槽缝对板的受力最为有利。板的侧缝一般以细石混凝土灌实，要求较高时，可以在板缝内加配钢筋。

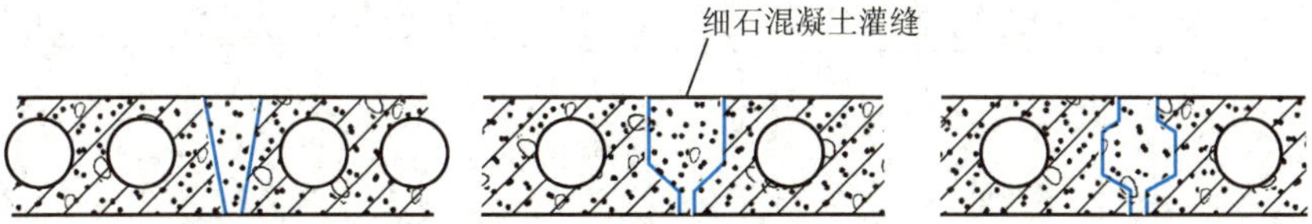

(a) V 形缝　　(b) U 形缝　　(c) 凹槽缝

图 4.22　预制板侧缝形式

预制板在排板的过程中，为了施工方便，要求使用的板规格类型越少越好，这样板宽方向和房间的平面尺寸之间往往会出现不足一块板的缝隙，称为板缝差。处理方法如下：板缝差在 60mm 以内时，可调整板的侧缝，调整后板缝宽度应小于 50mm；板缝差在 60～120mm 时，可沿墙边挑两皮砖，或者在灌缝混凝土内配钢筋；板缝差在 120～200mm 时，或者因管道从墙边通过，或者因板缝间有轻质隔墙，板缝采用局部现浇混凝土板带的做法；板缝差超过 200mm 时，重新选择板的规格。

(3) 楼板与隔墙

楼板上如果有重质隔墙，如砖砌隔墙、砌块隔墙等，为避免将楼板压坏，不宜将隔墙直接搁置在楼板上。可以采用以下方法：在隔墙下部设置钢筋混凝土梁来支承隔墙；采用槽形板时，将隔墙设在槽形板的纵肋上；采用空心板时，隔墙下部的板缝处设置现浇混凝土板带，如图4.23所示。

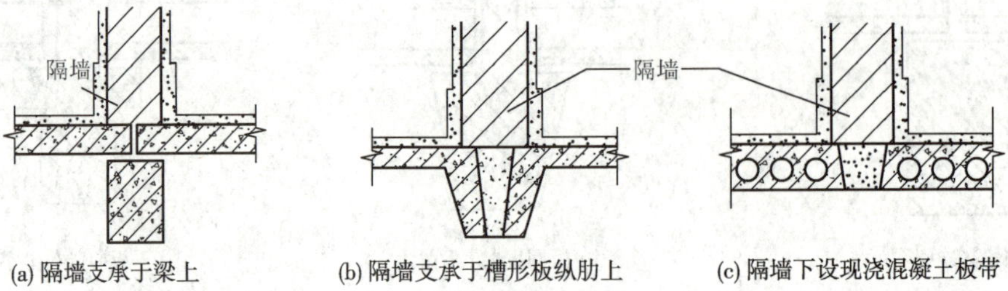

图4.23 楼板与隔墙

4.2.3 装配整体式钢筋混凝土楼板

装配整体式钢筋混凝土楼板结合了预制和现浇两种方法，是将楼板中的部分构件预制后，在现场进行安装，再整体浇筑另一部分连接成一个整体的楼板。它兼有预制板和现浇板的优点。装配整体式钢筋混凝土楼板有密肋填充块楼板和叠合楼板两种。

1. 密肋填充块楼板

密肋填充块楼板的密肋有现浇和预制两种，如图4.24所示。现浇的密肋填充块楼板是在空心砖、加气混凝土块等填充块之间现浇密肋小梁和面板。预制的密肋填充块楼板是在空心砖和预制的倒T形密肋小梁或者带骨架芯板上现浇混凝土面层，这种楼板有利于节约模板。

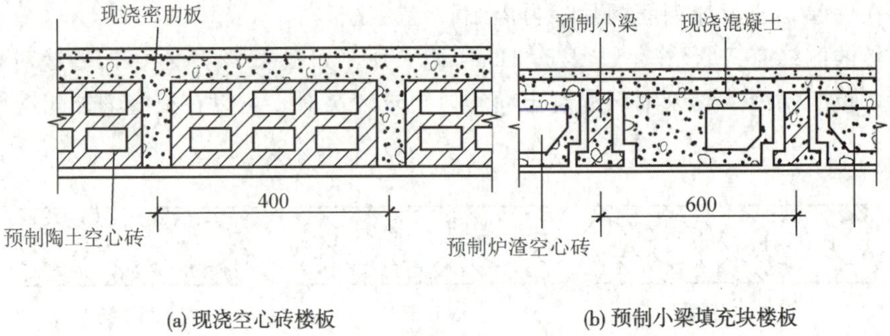

图4.24 密肋填充块楼板

2. 叠合楼板

现浇楼板虽然强度和刚度好，但施工速度慢，耗费模板多；预制楼板施工速度虽快，但刚度有时不能满足要求。而越来越多的高层建筑和大开间的建筑对工期和刚度等有一定的要求，预制薄板叠合楼板的出现则解决了这些矛盾。叠合楼板是以预制薄板作为模板，其上现浇钢筋混凝土层而成的装配整体式楼板。预制薄板可以采用预应力混凝土薄板和普通混凝土薄板，是楼板结构的一部分，又是楼板的永久性模板，具有模板、结构和装修三方面的功能。各种设备管线可敷设在叠合层内，现浇层内只需配置少量的支座负筋。

叠合楼板的跨度一般为4～6m，预应力混凝土薄板的跨度可以达到9m，经济跨度在5.4m以内。预应力混凝土薄板的宽度为1.1～1.8m，厚度为50～70mm，叠合后总厚度一般为150～250mm，具体可视跨度而定，以不小于预制薄板厚度的两倍为宜。为使预制部分与现浇叠合层之间有更好的连接，可将板的表面进行处理，有以下两种方法（图4.25）：①在板的表面进行刻槽处理，刻槽深度为20mm，直径为50mm，间距为150mm；②在板的表面设三角形结合钢筋。

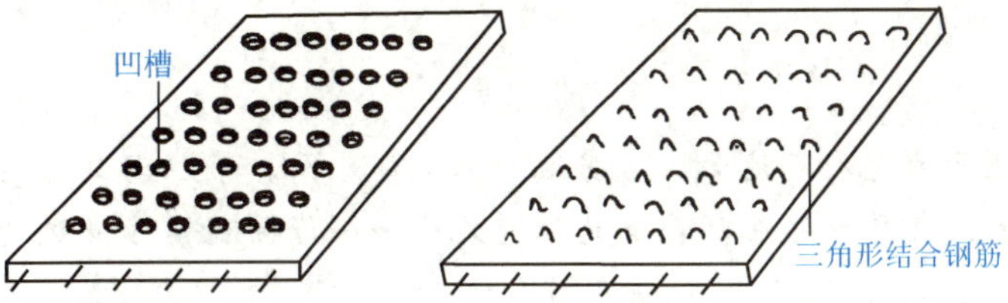

(a) 板面凹槽处理　(b) 板面设三角形结合钢筋

(c) 预制薄板现场图

图4.25　预制薄板表面的处理

知识延伸：叠合楼板

叠合楼板是预制和现浇混凝土相结合的一种结构形式，预制薄板（厚度为50～80mm）与上部现浇混凝土层结合成为一个整体，共同工作。薄板的预应力主筋即叠合楼板的主筋，上部现浇混凝土层仅配置负弯矩钢筋和构造钢筋。预应力混凝土薄板用作现浇混凝土层的底模，不必为现浇层支撑模板。薄板底面光滑平整，板缝经处理后，顶棚可以不再抹灰。这种叠合楼板具有现浇楼板的整体性好、刚度大、抗裂性好、不增加钢筋消耗、节约模板等优点。

叠合楼板跨度在8m以内，能广泛用于旅馆、办公楼、学校、住宅、医院、仓库、停车场、多层工业厂房等各种房屋建筑工程。预应力混凝土薄板按叠合面的构造不同，可分为三类：①叠合面承受的剪应力较小，叠合面不设抗剪钢筋，但要求混凝土表面上粗糙、划毛或留一些结合洞；②叠合面承受的剪应力较大，薄板表面除要求粗糙、划毛外，还要增设抗剪钢筋，钢筋直径和间距经计算确定，钢筋的形状有波形、螺旋形及点焊网片弯折成三角形断面的；③预制薄板表面上设有钢桁架，用以加强薄板施工时的刚度，减少薄板下面架设的支撑。

预应力混凝土薄板叠合楼板在我国应用尚不普遍，但它兼具结构、模板的功能，顶棚又可以不抹灰、施工便利、工业化程度高、综合经济效果好，预计今后在高层建筑中将得到推广。

4.3 楼地面构造

想一想

某酒店大堂地面为大理石地面，客房地面为地毯地面；某住宅卧室地面为木地面，客厅为陶瓷地砖地面；某学术报告厅地面为卷材地面……仔细观察你身边的建筑，楼地面的做法有哪些？

4.3.1 楼地面的设计要求

地面

楼板层的面层和地坪层的面层统称地面，两者在构造的要求上基本是一致的，应具有以下设计要求。

1. 具有足够的坚固性

要求地面在荷载作用下不易被磨损、破坏，表面能保持平整和光洁，不易起灰，便于清洁。

2. 具有一定的弹性和保温性能

考虑到降低噪声和行走舒适度的要求，要求地面具有一定的弹性和保温性能。地面应选用一些弹性好和导热系数小的材料。

3. 满足某些特殊要求

对不同房间而言，地面还应满足一些不同的特殊要求。例如，对使用中有水作用的房间，地面应满足防水要求；对有火源的房间，地面应具有一定的防火能力；对有腐蚀性介质的房间，地面应具有一定的防腐蚀能力。

4.3.2 地面的类型

地面的材料和做法应根据房间的使用要求和经济要求而定。根据面层材料和施工方法的不同，地面可以分为整体类地面、板块类地面、卷材类地面、涂料类地面等。

1. 整体类地面

整体类地面包括水泥砂浆地面、水泥石屑地面、水磨石地面、细石混凝土地面等。

2. 板块类地面

板块类地面包括缸砖、陶瓷锦砖、人造石材、天然石材、木地板等地面。

3. 卷材类地面

卷材类地面包括聚氯乙烯塑料地毡、橡胶地毡、地毯等地面。

4. 涂料类地面

涂料类地面包括各种高分子涂料所形成的地面。

4.3.3 常见地面的构造

1. 水泥砂浆地面

水泥砂浆地面构造简单，坚固耐磨，造价低廉，是应用最广泛的一种低档地面。但当空气中湿度较大时，它容易返潮、起灰、无弹性、热传导高、不容易清洁等。水泥砂浆地面有单层做法和双层做法两种。单层做法是直接抹 15～20mm 的 1∶2 水泥砂浆；双层做法是先用 15～20mm 的 1∶3 水泥砂浆打底，再用 5～10mm 的 1∶2 水泥砂浆抹面。双层做法抹面质量高，不易开裂。

2. 水磨石地面

水磨石地面是目前一种常用的地面，质地光洁美观，耐磨性、耐久性好，容易清洁，且不易起灰，装饰效果好，常用作公共建筑的门厅、大厅、楼梯、主要房间等的地面。水磨石地面采用分层构造，如图 4.26 所示。

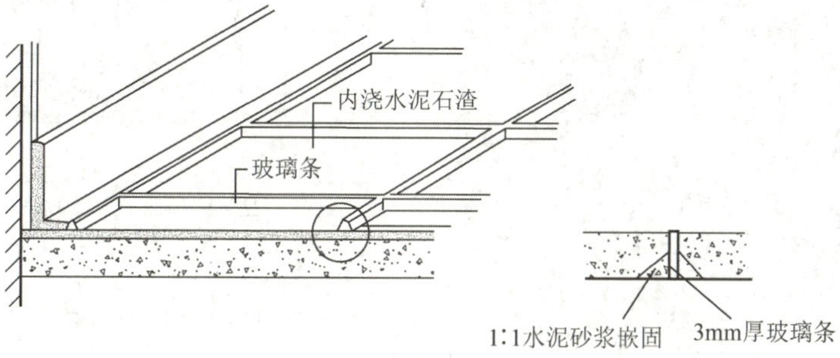

(a) 水磨石地面构造图 (b) 分格条固定

图 4.26 水磨石地面

结构层上做 10～15mm 厚的 1∶3 水泥砂浆找平，面层采用 10～15mm 厚的 1∶1.5～1∶2 的水泥石渣。水泥石渣可以用白色的，也可以用彩色的，彩色水磨石可形成美观的图案，装饰效果较好，但造价比普通水磨石高很多。因为面层要进行打磨，石渣要求颜色美观，中等耐磨度，所以常用白云石或者大理石石渣。在做好的找平层上按设计好的方格用 1∶1 水泥砂浆嵌固 10mm 高的分格条（铜条、铝条、玻璃条、塑料条），铺入拌和好的水泥石屑，压实，浇水养护 6～7 天后用磨光机磨光，再用草酸溶液清洗，最后打蜡抛光。

3. 陶瓷地砖、陶瓷锦砖地面

陶瓷地砖一般厚度为 6～10mm，有 200mm×200mm、300mm×300mm、400mm×400mm、500mm×500mm 等多种规格。一般情况下，规格越大，装饰效果越好，价格也越高。陶瓷彩釉砖和瓷质无釉砖是理想的地面装修材料，规格尺寸一般较大。陶瓷地砖的性能优越，色彩丰富，多用于高档地面的装修，施工方法是在找平层上用 5～10mm 的水泥砂浆粘贴，用素水泥浆擦缝，如图 4.27 所示。

陶瓷锦砖是马赛克的一种，质地坚硬，色泽鲜艳，耐磨、耐水、耐腐蚀，容易清洁，用于卫生间、浴室等房间的地面。构造做法为先用15～20mm的1∶3水泥砂浆找平，再用5mm的水泥砂浆粘贴拼贴在牛皮纸上的陶瓷锦砖，压平后洗去牛皮纸，最后用素水泥浆擦缝，如图4.28（b）所示。

(a) 水泥砂浆找平　(b) 1∶1水泥砂浆粘贴　(c) 木槌均匀拍实　(d) 及时清理

图4.27　陶瓷地砖地面构造做法

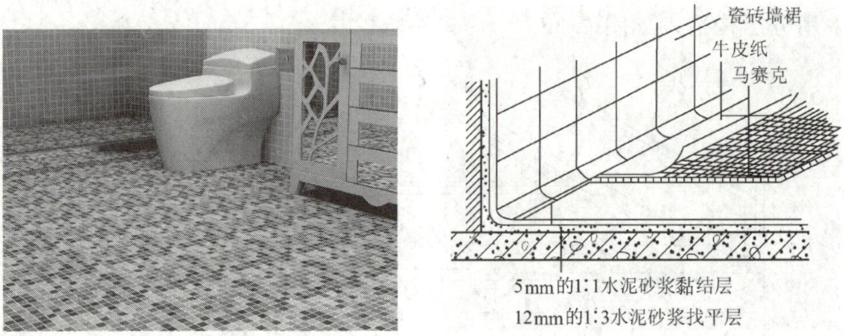

(a) 陶瓷锦砖地面　(b) 陶瓷锦砖地面构造示意图

图4.28　陶瓷锦砖地面

地砖铺贴

知识延伸：陶瓷地砖

瓷砖家族共有四大系列，一是釉面砖，用陶土或者瓷土淋上釉料后烧制成的面砖；二是通体砖，这种砖不上釉，烧制后对表面打磨，里外都带有花纹；三是玻化砖，经高温烧制而成的瓷质砖，硬度高；四是抛光砖，通体砖抛光处理而成，薄轻但坚硬。

图4.29　陶瓷地砖

陶瓷地砖（图4.29）按表面处理方式分有釉及无釉两类，陶制砖多为有釉面的，而无釉砖中，又有平面、麻面、磨光面、抛光面等多种品种。从表面表现效果上陶瓷地砖可分为单色、纹理、仿石材、仿木材、拼花等多种形式。

另外，陶瓷地砖从功能上还能划分出防滑、耐磨等功能性地砖。

陶瓷地砖都是正方形，厚度为8mm左右，有300mm×300mm×6mm、400mm×400mm×6mm、500mm×500mm×6mm等多种规格。

4. 石材地面

石材地面包括天然石材地面和人造石材地面。

建筑装饰用的天然石材主要有大理石和花岗石两大类。大理石原指产于云南省大理市的白色带有黑色花纹的石灰岩，剖面可以形成一幅天然的水墨山水画，古代常选取具有成型的花纹的大理石来制作画屏或镶嵌画。大理石商业上指以大理岩为代表的一类装饰石材，包括碳酸盐岩和与其有关的变质岩，主要成分为碳酸盐矿物，一般质地较软。花岗石商业上指以花岗岩为代表的一类装饰石材，包括各类岩浆岩和花岗质的变质岩，一般质地较硬。

用于地面的花岗石是磨光的花岗石材，它的色泽美观，耐磨度优于大理石材，但造价较高。大理石的色泽和纹理美观，常用的尺寸有600mm×600mm～800mm×800mm，厚度为20mm。大理石和花岗石均属高档地面装修材料，一般用于装修标准较高的建筑的门厅、大厅等部位（图4.30）。

石材地面与木地面

图4.30 某酒店大理石大堂

人造石材有人造大理石材、预制水磨石材等类型，价格低于天然石材。

石材由于尺寸较大，铺设时须预先试铺，合适后再正式粘贴。粘贴表面的平整度要求很高，其做法是在混凝土楼板（或地面）上先用20～30mm的1∶3～1∶4干硬性水泥砂浆找平，再用5～10mm的1∶1水泥砂浆铺贴石材，缝中灌稀水泥砂浆擦缝。

5. 木地面

木地面一般由木板粘贴或者铺钉而成，有普通木地板、硬木条地板、拼花木地面。木地板的特点是保温性好、弹性好、易清洁、不易起灰等，常用于剧院、宾馆、健身房等建筑中，近年来也广泛用于家庭装修中。木地面按照构造方法分，有空铺、实铺、粘贴三种。空铺木地面构造复杂，耗费木材较多，现已较少采用。

(1) 铺钉式木地面

铺钉式木地面是将木地板搁置在木格栅上，木格栅固定在基层上。固定的方法很多，如在基层上预埋钢筋，通过镀锌铁丝将钢筋与木格栅连接固定，或者在基层上预埋U形铁件嵌固木格栅。木格栅的断面一般为50mm×50mm，中距为400mm。木板通常采用企口形，以增强整体性。为了防止木板受潮，可在找平层上做防潮层，如涂刷冷底子油、热沥青或者做一毡二油防潮层等，另外，在踢脚板上留设通风孔，以加强通风。铺钉式木地面构造如图4.31所示。

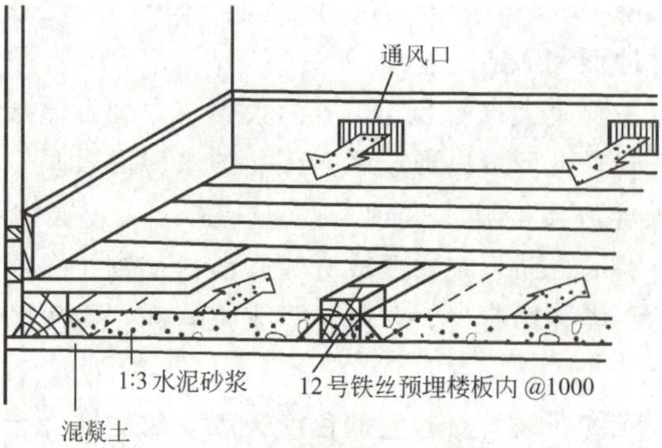

(a) 铺钉式木地面

(b) 安装木龙骨

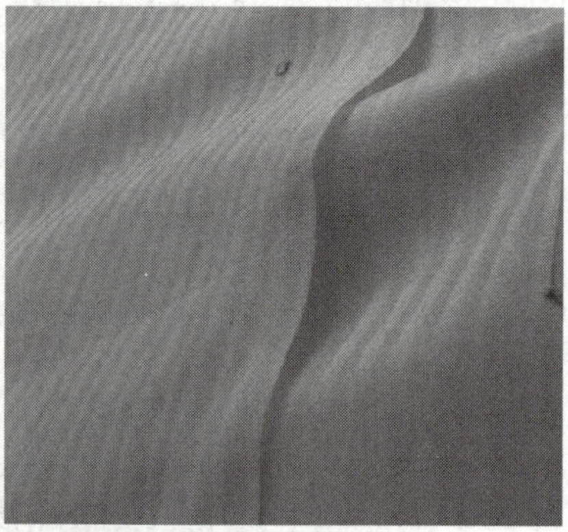

(c) 在木龙骨上铺防潮垫

(d) 安装木地板

(e) 安装踢脚线

图 4.31　铺钉式木地面构造

(2) 粘贴式木地面

粘贴式木地面是用环氧树脂胶等材料将木地板直接粘贴在找平层上。粘贴式木地面节省材料、施工方便、造价低，应用较多，但木地板受潮时会发生翘曲，施工中应保证粘贴质量。粘贴式木地面构造如图 4.32 所示。

6. 卷材地面

卷材地面常见的材料有聚氯乙烯塑料地毡、橡胶地毡、各种地毯等。卷材地面弹性好，消声的性能也好，适用于公共建筑和居住建筑。

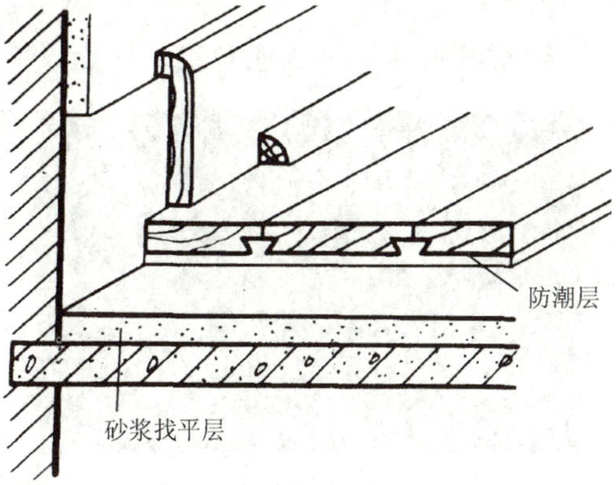

(a) 粘贴式木地面构造图

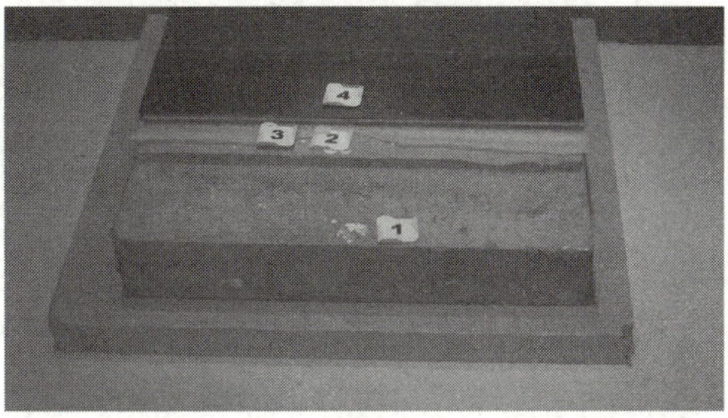

(b) 施工图

1—钢筋混凝土楼板；2—水泥砂浆找平层；3—珍珠棉防潮层；4—木地板面层

图 4.32 粘贴式木地面构造

聚氯乙烯塑料地毡和橡胶地毡铺贴方便，可以干铺，也可以用胶黏剂粘贴在找平层上。塑料地毡具有步感舒适、防滑、防水、耐磨、隔声、美观等特点，且价格低廉。

地毯分为化纤地毯和羊毛地毯两种。羊毛地毯图案典雅大方、美观豪华，一般只在建筑物中局部使用作为装饰用途，地面广泛使用的是化纤地毯。化纤地毯的铺设方法有活动式和固定式。地毯固定有两种方法：一种是用胶黏剂将地毯四周与房间地面粘贴；另一种是将地毯背面固定在安设在地面上的倒刺板上。

7. 涂料地面

涂料的主要功能是装饰和保护室内地面，使地面清洁美观，为人们创造一种优雅的室内环境。地面涂料应该具有以下特点：耐碱性良好，因为地面涂料主要涂刷在带碱性的水泥砂浆基层上；与水泥砂浆有较好的黏结性能；有良好的耐水性、耐擦洗性；有良好的耐磨性；有良好的抗冲击力；涂刷施工方便；价格合理。

按照地面涂料的主要成膜物质来分，涂料产品主要有以下几种：环氧树脂地面涂料、聚氨酯树脂地面涂料、不饱和聚酯树脂涂料、亚克力休闲场涂料等。下面重点介绍前两项。

涂料地面

(1) 环氧树脂地面涂料

环氧树脂地面是一种高强度、耐磨损、美观的地板，具有无接缝、质地坚实、耐药品性佳、防腐、防尘、保养方便、维护费用低廉等优点（图 4.33)。

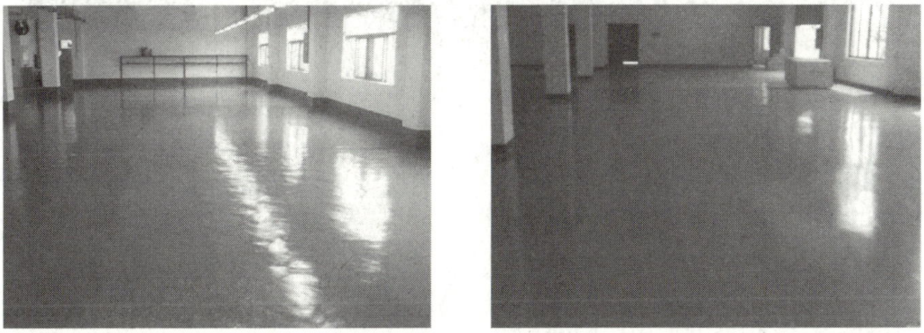

图 4.33 环氧树脂地面

(2) 聚氨酯树脂地面涂料

聚氨酯树脂地面涂料属于高固体厚质涂料，它具有优良的防腐蚀性能和绝缘性能，特别是有较全面的耐酸碱盐的性能，有较高的强度和弹性，对金属和非金属混凝土的基层表面有较好的黏结力。聚氨酯树脂地面如图 4.34 所示，其光洁不滑，弹性好，耐磨、耐压、耐水，美观大方，行走舒适、不起尘、易清扫，不需要打蜡，可代替地毯使用。其适用于会议室、放映厅、图书馆等人流较多的场合做弹性装饰地面，工业厂房、车间和精密机房的耐磨、耐油、耐腐蚀地面及地下室、卫生间的防水装饰地面。

图 4.34　聚氨酯树脂地面

知识延伸：水泥基自流平地面找平

前面的木地面如果采用实铺法粘贴式构造，或者卷材地面采用粘贴法构造，对于其找平层的要求是较高的，否则会影响其使用。为了提高找平层的平整度，在工程中已经大量使用自流平水泥进行找平（图 4.35）。

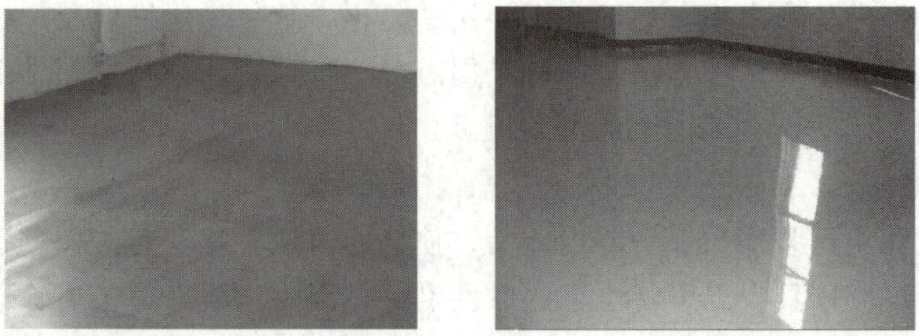

图 4.35　自流平地面

水泥基自流平地面找平层的做法是：基层处理→涂刷界面剂→浆料制备（拌制自流平水泥浆）→浆料摊铺与整平→养护，如图 4.36 所示。

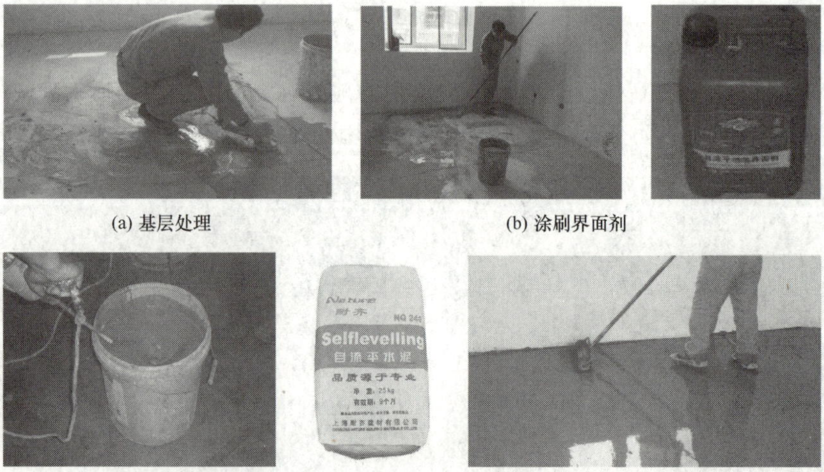

(a) 基层处理　(b) 涂刷界面剂

(c) 浆料制备 (拌制自流平水泥浆)　(d) 浆料摊铺与整平

图 4.36　自流平地面施工

4.3.4 下沉式卫生间构造

下沉式卫生间是指在主体结构施工时将卫生间结构层局部或整体下沉，离相应楼面一定高度（一般40cm），以使卫生间的水平排水管道埋入其中，然后用轻质材料回填，结构面只需设一个洞口做排水立管通过使用。

下沉式卫生间有诸多优点：便于卫生间的排水布置，在本层作业，不涉及楼下；降低卫生间噪声；顶面平整，没有排水管道。

下沉式卫生间也有缺点：防水处理比较麻烦，装修费用较高；有漏水的隐患，维修比较麻烦，因为中间填充的砂石层，时间长了会逐渐下沉，上面的水泥层、防水层就会有裂缝，水会漏到填土的区域。而下面又有防水层，水漏不出去，结果就积在填土层，时间长了，整个填土层就充满了水。最终，随着时间的延长，下面的防水层也会漏，大量的积水就泉涌而出了。

因此，如何防水是下沉式卫生间需要解决的主要问题。某住宅建筑下沉式卫生间构造做法如图4.37所示。

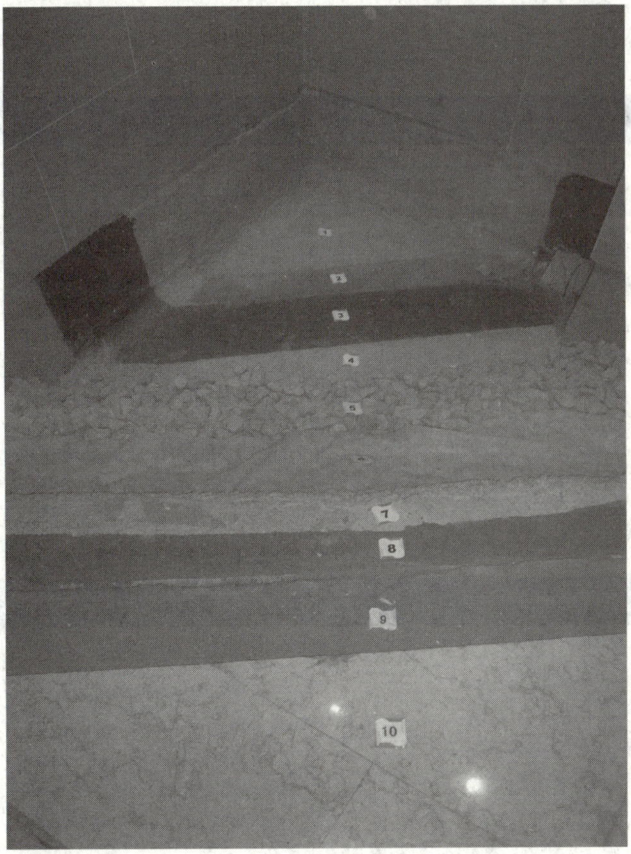

1—结构层；2—水泥砂浆找平层；3—911聚氨酯防水涂料；4—水泥砂浆保护层；5—碎石疏水层；6—无纺布；7—混凝土垫层；8—聚合物水泥防水层；9—水泥砂浆保护层；10—地面瓷砖

图4.37　某住宅建筑下沉式卫生间构造做法

4.3.5 楼地面装饰构造实例

工程概况：某大学校园建筑位于夏热冬暖 B 区（4B），由多栋建筑组成（教学楼、实训楼、学生宿舍、教师公寓等），建筑楼地面根据使用功能要求不同，采用了多种装饰装修做法，如表 4-3 所示。

表 4-3 某工程楼地面构造做法

单位：mm

防水楼面	面砖楼面（隔音楼板）
面饰层： 8 厚防滑面砖，纯水泥浆擦缝； 20 厚 WS M15 水泥砂浆，面上撒素水泥； 防水层（以下做法选择一种）： A. 1.5 厚合成高分子防水涂料，刷基层处理剂一遍； B. 1.5 厚聚合物水泥防水涂料，刷基层处理剂一遍； C. 0.8 厚水泥基渗透结晶型防水涂料； 最薄处 15 厚 WS M15 地面砂浆找坡层抹平； 现浇钢筋混凝土楼板，上刷素水泥浆结合层一道	面饰层（以下做法选择一种）： A. 8 厚釉面砖，纯水泥浆擦缝； B. 耐磨地砖，纯水泥浆擦缝； C. 8 厚防滑耐磨砖，纯水泥浆擦缝； D. 8 厚抛光砖，纯水泥浆擦缝； E. 4 厚陶瓷锦砖（马赛克），纯水泥浆擦缝； 5 厚素水泥浆粘贴层； 30 厚 DS M15 干硬性水泥砂浆，面上撒素水泥； 30 厚隔音砂浆（先刷素水泥浆一道）； 现浇钢筋混凝土楼板
面砖地面	**防水地面**
面饰层（以下做法选择一种）： A. 8 厚釉面砖，纯水泥浆擦缝； B. 耐磨地砖，纯水泥浆擦缝； C. 8 厚防滑耐磨砖，纯水泥浆擦缝； D. 8 厚抛光砖，纯水泥浆擦缝； E. 4 厚陶瓷锦砖（马赛克），纯水泥浆擦缝； 5 厚素水泥浆粘贴层； 30 厚 DS M15 干硬性水泥砂浆，面上撒素水泥； 30 厚 WP M15 水泥砂浆找平层（先刷素水泥浆一道）； 现浇钢筋混凝土楼板	面饰层： 8 厚防滑面砖，纯水泥浆擦缝； 20 厚 WS M15 地面砂浆，面上撒素水泥； 防水层（以下做法选择一种）： A：1.5 厚合成高分子防水涂料，刷基层处理剂一遍； B：1.5 厚聚合物水泥防水涂料，刷基层处理剂一遍； C：0.8 厚水泥基渗透结晶型防水涂料； 最薄处 15 厚 WS M15 地面砂浆找坡层抹平； 80 厚 C15 混凝土； 素土夯实
面砖地面	**石材地面**
面饰层（以下做法选择一种）： A. 8 厚釉面砖，纯水泥浆擦缝； B. 耐磨地砖，纯水泥浆擦缝； C. 8 厚防滑耐磨砖，纯水泥浆擦缝； D. 8 厚抛光砖，纯水泥浆擦缝； E. 4 厚陶瓷锦砖（马赛克），纯水泥浆擦缝； 20 厚 DS M15 干硬性水泥砂浆，面上撒素水泥； 素水泥浆结合层一遍； 80 厚 C15 混凝土； 素土夯实	面饰层（以下做法选择一种）： A. 20 厚花岗石铺平拍实，纯水泥浆擦缝； B. 20 厚大理石铺平拍实，纯水泥浆擦缝； C. 20 厚抛光砖铺平拍实，纯水泥浆擦缝； 30 厚 DS M15 干硬性水泥砂浆，面上撒素水泥； 素水泥浆结合层一遍； 80 厚 C15 混凝土； 素土夯实

续表

环氧树脂自流平地面	
3 厚无溶剂环氧面涂层； 0.5～1.5 厚无溶剂环氧中涂层； 40 厚 C30 细石混凝土，随打随抹光； 钢筋混凝土底板表面压光，用 WS M20 预拌砂浆补平洞口； 50 厚 C20 细石混凝土保护层； 1.5 厚水泥基涂料防水层	

4.4 顶　　棚

想一想

中国古建筑中的室内顶棚

在中国古建筑中室内顶棚是人们进行装饰的重要部位，其中藻井是古建筑高级室内顶棚装修艺术的一种，装饰性很强，一般做成向上隆起的井状，有方形、多边形或圆形凹面，周围饰以各种花藻井纹、雕刻和彩绘，通常雕镂精细，并施以绚丽彩画。藻井一般置于宫殿、庙宇、佛堂等较重要建筑室内中心位置上方，藻井比殿内一般天花要高，其结构变化无穷，层层上升，形如井状，如图 4.38 所示。

在现代建筑中，随着人们生活水平的提高，无论是公共建筑还是住宅，顶棚装修已经成为现代建筑装修中不能缺少的一部分。顶棚装修不仅可以美化空间，而且可以改善室内的光环境以及热环境，并可以吸声、隔声。图 4.39 为某建筑顶棚装修后的图片。

本节主要介绍常见顶棚的构造做法。

图 4.38　藻井

图 4.39　顶棚装修后

顶棚是楼板层最下面的部分，又称为天花板或者平顶，是室内装修的一部分。顶棚层应能满足管线敷设的需要，能良好地反射光线改善室内照度，同时应平整光滑，美观大方，与楼板层有可靠连接。特殊要求的房间，还要求顶棚能保温、隔热、隔声等。

顶棚一般采用水平式，根据需要也可以做成弧形、折线形等形式。从构造上来分，一般有直接式顶棚和悬吊式顶棚（简称吊顶）两种。

4.4.1 直接式顶棚

1. 喷刷类顶棚

对于楼板底面平整又没有特殊要求的房间，直接在楼板底面嵌缝刮腻子后喷刷大白浆或者106装饰涂料。

2. 抹灰类顶棚

板底不够平整或者不能满足要求时，可以采用抹灰类顶棚，有水泥砂浆抹灰和纸筋灰抹灰。水泥砂浆抹灰做法是先在板底刷素水泥浆一道，再用5mm的1∶3水泥砂浆打底，5mm的1∶2.5水泥砂浆抹面，最后喷刷涂料。纸筋灰抹灰构造做法为先在板底用6mm的混合砂浆打底，再用3mm的纸筋灰抹面，最后喷刷涂料。

表4-4为抹灰类顶棚的构造做法。

表4-4 抹灰类顶棚的构造做法

单位：mm

抹灰类顶棚
钢筋混凝土楼板底面清理干净； 5厚WP M5水泥石灰砂浆； 5厚WP M20水泥石灰砂浆； 满刮腻子一遍； 面饰层（以下做法选择一种）： A.（内墙涂料）刷底涂料一遍，内墙涂料一遍； B.（乳胶漆）刷底漆一遍，乳胶漆二遍； C.（喷塑涂料）底涂料一遍，中涂料喷后用塑料滚滚压，面涂料二遍； D.（磁漆）刷底油一遍，磁漆二遍； E.（大白浆）大白浆二遍（大白浆重量配合比：大白浆100∶龙须菜2.4∶胶4.4）

3. 贴面类顶棚

当顶棚有保温、隔热、隔声等要求或者装修标准较高时，可以使用胶黏剂将适用于顶棚装饰的墙纸、装饰吸声板、泡沫塑胶板等材料粘贴于顶棚上。

4. 结构式顶棚

当屋顶采用网架结构等类型时，结构本身就具有一定的艺术性，可以不必另做顶棚，只需要结合灯光、通风、防火等要求做局部处理即可，称为结构式顶棚。

4.4.2 吊顶

现代建筑物中，设备和管线较多，如灭火喷淋、供暖通风、电气照明等，往往需要借助吊顶来解决。

吊顶一般由吊筋、龙骨和面层组成。吊筋一般采用不小于 Φ6mm 的圆钢制作，或者采用断面不小于 40mm×40mm 的方木制作（图 4.40），具体采用什么材料和形式要依据吊顶自重及荷载、龙骨材料和形式、结构层材料等而确定。龙骨有主龙骨和次龙骨之分，通常是主龙骨用吊筋或者吊件连接在楼板层上，次龙骨用吊筋或者吊件连接在主龙骨上，面层通过一定的方式连接于次龙骨上。龙骨有木龙骨和轻钢、铝合金等金属龙骨两种类型，其断面大小应根据龙骨材料、顶棚荷载、面层做法等来确定。面层有抹灰、植物板材、矿物板材、金属板材、格栅等类型。

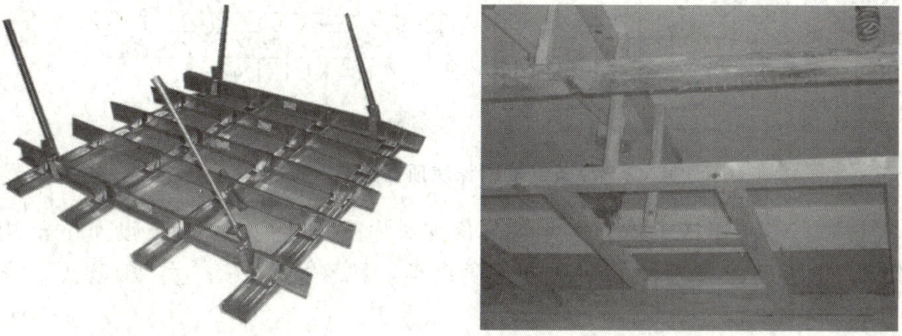

(a) 圆钢　　(b) 方木

图 4.40　吊筋形式

吊顶

4.4.3　常见的吊顶构造

常见的吊顶构造有抹灰类顶棚、矿物板材顶棚和金属板材顶棚。

1. 抹灰类顶棚

抹灰类顶棚又称为整体性吊顶，常见的有板条抹灰顶棚、板条钢板网抹灰顶棚、钢板网抹灰顶棚。

顶棚

板条抹灰顶棚一般采用木龙骨。特点是构造简单，造价低廉，但防火性能差，另外抹灰层容易脱落，故适用于防火要求和装修要求不高的建筑，其构造如图 4.41 所示。

钢筋混凝土雨篷构造

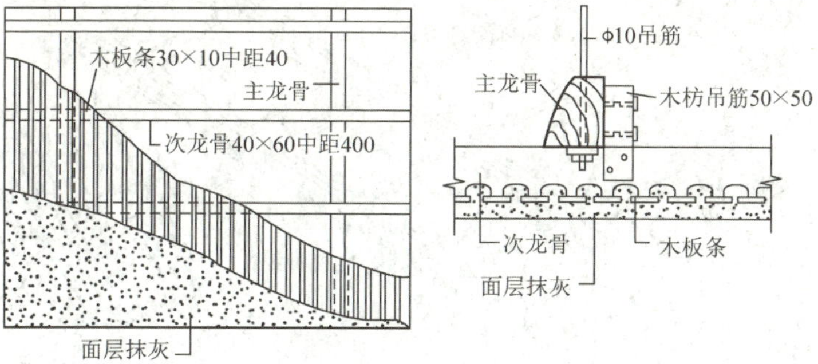

图 4.41　板条抹灰顶棚构造

为了改善板条抹灰顶棚的性能，使它具有更好的防火能力，同时使抹灰层与基层连接更好，可以在板条上加钉一层钢板网，就形成了板条钢板网抹灰顶棚，可用于更高防火要求和装修标准的建筑中，其构造如图 4.42 所示。

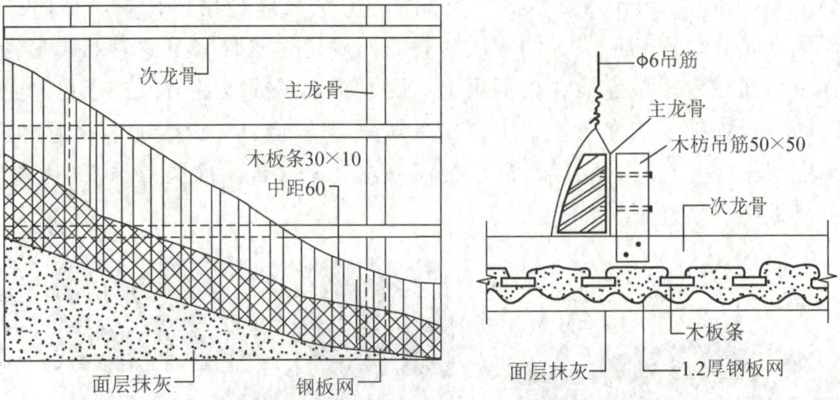

图 4.42　板条钢板网抹灰顶棚构造

钢板网抹灰顶棚一般采用槽钢作为主龙骨，角钢作为次龙骨。次龙骨下设 Φ6mm 中距 200mm 的钢筋网。钢板网抹灰顶棚的耐久性、防火性、抗裂性很好，适用于防火要求和装修标准高的建筑中。

2. 矿物板材顶棚

矿物板材顶棚具有自重轻、防火性能好、不会发生吸湿变形、施工安装方便等特点，又容易与灯具等设施结合，因此比植物板材顶棚应用更广泛。

常用的矿物板材有纸面石膏板、无纸面石膏板、矿棉板等。矿物板材顶棚通常的做法是用吊件将龙骨与吊筋连接在一起，板材固定在次龙骨上，固定的方法有三种：挂接方式，板材周边做成企口形，板材挂在倒 T 形或者工字形次龙骨上；卡接方式，板材直接搁置在次龙骨翼缘上，并用弹簧卡子固定；钉接方式，板材直接钉在次龙骨上。龙骨一般采用轻钢或者铝合金等金属龙骨。龙骨一般有龙骨外露（图 4.43）和不露龙骨（图 4.44）两种布置方式。

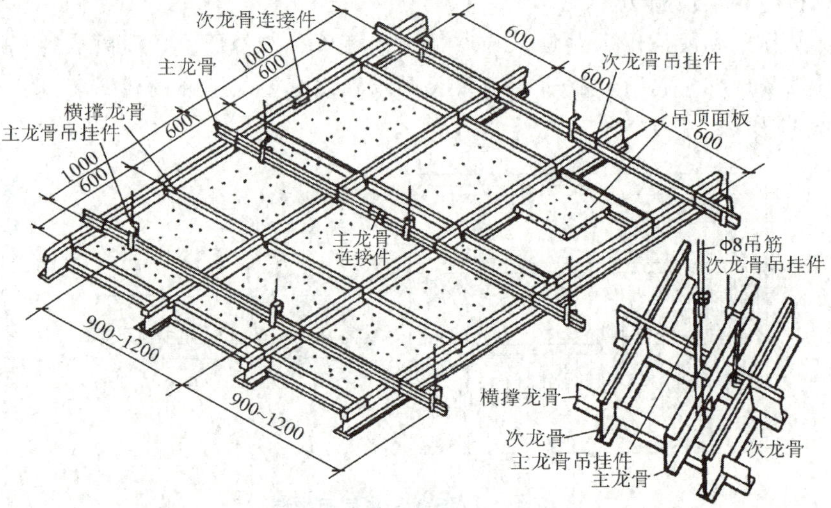

图 4.43　龙骨外露的布置方式

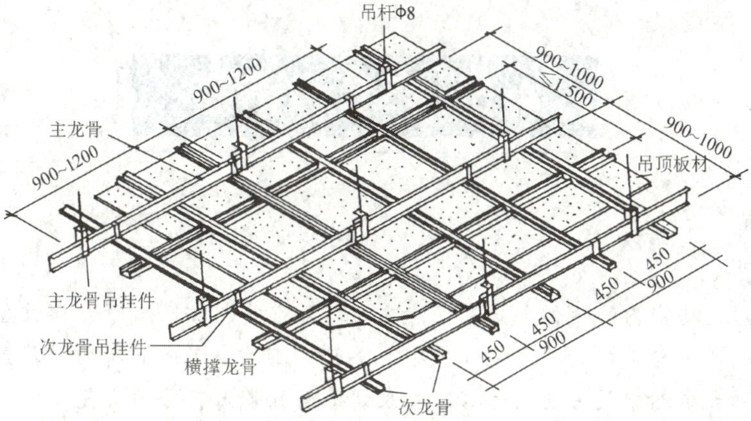

(a) 不露龙骨吊顶示意图

(b) 某办公楼吊顶

图 4.44　不露龙骨的布置方式

3. 金属板材顶棚

金属板材有铝板、铝合金板、彩色涂层薄钢板等。板材有条形、方形、长方形等形状，龙骨常用0.5mm的铝板、铝合金板等材料，吊筋采用螺纹钢丝套接，以便调节顶棚距离楼板底部的高度。吊顶没有吸声要求时，板和板之间不留缝隙，采用密铺方式，如图4.45所示。吊顶有吸声要求时，板上加铺一层吸声材料，板和板之间留出缝隙，以便声音能够被吸声材料所吸收。

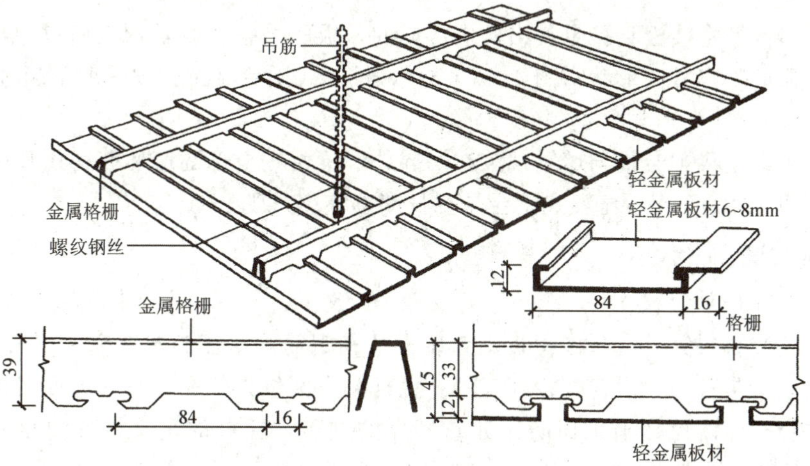

图 4.45　金属板材顶棚

4.5 阳台和雨篷

想一想

阳台是建筑物室内的延伸，是居住者呼吸新鲜空气、晾晒衣物、摆放盆栽的场所，其设计需要兼顾实用与美观的原则。如果布置得好，还可以变成宜人的小花园，使人足不出户也能欣赏到大自然中最可爱的色彩，呼吸到清新且带着花香的空气。

本节主要介绍阳台的结构布置及构造。

4.5.1 阳台

按阳台与外墙面的关系不同，可将其分为挑阳台、凹阳台、半挑半凹阳台。按阳台的使用功能不同，可将其分为生活阳台（靠近客厅或卧室）和服务阳台（靠近厨房或卫生间）。按阳台的施工方法不同，可将其分为现浇阳台和预制阳台。

1. 结构布置

阳台主要由阳台板和栏杆、扶手组成，属于结构上的悬挑构件，是建筑物立面构图的一个重要元素，因此应该满足安全适用、坚固耐久、排水顺畅等设计要求。

阳台的结构布置方式有以下三种。

(1) 挑梁式

挑梁式阳台应用广泛，一般由横墙伸出挑梁搁置阳台板［图 4.46 (a)］。多数建筑中挑梁与阳台板可以一起现浇成整体，悬挑长度可以达到 1.8m。为了防止阳台发生倾覆破坏，悬挑长度不易过大，最常见的为 1.2m，挑梁压入墙内的长度不小于悬挑长度的 1.5 倍。

(2) 挑板式

挑板式阳台是将楼板直接悬挑出外墙形成的，板底平整美观，构造简单，阳台板可形成半圆形、弧形等丰富的形状［图 4.46 (b)］，挑板式阳台悬挑长度一般不超过 1.2m。

(3) 压梁式

压梁式阳台是将阳台板与墙梁现浇在一起，墙梁由它上部的墙体获得压重来防止阳台发生倾覆［图 4.46 (c)］，压梁式阳台悬挑长度不宜超过 1.2m。

2. 细部构造

(1) 栏杆和扶手形式

阳台栏杆按材料分，有砖砌栏板、金属栏杆和钢筋混凝土栏杆。阳台栏杆按形式分，有实心栏板、空花栏杆、混合式栏杆三种。栏杆一方面供人倚扶，另一方面对建筑物起装饰作用。阳台栏杆设计必须采用防止儿童攀登的构造，栏杆的垂直杆件间净距不应大于 0.11m，一般也不设置水平杆，防止儿童攀爬。根据《住宅设计规范》(GB 50096—2011)

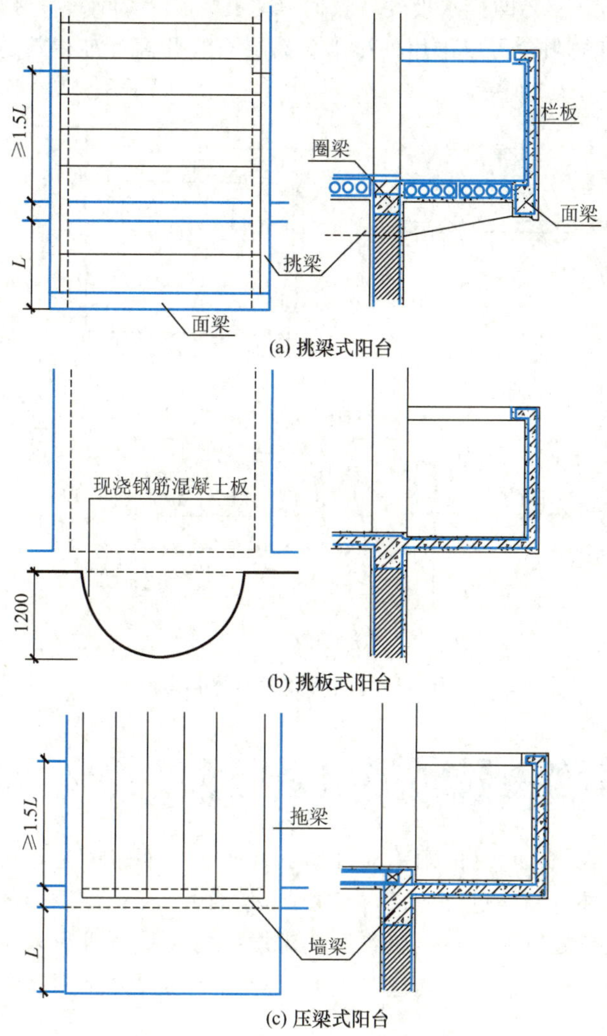

图 4.46　阳台结构布置

的规定，阳台栏板或栏杆净高，六层及六层以下不应低于 1.05m；七层及七层以上不应低于 1.10m；封闭阳台栏板或栏杆也应满足阳台栏板或栏杆净高要求。七层及七层以上住宅和寒冷、严寒地区住宅宜采用实体栏板。扶手有金属扶手和混凝土扶手，金属杆件和扶手表面要进行防锈处理。

(2) 连接构造

细部连接构造包括栏杆与扶手的连接、栏杆与阳台板的连接、扶手与墙体的连接。栏杆与扶手的连接方式有现浇和焊接。当栏杆和扶手都采用钢筋混凝土时，从栏杆或者栏板伸出钢筋，与扶手内钢筋相连，再支模现浇扶手。焊接方式是在扶手和栏杆上预埋铁件安装时进行焊接连接。栏杆与阳台板的连接方式有焊接、榫接坐浆和现浇等。

(3) 排水构造

阳台在使用过程中应保证雨水不进入室内，设计时要求地面比房间地面低 30～

50mm，地面抹出1%～2%的排水坡度，坡向排水孔。阳台排水有外排水和内排水两种方式。低层和多层建筑的阳台可以采用外排水。高层建筑和高标准建筑适宜采用内排水。阳台的外排水构造如图4.47所示。

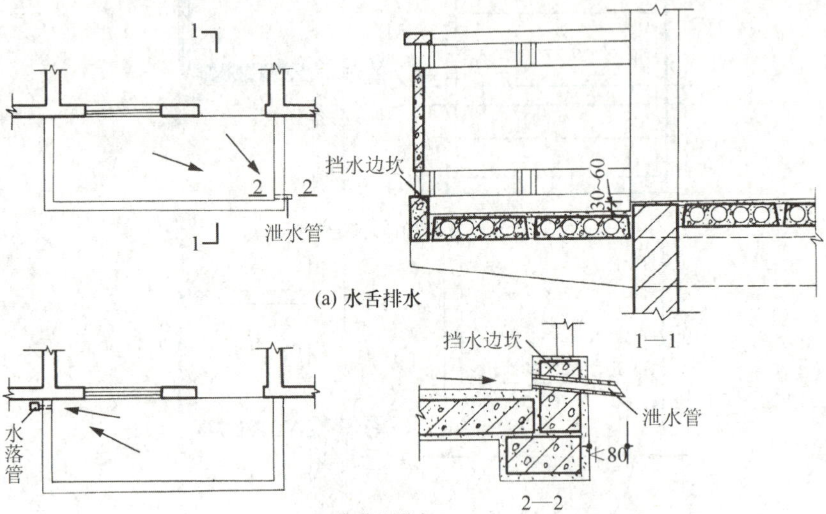

(b) 水落管排水

图4.47　阳台的外排水构造

4.5.2 雨篷构造

钢筋混凝土雨篷构造

建筑物入口处的雨篷对外墙、柱廊、屋面来说是不可缺少的一部分。它是室内外空间的过渡地带，具有遮风挡雨、标识性诱导的作用，同时也使建筑物入口处更加美观。随着建筑对雨篷的装修要求越来越高，雨篷的形式也越来越多样。雨篷从构造形式上可分为钢筋混凝土雨篷和钢结构玻璃采光雨篷等。

1. 钢筋混凝土雨篷的构造

钢筋混凝土雨篷具有结构牢固、造型厚重有力、坚固耐久、不受风雨影响等特点。它有悬板式和梁板式两种构造，如图4.48、图4.49所示。

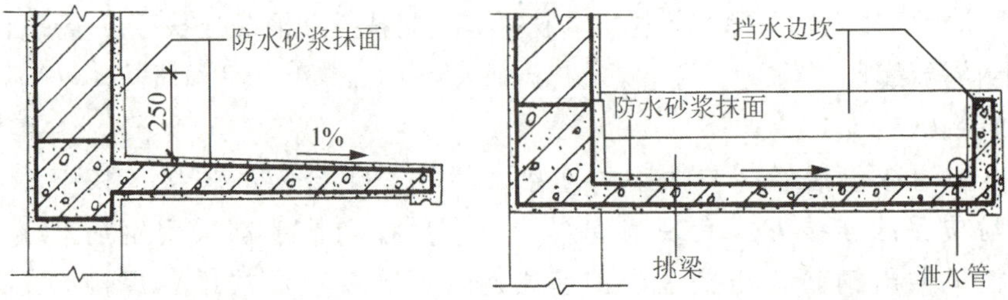

(a) 悬板式雨篷　(b) 梁板式雨篷

图4.48　雨篷构造1

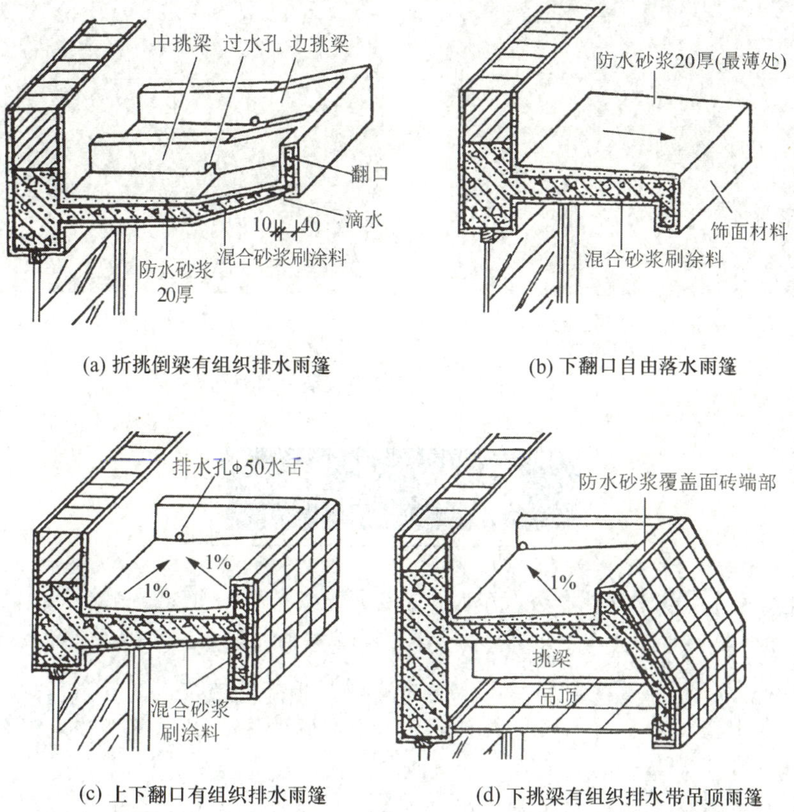

(a) 折挑倒梁有组织排水雨篷　　(b) 下翻口自由落水雨篷

(c) 上下翻口有组织排水雨篷　　(d) 下挑梁有组织排水带吊顶雨篷

图 4.49　雨篷构造 2

悬板式雨篷一般用于宽度不大的入口和次要的入口，板可以做成变截面的，表面用防水砂浆抹出 1%的坡度，防水砂浆沿墙上卷至少 250mm，形成泛水。梁板式雨篷用于宽度比较大的入口和出挑长度比较大的入口，常采用反梁式，从柱上悬挑梁。结合建筑物的造型，可以设置柱来支承雨篷，形成门廊式雨篷。

2. 钢结构玻璃采光雨篷

用阳光板、钢化玻璃作采光雨篷是比较流行的透光雨篷做法，透光材料采光雨篷具有结构轻巧、造型美观、透明新颖等特点，同时富有现代感的装饰效果，其也是现代建筑装饰的特点之一。

其做法是用钢结构作为支撑受力体系，在钢结构上伸出钢爪固定玻璃，该雨篷类似于四点支撑板。玻璃四角的爪件承受着风荷载和地震作用并传到后面的钢结构上，最后传到土建结构上，如图 4.50 所示。

(a) 某办公楼入口处雨篷

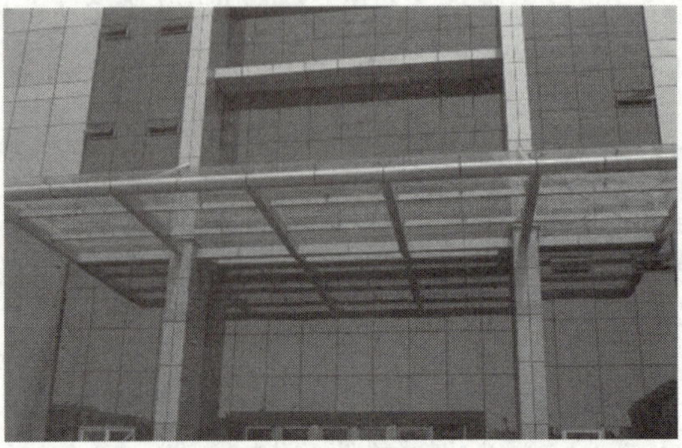
(b) 某图书馆入口处雨篷

图 4.50 钢结构玻璃采光雨篷

钢结构玻璃采光雨篷

模块小结

楼板是水平方向承重构件，把人和家具等竖向荷载及楼板自重通过墙体、梁或柱传给基础。按其使用的材料可分为木楼板、砖拱楼板、钢筋混凝土楼板和压型钢板组合楼板等。

楼板层通常由面层、结构层和顶棚层三个基本部分组成。

钢筋混凝土楼板是目前应用得最广泛的一种楼板形式，按照施工方法可以分为现浇整体式、预制装配式和装配整体式三种类型。

地面的材料和做法应根据房间的使用要求和经济要求而定。根据面层材料和施工方法的不同，地面可以分为整体类地面、板块类地面、卷材类地面和涂料类地面等。

顶棚从构造上来分，一般有直接式顶棚和悬吊式顶棚两种。

吊顶一般由吊筋、龙骨和面层组成。龙骨有木龙骨和轻钢、铝合金等金属龙骨两种类型。面层有抹灰、植物板材、矿物板材、金属板材和格栅等类型。

阳台的结构布置方式有挑梁式、挑板式和压梁式三种。

雨篷从构造形式上分为钢筋混凝土雨篷和钢结构玻璃采光雨篷等。

复习思考题

一、填空题

1. 多层建筑的阳台栏杆高度不低于（ ）。

2. 单梁式楼板传力路线是（ ）→（ ）→（ ）→（ ）。

3. 对于现浇整体式钢筋混凝土单向板肋形楼板，主梁的经济跨度是（ ）；次梁的经济跨度是（ ）；板的经济跨度是（ ）。

4. 楼板层由（ ）、（ ）、（ ）和附加层组成。

5. 地面的基本构造层为（ ）、（ ）、（ ）。

6. 顶棚分为（ ）、（ ）两种。

7. 板式楼板当板的长边与短边之比大于2时，受力钢筋沿（ ）方向布置。

8. 吊顶由吊筋、（ ）和（ ）组成。

二、判断题

1. 单向板单方向布置钢筋。（ ）

2. 大面积制作水磨石地面时，采用铜条或玻璃条分格，是为了美观的要求。（ ）

三、选择题

1. 楼板层通常由（ ）组成。

A. 面层、楼板、地坪　　B. 面层、楼板、顶棚
C. 支撑、楼板、顶棚　　D. 垫层、楼板、梁

2. 现浇整体式钢筋混凝土肋形楼板由（ ）现浇而成。

A. 混凝土、砂浆、钢筋　　B. 柱、主梁、次梁
C. 板、次梁、主梁　　D. 次梁、主梁、墙体

3. 根据受力状况的不同，现浇整体式钢筋混凝土肋形楼板可分为（ ）。

A. 单向板肋形楼板、多向板肋形楼板　B. 单向板肋形楼板、双向板肋形楼板
C. 双向板肋形楼板、三向板肋形楼板　D. 有梁楼板、无梁楼板

4. 框架结构中现浇整体式钢筋混凝土肋形楼板的传力路线为（ ）。

A. 板→主梁→次梁→墙体　　B. 板→次梁→主梁→柱
C. 板→次梁→主梁→墙体　　D. 板→梁→柱

5. 钢筋混凝土单向板的受力钢筋应在（ ）方向设置。

A. 短边　　B. 长边　　C. 双向

6. 地面按其材料和做法可分为（ ）。

A. 水磨石地面；块料地面；塑料地面；木地面
B. 水泥地面；块料地面；塑料地面；木地面
C. 整体类地面；板块类地面；卷材类地面；涂料类地面
D. 刚性地面；柔性地面

7. 水磨石地面中设置分格条的目的主要是为了（ ）。

A. 美观　　B. 维修方便　　C. 施工方便　　D. 减少开裂

8. 顶棚按构造做法可分为（ ）。

A. 直接式顶棚和悬吊式顶棚　　　　B. 抹灰类顶棚和贴面类顶棚

C. 抹灰类顶棚和悬吊式顶棚　　　　D. 喷刷类顶棚和抹灰类顶棚

9. 阳台按使用功能的不同可分为（　　）。

A. 凹阳台、凸阳台　　　　B. 生活阳台、服务阳台

C. 封闭阳台、开敞阳台

10. 挑梁式阳台的结构布置可采用（　　）。

A. 挑梁搭板　　B. 砖墙承重　　C. 梁板结构　　D. 框架承重

四、简答题

1. 楼板层由哪些部分组成？各部分分别有什么作用？
2. 现浇整体式钢筋混凝土楼板的特点和适用范围是什么？
3. 预制装配式钢筋混凝土楼板的特点是什么？常用的板型有哪几种？
4. 现浇整体式钢筋混凝土楼板的结构如何布置？各种构件的经济尺寸范围是什么？
5. 顶棚有几类构造形式？对每一类顶棚举一个例子说明其构造做法。
6. 简述水磨石地面的构造做法。
7. 简述陶瓷地砖地面的构造做法。
8. 简述木地面的构造做法。
9. 简述阳台栏板的连接构造。
10. 雨篷分为哪几种类型？

模块4
在线答题

模块 5　楼梯与电梯

思维导图

- 楼梯与电梯
  - 楼梯概述
    - 掌握｜楼梯的组成
    - 掌握｜楼梯的类型
    - 掌握｜楼梯尺寸设计的要求
  - 钢筋混凝土楼梯
    - 掌握｜现浇混凝土楼梯的结构形式
    - 了解｜中型、小型预制装配式钢筋混凝土楼梯的结构形式
  - 楼梯细部构造
    - 掌握｜楼梯细部构造
      - 楼梯踏面防滑
      - 栏杆、扶手构造
      - 栏杆转弯处扶手高差的处理方法
  - 台阶与坡道
    - 熟悉｜台阶的设计要求及构造要求
    - 熟悉｜坡道的设计要求及构造要求
  - 电梯
    - 了解｜电梯的组成
    - 了解｜电梯的土建技术要求

知识点滴

建筑物不同楼层之间的联系，需要有垂直交通设施，如楼梯、电梯、自动扶梯、台阶及坡道等。电梯通常在高层和部分多层建筑中使用，自动扶梯一般用于人流较大的公共建筑中，在设有电梯和自动扶梯的建筑物中也必须设置楼梯，以便紧急时使用。楼梯在宽度、坡度、数量、位置、平面形式、细部构造及防火性能等方面都有严格要求。楼梯应具有足够的通行能力，并且能防滑、防火。台阶和坡道是楼梯的特殊形式。建筑物室内外地面标高不同，为便于室内外之间的联系，通常在建筑物出入口处设置台阶或坡道。

5.1 楼梯概述

想一想

某中学教学楼，由于人流较多，采用平行双分楼梯，如图 5.1 (a) 所示。某酒店大堂，装修豪华，采用曲线楼梯，如图 5.1 (b) 所示。仔细观察身边的建筑，还有哪些类型的楼梯？楼梯的设计有哪些要求？

(a) 平行双分楼梯

(b) 曲线楼梯

图 5.1　公共建筑楼梯

5.1.1 楼梯的组成

楼梯

楼梯是由楼梯梯段、楼梯平台和栏杆、扶手组成，如图 5.2 所示。

1. 楼梯梯段

两个平台之间若干连续踏步的组合称为楼梯梯段，一个梯段称为一跑。每个踏步一般由两个相互垂直的平面组成，供人们行走时踏脚的水平面称为踏面，与踏面垂直的平面称为踢面。踏面和踢面之间的尺寸关系决定了楼梯的坡度。为了使人们上下楼梯时不致过度疲劳及保证每段楼梯均有明显的高度感，《民用建筑设计统一标准》(GB 50352—2019) 中规定，每个梯段的踏步级数不应少于 3 级，且不应超过 18 级。公共建筑中的装饰性弧形楼梯可略超过 18 级。

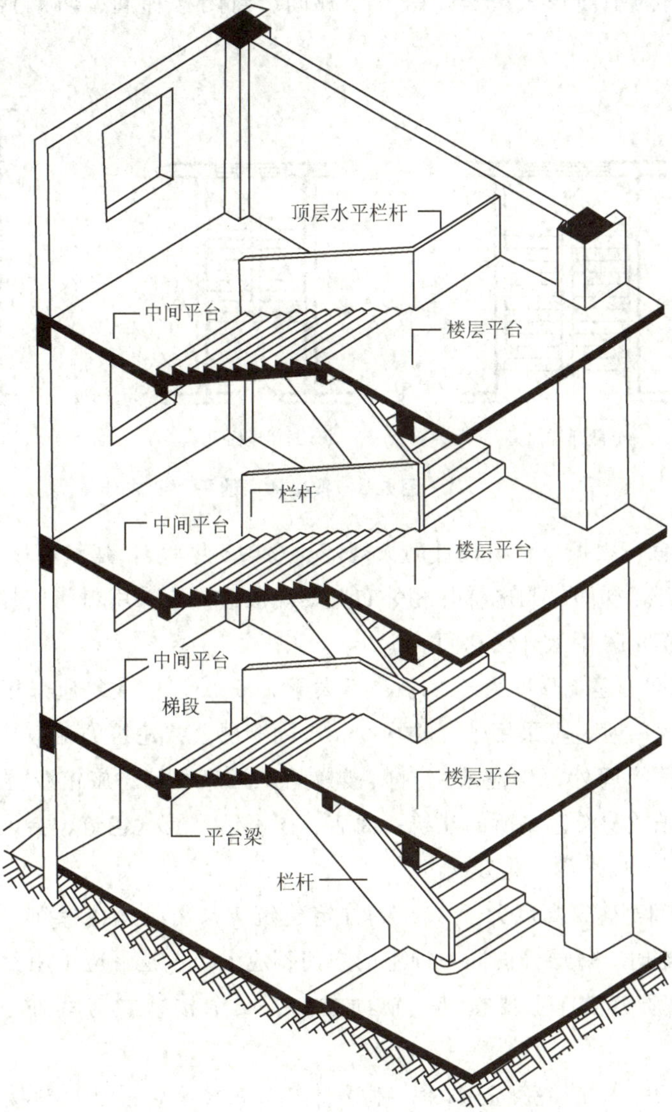

图 5.2　楼梯的构造组成

2. 楼梯平台

楼梯平台是连接两个楼梯梯段之间的水平构件，主要是为了解决楼梯梯段的转折和与楼层连接，同时也使人们在上下楼时能在此处稍做休息。平台往往分成两种，与楼层标高一致的平台通常称为楼层平台，位于两个楼层之间的平台称为中间平台。

3. 栏杆、扶手

大多数楼梯梯段至少有一侧临空，为了确保使用安全，应在楼梯梯段的临空边缘设置栏杆或栏板。栏杆、栏板上部供人们用手扶持的连续斜向配件称为扶手。

5.1.2 楼梯的分类

① 按楼梯间的平面形式分类：敞开楼梯间、封闭楼梯间、防烟楼梯间，如图 5.3 所示。

楼梯间

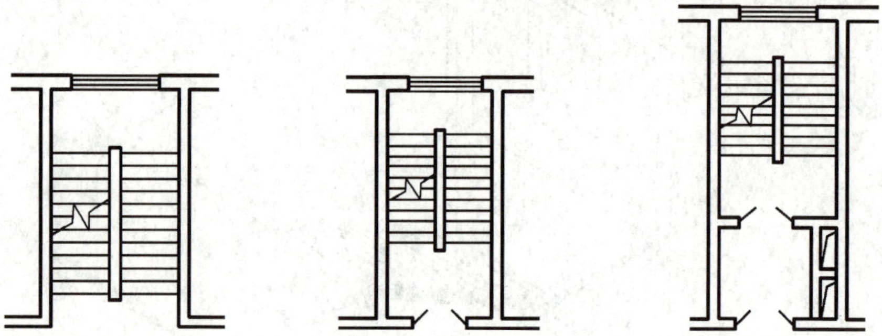

(a) 敞开楼梯间　(b) 封闭楼梯间　(c) 防烟楼梯间

图 5.3　按楼梯间的平面形式分类

a. 敞开楼梯间：根据《建筑设计防火规范》(2018 年版)，建筑高度不大于 21m 的住宅建筑可采用敞开楼梯间，与电梯井相邻布置的疏散楼梯应采用封闭楼梯间，当户门采用乙级防火门时，仍可采用敞开楼梯间。

b. 封闭楼梯间：建筑高度大于 21m、不大于 33m 的住宅建筑应采用封闭楼梯间；当户门采用乙级防火门时，可采用敞开楼梯间。下列多层公共建筑的疏散楼梯，除与敞开式外廊直接相连的楼梯间外，均应采用封闭楼梯间：医疗建筑、旅馆及类似使用功能的建筑；设置歌舞娱乐放映游艺场所的建筑；商店、图书馆、展览建筑、会议中心及类似使用功能的建筑；6 层及以上的其他建筑。

c. 防烟楼梯间：建筑高度大于 33m 的住宅建筑应采用防烟楼梯间。户门不宜直接开向前室，确有困难时，每层开向同一前室的户门不应大于 3 樘且应采用乙级防火门。

② 按使用性质分类：主要楼梯、辅助楼梯、安全楼梯（与室外空地相通）、消防楼梯。

③ 按材料分类：钢筋混凝土楼梯、木楼梯、金属楼梯、混合材料楼梯。钢筋混凝土楼梯因其坚固、耐久、防火，故应用比较普遍。

④ 按平面形式分类：直行单跑楼梯、直行双跑楼梯、转角楼梯、双分转角楼梯、三跑楼梯、平行双跑楼梯、平行双分楼梯、交叉楼梯、曲线楼梯、螺旋楼梯等，如图 5.4 所示。平行双跑楼梯是最常用的一种。楼梯的平面类型与建筑平面有关。当楼梯的平面为矩形时，适合做成双跑式；接近正方形的平面，可做成三跑式或多跑式；圆形的平面可做成螺旋式。有时，楼梯的形式还要考虑到建筑物内部的装饰效果，如建筑物正厅的楼梯常常做成双分式和双合式等。

⑤ 按结构形式分类：板式楼梯、梁式楼梯、悬挑楼梯等。

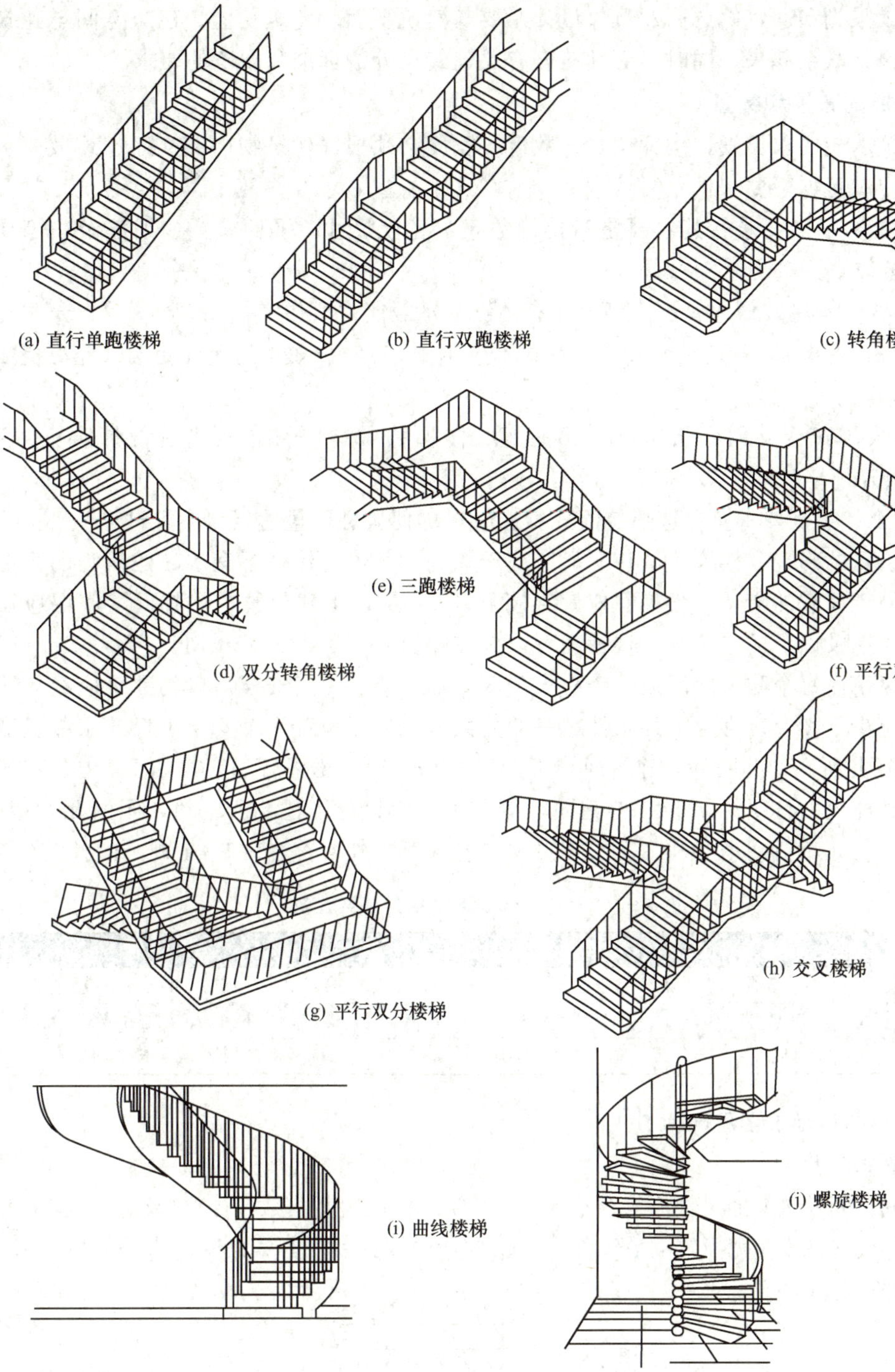

楼梯按平面形式分类

图 5.4 楼梯按平面形式分类

5.1.3 楼梯的设计

楼梯的设计包括楼梯的布置和数量；楼梯的宽度、坡度、净空高度等各部分尺度的协调；防火、采光和通风等方面。具体设计时要与建筑平面、建筑功能、建筑空间与建筑环境艺术等因素联系起来，同时，必须符合有关建筑设计的标准和规范的要求。

1. 楼梯的布置和数量

从建筑功能要求出发，楼梯位置、数量、宽度必须根据建筑物内部交通、疏散要求而定。楼梯应满足如下要求：

① 功能方面的要求。其主要是指楼梯数量、宽度尺寸、平面式样、细部做法等均应满足功能要求。

② 结构、构造方面的要求。楼梯应有足够的承载能力（住宅按 $1.5kN/m^2$，公共建筑按 $3.5kN/m^2$ 考虑）、采光能力（采光系数不应小于1/12）、较小的允许变形（允许挠度值为 $l/400$）等。

③ 防火、安全方面的要求。楼梯间距、楼梯数量均应符合《建筑设计防火规范》(2018 年版）规定。

④ 施工、经济要求。在选择装配式做法时，应使构件质量适当，不宜过大。

楼梯位置的确定：楼梯应放在明显和易于找到的部位；楼梯不宜放在建筑物的角部和端部，以便于荷载的传递；楼梯间应有直接采光；4 层以上建筑物的楼梯间，底层应设出入口，在 4 层及以下的建筑物，楼梯间可以放在距出入口不大于 15m 处。

公共建筑内每个防火分区或一个防火分区的每个楼层，其安全出口的数量应经计算确定，且不应少于 2 个。符合下列条件之一的公共建筑，可设置 1 个安全出口或 1 部疏散楼梯：① 除托儿所、幼儿园外，建筑面积不大于 $200m^2$ 且人数不超过 50 人的单层公共建筑或多层公共建筑的首层；② 除医疗建筑，老年人照料设施，托儿所、幼儿园的儿童用房，儿童游乐厅等儿童活动场所和歌舞娱乐放映游艺场所等外，符合表 5－1 规定的公共建筑。

表 5－1 设置 1 部疏散楼梯的公共建筑

耐火等级	最多层数	每层最大建筑面积/m^2	人 数
一、二级	3 层	200	第二、三层的人数之和不超过 50 人
三级	3 层	200	第二、三层的人数之和不超过 25 人
四级	2 层	200	第二层人数不超过 15 人

2. 楼梯的各部位名称与尺寸

(1) 梯段宽度

楼梯间开间及进深的尺寸应符合水平扩大模数 3M 的整数倍数。楼梯梯段是楼梯的基本组成部分。楼梯梯段净宽指墙面装饰面至扶手中心线或扶手中心线之间的水平距离。图 5.5 为楼梯各部位尺寸定义。

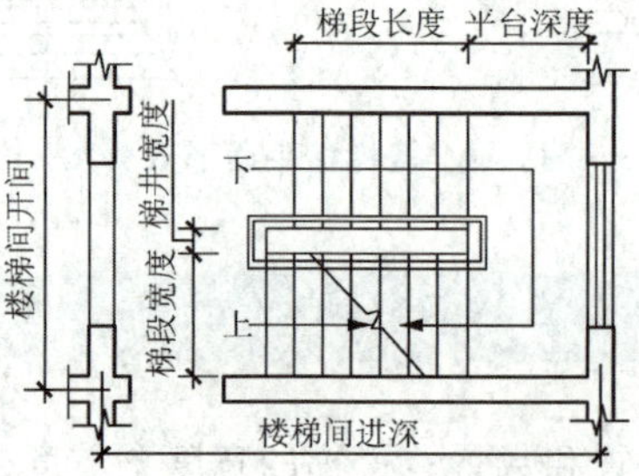

图 5.5 楼梯各部位尺寸定义

《住宅设计规范》(GB 50096—2011）规定，楼梯梯段净宽不应小于1.10m，不超过六层的住宅，一边设有栏杆的梯段净宽不应小于1.00m。

(2）梯井宽度

两个楼梯梯段之间的空隙叫梯井。梯井一般是为楼梯施工方便而设置的，其宽度一般在0.10m左右。梯井净宽大于0.11m时，必须采取防止儿童攀滑的措施。

(3）平台宽度

平台的净宽是指扶手处平台的宽度。楼梯平台净宽不应小于楼梯梯段净宽，且不得小于1.20m。楼梯为剪刀梯时，楼梯平台的净宽不得小于1.30m。图5.6是梯段宽度与平台深度关系的示意。

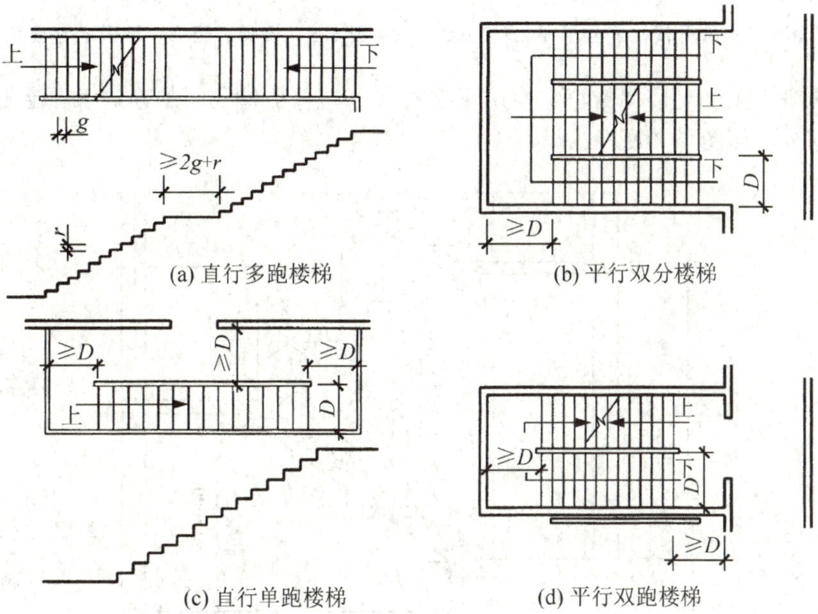

D—楼梯净宽；*g*—踏面尺寸；*r* —踢面尺寸

图5.6　梯段宽度与平台深度关系的示意

敞开楼梯间的楼层平台已经同走廊连在一起，此时平台净宽可以小于上述规定，使楼梯起步点自走廊边线内退一段距离不小于0.50m即可，如图5.7所示。

(4）楼梯坡度和净空高度

楼梯坡度是指梯段中各级踏步前缘的假定连线与水平面形成的夹角，或用踏面和踢面的投影长度之比表示。在实际工程中常采用后者。楼梯坡度不宜过大或过小。坡度过大，行走易疲劳；坡度过小，楼梯占用的面积增加，不经济。常用楼梯坡度宜为30°左右，室内楼梯的适宜坡度为23°～38°。坡度大于45°为爬梯，一般只是在通往屋顶、电梯机房等非公共区域采用。坡度小于23°时，只需把其处理成斜面就可以解决通行的问题，此时称为坡道，10°以下的坡度适用于坡道。由于坡道占地面积较大，因此坡道在建筑内部基本不用，而在室外应用较多，坡道的坡度在1∶10～1∶12。楼梯、爬梯、坡道的坡度范围如图5.8所示。

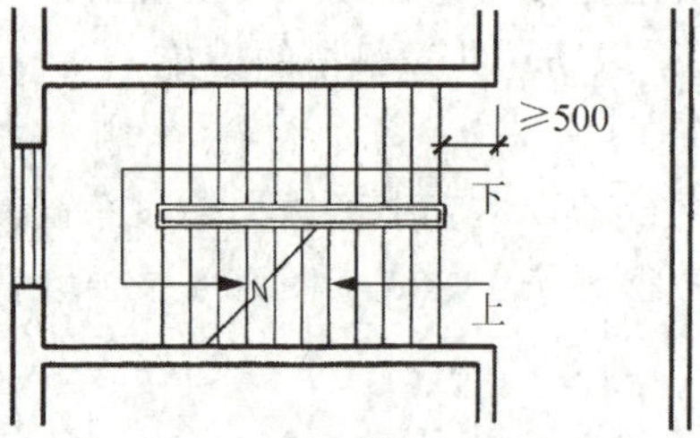

图 5.7　敞开楼梯间楼层平台的宽度

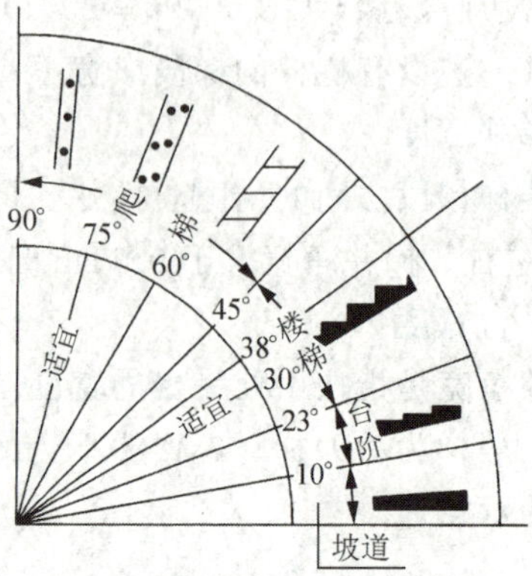

图 5.8　楼梯、爬梯、坡道的坡度范围

楼梯的净空高度对楼梯的正常使用影响很大，它包括梯段间的净高和平台过道处的平台净高两部分，如图 5.9 所示。

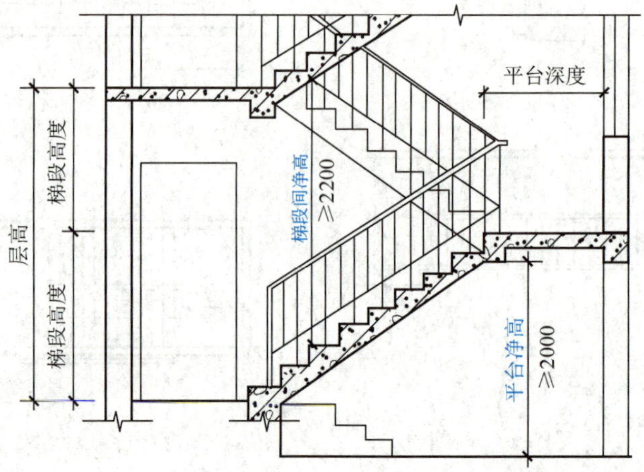

图 5.9　净空高度要求

梯段间的净高是指梯段空间的最小高度，即梯段踏步前缘至其正上方梯段下表面的垂直距离。梯段间的净高与人体尺度、楼梯的坡度有关，应大于 2.20m。平台过道处的平台净高是指平台过道地面至上部结构最低点（通常为平台梁）的垂直距离。平台过道处的平台净高与人体尺度有关，一般应不小于 2.00m。在确定这两个净高时，还应充分考虑人们肩扛物品对空间的实际需要，避免由于碰头而产生压抑感。

一般情况下，楼梯的中间平台设计在楼层的 1/2 处，要达到楼梯间首层，其入口处平台过道处的平台净高不小于 2.00m 的要求往往不容易满足。图 5.10 (a) 所示的住宅的首层层高为 3.00m，则第一个休息平台的标高为 1.50m，此时平台过道处的平台净高约为 1.20m，距 2.00m 的要求相差较远。为了使平台过道处的平台净高满足不小于 2.00m 的要求，可以采用以下办法：① 增加第一段楼梯的踏步数（而不是改变楼梯的坡度），使第一个休息平台位置上移或调整第一段楼梯踏步尺寸 [图 5.10 (a)]。设计时要注意：此时第一段楼梯是整部楼梯中最长的一段，仍然要保证梯段宽度和平台深度之间的相互关系；当层高较小时，应检验第一、三段楼梯之间的净高是否满足梯段间的净高不小于2.20m的要求。② 在建筑室内外高差较大的前提下，降低平台下过道处地面标高［图5.10（b）］；③ 综合上述两种方式，在采取长短跑梯段的同时，又降低底层中间平台下地坪标高［图5.10（c）］；④ 底层采用直行单跑或直行双跑楼梯时，直接从室外上二层［图5.10（d）］。这种方法常用于住宅建筑，设计时应注意入口处雨篷底面标高的位置，保证净空高度的要求。

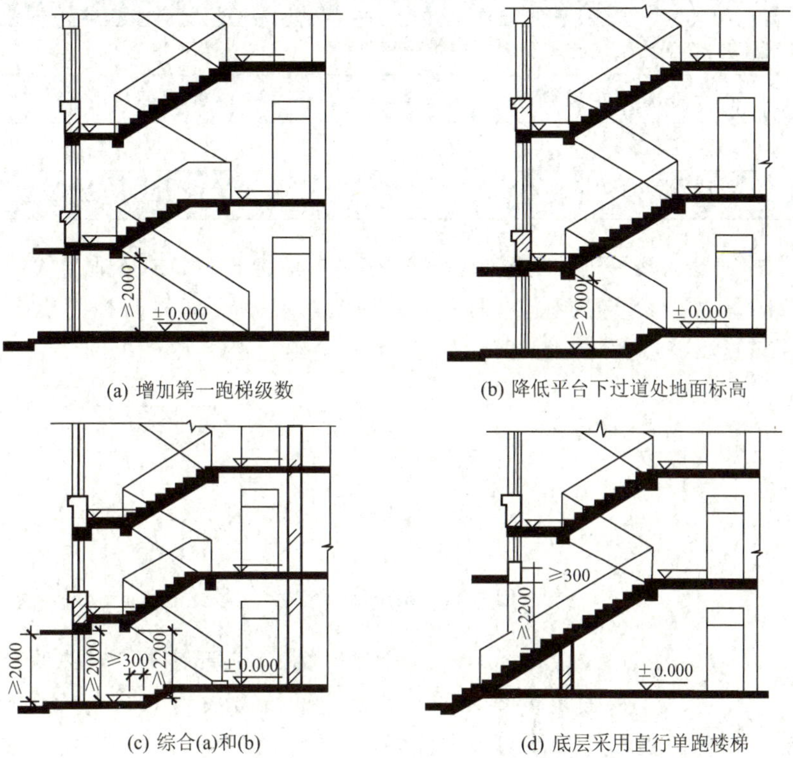

图5.10　楼梯间入口处净空尺寸调整的示意图

(5) 踏步尺寸

建筑楼梯踏步最小宽度和最大高度见表5-2。

表5-2　建筑楼梯踏步最小宽度和最大高度　　单位：m

楼梯类别		最小宽度	最大高度
住宅楼梯	住宅公共楼梯	0.260	0.175
	住宅套内楼梯	0.220	0.200
宿舍楼梯	小学宿舍楼梯	0.260	0.150
	其他宿舍楼梯	0.270	0.165

续表

楼梯类别		最小宽度	最大高度
老年人建筑楼梯	住宅建筑楼梯	0.300	0.150
	公共建筑楼梯	0.320	0.130
托儿所、幼儿园楼梯		0.260	0.130
小学校楼梯		0.260	0.150
人员密集且竖向交通繁忙的建筑和大、中学校楼梯		0.280	0.165
其他建筑楼梯		0.260	0.175
超高层建筑核心筒内楼梯		0.250	0.180
检修及内部服务楼梯		0.220	0.200

由于踏步的宽度受楼梯进深的限制，可以通过在踏步的细部进行适当的处理来增加踏面的尺寸，如采取加做踏步檐或是踢面倾斜，如图 5.11 所示。踏步檐的挑出尺寸一般不大于 25mm，若挑出檐过大，则踏步易损坏，而且会给行走带来不便。

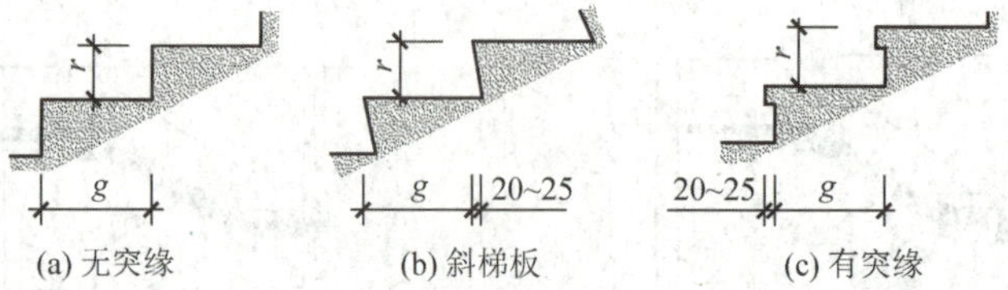

图 5.11　踏步细部尺寸

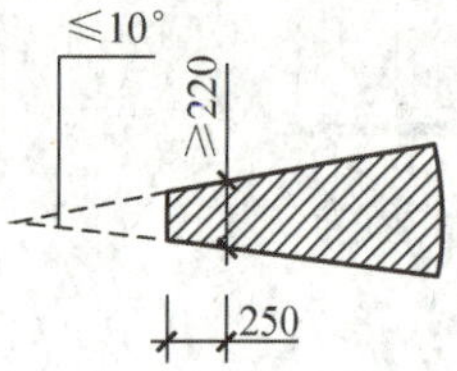

图 5.12　螺旋楼梯的踏步尺寸

疏散楼梯不得采用螺旋楼梯和扇形踏步；当踏步上下两级形成的平面角度不超过 10°，且每级离扶手 0.25m 处踏步宽度超过 0.22m 时，可不受此限，如图 5.12 所示。

(6) 扶手高度

《民用建筑设计统一标准》规定，室内楼梯扶手高度自踏步前缘线量起不宜小于 0.9m。楼梯水平栏杆或栏板长度大于 0.5m 时，其高度不应小于 1.05m。《住宅设计规范》规定，楼梯栏杆垂直杆件间净空不应大于 0.11m。设置双层扶手时下层扶手高度宜为 0.65m。疏散用室外楼梯栏杆扶手高度不应小于 1.10m。

(7) 楼梯的栏杆

楼梯的栏杆是梯段的安全设施，和扶手一样是与人体尺度关系密切的建筑构件，所以应合理地确定栏杆高度。当梯段升高的垂直高度大于 1m 时，就应当在梯段的临空面设置栏杆。室外楼梯临空处应设置防护栏杆，栏杆离楼面 0.10m 高度内不宜留空。当临空高度在 24.0m 以下时，栏杆高度不应低于 1.05m；当临空高度在 24.0m 及 24.0m 以上时，栏杆高度不应低于 1.1m。

3. 高层建筑的楼梯

一类高层公共建筑和建筑高度大于 32m 的二类高层公共建筑，其疏散楼梯应采用防烟楼梯间。裙房和建筑高度不大于 32m 的二类高层公共建筑，其疏散楼梯应采用封闭楼梯间。

高层建筑中作为主要通行用的楼梯，其梯段宽度指标高于一般建筑。《建筑设计防火规范》（2018 年版）规定，高层建筑每层疏散楼梯的最小净宽度不应小于表 5-3 的规定。

表 5-3 高层建筑疏散楼梯的最小净宽度 单位：m

建筑类别	疏散楼梯的最小净宽度
高层医疗建筑	1.30
其他高层公共建筑	1.20

5.2 钢筋混凝土楼梯

想一想

某建筑楼梯施工过程如图 5.13 所示，图 5.13（a）为楼梯的模板和钢筋，图 5.13（b）为已拆模板的楼梯梯段。这种楼梯整体性好、刚度大、对抗震有利。

(a) 楼梯的模板和钢筋

(b) 已拆模板的楼梯梯段

图 5.13 现浇钢筋混凝土楼梯

楼梯按照构成材料的不同，可以分成钢筋混凝土楼梯、木楼梯、钢楼梯和用几种材料制成的组合材料楼梯等几种。楼梯是建筑中重要的安全疏散设施，耐火性能要求较高，属于耐火极限较长的建筑构件之一。钢筋混凝土的耐火和耐久性能均好于木材和钢材，因此钢筋混凝土楼梯在民用建筑中大量采用。钢筋混凝土楼梯主要有现浇和预制装配两大类，建筑中较多采用的是现浇钢筋混凝土楼梯。

5.2.1 现浇钢筋混凝土楼梯构造

现浇钢筋混凝土楼梯是在配筋、支模后将楼梯段、平台等浇筑在一起，其整体性好、刚度大。按梯段的结构形式不同，可将其分为板式楼梯和梁式楼梯两种。

1. 板式楼梯

板式楼梯的梯段是一块斜放的板，它通常由梯段板、平台梁和平台板组成［图 5.14（a）］。梯段板承受梯段上全部荷载，并将荷载传给平台梁，平台梁将荷载传给墙体或柱子。必要时，也可以取消梯段板一端或两端的平台梁，使梯段板和平台板连为一体［图 5.14（b）］。

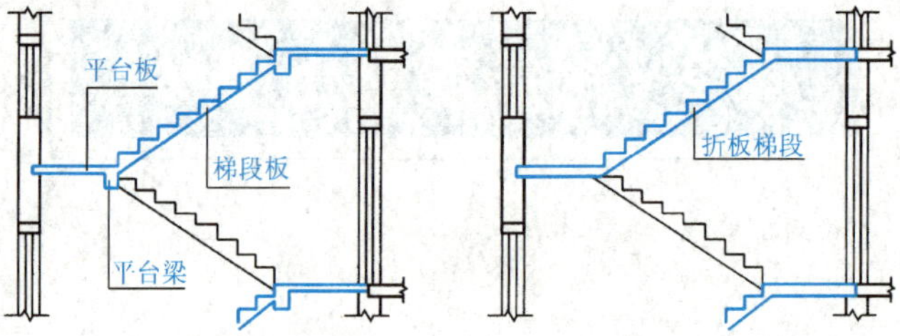

(a) 板式楼梯　　(b) 折板式楼梯

图 5.14　板式楼梯

2. 梁式楼梯

梁式楼梯是指由斜梁承受梯段上全部荷载的楼梯。踏步板支承在斜梁上，斜梁又支承在上下两端平台梁上［图 5.15（a）］。梁支承梁式楼梯段的宽度相当于踏步板的跨度，平台梁的间距即为斜梁的跨度。其配筋方式是梯段横向配筋，搁在斜梁上，另加分布钢筋。平台主筋均短跨布置，依长跨方向排列，垂直安放分布钢筋，如图 5.15（b）所示。梯段的荷载主要由斜梁承担，并传递给平台梁。梁式楼梯具有跨度大、承受荷载重、刚度大的特点，适用于荷载较大、层高较大的建筑，如商场、教学楼等公共建筑。

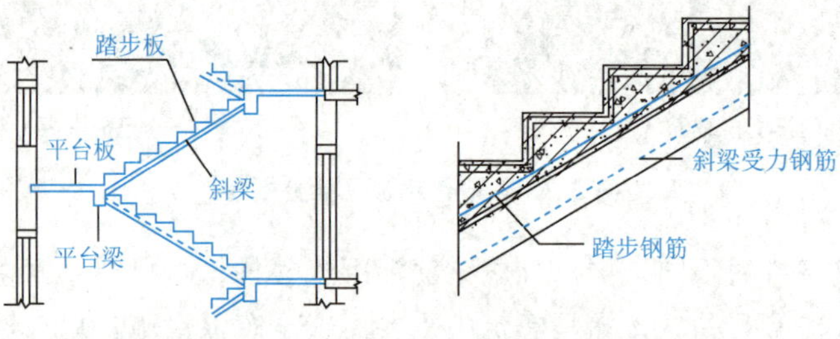

(a) 梁式楼梯剖面　　(b) 梁式楼梯配筋示意

图 5.15　梁式楼梯

梁式楼梯的斜梁一般暴露在踏步板的下面，从梯段侧面就能看见踏步，俗称为明步楼梯［图 5.16（a）］。这种做法使梯段下部形成梁的暗角，容易积灰，梯段侧面经常被清洗踏步产生的脏水污染，影响美观。另一种做法是把斜梁反设到踏步板上面，此时梯段下面是平整的斜面，称为暗步楼梯［图 5.16（b）］。暗步楼梯弥补了明步楼梯的缺陷，但由于斜梁宽度要满足结构的要求，往往宽度较大，从而使梯段的净宽变小。

现浇钢筋混凝土楼梯构造

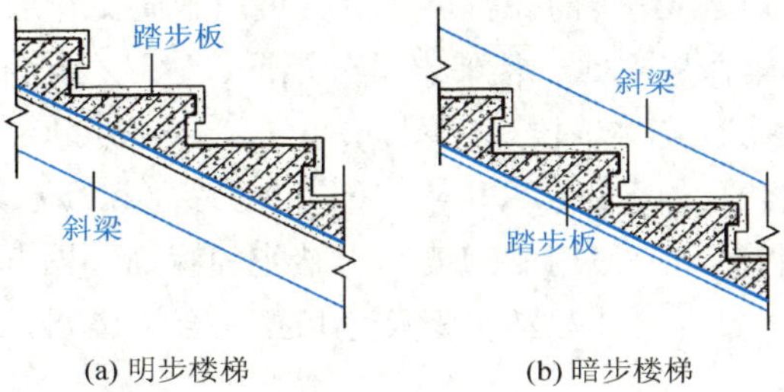

图 5.16　明步楼梯和暗步楼梯

5.2.2　预制装配式钢筋混凝土楼梯

预制装配式钢筋混凝土楼梯按构件大小分为小型预制装配式楼梯和中型、大型预制装配式楼梯两大类。

1. 小型预制装配式楼梯

小型预制装配式楼梯的构件尺寸小、质量小、数量多，一般把踏步板作为基本构件，具有构件生产、运输、安装方便的优点，同时也存在着施工较复杂、施工进度慢和湿作业量大的缺点，较适用于施工条件较差的地区。

小型预制装配式楼梯主要有梁承式、墙承式和悬臂三种。

(1) 梁承式楼梯

梁承式楼梯是由斜梁、踏步板、平台梁和平台板装配而成的。这些基本构件的传力关系是：踏步板搁置在斜梁上，斜梁搁置在平台梁上，平台梁搁置在两边侧墙上，而平台板可以搁置在两边侧墙上，也可以一边搁在墙上，另一边搁在平台梁上。图 5.17 是梁承式楼梯平面。

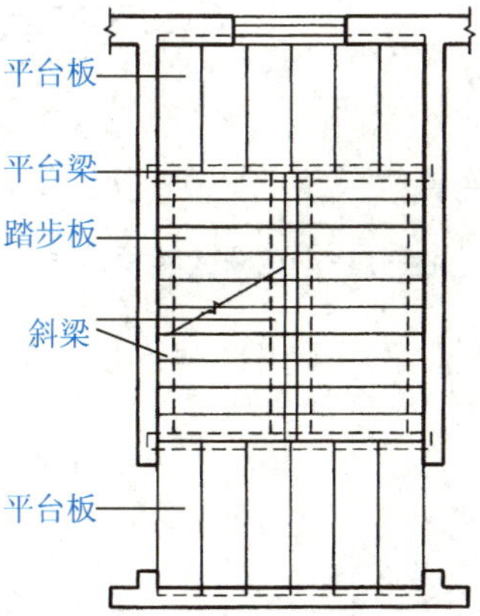

图 5.17　梁承式楼梯平面

① 踏步板截面形式：三角形（实心、空心）、L 形（正、反）、一字形。

三角形：优点是拼装后，底面平整，但踏步尺寸较难调整，一般多用于简支楼梯。

L 形：用锯齿形斜梁。肋向下者，接缝在下面，踏面和踢面上部交接处看上去较完整，类似带肋平板，结构合理。肋向上者，作为简支时，下面的肋可作上面板的支承，可用于简支和悬挑楼梯。

一字形：用锯齿形斜梁。踏步的高宽可调节，可用于简支和悬挑楼梯。

② 楼梯斜梁与平台梁搁置方式。楼梯斜梁分矩形、L形、锯齿形三种。三角形踏步板配合矩形斜梁，拼装之后形成明步楼梯［图5.18（a）］；三角形空心踏步板配合L形斜梁，拼装之后形成暗步楼梯［图5.18（b）］。L形和一字形踏步板应与锯齿形斜梁配合使用，当采用一字形踏步板时，一般用侧砌墙作为踏步的踢面［图5.18（c）］。如采用L形踏步板，则要求锯齿形斜梁的尺寸和踏步板尺寸相互配合、协调，避免出现踏步架空、倾斜的现象［图5.18（d）］。

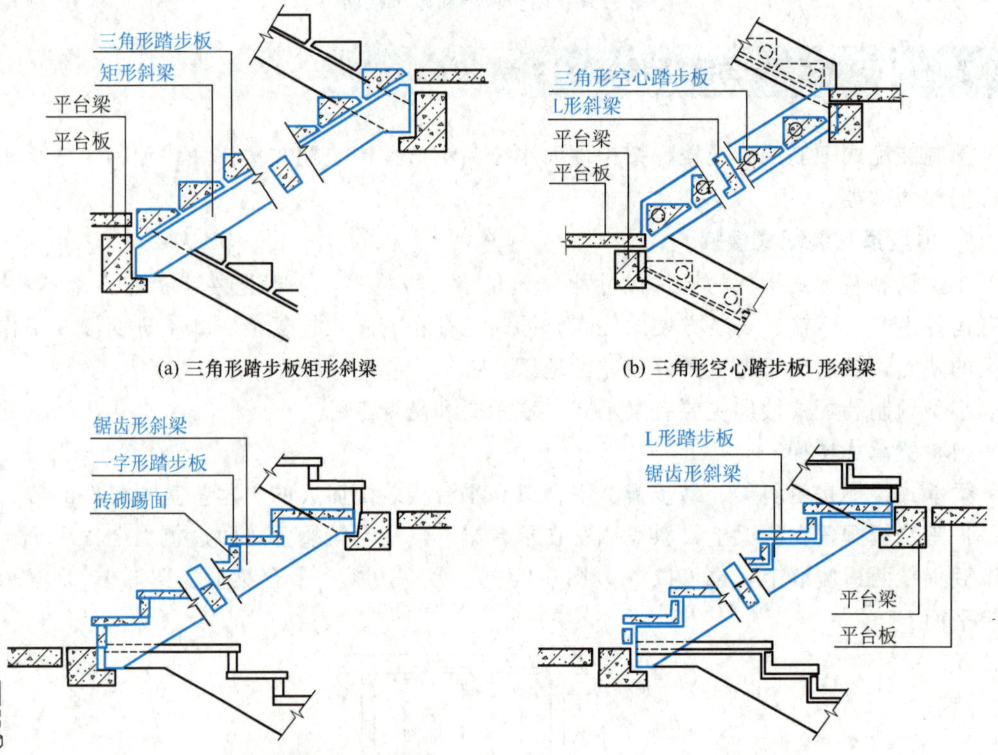

(a) 三角形踏步板矩形斜梁　(b) 三角形空心踏步板L形斜梁

(c) 一字形踏步板锯齿形斜梁　(d) L形踏步板锯齿形斜梁

图5.18　梁承式楼梯构造

③ 构件固定方式。斜梁与平台梁可采用插铁连接或预埋铁件焊接，如图5.19所示。

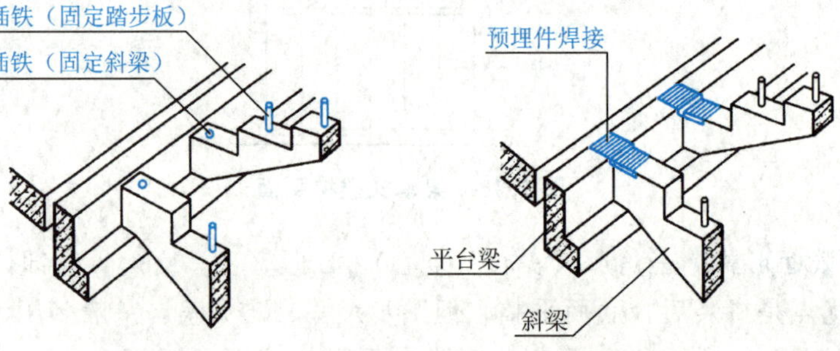

(a) 插铁连接　(b) 预埋铁件焊接

图5.19　斜梁与平台梁的连接

三角形踏步：水泥砂浆叠置，底面可用砂浆嵌缝或抹平。

L形及一字形踏步：可在踏步板上预留孔，套于锯齿形斜梁的插铁上，砂浆卧牢。

④ 平台梁位置的选择。为了节省楼梯所占空间，上下梯段最好在同一位置起步和止步。由于现浇钢筋混凝土楼梯是现场施工绑扎钢筋的，因此可以顺利地做到这一点，如图 5.20 (a)所示。而预制装配式楼梯为了减少构件类型，往往要求上下梯段应在同一高度进入平台梁，因此容易形成上下梯段错开一步或半步起止步，使梯段纵向水平投影长度加大，占用面积增大［图 5.20 (b)］。若采用平台梁落低的方案则对下部净高影响大［图 5.20 (c)］，此时可将斜梁部分做成折梁［图 5.20 (d)］。

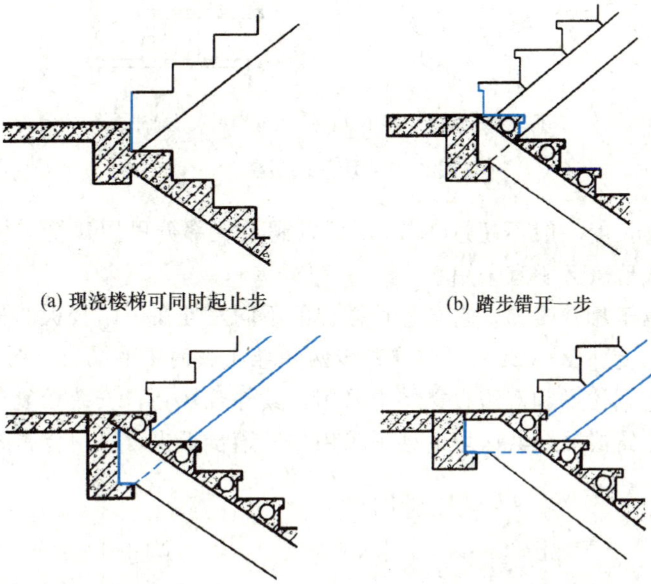

(a) 现浇楼梯可同时起止步　(b) 踏步错开一步

(c) 平台梁位置降低　(d) 斜梁做成折线形

图 5.20　楼梯起止步的处理

(2) 墙承式楼梯

墙承式楼梯是把预制的踏步板搁置在两侧的墙上，并按事先设计好的方案，施工时按顺序搁置，形成楼梯段，此时踏步板相当于一块靠墙体支承的简支板。墙承式楼梯适用于两层建筑的直跑楼梯或中间设有电梯井道的三跑楼梯。平行双跑楼梯如果采用墙承式，则必须在原楼梯井处设墙，作为踏步板的支座，如图 5.21 所示。楼梯井处设墙之后，阻挡了视线、光线，感觉空间狭窄，在搬运大件家具设备时会感到不方便。为了解决通视问题，可以在墙体的适当部位开设洞口。由于踏步板与平台之间没有传力关系，可以不设平台梁，使平台下面净高增加。墙承式楼梯的踏步板可以做成 L 形、三角形。平台板可以采用实心板，也可以采用空心板和槽形板。为了确保行人的通行安全，应在楼梯间侧墙上设置扶手。

(3) 悬臂楼梯

悬臂楼梯又称悬臂踏板楼梯。悬臂楼梯与墙承式楼梯有许多相似之处，在小型预制装配式楼梯中属于构造最简单的一种。它由单个踏步板组成梯段，由墙体承担楼梯的荷载，梯段与平台之间没有传力关系，因此可以取消平台梁。所不同的是，悬臂楼梯是根据设计把预制的踏步板一端嵌入墙内，依次砌入楼梯间侧墙，另一端形成悬臂，组成楼梯段，如图 5.22 (a)所示；悬臂楼梯也可做成中柱曲线悬挑板楼梯形式，如图 5.22 (c) 所示。

小型预制装配式楼梯分类

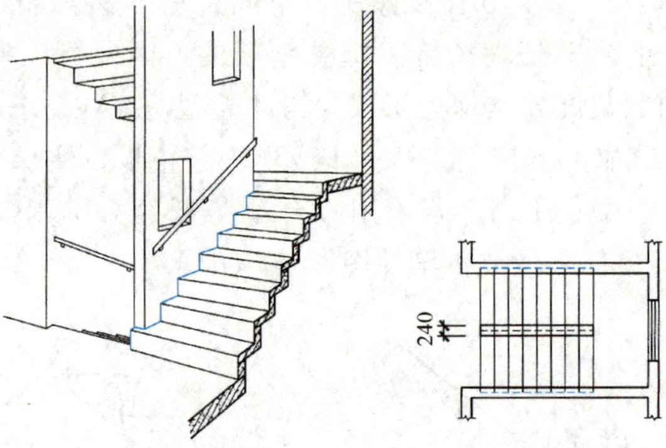

(a) 墙承式楼梯示意图　(b) 墙承式楼梯平面图

图 5.21　墙承式楼梯

悬臂楼梯的悬臂长度一般不超过 1.5m，可以满足大部分民用建筑对楼梯的要求，但在具有冲击荷载时或地震区不宜采用。

悬挂式楼梯也属于悬臂楼梯，它与悬臂楼梯的不同之处在于踏步板的另一端是用金属拉杆悬挂在上部结构上［图 5.22 (b)］或踏步两端悬挂在钢扶手梁上［图 5.22 (d)］。悬挂式楼梯适于在单跑直楼梯和双跑直楼梯中采用，其外观轻巧，安装较复杂，要求的精度较高，一般在小型建筑或非公共区域的楼梯采用，其踏步板也可以用金属或木材制作。

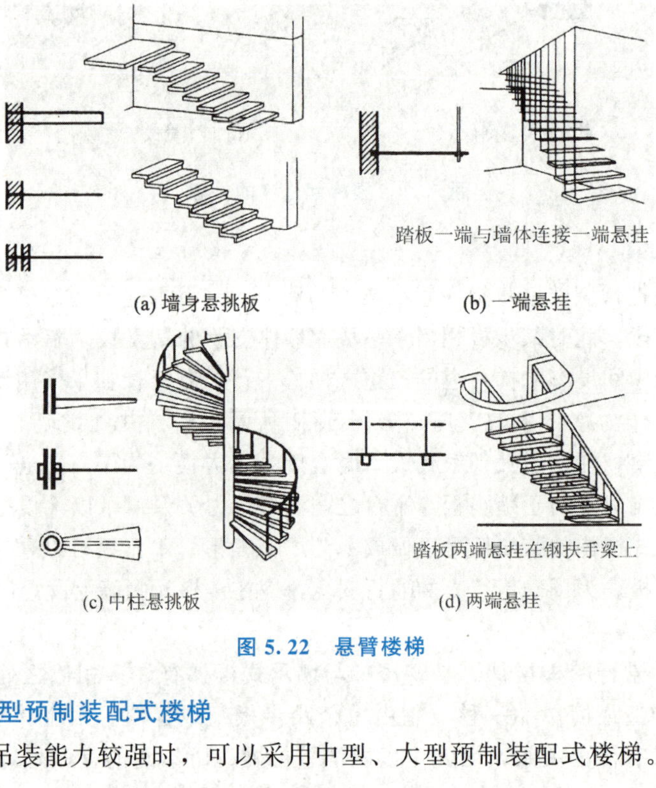

(a) 墙身悬挑板　(b) 一端悬挂

(c) 中柱悬挑板　(d) 两端悬挂

图 5.22　悬臂楼梯

2. 中型、大型预制装配式楼梯

当施工现场吊装能力较强时，可以采用中型、大型预制装配式楼梯。中型、大型预制装配式楼梯一般是把梯段和平台板作为基本构件，构件的体积大，规格和数量少，装配容易、施工速度快，适于在成片建设的大量性建筑中使用。如果楼梯构件采用钢模板加工，由于其表面较光滑，一般不需饰面，安装之后作嵌缝处理即可，比较方便。

(1) 中型预制装配式楼梯一般将梯段和平台板各作一个构件

① 不带梁平台板：平台梁与平台板分开。当构件预制和吊装能力不高时，可以把平台板和平台梁制作成两个构件，此时平台的构件与梁承式楼梯相同。

② 带梁平台板：平台梁与平台板结合制作成一个构件。平台板一般为槽形断面，其中一个边肋截面加大，并留出缺口，以供搁置楼梯段用，如图 5.23（a）所示。楼梯顶层平台板的细部处理与其他各层略有不同，边肋的一半留有缺口，另一半不留缺口，但应预留埋件或插孔，供安装水平栏杆用。

③ 梯段部分有板式或梁式两种。板式梯段相当于是搁置在平台板上的斜板，有实心和空心之分，如图 5.23（b）所示。实心梯段加工简单，自重较大，如图 5.24 所示。空心梯段自重较小，多为横向留孔，孔形可为圆形或三角形。板式梯段的底面平整，适于在住宅、宿舍建筑中使用。

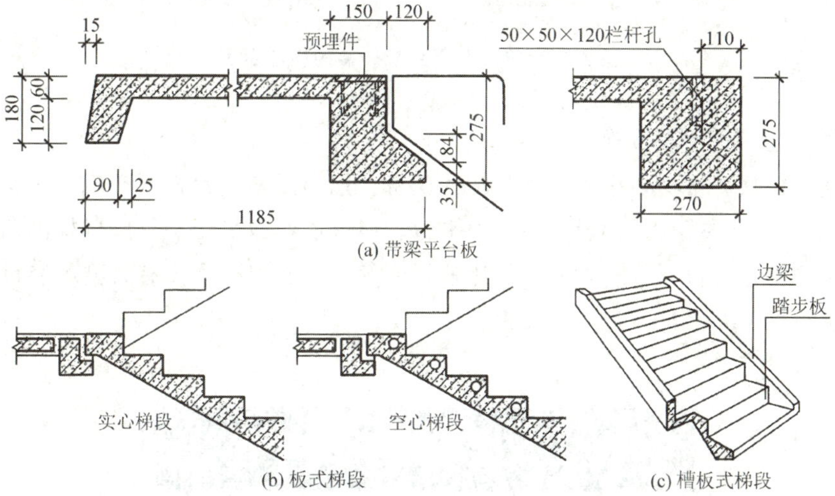

图 5.23 中型、大型预制装配式楼梯

(a) 预制楼梯 (b) 预制楼梯安装

图 5.24 预制板式实心楼梯

预制装配式楼梯安装

梁式梯段是把踏步板和边梁组合成一个构件，多为槽板式，如图 5.23（c）所示。一般比板式梯段节省材料。为了进一步节省材料、减轻构件自重，一般设法通过对踏步板内留孔、把踏步板踏面和踢面相交处的凹角处理成小斜面或做成折板式踏步等措施来实现。

④ 梯段与平台梁、板的连接。矩形平台梁影响净高，L 形平台梁节点处理相对复杂，斜面 L 形梁会产生局部水平力。梯段与平台梁、板的连接可采用预埋铁件焊接或插铁，预留孔，水泥砂浆卧牢方法。图 5.25 是梯段与平台板连接的构造示例。

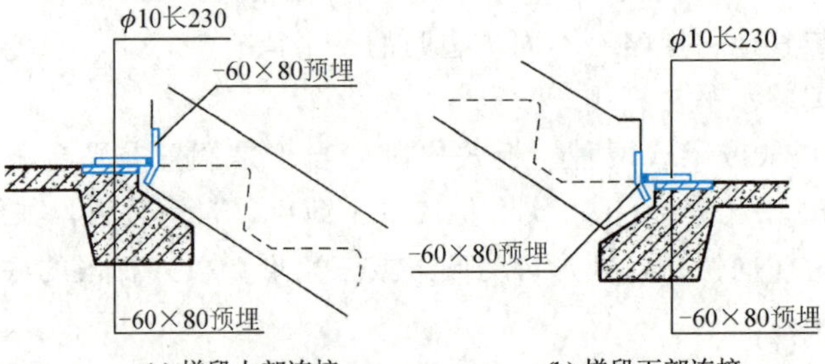

图 5.25　梯段与平台板连接的构造示例

（2）梯段连平台预制楼梯

梯段连平台预制楼梯多用于大型装配式建筑。把梯段和平台板制作成一个构件，就形成了梯段带平台预制楼梯。梯段可连一面平台，亦可连两面平台。每层楼梯由两个相同的构件组成，施工速度快，但构件制作和运输较麻烦，施工现场需要有大型吊装设备来满足安装的要求。

5.3　楼梯细部构造

想一想

在中小学校发生了很多由于楼梯的栏杆、扶手问题造成的学生伤亡事故，如广西柳江县某小学一栋两层教学楼二楼走廊护栏发生坍塌事故，导致 27 名学生坠落受伤，4 人伤势较严重；广州市某中学学生沿着走廊快速奔跑，在一个 T 字路口，没有收住步伐，双手抓住不锈钢栏杆减速，不料栏杆断裂，学生随同栏杆一起从三楼坠下。诸如此类的事故在全国时有发生，由此可见，楼梯的细部构造是多么重要，楼梯一定要做到防滑，栏杆、扶手连接牢固。提高设计者、施工者、材料生产者的专业水准和职业精神，是减少此类事件的关键因素。

楼梯细部构造是指楼梯的梯段与踏步构造、踏步面层构造及栏杆、栏板构造等细部的处理。这里着重介绍梯段部分的细部构造。楼梯细部构造如图 5.26 所示。

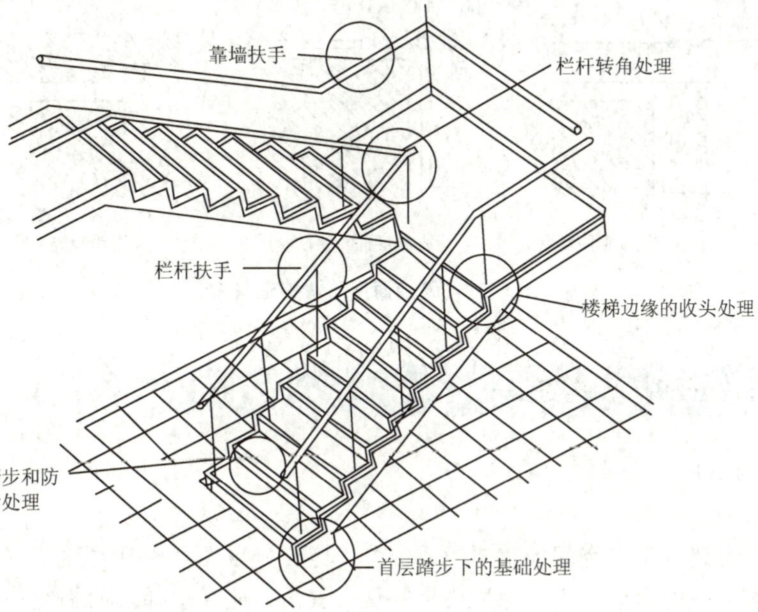

图 5.26 楼梯细部构造

5.3.1 踏步面层及防滑措施

一般认为，凡是可以用来做室内地坪面层的材料，均可以用来做踏步面层。常见的踏步面层材料有水泥砂浆、水磨石、地砖、各种天然石材等。为了防止行人使用楼梯时滑倒，踏步表面应有防滑措施，特别是人流量大或踏步表面光滑的楼梯，必须对踏步表面进行处理。防滑处理常用的方法是在接近踏口处设置防滑条，防滑条的材料可采用金刚砂、马赛克、橡皮条、金属条等，也可以在踏步面层留防滑槽，如图 5.27所示。

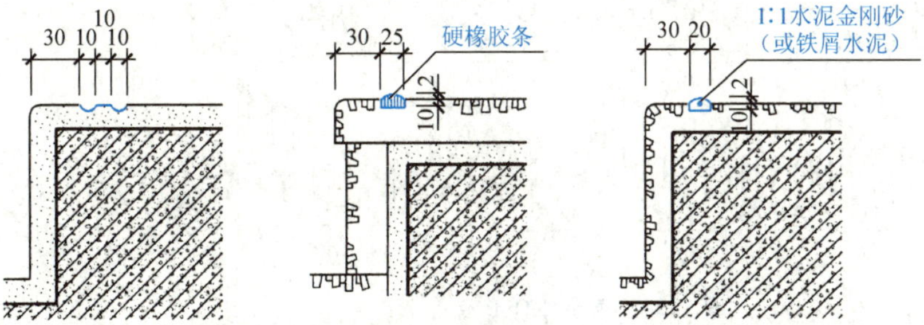

(a) 水泥砂浆踏步留防滑槽　(b) 橡胶防滑条　(c) 水泥金刚砂防滑条

图 5.27 踏步面层防滑构造

踏步防滑措施

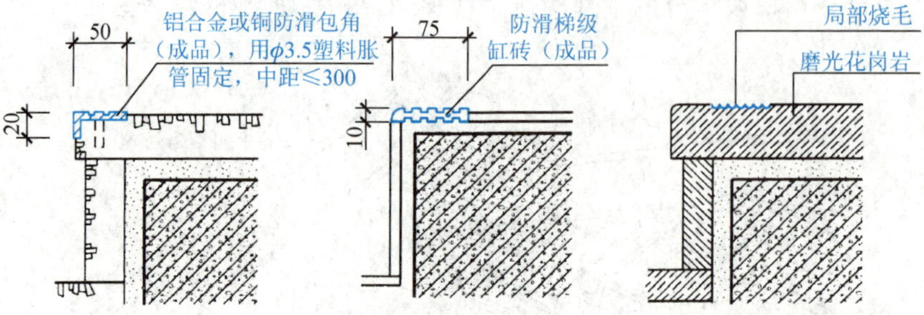

(d) 铝合金或铜防滑包角　(e) 缸砖面踏步防滑砖　(f) 花岗岩踏步烧毛防滑条

图 5.27　踏步面层防滑构造(续)

5.3.2 栏杆和扶手构造

1. 栏杆与栏板

(1) 栏杆

楼梯栏杆是建筑室内空间的重要组成部分,应充分考虑到栏杆对建筑室内空间的装饰效果,应具有美观的形象。为了保证楼梯的使用安全,应在楼梯段的临空一侧设栏杆或栏板,并在其上部设置扶手。楼梯栏杆应选用坚固、耐久的材料制作,并具有一定的强度和抵抗侧向推力的能力,能够保证在人多拥挤时楼梯的使用安全。栏杆多采用金属材料制作,如扁钢、圆钢、方钢、铸铁花饰、铝材等。用相同或不同规格的金属型材拼接、组合成不同的规格和图案,可使栏杆在确保安全的同时又能起到装饰作用。栏杆垂直构件之间的净间距不应大于110mm。经常有儿童活动的建筑,栏杆的分格应设计成不易儿童攀登的形式,以确保安全。图5.28为常见栏杆形式。

常见栏杆形式及安装方式

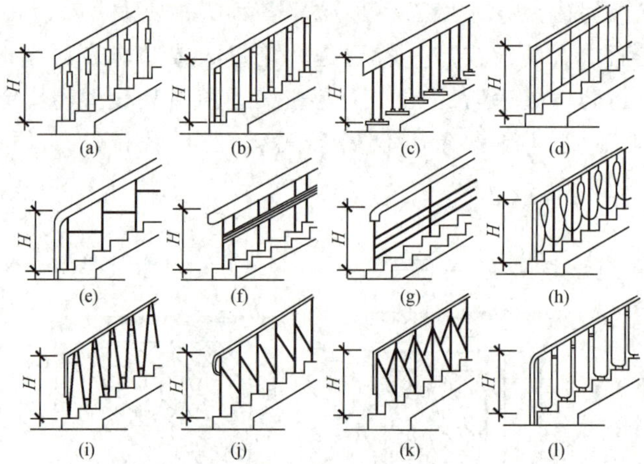

图 5.28　常见栏杆形式

栏杆与梯段应有牢固、可靠的连接。常见方法有以下几种。

① 预留孔洞插接。将端部做成开脚或倒刺的栏杆插入梯段预留的孔洞内,用水泥砂浆或细石混凝土填实[图5.29 (a)、(h)]。

② 预埋铁件焊接。将栏杆立杆的下端与梯段中预埋的钢板或套管焊接在一起［图 5.29 (b)、(c)、(d)］。

③ 螺栓连接。用螺栓将栏杆固定在梯段上［图 5.29 (e)、(f)、(g)］。

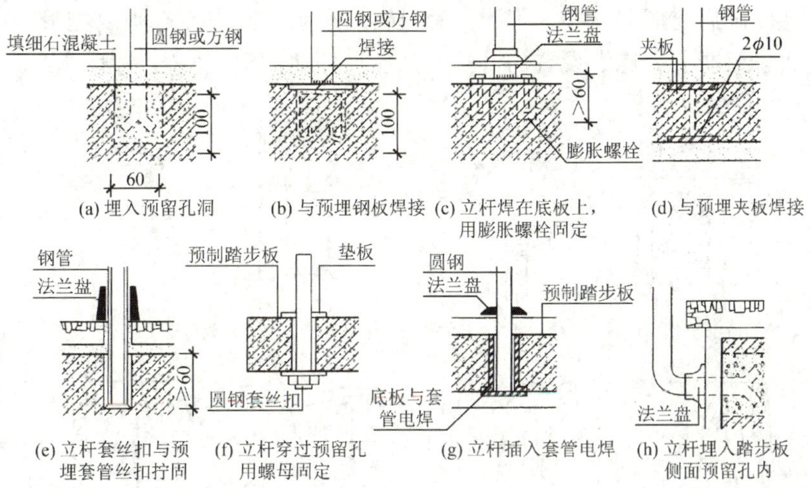

图 5.29　栏杆与梯段的连接

(2) 栏板

栏板是用实体材料制作的，常用的材料有钢筋混凝土、钢化玻璃、加设钢筋网的砖砌体、现浇实心栏板、木材、玻璃等（图 5.30）。

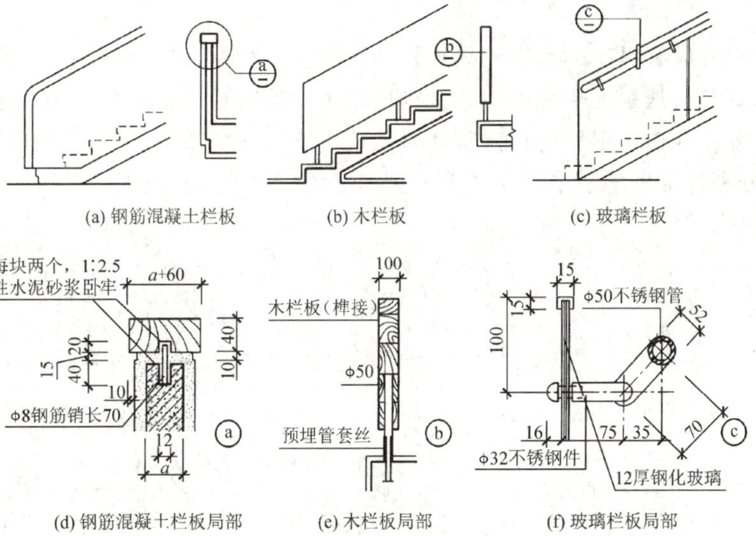

图 5.30　栏板构造

栏板的表面应平整光滑，便于清洗。栏板可以与梯段直接相连，也可以安装在垂直构件上。钢筋混凝土栏板采用插筋焊接或预埋铁件焊接。

2. 扶手

扶手位于栏杆顶部。扶手可以用优质硬木、金属型材（铁管、不锈钢、铝合金等）、工程塑料及水泥砂浆、水磨石、天然石、大理石材等制作（图 5.31）。室外楼梯不宜使用木扶手，以免淋雨后变形和开裂。不论何种材料的扶手，其表面必须要光滑、圆顺，以便于扶持。绝大多数扶手是连续设置的，接头处应当仔细处理，使之平滑过渡。

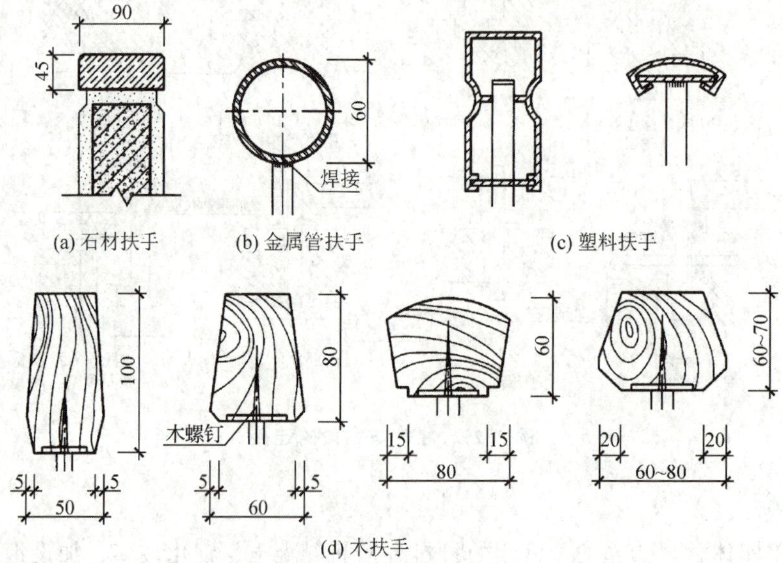

图 5.31　扶手类型

扶手与栏杆应有可靠的连接，其连接方法视扶手和栏杆的材料而定。金属扶手通常与栏杆焊接；抹灰类扶手在栏板上端直接饰面；木及塑料扶手在安装之前应事先在栏杆顶部设置通长的斜倾扁铁，扁铁上预留安装钉，扶手安放在扁铁上，并用螺钉固定好。图 5.32 和图 5.33 分别是常见扶手始末端处理示例和靠墙扶手的连接方式。

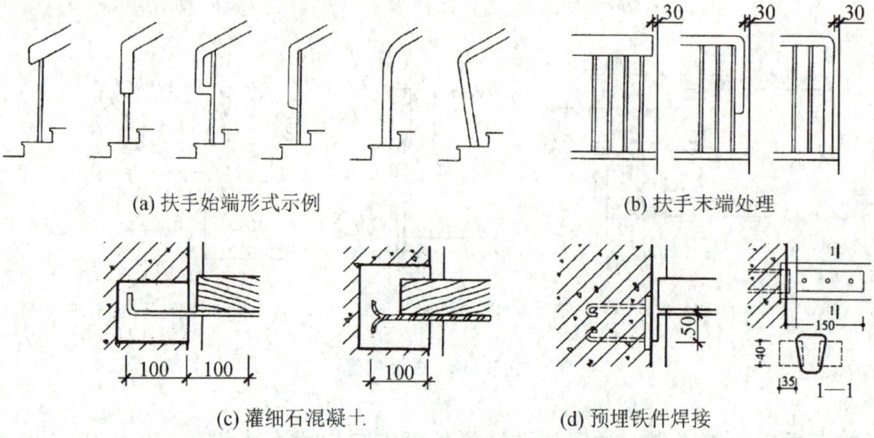

图 5.32　常见扶手始末端处理示例

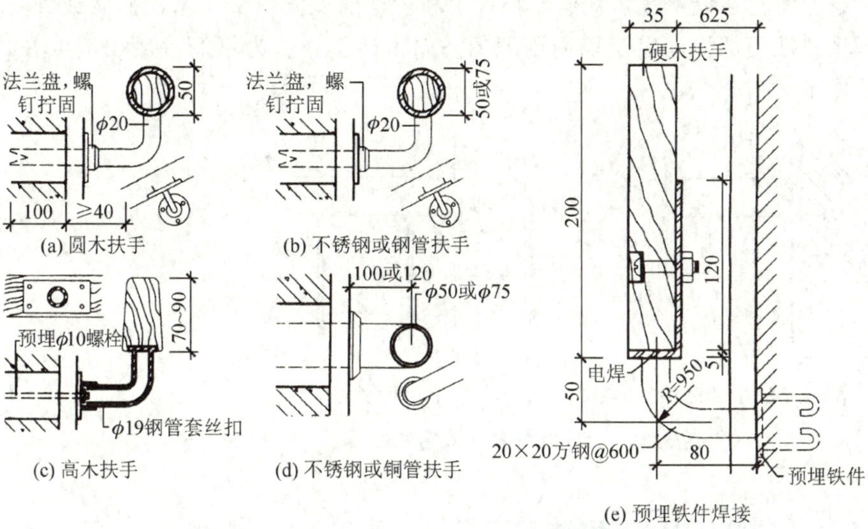

图 5.33 靠墙扶手的连接方式

常见扶手和
靠墙扶手

5.3.3 楼梯转弯处扶手高差的处理

梯段的扶手在平台转弯处往往存在高差，应进行调整和处理。当上下梯段在同一位置时应把楼梯井处的横向扶手倾斜设置，连接上下两段扶手［图 5.34（b）、（c）］。如果把平台处栏杆 1/2 踏步［图 5.34（a）］或将上下梯段错开一个踏步［图 5.34（e）］，就可以使扶手顺利连接。其他处理方法如图 5.34（d）和图 5.34（f）所示。

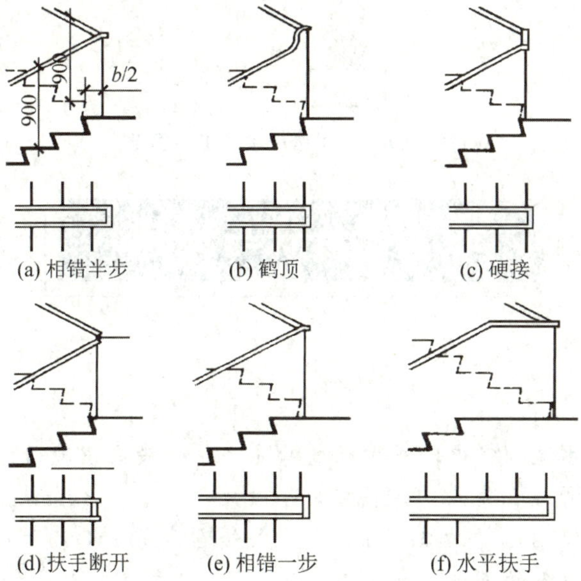

图 5.34 楼梯转弯处扶手高差的处理

楼梯顶层的楼层平台临空一侧，应加设水平栏杆，以保证人身安全。扶手端部与墙应固定在一起。其固定方法是在墙上预留孔洞，将扶手和栏杆插入洞内，用水泥砂浆或细石混凝土填实。也可将扁铁用螺栓固定于墙内预埋的防腐木砖上。若为钢筋混凝土墙或柱，则可采用预埋铁件焊接（图 5.35）。

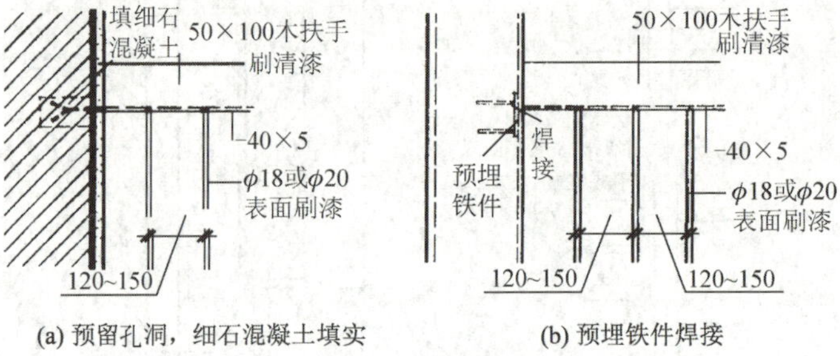

图 5.35　顶层栏杆扶手入墙做法

5.3.4　首层第一踏步下的基础

首层第一踏步下应有基础支撑。基础与踏步之间应加设地梁，地梁的断面尺寸应不小于 240mm×240mm，梁长应等于基础长度，如图 5.36 所示。

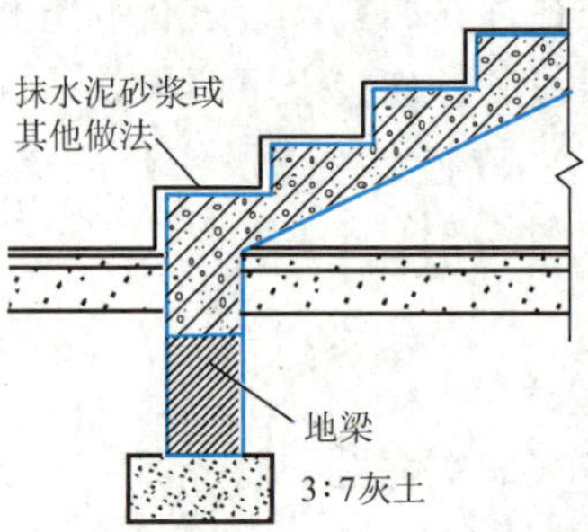

图 5.36　首层第一踏步下的基础

5.4　台阶与坡道

想一想

为了防止室外雨水流入室内，并防止墙身受潮，一般民用建筑常把室内地坪适当提高，以使建筑物室内外地面形成一定高差，一般大于或等于 300mm。商店、医院等建筑的室外踏步的级数常以不超过四级为准，即室内外地面高差不大于 600mm。一般民用建筑应具有亲切、平易近人的感觉，因此室内外高差不宜过大。纪念性建筑除在平面空间布局及造型上反映出性格特征以外，还常借助于室内外高差值的增大，如采用高的台基和较多的踏步处理，以增强严肃、庄重、雄伟的气势。

仓库类建筑为便于运输，在入口处常设置坡道，为不使坡道过长影响室外道路布置，室内外地面高差以不超过 300mm 为宜。供残疾人使用的门厅、过厅及走道等地面有高差时应设坡道。

本节主要介绍台阶与坡道的构造做法。

在建筑入口处设置台阶和坡道是解决建筑室内外地坪高差的过渡构造措施。一般多采用台阶；当有车辆、残疾人通行或是室内外地面高差较小时，可设置坡道，有时台阶和坡道合并在一起使用。台阶和坡道在建筑入口处对建筑物的立面具有一定的装饰作用，设计时要考虑使用和美观要求。有些建筑由于使用功能或精神功能的需要，有时设有较大的室内外高差或把建筑入口设在二层，此时就需要大型的台阶和坡道与其配合。

5.4.1 台阶

1. 台阶的形式和基本要求

台阶的形式较多，应当与建筑的级别、功能及基地周围的环境相适应。常见的台阶形式有单面踏步、两面踏步、三面踏步、单面踏步带花池（花台）等，如图 5.37 所示。部分大型公共建筑经常把行车坡道与台阶合并成为一个构件，强调了建筑入口的重要性，提高了建筑的地位。

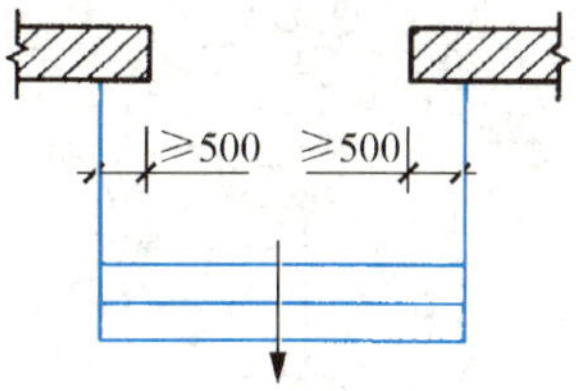

(a) 单面踏步

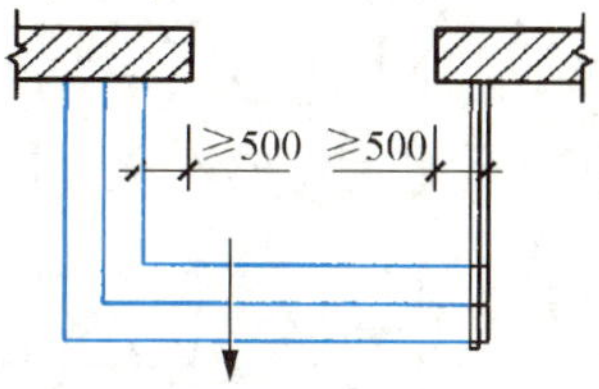

(b) 两面踏步

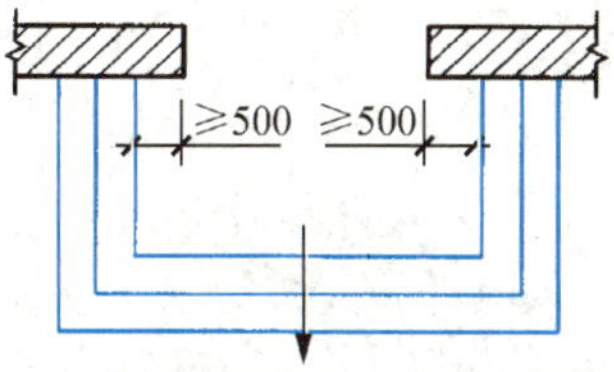

(c) 三面踏步

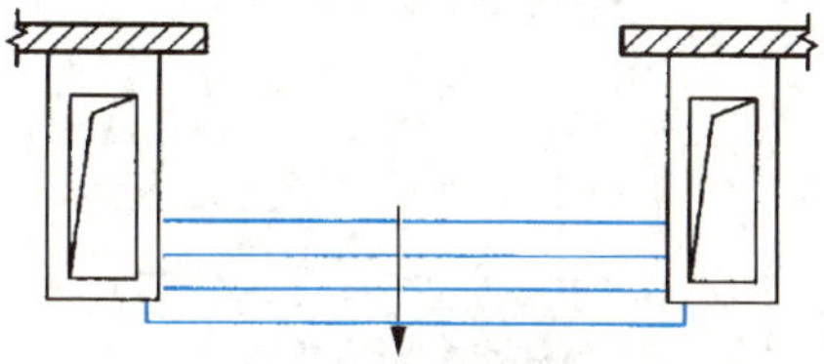
(d) 单面踏步带花池

常见台阶形式

(e) 两面踏步实物图

(f) 单面踏步实物图

图 5.37　台阶的形式

公共建筑室内外台阶踏步宽度不宜小于 0.3m，踏步高度不宜大于 0.15m 且不宜小于

0.1m。为使台阶能满足交通和疏散的需要，台阶的设置应满足：室内台阶踏步数不宜少于2级。台阶的坡度宜平缓些，台阶的适宜坡度为10°～23°，通常台阶每一级踢面高度一般为100～150mm，踏步的踏面宽度为400～300mm。在人流密集场所台阶的高度超过0.70m时，宜有护栏设施。台阶顶部平台的宽度应大于所连通的门洞口宽度，一般至少每边宽出500mm。室外台阶顶部平台的深度不应小于1.0 m，影剧院、体育馆观众厅疏散出口平台的深度不应小于1.40m。台阶和踏步应充分考虑雨、雪天气时的通行安全，台阶宜用防滑性能好的面层材料。

2. 台阶的构造

台阶的构造分实铺和架空两种，大多数台阶采用实铺构造。实铺台阶的构造与室内地坪的构造相似，包括基层、垫层和面层。基层是夯实土；垫层多采用混凝土、碎砖混凝土或砌砖，其强度和厚度应当根据台阶的尺寸进行相应调整；面层有整体和铺贴两大类，材料有水泥砂浆、水磨石、剁斧石、缸砖、天然石材等（图5.38）。在严寒地区，为保证台阶不受土壤冻胀影响，应把台阶下部一定深度范围内的土换掉，改设砂石垫层［图5.38（g）、（h）］。

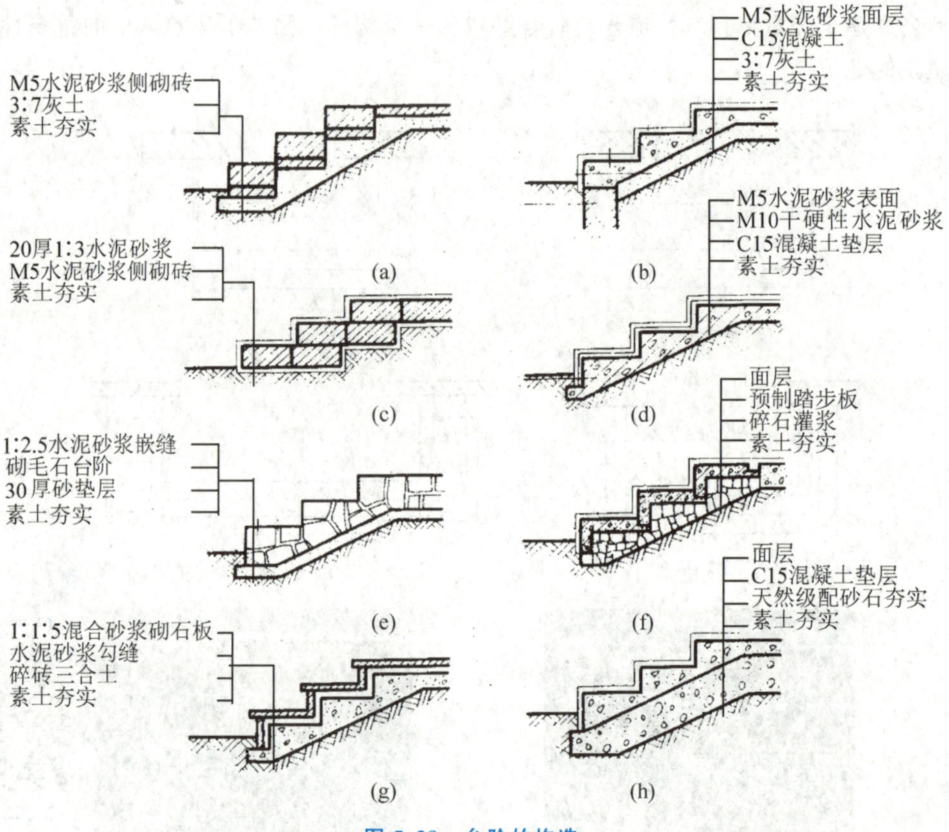

图5.38　台阶的构造

当台阶尺度较大或土壤冻胀严重时，为保证台阶不开裂和塌陷，往往选用架空台阶。架空台阶的平台板和踏步板均为预制钢筋混凝土板，分别搁置在梁上或砖砌地垄墙上。图5.39是设有砖砌地垄墙的架空台阶。

由于台阶与建筑主体在承受荷载和沉降方面差异较大，因此大多数台阶在结构上和建筑主体是分开的。一般在建筑主体工程完成后，再进行台阶的施工。台阶与建筑主体之间要注意解决好的问题有：

① 处理好台阶与建筑之间的沉降缝，常见的做法是在接缝处挤入一根 10mm 厚防腐木条。

② 为防止台阶上积水向室内流淌，台阶应向外侧做 0.5%～1%找坡，台阶面层标高应比首层室内地面标高低 10mm 左右。

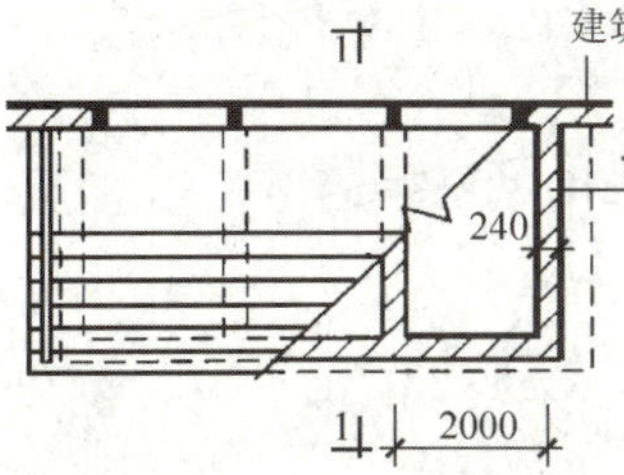

(a) 架空台阶平面图

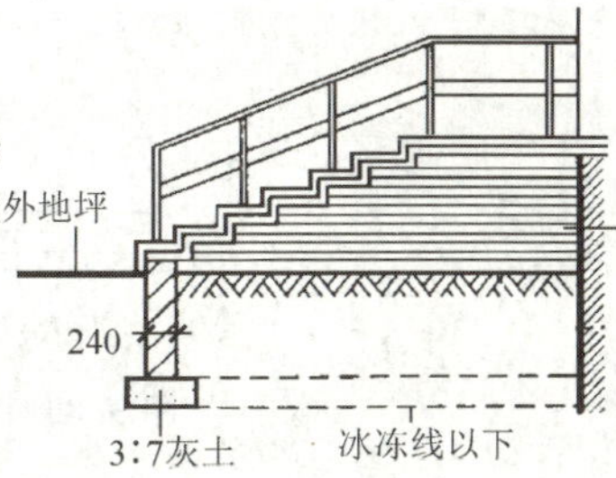

(b) 架空台阶剖面图

(c) 架空台阶实例

图 5.39 设有砖砌地垄墙的架空台阶

5.4.2 坡道

1. 坡道的分类

坡道按照其用途的不同，可以分成行车坡道和轮椅坡道两类。

行车坡道分为普通行车坡道与回车坡道两种，如图 5.40 所示。普通行车坡道布置在有车辆进出的建筑入口处，如车库、库房等。回车坡道与台阶踏步组合在一起，布置在某些大型公共建筑的入口处，如办公楼、旅馆、医院等。

坡道

2. 坡道的尺寸和坡度

普通行车坡道的宽度应大于所连通的门洞口宽度，一般每边至少大于

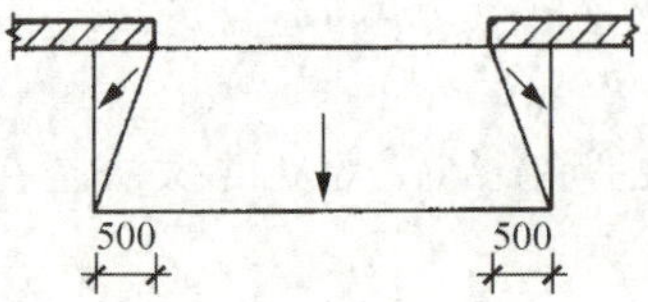

(a) 普通行车坡道

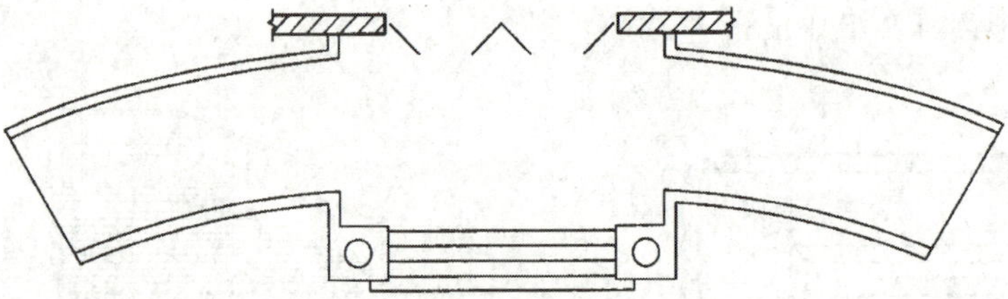

(b) 回车坡道

图 5.40　行车坡道

或等于 500mm。坡道的坡度与建筑的室内外高差及坡道的面层处理方法有关。室内坡道坡度不宜大于 1∶8，并应有防滑措施，室外坡道坡度不宜大于 1∶10，为残疾人设置的坡道坡度不应大于 1∶12。

3. 坡道的构造

坡道一般采用实铺，构造要求与台阶基本相同，如图 5.41 所示。垫层的强度和厚度应根据坡道长度及上部荷载的大小进行选择，严寒地区的坡道同样需要在垫层下部设置砂石垫层。

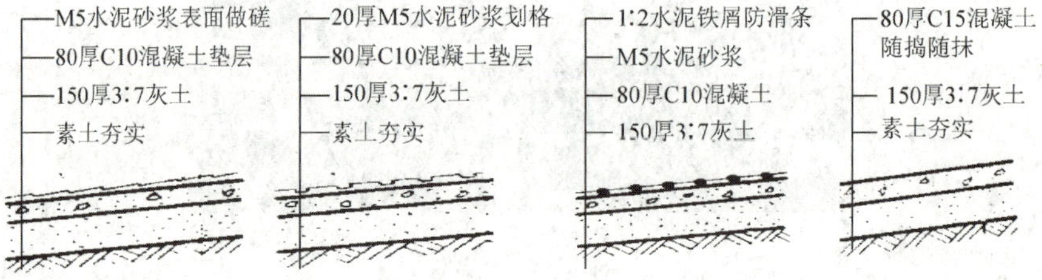

(a) 表面做磋　(b) 表面砂浆划格　(c) 防滑条　(d) 混凝土抹面

图 5.41　坡道构造示例

5.4.3　无障碍设计

无障碍设计主要是针对下肢残疾和视力残疾的人。随着我国社会文明程度的提高，为使残疾人能平等地参与社会活动，体现社会对特殊人群的关爱，应在为公众服务的建筑及市政工程中设置方便残疾人使用的设施，轮椅坡道是其中之一。

① 我国专门制定了《无障碍设计规范》(GB 50763—2012)，无障碍出入口的轮椅坡道及平坡出入口的坡度应符合下列规定：

a. 平坡出入口的地面坡度不应大于 1∶20，当场地条件比较好时，不宜大于 1∶30。

b. 同时设置台阶和轮椅坡道的出入口，轮椅坡道的净宽度不应小于 1.00m，无障碍出入口的轮椅坡道净宽度不应小于 1.20m。

c. 轮椅坡道的高度超过 300mm 且坡度大于 1∶20 时，应在两侧设置扶手，坡道与休息平台的扶手应保持连贯。轮椅坡道起点、终点和中间休息平台的水平长度不应小于 1.50m。

d. 轮椅坡道的最大高度和水平长度应符合表 5-4 的规定。

表 5-4　轮椅坡道的最大高度和水平长度

坡　　度	1∶20	1∶16	1∶12	1∶10	1∶8
最大高度/m	1.20	0.90	0.75	0.60	0.3
水平长度/m	24.00	14.40	9.00	6.00	2.40

注：其他坡度可用插入法进行计算。

② 坡道在转弯处应设休息平台，休息平台的水平长度不应小于 1.50m。

③ 无障碍单层扶手的高度应为 850～900mm，无障碍双层扶手的上层扶手高度应为 850～900mm，下层扶手高度应为 650～700mm。扶手应保持连贯，靠墙面的扶手的起点和终点处应水平延伸不小于 300mm 的长度。扶手末端应向内拐到墙面或向下延伸不小于 100mm，栏杆式扶手应向下成弧形或延伸到地面上固定。

④ 无障碍楼梯应符合相关规定：宜采用直线形楼梯；公共建筑楼梯的踏步宽度不应小于 280mm，踏步高度不应大于 160mm；不应采用无踢面和直角形突缘的踏步；宜在两侧均做扶手；如采用栏杆式楼梯，在栏杆下方宜设置安全阻挡措施；踏面应平整防滑或在踏面前缘设防滑条；距踏步起点和终点 250～300mm 宜设提示盲道；踏面和踢面的颜色宜有区分和对比；楼梯上行及下行的第一阶宜在颜色或材质上与平台有明显区别。

⑤ 台阶的无障碍设计应符合相关规定：公共建筑的室内外台阶踏步宽度不宜小于 300mm，踏步高度不宜大于 150mm，并不应小于 100mm；踏步应防滑；三级及三级以上的台阶应在两侧设置扶手；台阶上行及下行的第一阶宜在颜色或材质上与其他阶有明显区别。

图 5.42 为无障碍坡道示例。

(a) 示例1

(b) 示例2

图 5.42　无障碍坡道示例

5.5 电　梯

我国电梯行业现状

想一想

1887 年，美国奥的斯电梯公司制造出世界上第一台电梯，这是一台以直流电动机传动的电梯，它被装设在 1889 年纽约德玛利斯大厦。这台古老的电梯，每分钟只能走 10m 左右，当初设计的电梯纯粹是为了省力。1900 年，以交流电动机传动的电梯开始问世，1902 年瑞士的迅达公司研制成功了世界上第一台按钮式自动电梯，采用全自动的控制方式，提高了电梯的输送能力和安全性。随着超高层建筑的出现，电梯的设计、工艺不断得到提高，电梯的品种也逐渐增多。1900 年，美国奥的斯电梯公司研制成功了世界上第一台电动扶梯，1950 年又研制成功了安装在高层建筑外面的观光电梯，使乘客能在电梯运行中清楚地眺望四周的景色。

中国最早的一台电梯出现在上海，是由美国奥的斯电梯公司于 1901 年安装的。20 世纪 80 年代后，随着高层、超高层建筑的广泛建设，在中国任何一座城市，电梯都在被广泛应用着。电梯给人们的生活带来了便利，也为中国现代化建设的加速发展提供了强大的保障。

本节主要介绍电梯的基本概念，以及电梯对土建的技术要求。

电梯也是建筑物中的垂直交通设施，它们运行速度快、节省人力和时间。在多层、高层和具有某种特殊功能要求的建筑中，为了上下运行的方便、快速和实际需要，常装有电梯。

电梯

电梯按用途分乘客电梯（Ⅰ类）、住宅电梯（Ⅰ类）、客货梯（Ⅱ类）、病床电梯（Ⅲ类）、载货电梯（Ⅳ类）、杂物梯（Ⅴ类）、消防梯、船舶电梯、观光电梯等。

电梯按驱动系统分交流电梯（包括单速、双速、调速、高速）、直流电梯（包括快速、高速）、液压电梯。

5.5.1 电梯的组成及主要参数

1. 电梯的组成

电梯由机房、轿厢、配重和井道四部分组成，如图 5.43 所示。不同规格型号的电梯，其部件组成情况也不相同。图 5.44 是一种交流调速乘客电梯的部件组装示意。图 5.45 为乘客电梯井道剖面图。

2. 电梯的主要参数

① 额定载重量（kg）：制造和设计规定，电梯的额定载重量。

② 轿厢尺寸（mm）：宽×深×高。

③ 轿厢形式：有单面或双面开门及其他特殊要求等。

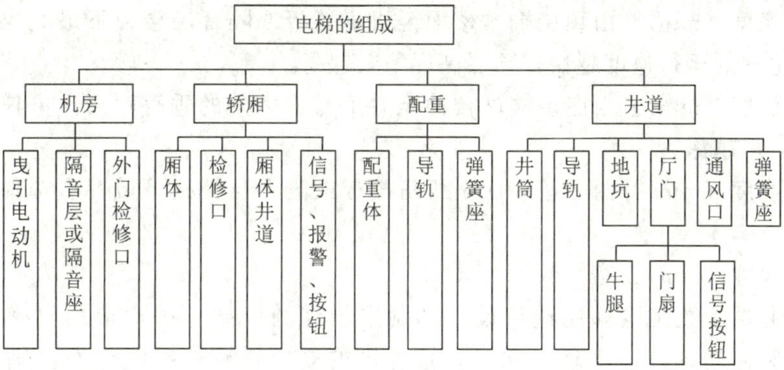

图 5.43 电梯的组成

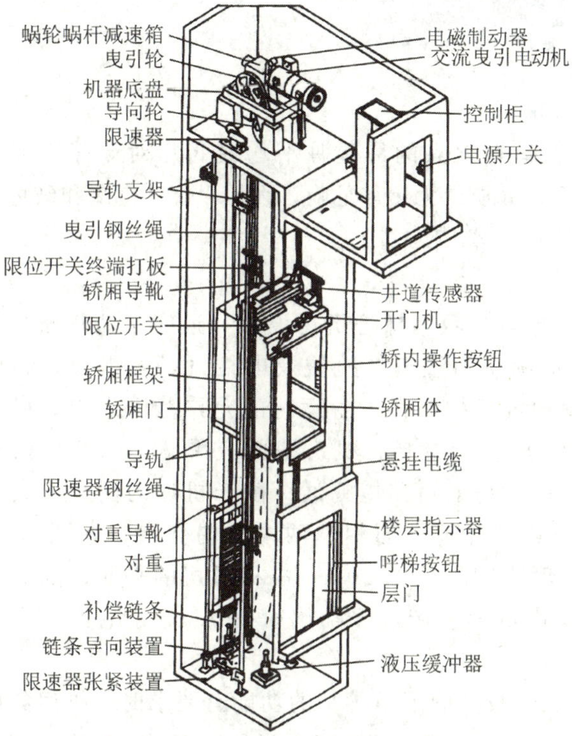

图 5.44 交流调速乘客电梯的部件组装示意

电梯整机模型

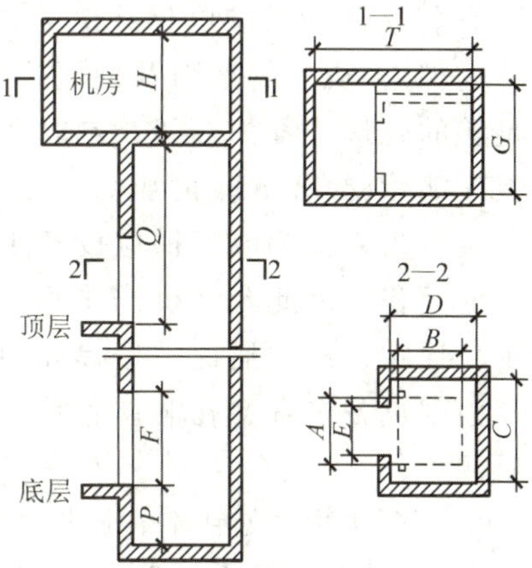

图 5.45 乘客电梯井道剖面图

④ 轿门形式：有栅栏门、封闭式中分门、封闭式双折门、封闭式双折中分门等。

⑤ 开门宽度（mm）：轿厢门和层门完全开启时的净宽度。

⑥ 开门方向：人在轿厢外面对轿厢门向左方向开启的为左开门，门向右方向开启的为右开门，两扇门分别向左右两边开启者为中开门，也称中分门。

⑦ 曳引方式。

⑧ 额定速度（m/s）：制造和设计所规定的电梯运行速度。

⑨ 电气控制系统。

⑩ 停层站数（站）：凡在建筑物内各楼层用于出入轿厢的地点均称为站。

⑪ 提升高度（mm）：由底层端站楼面至顶层端站楼面之间的垂直距离。

⑫ 顶层高度（mm）：由顶层端站楼面至机房楼板或隔音层楼板下最突出构件之间的垂直距离。电梯的运行速度越快，顶层高度一般越高。

⑬ 底坑深度（mm）：由底层端站楼面至井道底面之间的垂直距离。电梯的运行速度越快，底坑一般越深。

⑭ 井道高度（mm）：由井道底面至机房楼板或隔音层楼板下最突出构件之间的垂直距离。

⑮ 井道尺寸（mm）：宽×深。

电梯的主要参数是电梯制造厂设计和制造电梯的依据。用户选用电梯时，必须根据电梯的安装使用地点、载运对象等，按标准的规定正确选择电梯的类别和有关参数与尺寸。

5.5.2 电梯土建技术要求

1. 电梯土建应满足电梯的工作环境要求

机房的空气温度应保持在5～40℃；运行地点的最湿月平均最高相对湿度不超过90%，同时该月平均最低温度不高于25℃；介质中无爆炸危险，无足以腐蚀金属和破坏绝缘的气体及导电尘埃；供电电压波动应在±7%范围内。

2. 机房

① 机房一般设在电梯井道的顶部，也有少数电梯把机房设在井道底层的侧面（如液压电梯）。机房的平面及剖面尺寸均应满足布置电梯机械及电控设备的需要，并留有足够的管理、维护空间，同时要把室内温度控制在设备运行的允许范围之内。机房地板应能承受6865Pa的压力；地面应采用防滑材料；机房地面应平整，门窗应防风雨，机房入口楼梯或爬梯应设扶手，通向机房的道路应畅通；由于机房的面积要大于井道的面积，因此允许机房平面位置任意向井道平面相邻两个方向伸出，如图5.46所示。通往机房的通道、楼梯和门的宽度不应小于1.20m。电梯机房的平面、剖面尺寸及内部设备布置、孔洞位置和尺寸均由电梯生产厂家给出，图5.47是电梯机房平面示例。

② 当建筑物（如住宅、旅馆、医院、学校、图书馆等）的功能有要求时，机房的墙壁、地板和房顶应能大量吸收电梯运行时产生的噪声；机房必须通风，有时在机房下部设置隔音层，如图5.48所示。

3. 井道

电梯井道是电梯轿厢运行的通道。井道可供单台电梯使用，也可供两台电梯共用，图5.49是电梯分类及井道平面。

① 每一电梯的井道均应由无孔的墙、底板和顶板完全封闭起来，只允许在层门、通风孔、通往井道的检修门、安全门以及检修活板门处开洞。

② 井道的墙、底板和顶板应具有足够的机械强度，应用坚固、非易燃材料制造。

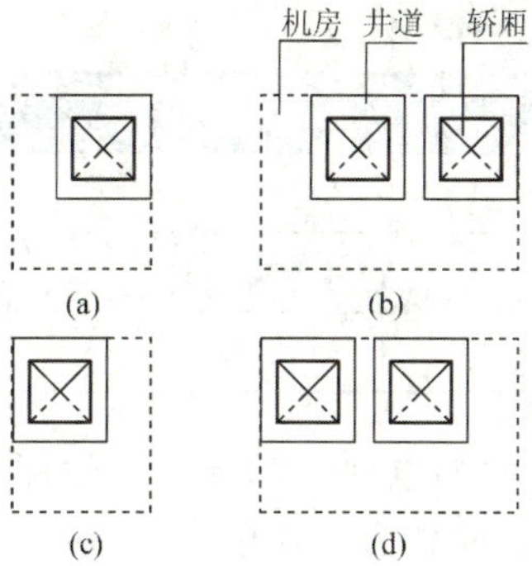

图 5.46 电梯机房与井道平面位置

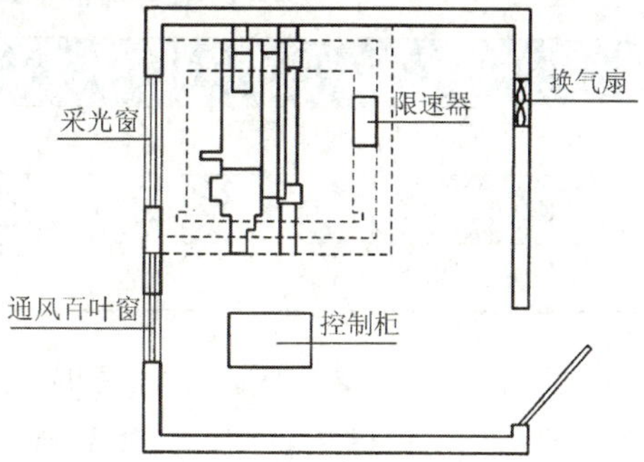

图 5.47 电梯机房平面示例

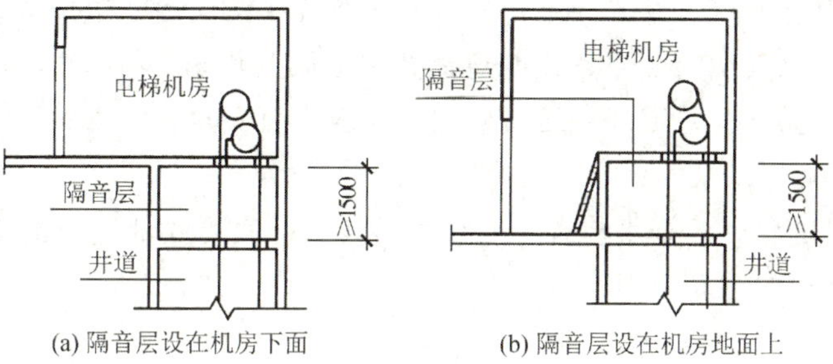

图 5.48 机房隔音层

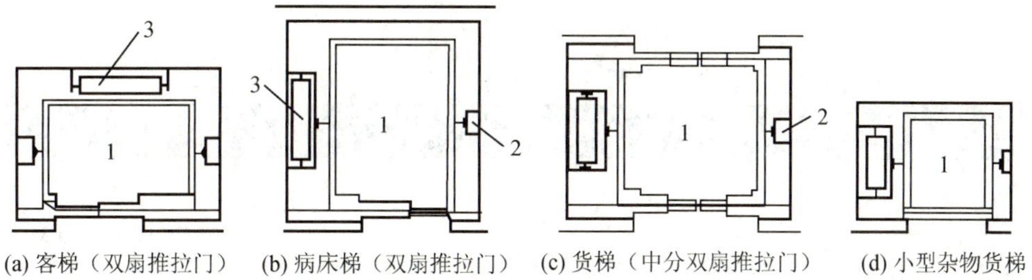

1—电梯厢；2—导轨及撑架；3—平衡重

图 5.49 电梯分类及井道平面

③ 当相邻两层门地坎间的距离超过 11m 时，其间应设置安全门；安全门的高度不得小于 1.8m，宽度不得小于 0.35m，检修门的高度不得小于 1.4m，宽度不得小于 0.6m，且它们均不得朝里开启；活板门应装设用钥匙操纵的锁；检修门、安全门以及检修活板门均应是无孔的，并应具有与层门一样的机械强度。

④ 井道顶部应设置通风孔，其面积不得小于井道水平断面面积的 1%，通风孔可直接通向室外，或经机房通向室外。除为电梯服务的房间外，井道不得用于其他房间的通风。

⑤ 规定的电梯井道水平尺寸是用铅垂测定的最小净高尺寸，表 5 - 5 是其允许偏差值。

表 5－5　电梯井道水平尺寸允许偏差值

井道高度	允许偏差值
≤30m	0～25mm
30m＜高度≤60m	0～35mm
60m＜高度＜90m	0～50mm

⑥ 同一井道装有多台电梯时，在井道的下部、不同的电梯运动部件（轿厢或对重装置）之间应设置护栏，高度从轿厢或对重行程最低点延伸到底坑地面以上 2.5m。如果运动部件间水平距离小于 0.3m，则护栏应贯穿整个井道，其有效宽度应不小于被防护的运动部件（或其他部分）的宽度每边各加 0.1m。

⑦ 井道应为电梯专用。井道内不得装设与电梯无关的设备、电缆等。

⑧ 井道应设置永久性的照明，在井道最高和最低点 0.5m 内，各装一盏灯。中间每隔 7m（最大值）设一盏灯；井道处井道检修门近旁应设有安全警示标牌。

4. 底坑

井道下部应设置底坑及排水装置，底坑不得渗水，底坑底部应光滑平整；电梯井道最好不设置在人能到达的空间上面。

5. 层门

① 在层门附近、层站的自然或人工照明，在地面上至少为 50lx。

② 电梯各层站的候梯厅深度尺寸，至少应保持在整个井道宽度范围内符合表 5－6 的规定。

表 5－6　候梯厅深度尺寸　　单位：mm

电梯种类	布置形式	候梯厅深度
住宅电梯	单台	≥B
	多台并列	≥B（梯群中最大轿厢深度值）
客梯（Ⅰ类电梯） 两用电梯（Ⅱ类电梯）	单台	≥1.5B
	多台并列	≥1.5B 当梯群为四台时该尺寸应≥2400
	多台对列	≥对列电梯 B 之和＜4500
病床电梯（Ⅲ类电梯） 货梯（Ⅳ类电梯）	单台	≥1.5B
	多台并列	≥1.5B
	多台对列	≥对列电梯 B 之和

注：1. B 为轿厢深度。
2. 候梯厅深度是指沿轿厢深度方向测得的候梯厅墙与对面墙之间的距离。
3. 候梯厅深度尺寸未考虑不乘电梯的人员在穿越层站时，对交通过道的要求。

6. 电梯门套

由于厅门设在电梯厅的显著位置，电梯门套是装饰的重点，电梯厅电梯间门套的装饰及其构造作法应与电梯厅的装饰风格协调统一。要求门套的装饰应简洁、大方、明快、造型优美、耐碰撞、按钮处易擦洗。门套一般采用木装饰面贴仿大理石防火板、岗纹板等饰面材料，要求高些的采用大理石、花岗岩或用金属进行装饰，如图5.50所示。电梯间一般为双层推拉门，宽为900～1300mm，有中央分开推向两边的和双扇推向同一侧的两种形式。

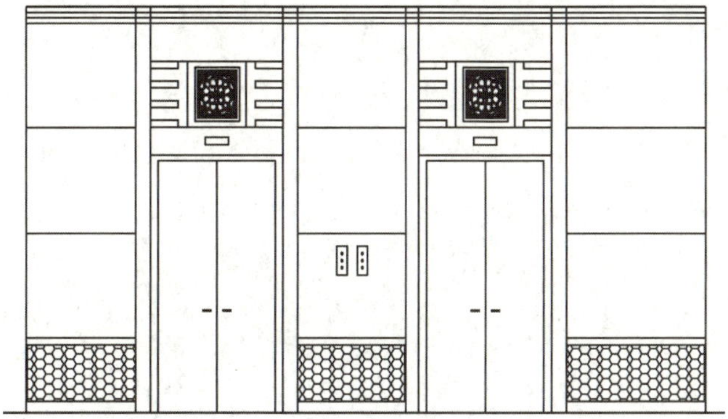

图5.50　电梯门套装饰形式

电梯门套装饰

模块小结

楼梯是由楼梯梯段、楼梯平台和栏杆、扶手组成。

楼梯间按平面形式可分为敞开楼梯间、封闭楼梯间、防烟楼梯间。

楼梯按材料可分为钢筋混凝土楼梯、木楼梯、金属楼梯、混合材料楼梯等。

楼梯按平面形式可分为直行单跑楼梯、直行双跑楼梯、平行双跑楼梯、转角楼梯、双分转角楼梯、三跑楼梯、曲线楼梯、交叉楼梯、平行双分楼梯、螺旋楼梯等。

楼梯梯段宽度、楼梯净高应符合规定的要求。

现浇钢筋混凝土楼梯按梯段的结构形式不同，可分为板式楼梯和梁式楼梯两种。

楼梯细部构造包括踏步面层防滑处理，栏杆与踏步的连接以及扶手与栏杆的连接等。

室外台阶和坡道应符合相应规定要求。

电梯也是建筑物中的垂直交通设施。

复习思考题

一、填空题

1. 双股人流通过楼梯时，梯段宽度至少应为（　　）。
2. 楼梯平台部位净高应不小于（　　），顶层楼梯平台的水平栏杆高度不小于（　　）。
3. 楼梯中间平台宽度是指（　　）至转角扶手中心线的水平距离。
4. 楼梯是建筑物的垂直交通设施，一般由（　　）、（　　）、（　　）等部分组成。
5. 现浇钢筋混凝土楼梯的结构形式有（　　）和（　　）。
6. 楼梯中间平台宽度不应（　　）楼梯宽度。
7. 室内楼梯扶手高度不小于（　　）mm，顶层楼梯平台水平栏杆高度不小于（　　）mm。

二、选择题

1. （　　）楼梯不可以作为疏散楼梯。
   A. 直跑楼梯　　B. 交叉楼梯
   C. 螺旋楼梯　　D. 平行双跑楼梯
2. 每个梯段的踏步数以（　　）为宜。
   A. 2～10 级　　B. 3～10 级　　C. 3～18 级　　D. 3～15 级
3. 楼梯段部位的净高不应小于（　　）。
   A. 2200mm　　B. 2000mm　　C. 1950mm　　D. 2400mm
4. 首层楼梯平台下要做出入口，其净高不应小于（　　）。
   A. 2200mm　　B. 2000mm　　C. 1950mm　　D. 2400mm
5. 踏步高不宜超过（　　）mm。
   A. 175　　B. 310　　C. 210　　D. 200
6. 室内楼梯扶手的高度通常为（　　）mm。
   A. 850　　B. 900　　C. 1100　　D. 1500
7. 梁式楼梯梯段由（　　）几部分组成。
   Ⅰ. 平台　　Ⅱ. 栏杆　　Ⅲ. 梯斜梁　　Ⅳ. 踏步板
   A. Ⅰ Ⅱ　　B. Ⅱ Ⅳ　　C. Ⅱ Ⅲ　　D. Ⅲ Ⅳ
8. 在住宅及公共建筑中，楼梯形式应用最广的是（　　）。
   A. 直跑楼梯　　B. 平行双跑楼梯　　C. 双跑直角楼梯　　D. 扇形楼梯
9. 在楼梯组成中起到供行人间歇和转向作用的是（　　）。
   A. 楼梯段　　B. 中间平台　　C. 楼层平台　　D. 栏杆扶手
10. 室外台阶的踏步高一般在（　　）左右。
   A. 150mm　　B. 200mm　　C. 180mm　　D. 100～150mm

三、简答题

1. 楼梯的功能和设计要求是什么？
2. 楼梯由哪几部分组成？各组成部分起何作用？
3. 常见楼梯的形式有哪些？
4. 楼梯间的种类有几种？各自的特点是什么？

5. 楼梯段的最小净宽有何规定？平台宽度和楼梯段宽度的关系如何？楼梯段的宽度如何确定？

6. 楼梯、爬梯和坡道的坡度范围是多少？楼梯的适宜坡度是多少？与楼梯踏步有何关系？

7. 楼梯平台下作通道时有何要求？当不能满足时可采取哪些方法予以解决？

8. 楼梯为什么要设栏杆、扶手？栏杆、扶手的高度一般为多少？

9. 现浇钢筋混凝土楼梯常见的结构形式有哪几种？

10. 小型预制装配式楼梯的支承方式有哪几种？踏步板的形式有哪几种？各对应何种截面的梁？减轻自重的方法有哪些？

11. 预制钢筋混凝土悬臂楼梯有什么特点？平台构造如何处理？

12. 为了使预制钢筋混凝土楼梯在同一位置起步，应当在构造上采取什么措施？

13. 楼梯踏面的防滑措施有哪些？

14. 栏杆与扶手、梯段如何连接？

15. 观察栏杆、扶手在平行双跑楼梯平台转弯处如何处理？

16. 观察楼梯栏杆与墙的关系处理。

17. 室外台阶的组成、形式、构造要求及做法是什么？

18. 轮椅坡道的坡度、长度、宽度有何具体规定？

19. 坡道如何进行防滑？

20. 电梯主要由哪几部分组成？电梯井道的构造要求是什么？

模块5
在线答题

模块 6 屋顶

思维导图

- 屋顶
  - 屋顶概述
    - 熟悉｜屋顶类型
      - 平屋顶
      - 坡屋顶
    - 熟悉｜屋顶设计要求
  - 屋面排水设计
    - 掌握｜有组织排水方案
    - 熟悉｜屋面排水设计
  - 平屋面防水构造
    - 掌握｜平屋面卷材防水
    - 掌握｜涂膜防水屋面
      - 构造做法
      - 泛水、挑檐沟、水落口等细部构造
  - 平屋面的保温与隔热
    - 掌握｜平屋面保温构造做法
    - 掌握｜平屋面隔热构造做法
  - 坡屋顶构造
    - 掌握｜坡屋顶承重方案
    - 熟悉｜平瓦屋面构造做法
    - 了解｜坡屋顶的保温与隔热构造

知识点滴

20 世纪 60—80 年代，上海建设了一批平屋顶的老式公房，它们曾对缓解当时的居住困难起到了积极作用。但由于年代较久，建设标准偏低，这批老式公房屋顶渗漏频频发生，加之保温、隔热性能较差，夏季高温时，屋内热浪逼人，严重影响了居民日常生活。

1999 年 6 月，上海市委市政府主要领导提出了将平屋顶改为坡屋顶（简称“平改坡”）的设想，上海市住宅发展局组织的首批 13 幢“平改坡”的试点工程取得成功。由此，上海开始了大规模的“成线、成片、成规模”的“平改坡”试点工程。

一项调查显示，“平改坡”住宅中，改造前屋顶渗漏情况达到 85%～90%，改造后，基本解决了屋顶渗漏问题，经受住了梅雨季节、台风暴雨的考验。由于新技术和新材料的应用，居民反映，原来天气预报最高温度 35℃，家中温度高达 39℃，改造后，室温比原先明显降低了。

借鉴上海“平改坡”工程的经验，天津于 2010 年开始了住宅“平改坡”改造工程，温州于 2011 年实施“平改坡”给多层住宅“穿衣戴帽”，较好地解决了长期以来屋顶渗漏的问题。

6.1 屋顶概述

想一想

我国传统的建筑屋顶形式很多，且具有严格的等级制度，现代钢筋混凝土结构采用了大量的平屋顶形式。随着科学技术的不断发展和人民对物质文化生活需要的不断提高，城市建造了一大批大跨度建筑，如展览馆、机场候机楼、火车站、体育馆、音乐厅等，传统的屋顶形式已经不能满足结构受力的要求，人们创造出了很多新型的建筑结构形式，由此产生了与之相应的新型屋顶，如折板结构、壳体结构、网架结构、悬索结构、充气结构等。

6.1.1 屋顶类型

屋顶主要由屋面层、承重结构、保温或隔热层和顶棚四部分组成。支承结构可以是平面结构，如屋架、刚架、梁板等；也可以是空间结构，如薄壳、网架、悬索等。由于支承结构形式及建筑平面的不同，屋顶的外形也有不同，常见的有平屋顶、坡屋顶及其他形式屋顶等。

屋顶

1. 平屋顶

《坡屋面工程技术规范》（GB 50693—2011）规定：坡度低于 3%的屋面一般称为平屋面，坡度不小于 3%的屋面称为坡屋面。《民用建筑设计统一标准》(GB 50352—2019) 中规定：平屋面的排水坡度为［2%，5%）之间。平屋顶易于协调统一建筑与结构的关系，节约材料，屋面可供多种利用，如设露台、屋顶花园、屋顶游泳池等。常见平屋顶的形式如图 6.1 所示。

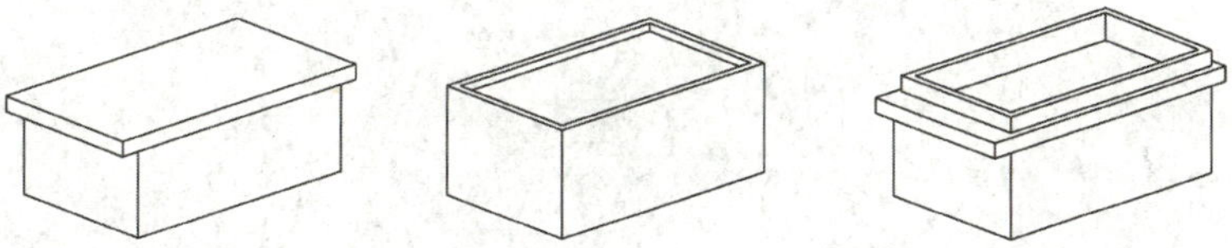

(a) 挑檐　(b) 女儿墙　(c) 挑檐女儿墙

图 6.1　常见平屋顶的形式

2. 坡屋顶

坡屋顶是我国传统的建筑屋顶形式，广泛应用于民居建筑中，在现代城市建设中为满足景观或建筑风格的要求也广泛采用坡屋顶形式。

坡屋顶的常见形式有单坡屋顶、硬山双坡屋顶、悬山双坡屋顶、四坡屋顶、卷棚屋顶、庑殿屋顶、歇山屋顶、圆形（多角形）攒尖屋顶等，如图 6.2 所示。

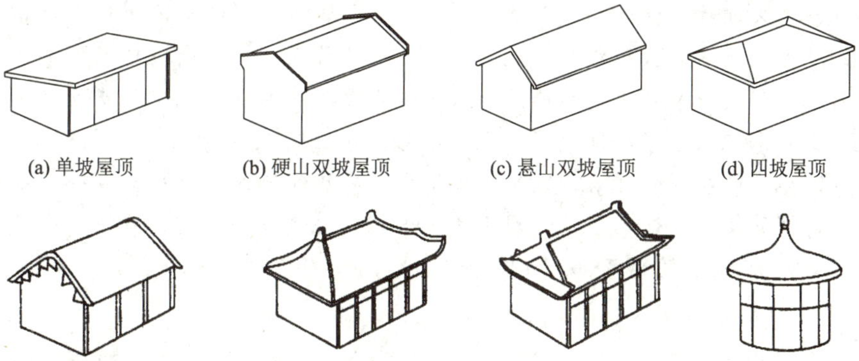

(a) 单坡屋顶　(b) 硬山双坡屋顶　(c) 悬山双坡屋顶　(d) 四坡屋顶

(e) 卷棚屋顶　(f) 庑殿屋顶　(g) 歇山屋顶　(h) 圆形攒尖屋顶

图 6.2　常见坡屋顶的形式

知识延伸：中国古建筑屋顶形式

中国古建筑屋顶形式

中国传统的官式建筑分正式和杂式两类。正式即平面为长方形，屋顶形式为庑殿、歇山、悬山和硬山（等级自上至下）的木构架建筑，这也被称为四种基本屋顶。其中，庑殿、歇山这两种形式按做法可分为重檐和单檐，重檐等级高于单檐；歇山、悬山和硬山这三种形式按做法可分为带正脊的尖山和不带正脊的圆山（即卷棚），尖山等级高于圆山。

1. 庑殿屋顶

庑殿屋顶是四面斜坡，有一条正脊和四条斜脊，屋面稍有弧度，且四个面都是曲面，又称四阿顶，五脊四坡式，又叫五脊殿。重檐庑殿屋顶是清代所有殿顶中最高等级。这种殿顶构成的殿宇平面呈矩形，面宽大于进深，前后两坡相交处是正脊，左右两坡有四条垂脊，分别交于正脊的一端。重檐庑殿屋顶在庑殿屋顶之下，又有短檐，四角各有一条短垂脊，共九脊，如北京故宫太和殿（图 6.3）。

图 6.3　北京故宫太和殿

2. 歇山屋顶

歇山屋顶，宋朝称九脊殿，清朝改今称，又名九脊顶，等级仅次于庑殿屋顶。它由一条正脊、四条垂脊和四条戗脊组成，故称九脊殿。其特点是把庑殿屋顶两侧侧面的上半部突然直立起来，形成一个悬山式的墙面。由于其正脊两端到屋檐处中间折断了一次，分为垂脊和戗脊，好像“歇”了一歇，故名歇山屋顶。其上半部分为悬山顶或硬山顶的样式，而下半部分则为庑殿屋顶的样式。歇山屋顶结合了直线和斜线，在视觉效果上给人以棱角分明、结构清晰的感觉。歇山屋顶常用于宫殿中的次要建筑和住宅园林中，也有单檐、重檐的形式。如北京故宫的保和殿［图 6.4 (a)］、天安门［图 6.4 (b)］就是重檐歇山屋顶。

(a) 保和殿

(b) 天安门

图 6.4　北京故宫保和殿和天安门

3. 悬山屋顶

悬山屋顶也是中国一般建筑中最常见的形式（图 6.5）。其特点是屋檐悬伸在山墙以外，屋面上有一条正脊和四条垂脊，又称挑山或出山。悬山屋顶只用于民间建筑，规格上次于庑殿屋顶和歇山屋顶。悬山屋顶一般有正脊和垂脊，也有无正脊的卷棚悬山，山墙的山尖部分可做出不同的装饰。

(a) 悬山屋顶建筑

(b) 悬山屋顶民居

图 6.5 悬山屋顶

4. 硬山屋顶

硬山屋顶是中国传统建筑双坡屋顶形式之一［图 6.6（a）］。屋面以中间横向正脊为界分前后两面坡，房屋的两侧山墙同屋面齐平或略高出屋面。高出的山墙称风火山墙，其主要作用是防止火灾发生时火势顺房蔓延。与悬山屋顶不同，硬山屋顶最大的特点就是其两侧山墙把檩头全部包封住，由于其屋檐不出山墙，故名硬山。硬山屋顶常用于我国民间居住建筑中。

硬山屋顶出现较晚，在宋朝的《营造法式》中未见记载，可能随着明清时期广泛使用砖石构建房屋，才得以大量采用。和悬山屋顶相比，硬山屋顶有利于防风火，而悬山屋顶有利于防雨，因此北方民居多硬山屋顶，南方则多用悬山屋顶。徽派民居中采用的马头墙就是硬山屋顶的一种［图 6.6（b）］。

(a) 硬山屋顶

(b) 徽派建筑马头墙

图 6.6 硬山屋顶

5. 攒尖屋顶

攒尖屋顶是中国古代建筑屋顶形式之一（图 6.7），各戗脊的木构架向中心上方逐渐收缩聚集于屋顶雷公柱上，类似锥形，雷公柱上安装宝瓶。攒尖屋顶有单檐、重檐之分。其形状多样，有方形、圆形、三角形、六角形、八角形等，为园林建筑中亭、阁最普遍的屋顶形式。

(a) 天坛祈年殿　　(b) 某公园亭子

图 6.7　攒尖屋顶

其他形式屋顶

3. 其他形式屋顶

随着建筑科学技术的发展，在大跨度公共建筑中使用了多种新型结构的屋顶，如薄壳屋顶、网架屋顶、拱屋顶、折板屋顶、悬索屋顶等，如图 6.8 所示。

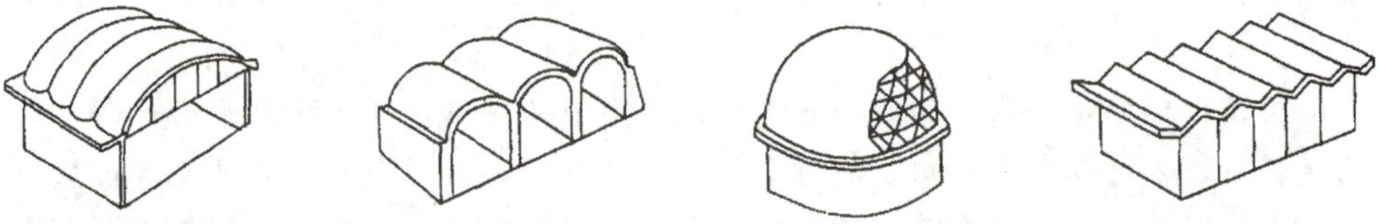

(a) 双曲拱屋顶　　(b) 砖石拱屋顶　　(c) 球形网壳屋顶　　(d) 折板屋顶

(e) 壳体屋顶 (悉尼歌剧院)

(f) 悬索结构屋顶 (日本代代木体育馆)

(g) 膜结构屋顶 (水立方游泳馆)

(h) 壳体屋顶 (香港展览馆)

图 6.8　各种形式的屋顶

6.1.2 屋顶的设计要求

屋顶设计应考虑其功能、结构、建筑艺术三方面的要求。

1. 功能要求

屋顶是建筑物的围护结构，应能抵御自然界各种环境因素对建筑物的不利影响。

(1) 防水要求

在屋顶设计中，防止屋面漏水是构造做法必须解决的首要问题，也是保证建筑室内空间正常使用的先决条件。为此，需要做好两方面的工作：首先，采用不透水的防水材料以及合理的构造处理来达到防水的目的；其次，组织好屋面的排水组织设计，将雨水迅速排除，不在屋顶产生积水现象。《屋面工程技术规范》(GB 50345—2012) 规定：屋面防水工程应根据建筑物的类别、重要程度、使用功能要求确定防水等级，并应按相应等级进行防水设防，对于有特殊要求的建筑屋面，应进行专项防水设计。屋面防水等级、设防要求及防水做法应符合表 6-1 的规定。

表 6-1 屋面防水等级、防水要求及防水做法

防水等级	建筑类别	设防要求	防水做法
Ⅰ级	重要建筑和高层建筑	两道防水设防	卷材防水层和卷材防水层、卷材防水层和涂膜防水层、复合防水层
Ⅱ级	一般建筑	一道防水设防	卷材防水层、涂膜防水层、复合防水层

注：复合防水层是指由彼此相容的卷材和涂料组合而成的防水层。

每道卷材防水层最小厚度、每道涂膜防水层最小厚度、复合防水层最小厚度应分别符合表 6-2、表 6-3 和表 6-4 的规定。

表 6-2 每道卷材防水层最小厚度

单位：mm

防水等级	合成高分子防水卷材	高聚物改性沥青防水卷材		
		聚酯胎、玻纤胎、聚乙烯胎	自粘聚酯胎	自粘无胎
Ⅰ级	1.2	3.0	2.0	1.5
Ⅱ级	1.5	4.0	3.0	2.0

表 6-3 每道涂膜防水层最小厚度

单位：mm

防水等级	合成高分子防水涂膜	聚合物水泥防水涂膜	高聚物改性沥青防水涂膜
Ⅰ级	1.5	1.5	2.0
Ⅱ级	2.0	2.0	3.0

表 6-4 复合防水层最小厚度

单位：mm

防水等级	合成高分子防水卷材+合成高分子防水涂膜	自粘聚合物改性沥青防水卷材（无胎）+合成高分子防水涂膜	高聚物改性沥青防水卷材+高聚物改性沥青防水涂膜	聚乙烯丙纶卷材+聚合物水泥防水胶结材料
Ⅰ级	1.2+1.5	1.5+1.5	3.0+2.0	(0.7+1.3)×2
Ⅱ级	1.0+1.0	1.2+1.0	3.0+1.2	0.7+1.3

坡屋面工程设计应根据建筑物的性质、重要程度、地域环境、使用功能要求以及依据屋面防水层设计使用年限，分为一级防水和二级防水，并应符合表6-5的规定。

表6-5 坡屋面防水等级

项目	坡屋面防水等级	
	一级	二级
防水层设计使用年限	≥20年	≥10年

注：大型公共建筑、医院、学校等重要建筑屋面的防水等级为一级，其他为二级。

(2) 保温隔热要求

屋顶应能抵抗气温的影响。我国地域辽阔，南北气候相差悬殊。在寒冷地区的冬季，室外温度低，室内一般都需要采暖，为保持室内正常的温度，减少能源消耗，避免产生顶棚表面结露或内部受潮等问题，屋顶应该采取保温措施。而在我国的南方气候炎热，为避免强烈的太阳辐射和高温对室内的影响，通常在屋顶应采取隔热措施。现在大量建筑物使用空调设备来降低室内温度，从节能角度考虑，更需要做好屋顶的保温隔热构造，以节约空调和冬季采暖对能源的消耗。

2. 结构要求

屋顶既是房屋的围护结构，也是房屋的承重结构，承受风、雨、雪等的荷载及其自重，上人屋顶还要承受人和设备等的荷载，所以屋顶应具有足够的强度和刚度，以保证房屋的结构安全，并防止因变形过大而引起防水层开裂、漏水。

3. 建筑艺术要求

屋顶是建筑外部体型的重要组成部分，屋顶的形式对建筑的特征有很大的影响。变化多样的屋顶外形，装修精美的屋顶细部，是中国传统建筑的重要特征之一，现代建筑也应注重屋顶形式及其细部设计，以满足人们对建筑艺术方面的要求。

6.2 屋面排水设计

想一想

某现浇钢筋混凝土结构，采用平屋顶上人屋面，女儿墙外排水方案。什么是女儿墙外排水方案？有何具体要求？

本节主要介绍平屋顶的排水设计。

屋顶裸露在外面，直接受到雨、雪的侵袭，为了迅速排除屋面雨水，保证水流畅通，必须进行周密的排水设计。屋面排水设计主要包括排水坡度的选择和采用正确的排水方式。

6.2.1 屋面坡度选择

1. 屋面坡度的表示方法

常用的坡度表示方法有角度法、斜率法和百分比法三种，如图 6.9 所示。角度法以屋顶倾斜面与水平面所成夹角的大小来表示；斜率法以倾斜面的垂直投影长度与水平投影长度之比来表示；百分比法以屋顶倾斜面的垂直投影长度与水平投影长度之比的百分比值来表示。坡屋面多采用斜率法，平屋面多采用百分比法，角度法在工程中应用较少。

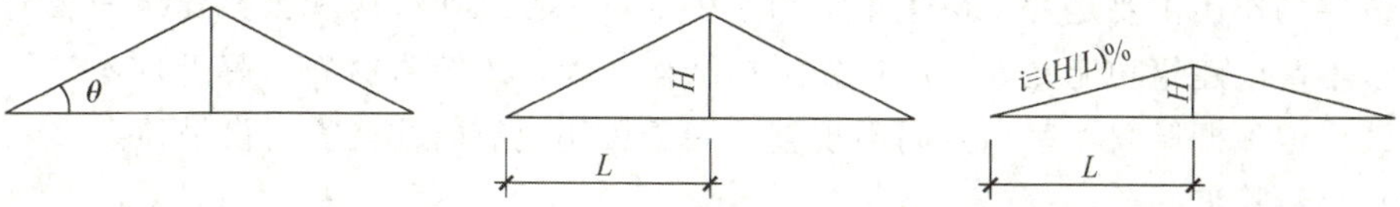

(a) 角度法　(b) 斜率法　(c) 百分比法

图 6.9 屋面坡度常用表示方法

2. 影响屋面坡度的因素

屋面坡度的确定与屋面防水材料、地区降雨量大小、屋顶结构形式、建筑造型要求以及经济条件等因素有关。对于一般民用建筑，确定屋面坡度，主要考虑以下两方面的因素。

(1) 屋面防水材料与排水坡度的关系

防水材料如果尺寸小，则接缝必然多，容易产生裂缝渗水，因此屋面应有较大的排水坡度，以便将积水迅速排除，减少漏水的机会。坡屋面的防水材料多为瓦材（如小青瓦、平瓦、琉璃瓦等），其每块覆盖面积小，故坡屋面较陡。如屋面的防水材料覆盖面积大，接缝少而且严密，则屋面的排水坡度可小一些。《民用建筑设计统一标准》规定：屋面排水坡度应根据屋顶结构形式、屋面基层类别、防水构造形式、材料性能及当地气候等条件确定，且应符合表 6-6 的规定。

屋面防水等级及设防要求

表 6-6 屋面的排水坡度

屋面类型		屋面排水坡度（%）
平屋面	防水卷材屋面	≥2、<5
瓦屋面	块瓦	≥30
	波形瓦	≥20
	沥青瓦	≥20
金属屋面	压型金属板、金属夹芯板	≥5
	单层防水卷材金属屋面	≥2
种植屋面	种植屋面	≥2、<50
采光屋面	玻璃采光顶	≥5

(2) 地区降雨量的大小

降雨量大的地区，屋面渗漏的可能性较大，屋面的排水坡度应适当加大，反之，屋面排水坡度则宜小一些。

综上所述可以得出如下规律：屋面防水材料尺寸越小，屋面排水坡度越大，反之越小；降雨量大的地区屋面排水坡度越大，反之则越小。

3. 形成屋面排水坡度的方法

形成屋面坡度的做法一般有结构找坡（图 6.10）和材料找坡（图 6.11）两种。

(1) 结构找坡

结构找坡又称搁置坡度，是指屋顶结构自身带有排水坡度，如将屋面板搁放在根据屋面排水要求设计的倾斜的梁或墙上。混凝土结构层宜采用的结构找坡，坡度不应小于 3%。屋面找坡层的作用主要是为了快速排水和不积水，一般工业厂房和公共建筑只要对顶棚水平度要求不高或建筑功能允许，应首先选择结构找坡，既节省材料、降低成本，又减轻了屋面荷载。但顶棚倾斜，室内空间不规整，用于民用建筑时往往需要设吊顶。

(2) 材料找坡

材料找坡又称垫置坡度，是指屋面板呈水平搁置，利用轻质材料垫置成排水坡度的做法，找坡材料的吸水率宜小于 20%，找坡层的坡度宜为 2%。常用于找坡的材料有水泥炉渣、石灰炉渣等，找坡材料最薄处一般不宜小于 30mm。材料找坡的坡度不宜过大，否则可用保温材料来做成排水坡度。利用材料找坡可获得平整的室内空间，但找坡材料增加了屋面荷载，材料和人工消耗较多。

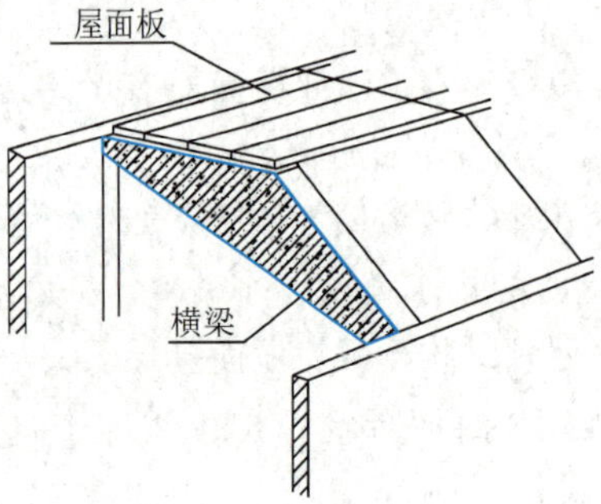

图 6.10 结构找坡

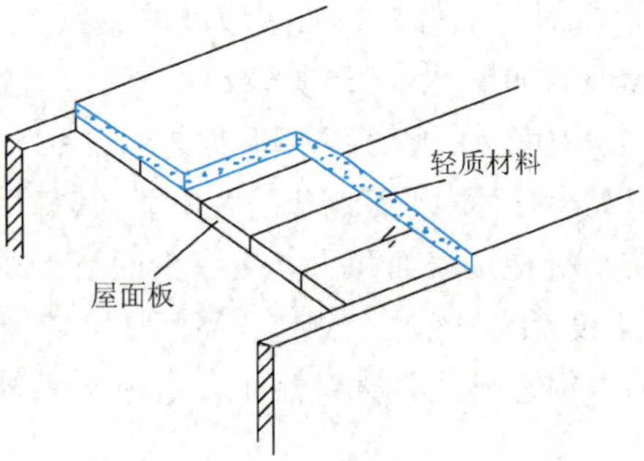

图 6.11 材料找坡

6.2.2 屋面的排水方式

1. 排水方式

屋面的排水方式分为无组织排水和有组织排水两大类。

(1) 无组织排水

无组织排水是指屋面排水不需人工设计，雨水直接从檐口自由落到室外地面的排水方式，又称自由落水，如图 6.12 所示。自由落水的屋面可以是单坡屋面、双坡屋顶或四坡屋顶，

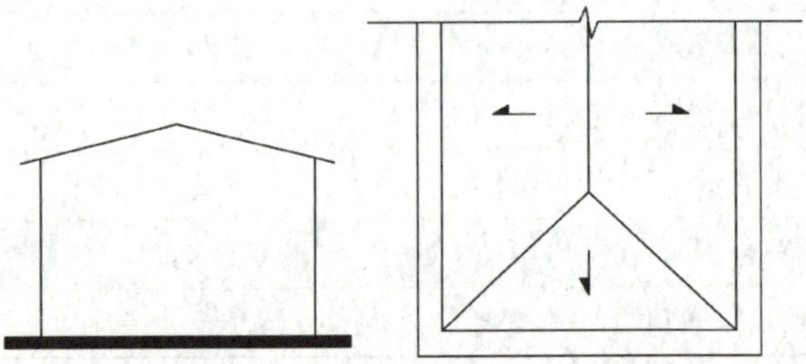
(a) 房屋剖面图　(b) 屋顶平面图

图 6.12 无组织排水

雨水可以从一面、两面或四面落至地面。

无组织排水构造简单，造价低，但屋面雨水自由落下会溅湿墙面，外墙墙角容易被飞溅的雨水侵蚀，降低外墙的坚固耐久性；从檐口滴落的雨水可能影响人行道的交通。《坡屋面工程技术规范》规定，低层建筑及檐高小于10m的屋面，可采用无组织排水。在工业建筑中，积灰较多的屋面（如铸工车间、炼钢车间等）宜采用无组织排水，因为在加工过程中释放的大量粉尘积于屋面，下雨时被冲进天沟容易堵塞管道；另外，有腐蚀性介质的工业建筑（如铜冶炼车间、某些化工厂房等）也宜采用无组织排水，因为生产过程中散发的大量腐蚀性介质会侵蚀铸铁雨水装置。

(2) 有组织排水

有组织排水是指屋面雨水通过排水系统（天沟、雨水管等），有组织地排到室外地面或地下沟管的排水方式，如图6.13～图6.16所示。屋面雨水顺坡汇集于檐沟或天沟，并在檐沟或天沟内填1%纵坡，使雨水集中至雨水口，经雨水管排至地面或地下排水管网。有组织排水过程首先将屋面划分为若干个排水区，使每个排水区的雨水按屋面排水坡度有组织地排到檐沟或女儿墙天沟，然后经过雨水口排到雨水管，直至室外地面或地下沟管。

有组织排水不妨碍人行交通，雨水不易溅湿墙面，因而在建筑工程中应用十分广泛。但相对于无组织排水来说，构造复杂，造价较高。

2. 有组织排水的方案

有组织排水方案可分为外排水和内排水或内外排水相结合的方式。多层建筑可采用有组织外排水。屋面面积较大的多层建筑应采用内排水或内外排水相结合的方式。严寒地区的高层建筑不应采用外排水。寒冷地区的高层建筑不宜采用外排水，当采用外排水时，宜将水落管布置在紧贴阳台外侧或空调机搁板的阴角处，以利维修。外排水方式有女儿墙外排水、挑檐沟外排水、女儿墙挑檐沟外排水。在一般情况下应尽量采用外排水方案，因为内排水构造复杂，容易造成渗漏。

(1) 外排水方案

① 挑檐沟外排水。屋面雨水汇集到悬挑在墙外的檐沟内，再由水落管排下，如图6.13所示。当建筑物出现高低屋面时，可先将高处屋面的雨水排至低处屋面，然后从低处屋面的檐沟引入地下。

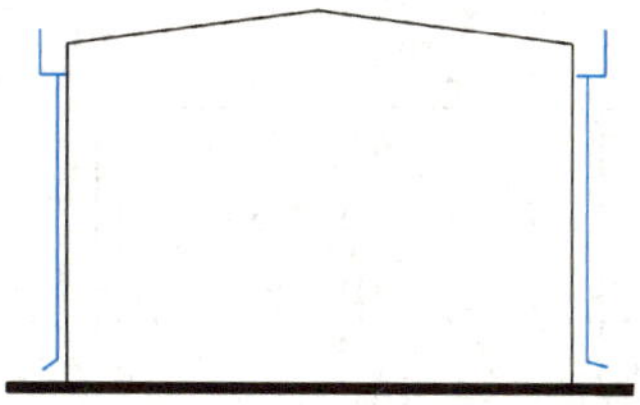

(a) 挑檐沟外排水剖面图

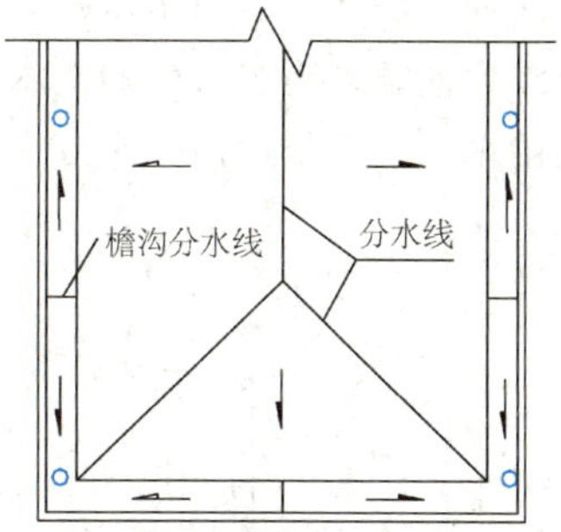

(b) 挑檐沟外排水屋顶平面图

图6.13　挑檐沟外排水方案

采用挑檐沟外排水方案时，水流路线的水平距离不应超过24m，以免造成屋面渗漏。

② 女儿墙外排水。这种排水方案的做法是：将外墙升起封住屋面形成女儿墙，屋面

雨水穿过女儿墙流入室外的雨水管，最后引入地沟，如图 6.14 所示。

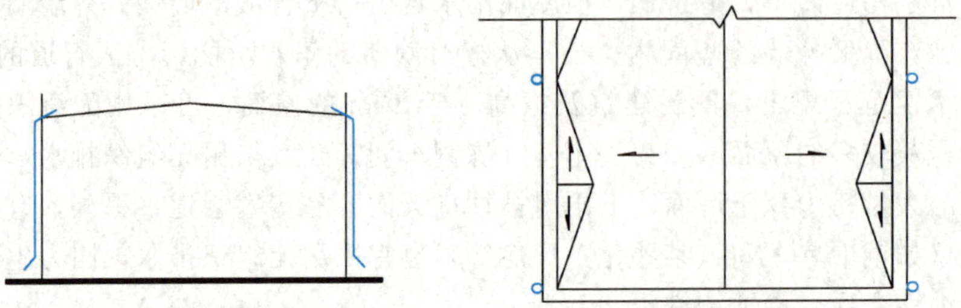

(a) 女儿墙外排水剖面图　　(b) 女儿墙外排水平面图

图 6.14　女儿墙外排水

③ 女儿墙挑檐沟外排水。这种排水方案的特点是：在屋檐部位既有女儿墙，又有挑檐沟。蓄水屋面常采用这种形式，利用女儿墙作为蓄水仓壁，利用挑檐沟汇集从蓄水池中溢出的多余雨水，如图 6.15 所示。

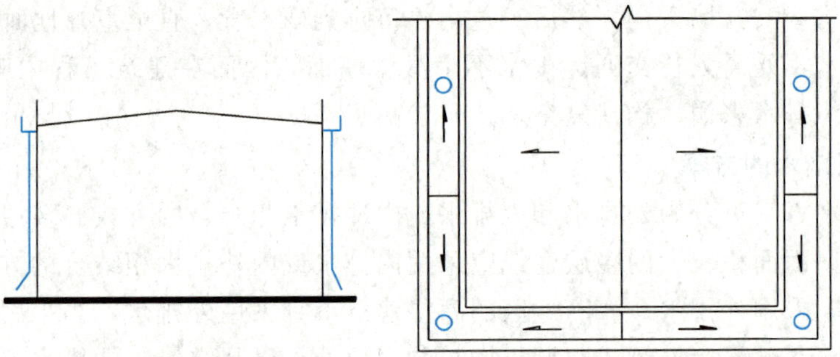

(a) 女儿墙挑檐沟外排水剖面图　　(b) 女儿墙挑檐沟外排水平面图

图 6.15　女儿墙挑檐沟外排水

(2) 内排水方案

外排水构造简单，雨水管不进入室内，有利于室内美观和减少渗漏，因此雨水较多的南方地区应优先采用。但是严寒地区、高层建筑、多跨及集水面积较大的屋面宜采用内排水。有些情况采用外排水就不一定合适，如高层建筑屋面宜采用内排水，因为维修室外雨水管既不方便也不安全；又如《屋面工程技术规范》规定，严寒地区应采用内排水，寒冷地区宜采用内排水，因为低温会使室外雨水管中的雨水冻结；有些屋面宽度较大的建筑，无法完全依靠外排水排除屋面雨水，也要采用内排水方案，如图 6.16 所示。

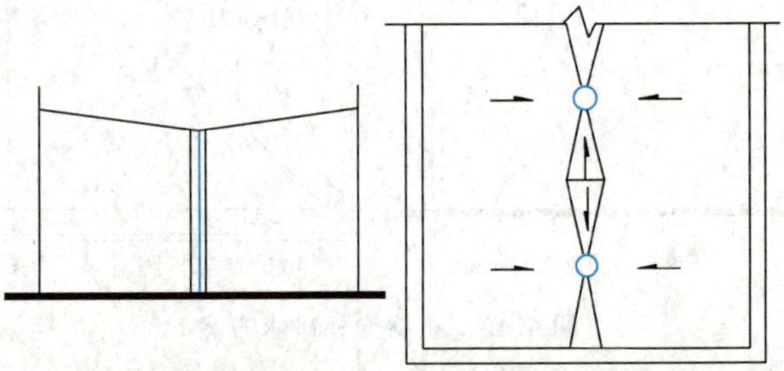

(a) 内排水剖面图　　(b) 内排水平面图

图 6.16　内排水方案

6.2.3　屋面排水组织设计

屋面排水组织设计的主要任务是将屋面划分为若干排水区，分别将雨水引向雨水管，做到排水线路简捷、雨水口负荷均匀、排水顺畅、避免屋面积水而引起渗漏。屋面排水组织设计一般按以下步骤进行。

1. 确定排水坡面的数目

进深不超过12m的房屋和临街建筑常采用单坡排水，进深超过12m时宜采用双坡排水。坡屋面则应结合造型要求选择单坡、双坡或四坡排水。

2. 划分排水分区

划分排水分区的目的在于合理地布置雨水管。排水区的面积是指屋面水平投影的面积，每一个雨水口的汇水面积一般为150～200m^2。

3. 确定天沟断面大小和天沟纵坡的坡度

天沟即屋面上的排水沟，位于檐口部位时称为檐沟。天沟的功能是汇集和迅速排除屋面雨水，故应具有合适的断面大小。在沟底沿长度方向应设纵向排水坡度，简称天沟纵坡。

天沟根据屋面类型的不同有多种做法。如坡屋面中可用钢筋混凝土、镀锌铁皮、石棉瓦等材料做成槽形或三角形天沟。钢筋混凝土檐沟、天沟净宽不应小于300mm，分水线处最小深度不应小于100mm；沟内纵向坡度不应小于1%，沟底水落差不得超过200mm，金属檐沟、天沟的纵向坡度宜为0.5%。

4. 确定雨水管的规格和间距

雨水管按材料分为铸铁、镀锌铁皮、塑料、石棉水泥和陶土等，外排水时可采用UPVC管，玻璃钢管、金属管等，内排水时可采用铸铁管，镀锌钢管，UPVC管等。雨水管的直径有50mm、75mm、100mm、125mm、150mm、200mm几种规格，一般民用建筑雨水管常采用的直径为100mm，面积较小的阳台或露台可采用直径75mm的雨水管。

雨水口的间距过大可引起沟内垫坡材料过厚，使天沟容积减小，大雨时雨水溢向屋面引起渗漏。两个雨水口的间距，一般不宜大于下列数值：有外檐天沟24m，如图6.17所示，无外檐天沟内排水15m。雨水口中心距端部女儿墙内边不宜小于0.5m。

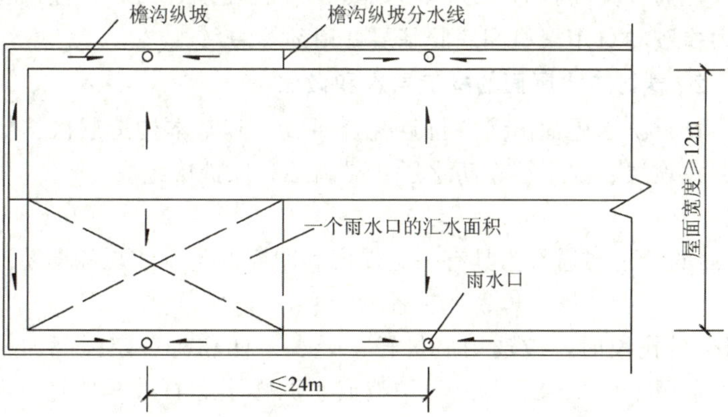

图6.17　屋面雨水口间距示意

6.3 平屋面防水构造

想一想

南方某高层商品房住宅，现浇钢筋混凝土平屋面，采用SBS沥青防水卷材和聚氨酯涂膜复合防水，请思考：防水的构造做法是怎样的？

除卷材防水、涂膜防水之外，还有什么防水做法？

6.3.1 卷材防水屋面

卷材防水屋面是将防水卷材相互搭接用胶结材料贴在屋面基层上形成防水能力的，卷材具有一定的柔性，能适应部分屋面变形。

1. 材料

(1) 卷材

① 高聚物改性沥青卷材。按改性成分主要有弹性体（SBS）和塑性体（APP）改性防水卷材；按胎体材料区分主要有聚酯胎和聚乙烯胎改性沥青防水卷材等。具有高温不流淌、低温不脆裂、拉伸强度高、延伸率较大的优点。

② 合成高分子卷材。以合成橡胶、合成树脂或两者共混体为基料，加入适量化学助剂和填充料经塑炼混炼、压延或挤出成型，具有强度高、断裂伸长率大、耐老化及可冷施工等优越性能。我国目前开发的合成高分子卷材主要有橡胶系、树脂系、橡塑共混型等三大系列，属新型高档防水材料。常见的有三元乙丙橡胶卷材、聚氯乙烯卷材、氯丁橡胶卷材等。

屋面防水施工

(2) 卷材黏合剂

高聚物改性沥青卷材和合成高分子卷材使用专门配套的黏合剂，如适用于改性沥青类卷材的RA—86型氯丁胶胶黏剂、SBS改性沥青黏结剂，三元乙丙橡胶卷材用聚氨酯底胶基层处理剂等。

2. 卷材防水屋面的构造层次和做法

卷材防水屋面由多层材料叠合而成，其基本构造层次按构造要求由结构层、找坡层、找平层、防水层、隔离层和保护层组成。

(1) 结构层

卷材防水屋面的结构层通常为具有一定强度和刚度的预制或现浇钢筋混凝土屋面板。

(2) 找坡层

当屋面采用材料找坡时，应选用质量轻、吸水率低和有一定强度的材料，坡度宜为2%。轻质材料可采用1∶(6～8) 的水泥炉渣或水泥膨胀蛭石或其他轻质混凝土等。当屋顶采用结构找坡时，则不设找坡层。

(3) 找平层

卷材的基层宜设找平层，找平层厚度和技术要求应符合表 6-7 的规定。

表 6-7 找平层厚度和技术要求

找平层分类	适用的基层	厚度/mm	技术要求
水泥砂浆	整体现浇混凝土板	15～20	1∶2.5 水泥砂浆
	整体材料保温层	20～25	
细石混凝土	装配式混凝土板	30～35	C20 混凝土，宜加钢筋网片
	块状材料保温层		C20 混凝土

注：保温层上的找平层应留设分格缝，缝宽宜为 5～20mm，纵横缝的间距不宜大于 6m。

铺设防水层前，找平层必须干净、干燥。可将 $1m^2$ 卷材平坦地干铺在找平层上，静置 3～4h 后掀开检查，找平层覆盖部位与卷材上未见水印，即可铺设防水层。

(4) 防水层

① 卷材防水层铺贴顺序和方向。

卷材防水层铺贴顺序和方向应符合：卷材防水层施工时，应先进行细部构造处理，然后由屋面最低标高向上铺贴；檐沟、天沟卷材施工时，宜顺檐沟、天沟方向铺贴，搭接缝应顺流水方向；卷材宜平行屋脊铺贴，上下层卷材不得相互垂直铺贴。

② 卷材搭接缝要求。

卷材搭接缝应符合以下要求：平行屋脊的搭接缝应顺流水方向，搭接缝宽度应符合表 6-8的规定；同一层相邻两幅卷材短边搭接缝错开不应小于 500mm；上下层卷材长边搭接缝应错开，且不应小于幅宽的 1/3；叠层铺贴的各层卷材，在天沟与屋面的交接处，应采用叉接法搭接，搭接缝应错开；搭接缝宜留在屋面与天沟侧面，不宜留在沟底。

表 6-8 卷材搭接缝宽度

卷材类别		搭接缝宽度/mm
合成高分子防水卷材	胶黏剂	80
	胶粘带	50
	单缝焊	60，有效焊接宽度不小于 25
	双缝焊	80，有效焊接宽度 10×2+空腔宽
高聚物改性沥青防水卷材	胶黏剂	100
	自粘	80

③ 其他施工要求。

立面或大坡面铺贴卷材时，应采用满粘法，并宜减少卷材短边搭接。

高聚物改性沥青防水卷材的铺贴方法有冷粘法和热熔法两种。冷粘法是用胶黏剂将卷材粘贴在找平层上，或利用卷材的自粘性进行铺贴。热熔法施工是用火焰加热器将卷材均匀加热至表面光亮发黑，然后立即滚铺卷材使之平展并辊压牢固。

采用热熔型改性沥青胶铺贴高聚物改性沥青防水卷材，可起到涂膜与卷材之间优势互补和复合防水的作用，更有利于提高屋面防水工程质量，应当提倡和推广应用。为了防止加热温度过高，导致改性沥青中的高聚物发生裂解而影响质量，规范规定采用专用的导热油炉加热熔化改性沥青，要求加热温度不应高于200℃，使用温度不应低于180℃。

合成高分子防水卷材冷粘法施工应符合下列规定：基层胶黏剂应涂刷在基层及卷材底面，涂刷应均匀、不露底、不堆积；铺贴卷材应平整顺直，不得皱折、扭曲、拉伸卷材；应辊压排除卷材下的空气，粘贴牢固；搭接缝口应采用材性相容的密封材料封严；冷粘法施工环境温度不应低于5℃。

（5）隔离层

隔离层是消除相邻两种材料之间黏结力、机械咬合力、化学反应等不利影响的构造层。在刚性保护层（块体材料、水泥砂浆、细石混凝土保护层）与卷材、涂膜防水层之间应设置隔离层。隔离层材料的适用范围和技术要求见表6－9。

表6－9　隔离层材料的适用范围和技术要求

隔离层材料	适用范围	搭接宽度
塑料膜	块状材料、水泥砂浆保护层	0.4mm厚聚乙烯膜或3mm厚发泡聚乙烯膜
土工布	块状材料、水泥砂浆保护层	$200g/m^2$ 聚酯无纺布
卷材	块状材料、水泥砂浆保护层	石油沥青卷材一层
低强度等级砂浆	细石混凝土保护层	10mm厚黏土砂浆，石灰膏：砂：黏土＝1：2.4：3.6
		10mm厚石灰砂浆，石灰膏：砂＝1：4
		5mm厚掺有纤维的石灰砂浆

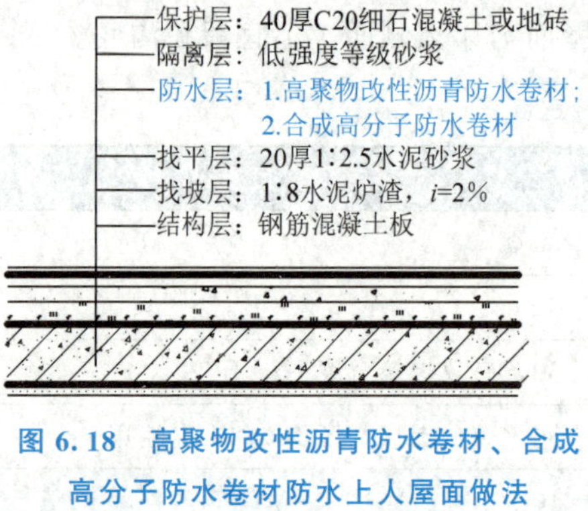

图6.18　高聚物改性沥青防水卷材、合成高分子防水卷材防水上人屋面做法

（6）保护层

卷材防水层裸露在屋面上，受温度、阳光及氧气等作用容易老化。为保护防水层，延缓卷材老化、增加使用年限，卷材表面需设保护层。上人屋面保护层可采用块体材料、细石混凝土等材料，不上人屋面保护层可采用浅色涂料、铝箔、矿物粒料、水泥砂浆等材料。

常用高聚物改性沥青防水卷材、合成高分子防水卷材防水上人屋面做法如图6.18所示。

3. 细部构造

卷材防水屋面在处理好大面积屋面防水的同时，应注意泛水、挑檐口、水落口等部位的细部构造处理。

泛水、挑檐口、水落口

（1）泛水

泛水指屋面上沿所有垂直面所设的防水构造。突出屋面的女儿墙、烟囱、楼梯间、变形缝、检修孔、立管等的壁面与屋面的交接处是最容易漏水的地方，必须将屋面防水层延伸到这些垂直面上，形成立铺的防水层，称为泛水。

泛水应注意以下几点。

① 铺贴泛水处的卷材应采用满粘法。附加层在平面和立面的宽度均不应小

于250mm，并加铺一层附加卷材。采用合成高分子防水卷材做附加层时，厚度不小于1.2mm；采用高聚物改性沥青防水卷材（聚酯胎）时，厚度不小于3.0mm。附加层最小厚度见表6-10。

② 屋面与立墙相交处应做成圆弧形，高聚物改性沥青防水卷材的圆弧半径采用50mm，合成高分子防水卷材的圆弧半径为20mm，使卷材紧贴于找平层上，而不致出现空鼓现象。

③ 女儿墙压顶可采用混凝土或金属制品。压顶向内排水坡度不应小于5%，压顶内侧下端应做滴水处理。

④ 低女儿墙泛水处的防水层可直接铺贴或涂刷至压顶下，卷材收头应用金属压条钉压固定，并应用密封材料封严［图6.19（a）］。

⑤ 高女儿墙泛水处的防水层泛水高度不应小于250mm，泛水上部的墙体应作防水处理［图6.19（b）］。

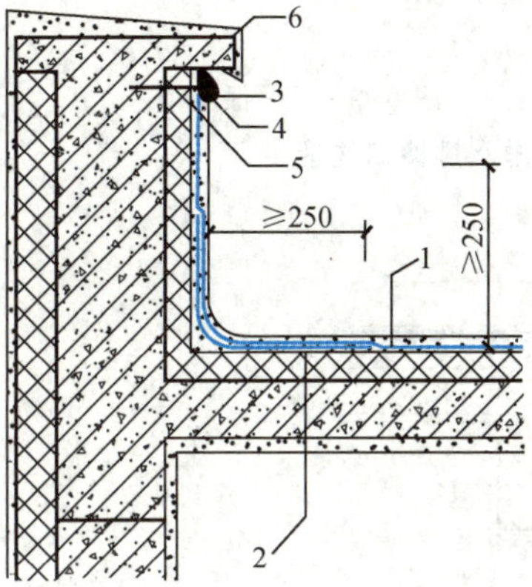

(a) 低女儿墙泛水图

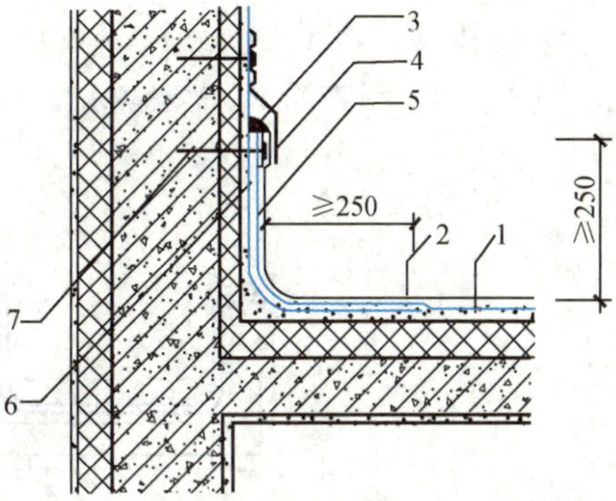

(b) 高女儿墙泛水图

（a）1—防水层；2—附加层；3—密封材料；4—水泥钉；5—金属压条；6—保护层

（b）1—防水层；2—附加层；3—密封材料；4—金属盖板；5—保护层；6—金属压条；7—水泥钉

图6.19 女儿墙泛水构造

（2）挑檐口

挑檐口分为无组织排水和有组织排水两种做法。

① 无组织排水挑檐口。无组织排水挑檐口不宜直接采用屋面板外挑，因其温度变形大，易使檐口抹灰砂浆开裂，引起爬水和尿墙现象。最好采用与圈梁整浇的混凝土挑板。挑檐口构造要点是檐口800mm范围内卷材应采取满贴法，在混凝土檐口上用细石混凝土或水泥砂浆先做一凹槽，然后将卷材贴在槽内，将卷材收头用水泥钉钉牢，上面用防水油膏嵌填，下端做滴水处理，如图6.20所示。

② 有组织排水挑檐口。有组织排水挑檐口常常将檐沟布置在出挑部位，现浇钢筋混凝土檐沟板可与圈梁连成整体，预制檐沟板则需搁置在钢筋混凝土屋架挑牛腿上。

檐沟构造的要点：沟内转角部位找平层应做成圆弧形或45°斜坡；檐沟和天沟的防水层下应增设附加层，附加层伸入屋面的宽度不应小于250mm；檐沟防水层和附加层应由沟底翻上至外侧顶部，卷材收头应用金属压条钉压，并应用密封材料封严；檐沟外侧下端应做滴水槽；檐沟外侧高于屋面结构板时，应设置溢水口。

有组织排水挑檐口构造做法如图6.21所示。

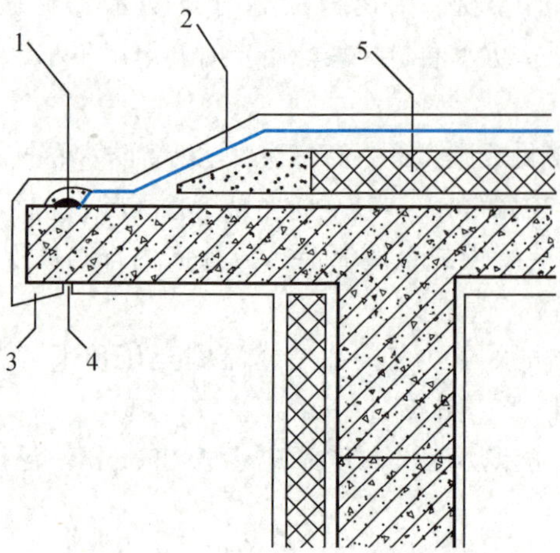

1—密封材料；2—卷材防水层；3—鹰嘴；4—滴水槽；5—保温层

图 6.20　卷材防水屋面无组织排水挑檐口构造

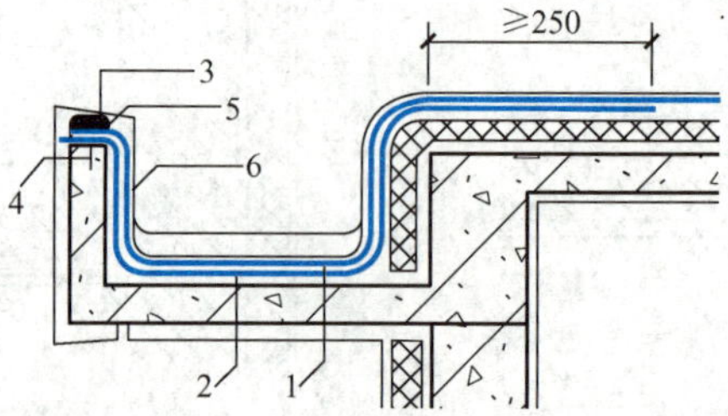

1—防水层；2—附加层；3—密封材料；4—水泥钉；5—金属压条；6—保护层

图 6.21　卷材防水屋面有组织排水挑檐口构造

(3) 水落口

水落口是用来将屋面雨水排至雨水管而在檐口处或檐沟内开设的洞口，要求排水通畅，不易堵塞和渗漏。水落口的位置应尽可能比屋面或檐沟面低，有垫坡层或保温层的屋面，可在雨水口直径 500mm 范围内减薄形成漏斗形，使之排水通畅，避免积水。水落口宜采用金属或塑料制品。有组织外排水最常用的有檐沟与女儿墙水落口两种形式，有组织内排水的雨水口则设在天沟上，构造与外排水檐沟方式相同。

水落口周围直径 500mm 范围内排水坡度不应小于 5%，并应用防水涂料涂封，其厚度不应小于 2mm。水落口与基层接触处，应留宽 20mm、深 20mm 凹槽，嵌填密封材料。

水落口分为直式水落口和横式水落口两类，直式水落口适用于中间天沟、檐沟和女儿墙内排水天沟，横式水落口适用于女儿墙外排水。

水落口的构造要点：水落口可采用塑料或金属制品，水落口的金属配件均应作防锈处理；水落口周围直径 500mm 范围内坡度不应小于 5%，防水层下应增设涂膜附加层；防水层和附加层伸入水落口杯内不应小于 50mm，并应黏结牢固。

直式水落口构造如图 6.22 (a) 所示。横式水落口构造如图 6.22 (b) 所示。

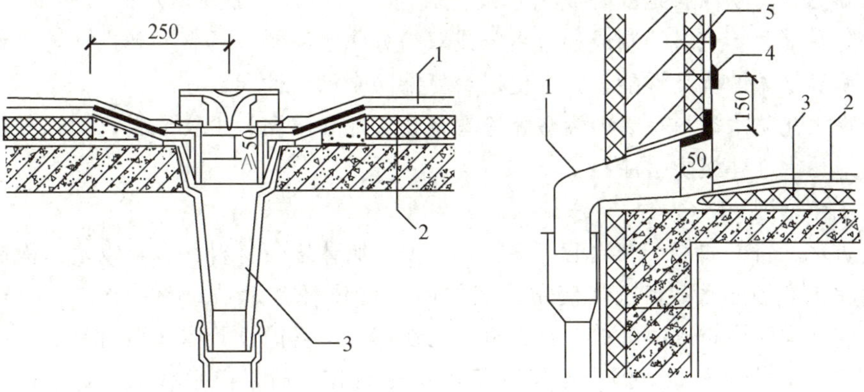

(a) 直式水落口构造　　(b) 横式水落口构造

1—防水层；2—附加层；3—水落斗　　1—水落斗；2—防水层；3—附加层；4—密封材料；5—水泥钉

图 6.22 水落口构造

6.3.2 涂膜防水屋面

涂膜防水是用防水涂料直接涂刷在屋面基层上，利用涂料干燥或固化以后的不透水性来达到防水的目的。涂膜防水屋面具有防水、抗渗、黏结力强、耐腐蚀、耐老化、延伸率大、弹性好、无毒、施工方便等诸多优点，已广泛应用于建筑各部位的防水工程中。

1. 涂膜防水材料

(1) 涂料

防水涂料的种类很多，常用防水涂料有高聚物改性沥青防水涂料［图 6.23 (a)］、合成高分子防水涂料［图 6.23 (b)］、聚合物水泥防水涂料［图 6.23 (c)］。

(a) 高聚物改性沥青防水涂料　　(b) 合成高分子防水涂料　　(c) 聚合物水泥防水涂料

图 6.23 防水涂料类型构造

高聚物改性沥青防水涂料是以石油沥青为基料，用合成高分子聚合物对其改性，加入适量助剂配置而成的水乳型和溶剂型防水涂料。与沥青基涂料相比，其柔韧性、抗裂性、强度、耐高温性能和使用寿命等方面都有很大改善。

合成高分子防水涂料是以合成橡胶或合成树脂为原料，加入适量的活性剂、改性剂、增塑剂、防霉剂及填充料等制成的单组分或双组分防水涂料，具有高弹性、防水性好、耐久性好、耐高低温的优良性能，其中更以聚氨酯防水涂料性能最好。

聚合物水泥防水涂料是以丙烯酸酯等聚合物乳液和水泥为主要原料，加入其他外加剂制得的双组分水性建筑防水涂料。

(2) 胎体增强材料

某些防水涂料（如氯丁胶乳沥青涂料）需要与胎体增强材料配合，以增强涂层的贴附覆盖能力和抗变形能力。目前，使用较多的胎体增强材料为 6mm×4mm 或 7mm×7mm 的中性玻璃纤维网格布或中碱玻璃布、聚酯无纺布等。需铺设胎体增强材料时，当屋面坡度小于 15%时，可平行屋脊铺设；当屋面坡度大于 15%时，应垂直于屋脊铺设，并由屋面最低处向上操作。胎体增强材料长边搭接宽度不得小于 50mm，短边搭接宽度不得小于 70mm。采用二层胎体增强材料时，上下层不得垂直铺设，搭接缝应错开，其间距不应小于幅宽的 1/3。

2. 涂膜防水屋面的构造及做法

当采用溶剂型涂料时，屋面基层应干燥。防水涂膜应分遍涂布，不得一次涂成。待先涂布的涂料干燥成膜后，方可涂布后一遍涂料，且前后两遍涂料的涂布方向应相互垂直。涂膜防水层的收头，应用防水涂料多遍涂刷或用密封材料封严。应按屋面防水等级和设防要求选择防水涂料。对易开裂、渗水的部位，应留凹槽嵌填密封材料，并增设一层或多层带有胎体增强材料的附加层。涂膜防水层应沿找平层分格缝增设带有胎体增强材料的空铺附加层，空铺宽度宜为 100mm。涂膜防水屋面应设置保护层，保护层材料可采用细砂、云母、蛭石、浅色涂料、水泥砂浆或块体材料等。采用水泥砂浆或块材时，应在涂膜与保护层之间设置隔离层。水泥砂浆保护层厚度不宜小于 20mm。

每道涂膜防水层最小厚度应符合表 6-10 的要求。

表 6-10　每道涂膜防水层最小厚度　　单位：mm

防水等级	合成高分子防水涂膜	高聚物改性沥青防水涂膜	聚合物水泥防水涂膜
Ⅰ级	1.5	2.0	1.5
Ⅱ级	2.0	3.0	2.0

复合防水层最小厚度应符合表 6-11 的要求。

表 6-11　复合防水层最小厚度　　单位：mm

防水等级	合成高分子防水卷材+合成高分子防水涂膜	自粘聚合物改性沥青防水卷材（无胎）+合成高分子防水涂膜	高聚物改性沥青防水卷材+高聚物改性沥青防水涂膜	聚乙烯丙纶卷材+聚合物水泥防水胶结材料
Ⅰ级	1.2+1.5	1.5+1.5	3.0+2.0	(0.7+1.3)×2
Ⅱ级	1.0+1.0	1.2+1.0	3.0+1.2	0.7+1.3

3. 细部构造

① 天沟、檐沟与屋面交接处宜空铺，空铺的宽度不应小于 250mm。涂膜收头应用防水涂料多遍涂刷或用密封材料封严。

② 檐口处防水层的收头，应用防水涂料多遍涂刷或用密封材料封严（图 6.24）。檐口下端应抹出滴水槽。

③ 泛水处的涂膜防水层，宜直接涂刷至女儿墙的压顶下，收头处理应用防水涂料多遍涂刷封严，压顶应做防水处理。

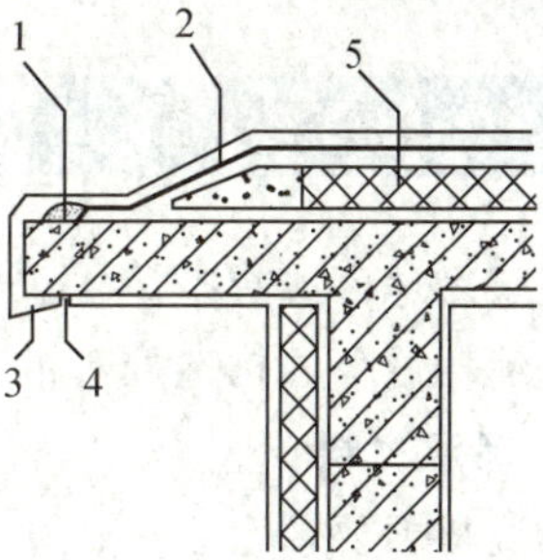

1—涂料多遍涂刷；2—涂膜防水层；
3—鹰嘴；4—滴水槽；5—保温层

图 6.24　涂膜防水屋面无组织排水檐口

6.4　平屋面的保温与隔热

想一想

澳大利亚有一座迷人的屋顶花园，这座花园位于澳大利亚悉尼的摩天大楼之上，如图 6.25所示。该花园由 Secret Gardens 设计而成，为这座城市的居民打造了一个远离尘嚣与喧闹的休闲去处。景观的设计主要集中在扩大视野范围，同时打造出绿洲一样的景观效果，该花园位于一座高 25 层的建筑之上。黄杨属的植物和修剪整齐的植物是这个屋顶花园的亮点。花园整体呈圆形，外部摆放的木质家具为整个花园烘托出了一种闲适怡情的氛围。从花园中可以俯视整座城市，美丽迷人的景观尽收眼底。

想一想，这种屋面种植是怎样做到既美观又有休闲的功能性，同时又实现屋面保温和隔热呢？我国各地也都在各种程度上推广屋面绿化的建设，那么，屋面种植构造又需要特别注意些什么问题呢？

悉尼摩天大楼上的屋顶花园

图 6.25　悉尼摩天大楼上的屋顶花园

我国各地区气候差异很大，北方地区冬天寒冷，南方地区夏天炎热，因此北方地区需加强保温措施，南方地区则需加强隔热措施。

6.4.1 屋面保温

在寒冷地区或有空调要求的建筑中，屋面应做保温处理，以减少室内热量的损失，降低能源消耗。保温构造处理的方法通常是在屋面中增设保温层。

1. 保温材料

保温材料要求密度小、孔隙多、导热系数小，常用的主要有三类，见表 6-12。

表 6-12 保温层及其保温材料

保温层	保温材料
板状材料保温层	聚苯乙烯泡沫塑料，硬质聚氨酯泡沫塑料，膨胀珍珠岩制品，泡沫玻璃制品，加气混凝土砌块，泡沫混凝土砌块
纤维材料保温层	玻璃棉制品，岩棉、矿渣棉制品
整体材料保温层	喷涂硬泡聚氨酯，现浇泡沫混凝土

板状材料保温层如图 6.26 所示。

图 6.26 板状材料保温层

块材保温材料

封闭式保温层是指完全被防水材料所封闭，不易蒸发或吸收水分的保温层。吸湿性保温材料如加气混凝土和膨胀珍珠岩制品，不宜用于封闭式保温层。对于封闭式保温层或保温层干燥有困难的卷材屋面而言，当保温材料在施工使用时的含水率大于正常施工环境的平衡含水率时，采取排汽构造是控制保温材料含水率的有效措施。当卷材屋面保温层干燥有困难时，铺贴卷材宜采用空铺法、点粘法、条粘法。

2. 平屋面保温

(1) 保温层

保温层厚度需由热工计算确定。保温层位置主要有两种情况：第一种是将保温层设在结构层与防水层之间，这种做法施工方便，还可利用其进行屋面找坡。第二种是倒置式保温屋面，即将保温层设在防水层的上面。其优点是防水层被掩盖在保温层下面而不受阳光及气候变化的影响，温差较小，同时防水层不易受到来自外界的机械损伤。屋面保温材料宜采用吸湿性小的憎水材料，如聚苯乙烯泡沫塑料板或聚氨酯泡沫塑料板，而加气混凝土或泡沫混凝土吸湿性强，不宜选用。

(2) 隔汽层

当严寒及寒冷地区屋面结构冷凝界面内侧实际具有的蒸汽渗透阻小于所需值，或其他地区室内湿气有可能透过屋面结构层进入保温层时，应设置隔汽层。

隔汽层是一道很弱的防水层，却具有较好的蒸汽渗透阻，大多采用气密性、水密性好的防水卷材或涂料，卷材隔汽层可采用空铺法进行铺设。隔汽层是隔绝室内湿气通过结构层进入保温层的构造层，常年湿度很大的房间，如温水游泳池、公共浴室、厨房操作间、开水房等的屋面应设置隔汽层。

隔汽层应符合以下规定：隔汽层应设置在结构层上、保温层下；隔汽层应选用气密性、水密性好的材料；隔汽层应沿周边墙面向上连续铺设，高出保温层上表面不得小于150mm。采用卷材做隔汽层时，卷材宜空铺，卷材搭接缝应满粘，其搭接宽度不应小于80mm；采用涂膜做隔汽层时，涂料涂刷应均匀，涂层不得有堆积、起泡和露底现象；穿过隔汽层的管道周围应进行密封处理。

由于保温层下面设置隔汽层，上面设置防水层，即保温层的上下两面均被油毡封闭住。而在施工中往往出现保温材料或找平层未干透，其中残存一定的水汽无法散发。为了解决这个问题，可以在保温层上部或中部设置排气出口，排气出口应埋设排气管，如图6.27所示。穿过保温层的排气管及排气道的管壁四周应均匀打孔，以保证排气的畅通。排气管周围与防水层交接处应做附加层，排气管的泛水处及顶部应采取防止雨水进入的措施。

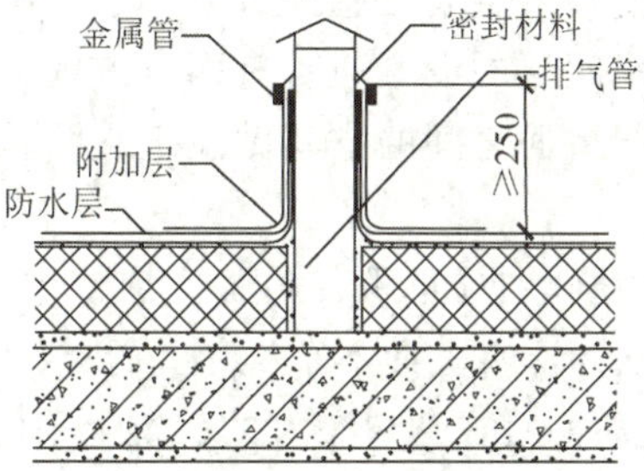

(a) 直管式排气管

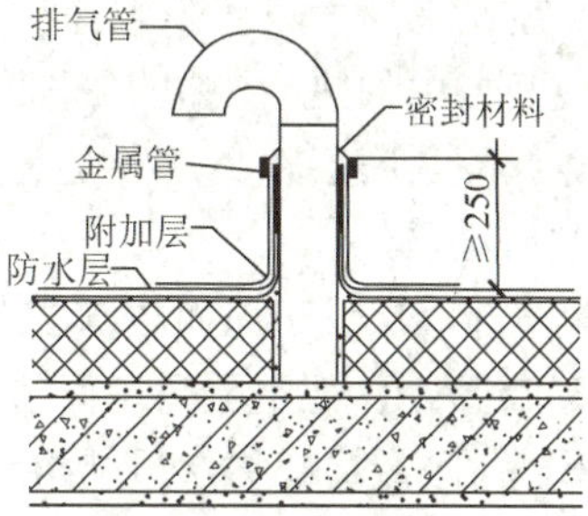

(b) 弯管式排气管

图6.27　屋面排气出口构造

(3) 倒置式屋面

采用倒置式屋面时，保温层设计应符合以下规定：倒置式屋面的坡度宜为3%；保温层应采用吸水率低，且长期浸水不变质的保温材料；板状保温材料的下部纵向边缘应设排水凹缝；保温层与防水层所用材料应相容匹配；保温层上面宜采用块体材料或细石混凝土做保护层；挑檐口、水落口部位应采用现浇混凝土堵头或砖砌堵头，并应做好保温层排水处理。

3. 平屋面保温构造做法实例

某工程项目位于南方，热工设计分区为夏热冬暖B区，采用倒置式屋面，其构造做法见表6-13。

表 6-13 倒置式屋面构造做法 单位：mm

保护层	10 厚防滑砖 200×200 铺平拍实，缝宽 5mm，DS M25 水泥砂浆填缝 25 厚 DS M15 干硬性水泥砂浆，面撒素水泥一道
找平层	40 厚 C30UEA 补偿收缩混凝土保护层，内配钢筋 Φ6@200，按面层设置分隔缝 10×25（深），表面压光
隔离层	干铺聚酯纤维无纺布一层
保温层	50 厚挤塑聚苯乙烯挤塑泡沫保温板
防水层	2.0 厚非固化橡胶沥青防水涂料基层处理剂
找坡层（结构找坡无此项）	40 厚 C20 细石混凝土找坡层，最薄处厚 20，坡度不小于 2%。找坡厚度超过 50 时，下部先填强度等级 LC5.0 轻质陶粒混凝土，再做 30 厚细石混凝土面层
结构层	钢筋混凝土屋面

6.4.2 屋面隔热

我国南方地区夏天太阳辐射强烈，气候炎热，屋面温度较高，为了改善居住条件，需对屋顶进行隔热处理，以降低屋面热量对室内的影响。常用的隔热措施有屋面通风隔热、蓄水隔热和种植隔热三种。

1. 屋面通风隔热

通风隔热就是在屋面设置架空通风间层，使其上层表面遮挡太阳辐射，同时利用风压和热压作用使间层中的热空气被不断带走。通风间层的设置通常有两种方式：一种是在屋面上做架空通风隔热间层，另一种是利用顶棚与屋面之间的空间做顶棚通风隔热间层。

(1) 架空通风隔热

架空通风隔热间层设于屋面防水层上，架空通风层通常用砖、瓦、混凝土等材料及制品制作，如图 6.28 所示。架空隔热屋面的构造层次为（自上而下）：架空隔热层、防水层、找平层、保温层、打平层、找坡层、结构层。架空屋面宜在通风较好的建筑上采用，不宜在寒冷地区采用。架空通风隔热层应满足以下要求：架空层的净空高度一般以 180～300mm 为宜，屋面宽度大于 10m 时，应在屋脊处设置通风桥以改善通风效果；为保证架空层内的空气流通顺畅，其周边应留设一定数量的通风孔，当女儿墙不宜开设通风孔时，应距女儿墙 500mm 范围内不铺设架空板；架空隔热板的支承物可以做成砖垄墙式，也可做成砖墩式。

(2) 顶棚通风隔热

这种做法是利用顶棚与屋面之间的空间作隔热层。顶棚通风隔热层设计应注意满足下列要求：必须设置一定数量的通风孔，使顶棚内的空气能迅速对流；顶棚通风层应有足够的净空高度，仅作通风隔热用的空间净高一般为 500mm 左右；通风孔须考虑防止雨水飘进；应注意解决好屋面防水层的保护问题。

2. 蓄水隔热

蓄水隔热屋面利用屋面的蓄水层来达到隔热的目的。蓄水屋面不宜在寒冷地区、地震地区和震动较大的地区采用，蓄水隔热层的蓄水池应采用强度等级不低于 C25、抗渗等级不低于 P6 的现浇混凝土，蓄水池内宜采用 20mm 厚防水砂浆抹面。

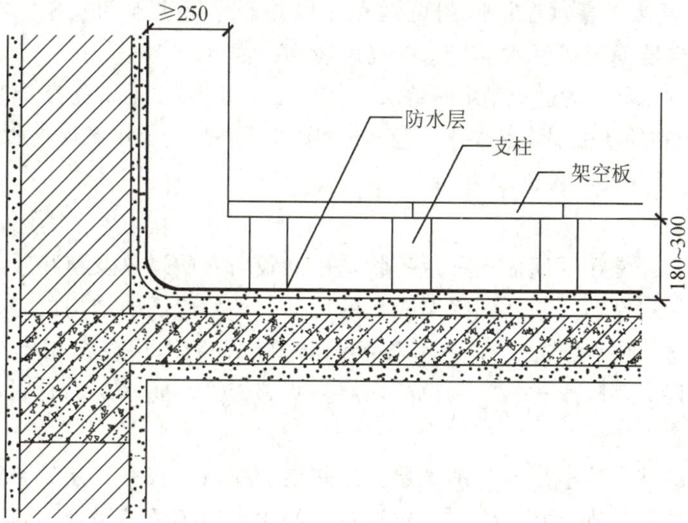

图 6.28 架空屋面构造

架空隔热

蓄水屋面构造与普通防水屋面基本相同，主要区别是增加了蓄水分仓壁、溢水孔、泄水孔和过水孔。蓄水屋面构造做法如图 6.29 所示。

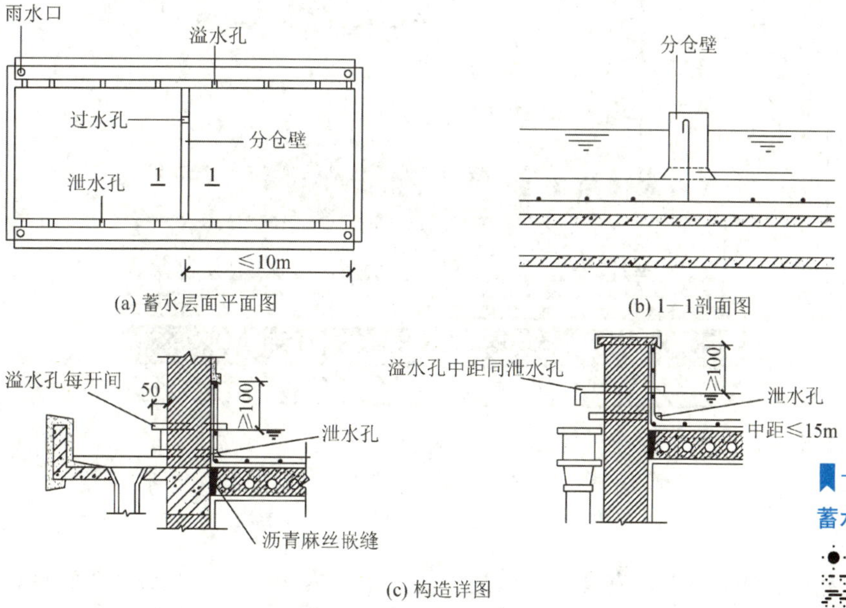

图 6.29 蓄水屋面构造

蓄水屋面

蓄水屋面的构造设计主要应解决好以下几方面的问题。

① 水层深度及屋面坡度。适宜的水层深度为 150～200mm。为保证屋面蓄水深度的均匀，蓄水屋面的坡度不宜大于 0.5%。

② 蓄水区的划分。蓄水屋面应划分为若干蓄水区，每区的边长不宜超过 10m。长度超过 40m 的蓄水隔热层应分仓设置，分仓隔墙可采用现浇混凝土或砌体；在变形缝的两

侧应设计成互不连通的蓄水区。

③ 女儿墙与泛水。蓄水屋面四周可做女儿墙并兼作蓄水池的仓壁。在女儿墙上应将屋面防水层延伸到墙面形成泛水，泛水的高度应高出溢水孔100mm。

④ 溢水孔与泄水孔。为避免暴雨时蓄水深度过大，应在蓄水池布置若干溢水孔，为便于检修时排除蓄水，应在池壁根部设泄水孔，泄水孔和溢水孔均应与排水檐沟或水落管连通。

⑤ 蓄水池应设置人行通道。

3. 种植隔热

种植隔热的原理是在平屋面上种植植物，借助栽培介质隔热及植物吸收阳光进行光合作用和遮挡阳光的双重功效来达到降温隔热的目的。种植屋面的结构层宜采用现浇钢筋混凝土，种植屋面防水层应满足一级防水等级设防要求，防水层应采用不少于两道防水设防，上道应为耐根穿刺防水材料，两道防水层应相邻铺设且防水层的材料应相容，种植屋面不宜设计为倒置式屋面。

种植平屋面的基本构造层次包括基层、绝热层、找坡（找平）层、普通防水层、耐根穿刺防水层、保护层、排（蓄）水层、过滤层、种植土层和植被层等，如图6.30所示。

种植屋面

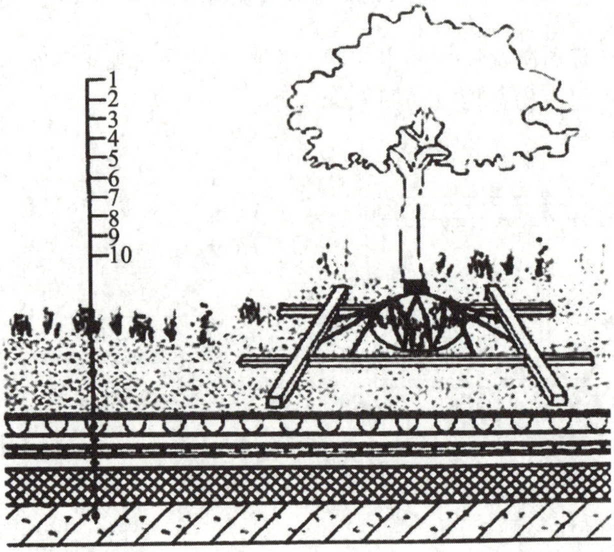

1—植被层；2—种植土层；3—过滤层；4—排（蓄）水层；5—保护层；6—耐根穿刺防水层；7—普通防水层；8—找坡（找平）层；9—绝热层；10—基层

图6.30 种植平屋面的基本构造层次

种植屋面绝热层应选用密度小、压缩强度大、导热系数小、吸水率低的材料。绝热材料可采用喷涂硬泡聚氨酯、硬泡聚氨酯板、挤塑聚苯乙烯泡沫塑料保温板、硬质聚异氰脲酸酯泡沫保温板、酚醛硬泡保温板等轻质绝热材料，不得采用散状绝热材料。

种植隔热屋面的构造要点如下：

① 种植屋面的防水层。种植屋面的防水层应采用耐腐蚀、耐霉烂、防植物根系穿刺、耐水性好、使用年限较长的防水材料。

② 选择适宜的种植介质。宜尽量选用轻质材料作栽培介质，常用的有谷壳、蛭石、陶粒、泥炭等，即所谓的无土栽培介质。栽培介质的厚度应满足屋面所栽种的植物正常生

长的需要，一般不宜超过 300mm。

③ 种植床的做法。种植床又称苗床，可用砖或加气混凝土来砌筑床埂。

④ 种植屋面的排水和给水。种植平屋面的排水坡度不宜小于 2%。通常在靠屋面低侧的种植床与女儿墙间留出 300～400mm 的距离，利用所形成的天沟有组织排水，并在出水口处设挡水坎，以沉积泥沙。

⑤ 注意安全防护问题。种植屋面是一种上人层面，屋面四周须设栏杆或女儿墙作为安全防护措施。

⑥ 屋面种植植物应符合下列规定：不宜种植高大乔木、速生乔木；不宜种植根系发达的植物和根状茎植物；高层建筑屋面和坡屋面宜种植草坪和地被植物；树木定植点与边墙的安全距离应大于树高。

种植隔热屋面构造做法实例。

某工程项目位于南方地区，热工设计分区为夏热冬暖 B 区，屋面采用种植隔热，屋面防水等级为Ⅰ级，其构造做法见表 6-14。

表 6-14　种植隔热（Ⅰ级防水）构造做法　　单位：mm

植被层	300 厚种植土
过滤层	200g/m^2 土工布过滤层
排水层	15 厚凹凸型排水板
保护层	50 厚 C20 细石混凝土，内配钢筋 Φ4@150 双向
隔离层	0.3 厚聚乙烯薄膜隔离层
耐根穿刺防水层	4 厚耐根穿刺 SBS 改性沥青防水卷材 基层处理剂
防水层	1.5 厚聚合物水泥防水涂料一道（Ⅱ型） 基层处理剂
找平层	20 厚 1∶2.5 水泥砂浆找平层
保温层	30 厚挤塑聚苯乙烯挤塑泡沫保温板
找平层	20 厚 1∶2.5 水泥砂浆找平层
结构层	钢筋混凝土屋面

6.5　坡屋顶构造

想一想

我国传统的建筑屋顶形式大多采用坡屋顶，图 6.31（a）为我国南方某地区的建筑，小青瓦悬山屋顶建筑。现代别墅也有很多采用坡屋顶形式，图 6.31（b）为广州某别墅，采用坡屋顶。

想一想，这两种屋顶的构造做法是否相同？坡屋顶还有哪些做法？本节主要介绍坡屋面的构造做法。

(a) 传统民居坡屋顶

(b) 现代别墅坡屋顶

图 6.31　坡屋顶

6.5.1 坡屋顶的组成和特点

坡屋顶是我国传统的建筑形式，主要由屋面、承重结构、顶棚等部分组成，必要时增设保温层、隔热层等。屋面的主要作用是防水和围护空间；承重结构主要是为屋面提供基层，承受屋面荷载并将它传到墙或柱；顶棚设置结合室内装修进行，可以增加室内空间的艺术效果，同时有了屋顶夹层后对提高屋顶保温隔热性能有一定帮助。

坡屋顶的形式多种多样，形成丰富多彩的建筑造型，图 6.2 为常见的坡屋顶形式。由于坡屋顶坡度较大，雨水容易排除、屋面材料可以就地取材、施工简单、易于维修，在普通中小型民用和工业建筑中使用较多。

6.5.2 坡屋顶的承重结构

坡屋顶的承重结构主要有山墙承重、屋架承重和空间结构承重等方案。

1. 山墙承重

山墙承重即在山墙上搁置檩条、檩条上设置椽子后再铺屋面，也可在山墙上直接搁置挂瓦板、预制板等形成屋面承重体系，如图 6.32 所示。布置檩条时，山墙端部檩条可出挑形成悬山屋顶。常用檩条有木檩条、预制混凝土檩条、钢檩条等。木檩条有矩形和圆形（即原木）两种；预制混凝土檩条有矩形、T 形等；钢檩条有型钢或轻型钢檩条，如图 6.33 所示。当采用木檩条时，跨度不超过 4m 为宜；预制混凝土檩条的跨度可以达到 6m。檩条的间距根据屋面防水材料及基层构造处理而定，一般在 700～1500mm。由于檩条及挂瓦板等跨度一般在 4m 左右，故山墙承重体系适用于小空间建筑中，如宿舍、住宅等。这种承重方案简单、施工方便，在小空间建筑中是一种合理和经济的承重方案。

2. 屋架承重

屋架承重是将屋架设置于墙或柱上，再在屋架上放置檩条及椽子而形成的屋顶结构形式。屋架由上弦杆、下弦杆、腹杆组成。由于屋顶坡度较大，故一般采用三角形屋架。屋架有木屋架、钢屋架、混凝土屋架等类型，如图 6.34 所示。木屋架一般用于跨度不大于 12m 的建筑；钢木屋架是将木屋架中受拉力的下弦及直腹杆用钢筋或型钢代替，它一般用于跨度不超过 18m 的建筑；当跨度更大时需采用钢筋混凝土屋架或钢屋架。

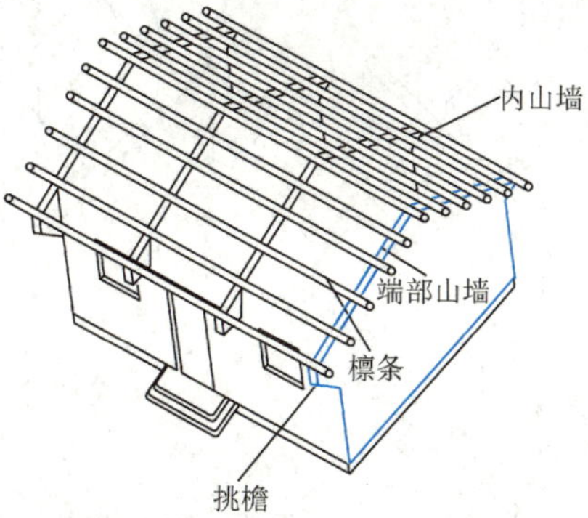

图 6.32 山墙承重体系

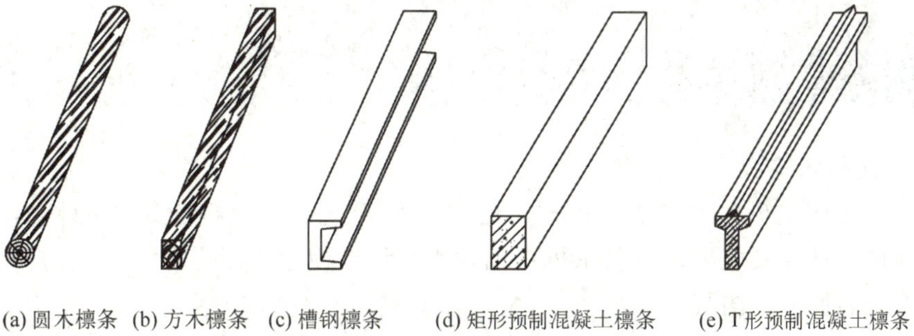

图 6.33 檩条断面形式

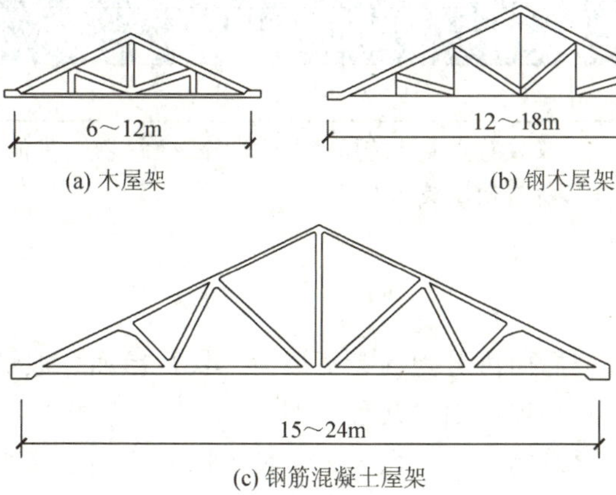

图 6.34 屋架形式

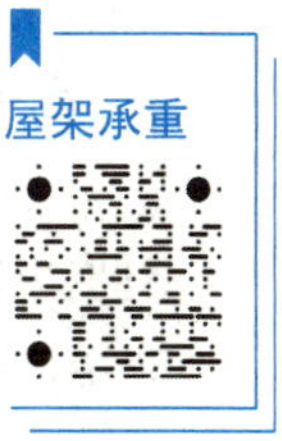

屋架应根据屋面坡度进行布置，在四坡顶屋面及屋面相交处需增设斜梁或半屋架等构件，如图 6.35 所示。为保证屋架承重结构坡屋顶的空间刚度和整体稳定性，屋架间需设支撑。屋架承重结构适用于有较大空间的建筑中。

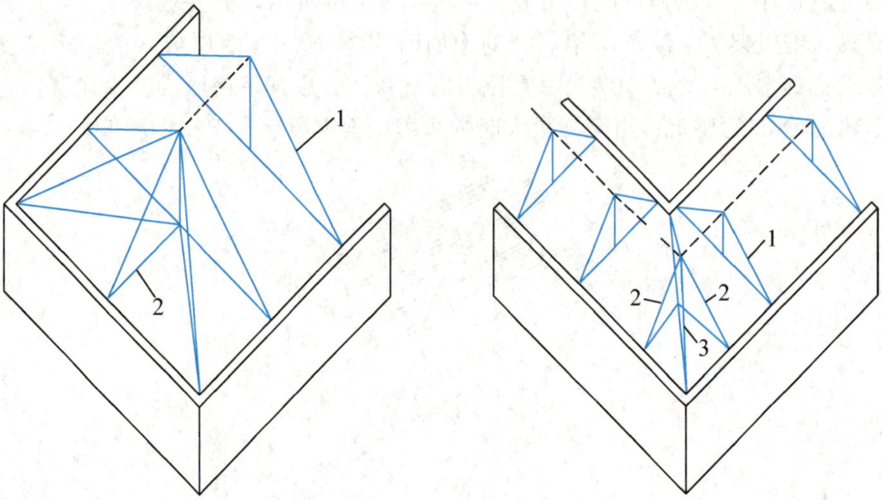

1—屋架；2—半屋架；3—斜屋架

图 6.35 屋架布置示意

6.5.3 屋面防水构造

1. 坡屋面防水等级

根据《坡屋面工程技术规范》规定，坡屋面工程设计应根据建筑物的性质、重要程度、地域环境、使用功能要求以及依据屋面防水层设计使用年限，分为一级防水和二级防水，并应符合表 6－15 的规定。

表 6－15 坡屋面防水等级

项目	坡屋面防水等级	
	一级	二级
防水层设计使用年限	≥20 年	≥10 年

注：1. 大型公共建筑、医院、学校等重要建筑屋面的防水等级为一级，其他为二级；
2. 工业建筑屋面的防水等级按使用要求确定。

2. 屋面类型和防水垫层

(1) 屋面类型

根据屋面材料的不同，坡屋面可分为沥青瓦屋面、块瓦屋面、波形瓦屋面、防水卷材屋面、金属板屋面和装配式轻型坡屋面等几种类型。

在坡屋面中，需要根据建筑物高度、风力、环境等因素，确定坡屋面类型、坡度和防水垫层，并应符合表 6－16 的规定。

(2) 防水垫层

① 防水垫层主要采用的材料如下。

a. 沥青类防水垫层（自粘聚合物沥青防水垫层、聚合物改性沥青防水垫层、波形沥青通风防水垫层等）。

表 6-16 屋面类型、坡度和防水垫层

坡度与垫层	屋面类型						
	沥青瓦屋面	块瓦屋面	波形瓦屋面	防水卷材屋面	金属板屋面		装配式轻型坡屋面
					压型金属板屋面	夹芯板屋面	
适用坡度（%）	≥20	≥30	≥20	≥3	≥5	≥5	≥20
防水垫层	应选	应选	应选	—	一级应选二级宜选	—	应选

注： 防水垫层是指坡屋面中通常铺设在瓦材或金属板下面的防水材料；块瓦是由黏土、混凝土和树脂等材料制成的块状硬质屋面瓦材。

b. 高分子类防水垫层（铝箔复合隔热防水垫层、塑料防水垫层、透气防水垫层和聚乙烯丙纶防水垫层等）。

c. 防水卷材和防水涂料。

② 防水垫层在瓦屋面构造层次中的位置。

a. 当防水垫层铺设在瓦材和屋面板之间（图 6.36）时，屋面应为内保温隔热构造。

b. 当防水垫层铺设在持钉层和保温隔热层之间（图 6.37）时，应在防水垫层上铺设配筋细石混凝土持钉层。

c. 当防水垫层铺设在保温隔热层和屋面板之间（图 6.38）时，瓦材应固定在配筋细石混凝土持钉层上。

d. 当防水垫层或隔热防水垫层铺设在挂瓦条和顺水条之间（图 6.39）时，防水垫层宜呈下垂凹形。

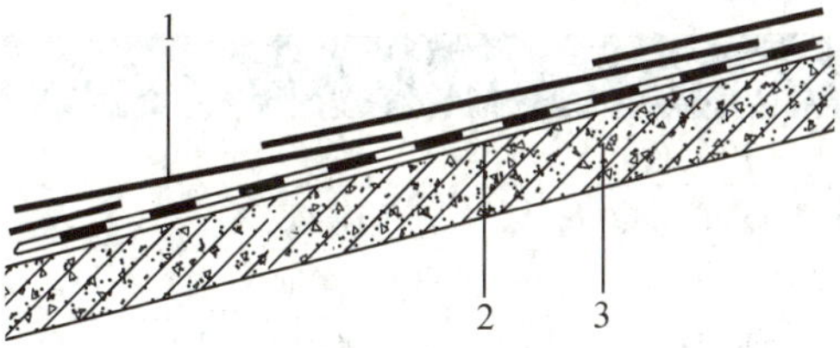

1—瓦材；2—防水垫层；3—屋面板

图 6.36 防水垫层在瓦材和屋面板之间

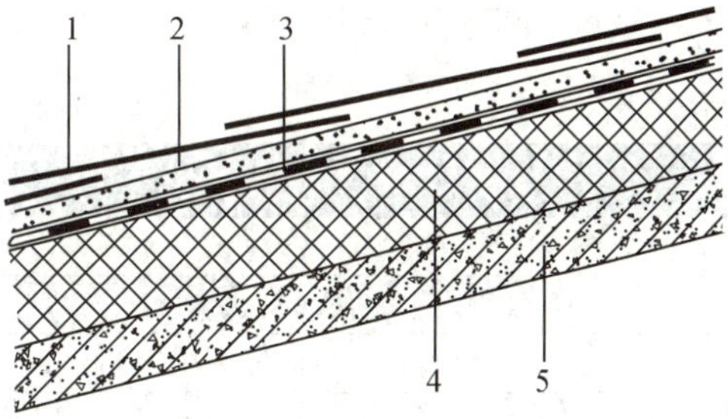

1—瓦材；2—持钉层；3—防水垫层；4—保温隔热层；5—屋面板

图 6.37 防水垫层在持钉层和保温隔热层之间

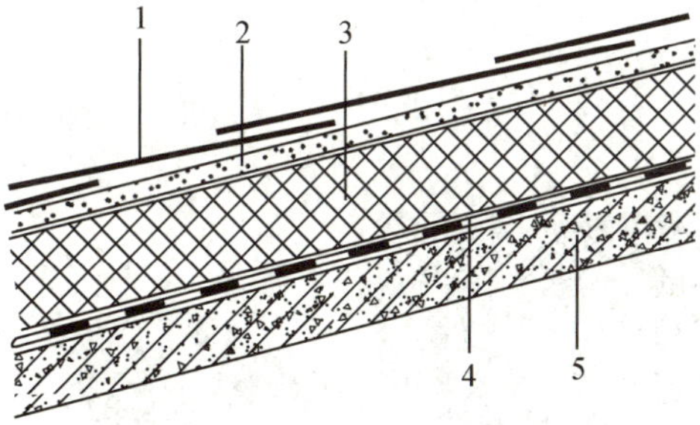

1—瓦材；2—持钉层；3—保温隔热层；4—防水垫层；5—屋面板

图 6.38 防水垫层在保温隔热层和屋面板之间

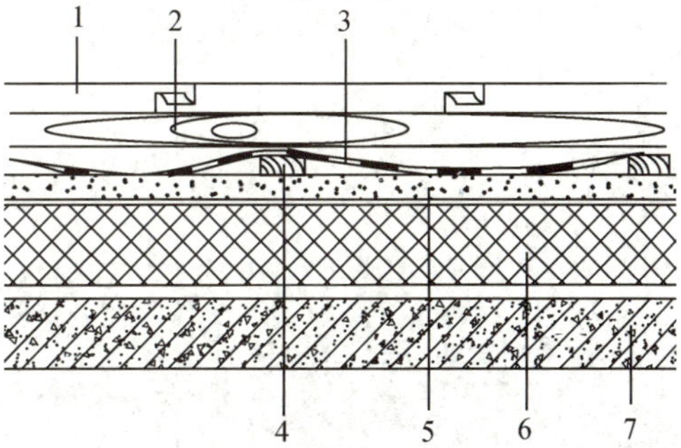

1—瓦材；2—挂瓦条；3—防水垫层；4—顺水条；5—持钉层；6—保温隔热层；7—屋面板

图 6.39 防水垫层在挂瓦条和顺水条之间

防水垫层可空铺、满粘或机械固定。屋面坡度大于50%，防水垫层宜采用机械固定或满粘法施工；防水垫层的搭接宽度不得小于100mm。屋面防水等级为一级时，固定钉穿透非自粘防水垫层，钉孔部位应采取密封措施。

坡屋面细部节点部位的防水垫层应增设附加层，宽度不宜小于500mm。

3. 块瓦屋面构造

块瓦包括烧结瓦、混凝土瓦等，适用于防水等级为一级和二级的坡屋面。块瓦屋面坡度不应小于30%。块瓦屋面的屋面板可为钢筋混凝土板、木板或增强纤维板。块瓦屋面应采用干法挂瓦，固定牢固，檐口部位应采取防风揭措施。

知识延伸：烧结瓦分类

(1) 烧结瓦按表面状态可分为表面着釉和表面着色两种

① 琉璃瓦（有釉瓦）：在坯体上面施釉的彩瓦称之为琉璃瓦。

② 亚光彩瓦（颜色素瓦、无釉瓦）：在坯体上面将施釉改为瓦体表面喷淋不同颜色的高温色料，成为亚光彩瓦，又称颜色素瓦或无釉瓦。其生产成本和价格比琉璃瓦低10%左右。

(2) 烧结瓦按瓦的铺设部位分为屋面瓦和配件瓦

① 屋面瓦：按形状可进一步分为板瓦、筒瓦、滴水瓦、沟头瓦、J形瓦、S形瓦、平瓦和其他异形瓦。其主要规格见表6-17。

② 配件瓦：按功能可进一步分为檐口瓦和脊瓦两个配瓦系列，其中，檐口瓦系列包括檐口封头、檐口瓦和檐口瓦顶；脊瓦系列包括脊瓦封头、脊瓦、双向脊顶瓦、三向脊顶瓦和四向脊顶瓦等。此外，不同形状的屋面瓦还有其特有的配件。

表6-17　烧结瓦主要规格

产品类别	规格/mm
平瓦	400×240、360×220，厚度10～20
脊瓦	总长≥300、宽≥180，高度10～20
三曲瓦、双筒瓦、鱼鳞瓦、牛舌瓦	300×200、150×150，高度8～12
板瓦、筒瓦、滴水瓦、沟头瓦	430×350、110×50，高度8～16
J形瓦、S形瓦	320×320、250×250，高度12～20

烧结瓦材彩图

图6.40为建筑中常用的烧结瓦材。

(a) 琉璃瓦　(b) 平瓦（无釉瓦）　(c) 脊瓦　(d) 板瓦

图6.40　建筑中常用的烧结瓦材

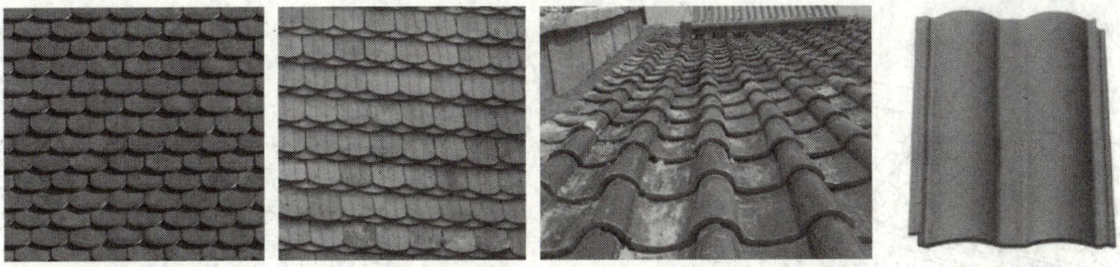

(e) 鱼鳞瓦　　(f) 牛舌瓦　　(g) S形瓦　　(h) 三曲瓦

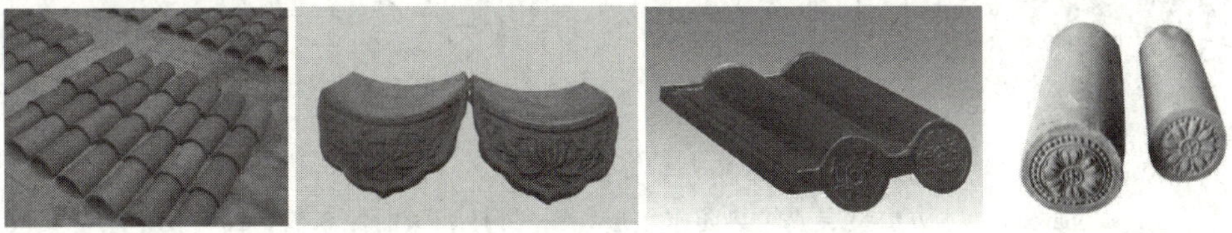

(i) 筒瓦　　(j) 滴水瓦　　(k) 双筒瓦　　(l) 沟头瓦

图 6.40　建筑中常用的烧结瓦材（续）

块瓦屋面

(1) 块瓦屋面构造做法

① 保温隔热层上铺设细石混凝土保护层做持钉层。

当保温隔热层上铺设细石混凝土保护层做持钉层时，防水垫层应铺设在持钉层上，构造层依次为块瓦、挂瓦条、顺水条、防水垫层、持钉层、保温隔热层、屋面板［图 6.41（a）］。

② 保温隔热层镶嵌在顺水条之间。

当保温隔热层镶嵌在顺水条之间时，应在保温隔热层上铺设防水垫层，构造层依次为块瓦、挂瓦条、防水垫层或隔热防水垫层、保温隔热层、顺水条、屋面板［图 6.41（b）］。

③ 屋面为内保温隔热构造。

当保温隔热层镶嵌在顺水条之间时，应在保温隔热层上铺设防水垫层，构造层依次为块瓦、挂瓦条、防水垫层或隔热防水垫层、保温隔热层、顺水条、屋面板［图 6.41（c）］。

④ 采用具有挂瓦功能的保温隔热层。

当采用具有挂瓦功能的保温隔热层时，在屋面板上做水泥砂浆找平层，防水垫层应铺设在找平层上，保温板应固定在防水垫层上，构造层依次为块瓦、有挂瓦功能的保温隔热层、防水垫层、找平层（兼作持钉层）、屋面板［图 6.41（d）］。

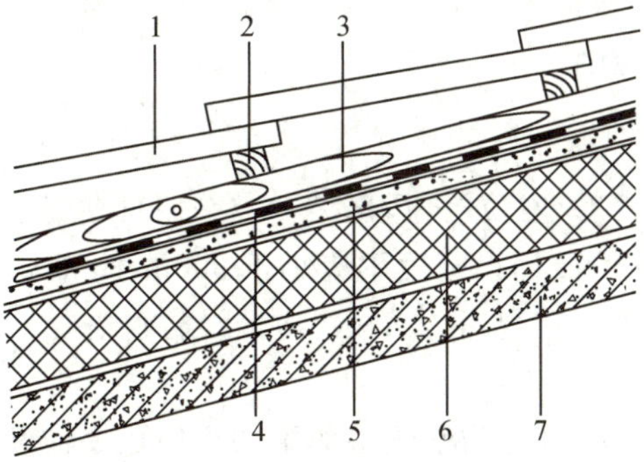

(a)

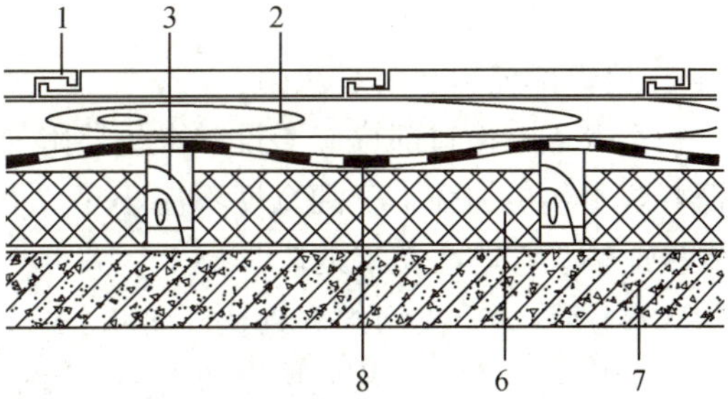

(b)

图 6.41　块瓦屋面构造

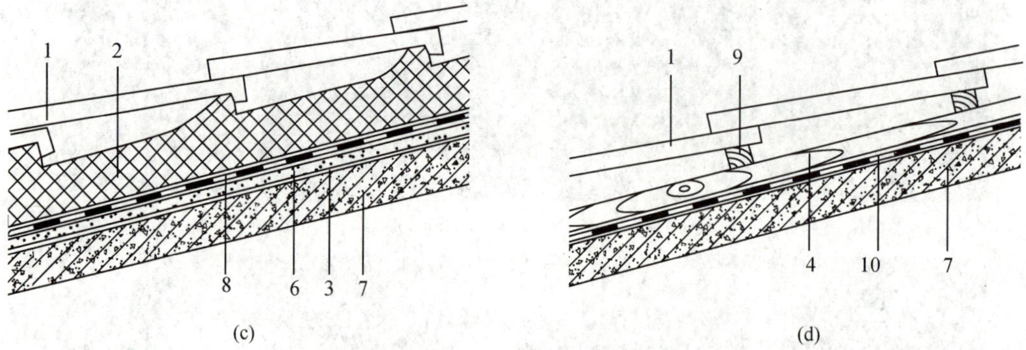

1—块瓦；2—挂瓦条；3—顺水条；4—防水垫层；5—持钉层；6—保温隔热层；
7—屋面板；8—防水垫层或隔热防水垫层；9—带挂瓦条的保温板；10—找平层

图 6.41 块瓦屋面构造（续）

（2）块瓦屋面细部构造

① 屋脊部位构造（图 6.42）。

构造要点：屋脊部位应增设防水垫层附加层，宽度不应小于 500mm；防水垫层应顺流水方向铺设和搭接。

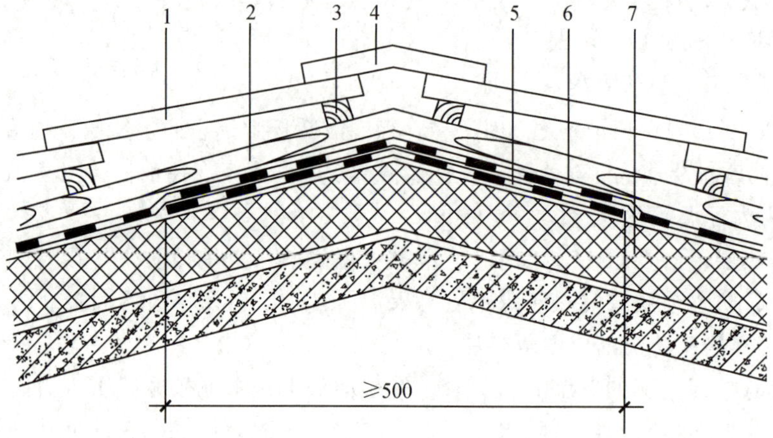

1—块瓦；2—顺水条；3—挂瓦条；4—脊瓦；5—防水垫层附加层；
6—防水垫层；7—保温隔热层

图 6.42 屋脊部位构造

② 檐口部位构造（图 6.43）。

构造要点：檐口部位应增设防水垫层附加层。严寒地区或大风区域，应采用自粘聚合物沥青防水垫层加强，下翻宽度不应小于 100mm，屋面铺设宽度不应小于 900mm；金属泛水板应铺设在防水垫层的附加层上，并伸入檐口内；在金属泛水板上应铺设防水垫层。

③ 钢筋混凝土檐沟细部构造（图 6.44）。

构造要点：檐沟部位应增设防水垫层附加层；檐口部位防水垫层的附加层应延展铺设到混凝土檐沟内。

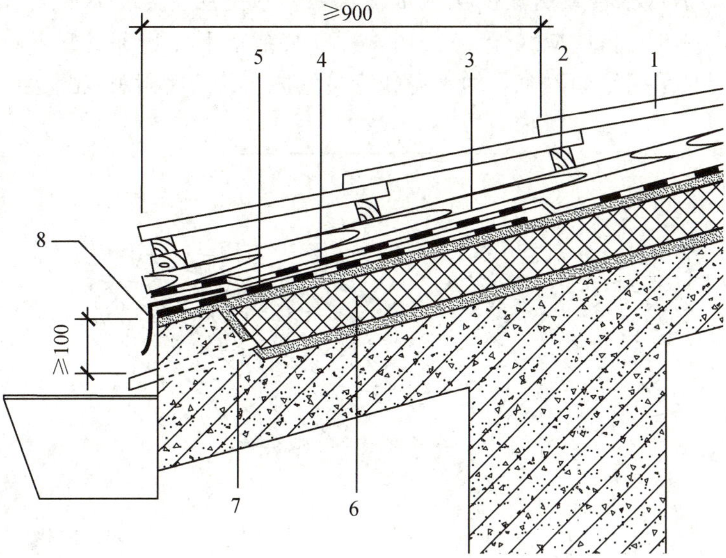

1—块瓦；2—挂瓦条；3—顺水条；4—防水垫层；5—防水垫层附加层；
6—保温隔热层；7—排水管；8—金属泛水板

图 6.43 檐口部位构造

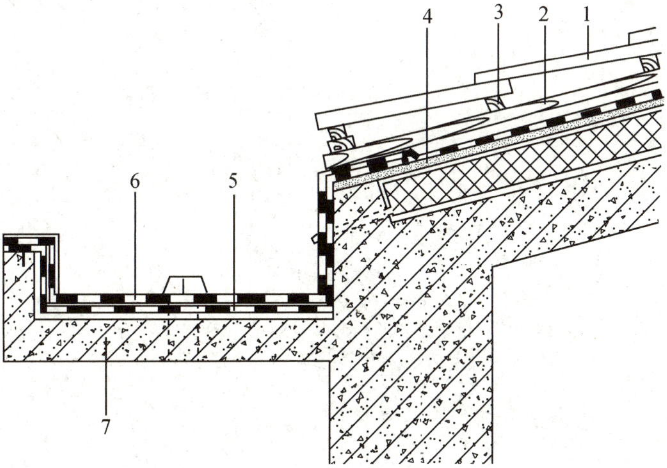

1—瓦；2—顺水条；3—挂瓦条；4—保护层（持钉层）；
5—防水垫层附加层；6—防水垫层；7—钢筋混凝土檐沟

图 6.44 檐沟细部构造

④ 天沟细部构造（图 6.45）。

构造要点：天沟部位应沿天沟中心线增设防水垫层附加层，宽度不应小于 1000mm；铺设防水垫层和瓦材应顺流水方向进行。

⑤ 立墙部位构造（图 6.46）。

构造要点：阴角部位应增设防水垫层附加层；防水垫层应满粘铺设，沿立墙向上延伸不少于250mm；金属泛水板或耐候型泛水带覆盖在防水垫层上，泛水带与瓦之间应采用胶黏剂满粘；泛水带与瓦搭接应大于150mm，并应黏结在下一排瓦的顶部；非外露型泛水的立面防水垫层宜采用钢丝网聚合物水泥砂浆层保护，并用密封材料封边。

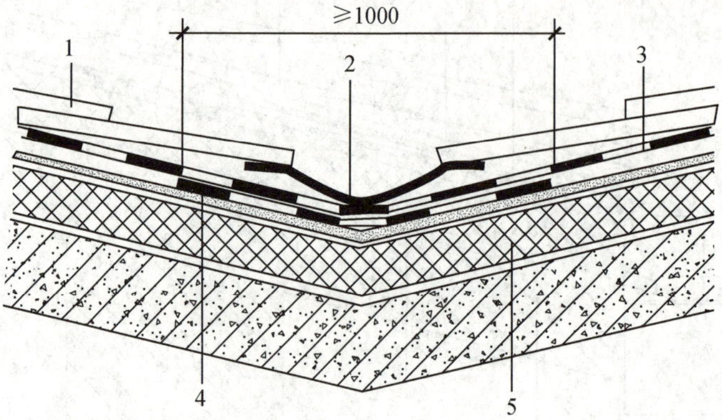

1—瓦；2—成品天沟；3—防水垫层；4—防水垫层附加层；5—保温隔热层

图6.45　天沟细部构造

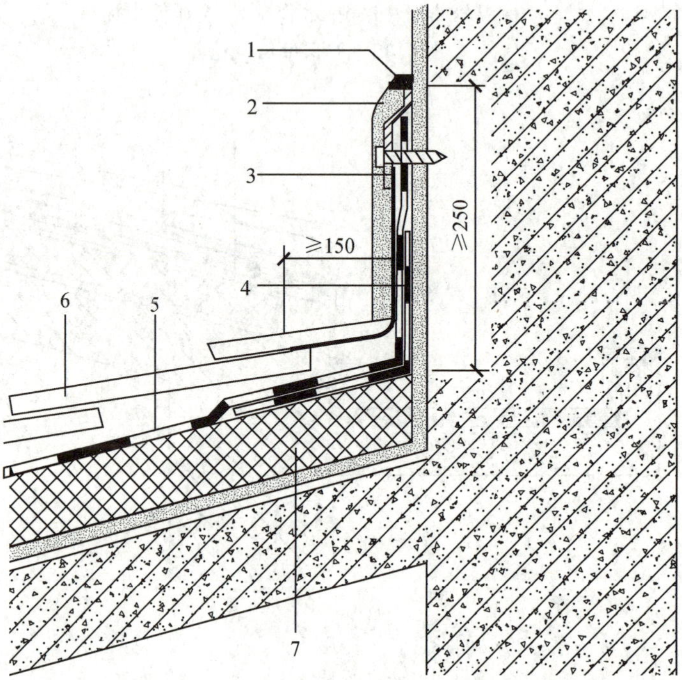

1—密封材料；2—保护层；3—金属压条；4—防水垫层附加层；

5—防水垫层；6—瓦；7—保温隔热层

图6.46　立墙部位构造

⑥ 山墙部位构造(图6.47)。

构造要点：檐口封边瓦宜采用卧浆做法，并用水泥砂浆勾缝处理；檐口封边瓦应用固定钉固定在木条或持钉层上。

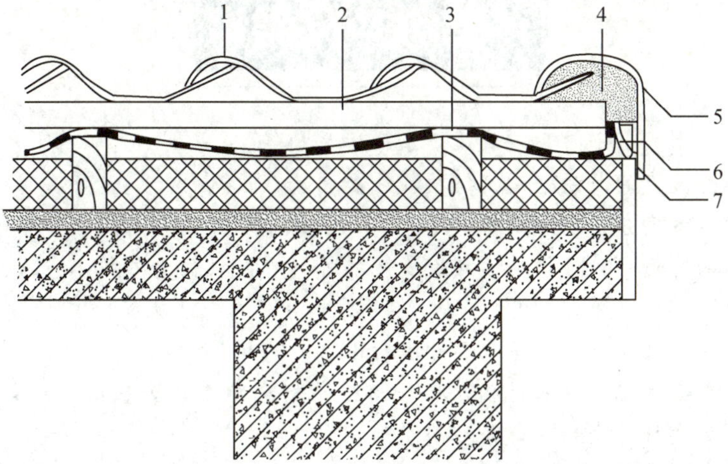

1—瓦；2—挂瓦条；3—防水垫层；4—水泥砂浆封边；
5—檐口封边瓦；6—镀锌钢钉；7—木条

图 6.47　山墙部位构造

6.6　工程实例

① 平屋面上人屋面构造，如图 6.48 所示。
② 坡屋顶构造，如图 6.49 所示。

1—钢筋混凝土屋面板；2—卷材防水层；
3—挤塑聚苯板保温层；4—细石混凝土层；
5—水泥砂浆找平层；6—陶瓷地砖饰面

图 6.48　平屋面上人屋面构造

1—钢筋混凝土屋面板；2—水泥砂浆找平层；
3—卷材防水层；4—砂浆保护层；
5—挤塑聚苯板保温层；6—屋面瓦

图 6.49　坡屋顶构造做法

模块小结

常见的屋顶形式有平屋顶、坡屋顶及曲面屋顶等。

平屋顶形成坡度的做法一般有结构找坡和材料找坡两种。

屋顶的排水方案分为有组织排水方案和无组织排水方案。有组织排水方案可分为外排水和内排水两种形式,外排水方式有女儿墙外排水、挑檐沟外排水、女儿墙挑檐沟外排水。

平屋顶的防水做法有卷材防水和涂膜防水。

卷材防水屋面是将防水卷材相互搭接用胶结材料贴在屋面基层上形成防水能力的,卷材具有一定的柔性,能适应部分屋面变形。

卷材防水屋面由结构层、找坡层、找平层、防水层、隔离层和保护层组成。

卷材防水屋面在处理好大面积屋面防水的同时,应注意泛水、挑檐口、水落口等部位的细部构造处理。

涂膜防水是用防水涂料直接涂刷在屋面基层上,利用涂料干燥或固化以后的不透水性来达到防水的目的。

在寒冷地区或有空调要求的建筑中,屋顶应做保温处理,以减少室内热的损失,降低能源消耗。保温构造处理的方法通常是在屋顶中增设保温层。

保温材料要求密度小、孔隙多、导热系数小。保温层位置主要有两种情况,最常见的是将保温层设在结构层与防水层之间。

我国南方地区夏天太阳辐射强烈,气候炎热,屋顶温度较高,为了改善居住条件,需对屋顶进行隔热处理,以降低屋顶热量对室内的影响。常用的隔热措施有屋顶通风隔热、蓄水隔热和种植隔热。

坡屋顶是我国传统的建筑形式,主要由屋面、承重结构和顶棚等部分组成。

坡屋顶的承重结构主要有山墙承重、屋架承重和空间结构承重等方案。

坡屋顶的名称可随瓦的种类而定,如块瓦屋面、沥青瓦屋面、波形瓦屋面等。块瓦包括烧结瓦、混凝土瓦等,适用于防水等级为一级和二级的坡屋面。

瓦屋面构造常见的有四种做法:保温隔热层上铺设细石混凝土保护层做持钉层;保温隔热层镶嵌在顺水条之间;屋面为内保温隔热构造;采用具有挂瓦功能的保温隔热层块。

块瓦屋面应做好屋脊、檐口、檐沟、天沟、山墙等部位的细部构造。

复习思考题

一、填空题

1. 平屋面排水坡度可通过（　　　）、（　　　）两种方法形成。
2. 自由落水檐口也称（　　　）。

二、判断题

1. 无组织排水就是不考虑排水问题。（　　）
2. 泛水的高度是自屋面保护层算起高度不小于25mm。（　　）
3. 材料找坡也就是在楼板搁置时形成所要求的坡度。（　　）

三、选择题

1. 平屋面排水坡度通常用（　　）。

A. 2%～5%　　B. 10%　　C. 5%　　D. 30%

2. 屋顶构造设计最核心的要求是（　　）。

A. 美观　　B. 承重　　C. 防水　　D. 保温、隔热

3. 屋面防水等级可分为（　　）级。

A. 二　　B. 三　　C. 四　　D. 六

4. 一般公共建筑对顶棚水平要求不高，常采用（　　）。

A. 材料找坡　　B. 结构找坡
C. 轻质混凝土找坡　　D. 炉渣混凝土找坡

5. 一般来说，高层建筑屋面宜采用（　　）。

A. 内排水　　B. 外排水
C. 女儿墙外排水　　D. 挑檐沟外排水

6. 卷材防水屋面的基本构造层次主要包括（　　）。

A. 结构层、找坡层、找平层、防水层、隔离层、保护层
B. 结构层、找坡层、结合层、防水层、保护层
C. 结构层、找坡层、保温层、防水层、保护层
D. 结构层、找平层、防水层、隔热层

7. 下列哪种材料不宜用于屋面保温层（　　）。

A. 混凝土　　B. 水泥蛭石
C. 聚苯乙烯泡沫塑料　　D. 水泥珍珠岩

8. 对于保温层面，通常在保温层下设置（　　），以防止室内水蒸气进入保温层内。

A. 找平层　　B. 保护层　　C. 隔汽层　　D. 隔离层

9. 以下说法错误的是（　　）。

A. 泛水应有足够的高度，一般不小于200mm
B. 找平层在女儿墙泛水处需要抹成圆弧形
C. 泛水应嵌入立墙上的凹槽内并用水泥钉固定
D. 泛水需要设附加防水层

10. 以下说法中正确的是（　　）。

A. 卷材防水层施工时，应先进行细部构造处理

B. 卷材施工时应由屋面高处向下铺贴

C. 檐沟、天沟卷材施工时，宜顺檐沟、天沟方向铺贴，搭接缝应垂直于流水方向

D. 卷材宜垂直于屋脊铺贴，上下层卷材不得相互垂直铺贴

四、简答题

1. 屋顶设计应满足哪些要求?

2. 影响屋面坡度的因素有哪些? 屋面坡度的形成方法有哪些? 比较各方法的优缺点。

3. 什么是无组织排水和有组织排水? 常见的有组织排水方案有哪几种? 各适用于什么条件?

4. 屋面排水组织设计的内容和要求是什么?

5. 卷材屋面的构造层有哪些? 各层做法如何?

6. 卷材防水屋面的泛水、天沟、檐口等细部构造的要点是什么? 注意识记典型构造图。

7. 什么是涂膜防水屋面? 其基本构造层次有哪些?

8. 屋面的保温材料有哪几类? 其保温构造有哪几种做法? 用构造图表示。

9. 平屋面的隔热有哪几种做法? 用构造图表示。

10. 坡屋顶的承重结构有哪几种? 分别在什么情况下采用?

11. 块瓦屋面的构造做法是怎样的?

模块6
在线答题

模块 7 门窗

思维导图

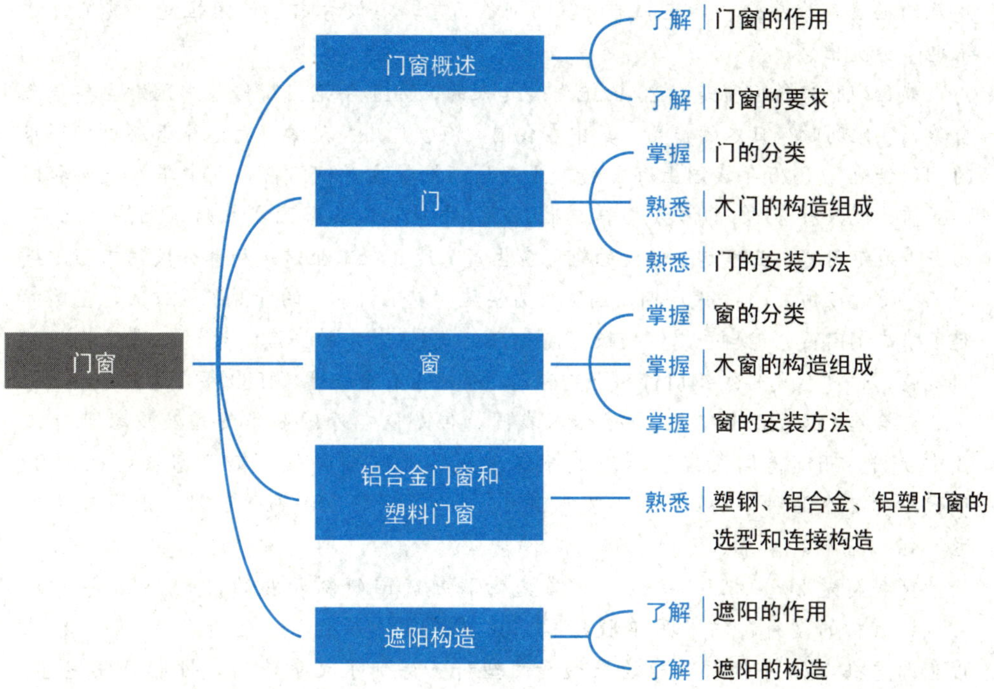
门窗
门窗概述
了解 门窗的作用
了解 门窗的要求
门
掌握 门的分类
熟悉 木门的构造组成
熟悉 门的安装方法
窗
掌握 窗的分类
掌握 木窗的构造组成
掌握 窗的安装方法
铝合金门窗和塑料门窗
熟悉 塑钢、铝合金、铝塑门窗的选型和连接构造
遮阳构造
了解 遮阳的作用
了解 遮阳的构造

知识点滴

门窗的发展历程

据《周易·系辞下》记载:“重门击柝(chóng mén jī tuò),以待暴客,盖取诸豫”,“上古穴居而野处,后世圣人易之以宫室,上栋下宇,以待风雨,盖取诸大壮。”该文字记录距今已有四千余年的历史,从中可以看出木门窗制作应在此之前,木门窗主要是起到“以待暴客”和“以待风雨”的作用。

在相当长的时期内,门窗作为建筑的重要组成部分基本上是木制的,并且完全可以说是以手工制作为主。木工作为百工之一,对古代建筑业的发展起着重要作用。在很早的时候,统治者就专门设立了管理机构,如秦时的将作少府。至明清时代,我国手工工艺已达到十分精湛的地步,以拙政园为代表的南方园林和以颐和园为代表的北方园林,对欧洲的园林建筑都产生了较大的影响。从现存的古代园林、佛寺道观和《三国演义》《红楼梦》等古典名著中对官家建筑的描述不难看出,单就木质门窗的制作而言,不仅考虑了使用性能,其装饰作用也十分突出。

我国现代建筑门窗是在20世纪发展起来的,1911年钢门窗传入中国,主要是来自英国、比利时、日本的产品,集中在我国上海、广州、天津、大连等沿海口岸城市的“租借地”。1925年我国上海民族工业开始小批量生产钢门窗,到中华人民共和国成立前,也只有20多间作坊式手工业小厂。中华人民共和国成立后,上海、北京、西安等地钢门窗企业建起了较大的钢门窗生产基地,在工业建筑和部分民用工程中得到了广泛的应用。70年代后期,国家大力实施“以钢代木”的资源配置政策,全国掀起了推广钢门窗、钢脚手、钢模板(简称“三钢代木”)的高潮,大大推进了钢门窗的发展。80年代是传统钢门窗的全盛时期,市场占有率一度(1989年)达到70%。

铝合金门窗20世纪70年代传入我国,但是仅在外国驻华使馆及少数涉外工程中使用。而随着国民经济治理整顿深入发展并取得成效,铝门窗系列也由80年代初的4个品种、8个系列,发展到40多个品种、200多个系列,形成较为发达的铝门窗产品体系。

塑料窗是20世纪50年代末,首先由联邦德国研制开发的,于1959年开始生产。最初的塑料窗均采用单胶结构,比较简单、粗糙,伴随着1972年世界性的能源危机,70年代初节能效果较好的塑料窗得到了大量使用,性能日臻完善,由原来的单腔型材发展到三腔、四腔型材,也带动了欧洲乃至亚洲塑料门窗的发展。我国塑料窗生产是从1983年由引进设备开始的,当时的技术不是很先进,均采用单腔或二腔结构型材。今天塑料门窗以其优良的性能正被广大用户所接受。

7.1 门窗概述

想一想

我国北方的建筑物通常设双层窗户,冬季来临,就要封窗;进入春季,就要开窗。因此，在门窗设计上只要求符合一般自然采光要求，注重实用，大型带状窗比较少见。南方建筑物设单层窗户，除了讲究实用外，还要注重美观大方，多为大面积的带状窗。

7.1.1　门窗的作用

门在建筑上的主要功能是围护、分隔和室内、室内外交通疏散，并兼有采光、通风和装饰作用。交通疏散和防火规范规定了门洞口的宽度、位置和数量。窗的主要建筑功能是通风和采光，兼有装饰、观景的作用。寒冷地区由门窗缝隙而损失的热量，占全部采暖耗热量的25%左右。门窗的密闭性的要求，是节能设计中的重要内容。

门和窗是建筑物围护结构系统中重要的组成部分，根据不同的设计要求应具有保温、隔热、隔声、防水、防火等功能。门窗对建筑物的外观及室内装修造型影响也很大。对建筑外立面来说，如何选择门窗的位置、大小、线型分格和造型是非常重要的。

另外，门窗的材料、五金的造型、式样还对室内装饰起着非常重要的作用。人们在室内，还可以通过透明的玻璃直接观赏室外的自然景色，调节情绪。

7.1.2　门窗的要求和表示方法

1. 安全疏散

由于门主要供出入、联系室内外之用，它具有紧急疏散的功能，因此在设计中门的数量、位置、大小及开启的方向要根据设计规范和人流数量来考虑，以便能通行流畅、符合安全的要求。大型民用建筑或者使用人数特别多时，外门必须向外开。

2. 采光通风

各种类型的建筑物，均需要一定的照度标准，才能满足舒适的卫生要求。从舒适性及合理利用能源的角度来说，在设计中，首先要考虑天然采光的因素，选择合适的窗户形式和面积。例如长方形的窗户，长方形窗构造简单，在采光数值和采光均匀性方面最佳。虽然横放和竖放的采光面积相同，但由于光照深度不一样，效果相差很大。竖放的窗户适合于进深大的房间，横放则适合于进深浅的房间或者是高窗，如图7.1（a）所示。如果采用顶光，亮度将会增加6～8倍之多，但是同时也伴随着眩光的问题。所以在确定窗户的形式及位置的时候，要综合考虑各方面的因素。

房间的通风和换气，主要靠外窗。在房间内要形成合理的通风及气流，内门窗和外窗的相对位置很重要，要尽量形成对空气对流有利的位置，如图7.1（b）所示。对于有些不利于自然通风的特殊建筑，可以采用机械通风的手段来解决换气问题。

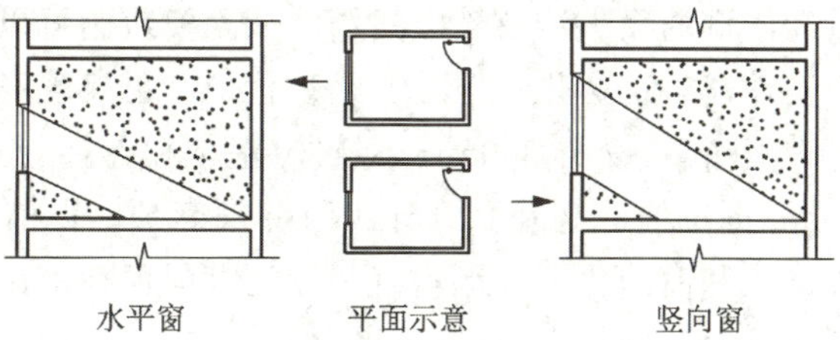

(a) 窗户的形式对室内采光的影响

图7.1　门窗对室内采光和通风的影响

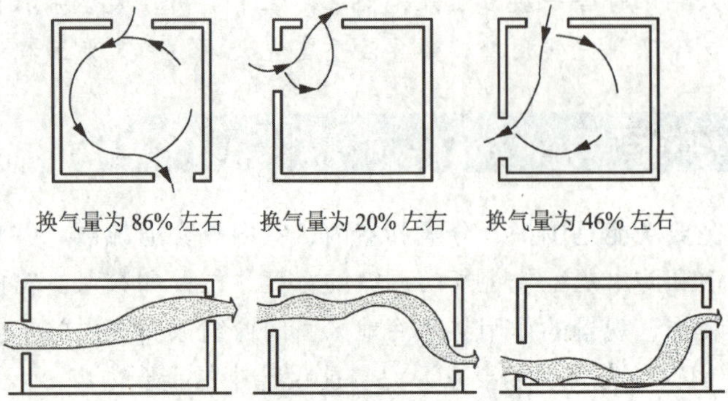

(b) 门窗对室内通风和换气的影响

图 7.1　门窗对室内采光和通风的影响（续）

窗与窗之间由于墙垛（窗间墙）产生阴影的关系，因此在理论上最好采用一樘宽窗来满足采光要求。民用建筑采光面积，除要求较高的陈列馆外，可根据窗地面积之比值来决定。住宅卧室、起居室（厅）、厨房的采光窗洞口的窗地面积比不应低于 1∶7，学校普通教室、实验室、报告厅等房间窗地面积比不应低于 1∶5。

3. 维护作用的要求

建筑的外门窗作为外围护墙的开口部分，必须要考虑防风沙、防水、防盗、保温、隔热、隔声等要求，以保证室内舒适的环境，这就对门窗的构造提出了要求。如在门窗的设计中设置空腔防风缝、披水板和滴水槽，采用双层玻璃、百叶窗和纱窗等。窗框和窗扇的接缝，既不宜过宽，也不宜过窄，过窄时即使风压不大，也会产生毛细管作用，从而使雨水吸入室内。

4. 建筑设计方面的要求

门窗是建筑立面造型中的主要部分，应在满足交通、采光、通风等主要功能的前提下，适当考虑美观要求和经济问题。木门窗质轻、构造简单、容易加工，但不及钢门窗坚固、防火性能好、采光面积大。窗户容易积尘，减弱光线，影响亮度，所以要求线脚简单，不易积尘。对于高层或大面积窗户的擦窗应注意安全问题。

5. 材料的要求

随着国民经济的发展和人民生活的改善，人们的要求也越来越高，门窗的材料从最初以木门窗和钢门窗为主，发展到现在大量使用铝合金、PVC 塑料、塑钢门窗，这对建筑设计和装修提出了更高的要求。

6. 门窗模数的要求

在建筑设计中门窗和门洞的大小涉及模数问题，采用模数制可以给设计、施工和构件生产带来方便，有助于实现建筑工业化。但在实践过程中，也发现我国的门窗模数与墙体材料存在着矛盾。我国的门窗是按照 300mm 模数为基本模，而标准机制砖加砖缝则是 125mm、250mm、500mm 进位的，这就给门窗开洞带来麻烦。目前，由于门窗在制作生产上已基本标准化、规格化和商品化，各地均有一般建筑门窗标准图和通用图集，设计时可供选用。

门的基本代号为：木门 M、钢木门 GM、钢框门 G。

窗的基本代号为：木窗 C、钢窗 GC、内开窗 NC、阳台钢连窗 GY、铝合金窗 LC、塑料窗 SC。

7.2 门

木门的组成及安装

想一想

某住宅采用平开木门，如图 7.2 所示。木门由哪些部分组成？木门的安装方法如何？

图 7.2 某住宅采用平开木门

7.2.1 门的分类与一般尺寸

门按其开启方式、材料及使用要求等，可进行如下分类。

按开启方式分为平开门、弹簧门、推拉门、折叠门、转门，其他还有上翻门、升降门、卷帘门等，如图 7.3 所示。

按使用材料分为木门、钢框门、钢框门、铝合金门、玻璃门及混凝土门等。

按构造分为镶板门、拼板门、夹板门、百叶门等。

按功能分为保温门、隔声门、防火门、防盗门等。

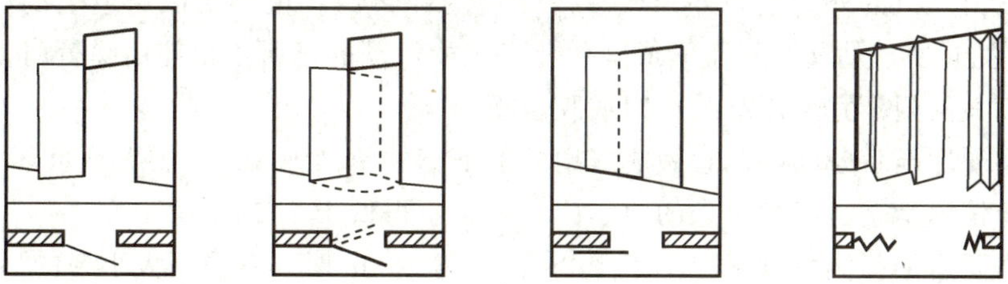

(a) 平开门　(b) 弹簧门　(c) 推拉门　(d) 折叠门

图 7.3 门按开启方式分类

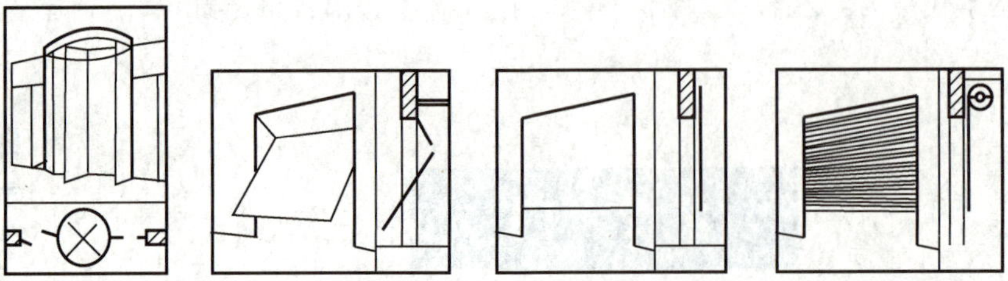

(e) 转门　(f) 上翻门　(g) 升降门　(h) 卷帘门

图 7.3　门按开启方式分类（续）

一个房间应该开几个门，每个建筑物门的总宽度应该是多少，一般是由交通疏散的要求和防火规范来确定的，设计时应按照规范来选取。一般规定：公共建筑安全入口的数目应不少于两个；但房间面积在 60m² 以下，人数不超过 50 人时，可只设一个出入口；对于低层建筑，每层面积不大，人数也较少的，可以设一个通向户外的出口。门的尺度应根据建筑中人员和家具设备等的日常通行要求、安全疏散要求以及建筑造型艺术和立面设计要求等决定。为避免门扇面积过大导致门扇及五金连接件等变形而影响门的使用，门的宽度也要符合防火规范的要求。一般供人日常生活活动进出的门，门扇高度常在 1900～2100mm，宽度单扇门为 800～1000mm，辅助房间如浴厕、贮藏室的门为 600～800mm，双扇门为 1200～1800mm，腰窗高度一般为 300～600mm，如图 7.4 所示。

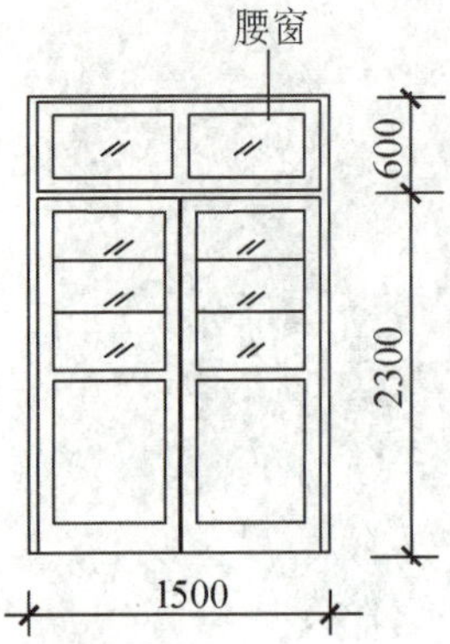

图 7.4　门窗高度和宽度示意

对于人员密集的剧院、电影院、礼堂、体育馆等公共场所中观众厅的疏散门，一般按每百人取 0.6～1.0m（宽度）；当人员较多时，出入口应分散布置。公共建筑和工业建筑的门可按需要适当提高。

7.2.2　门的选用与布置

1. 门的选用

① 公共建筑的出入口常用平开门、弹簧门、自动推拉门及转门等。转门（除可平开的转门外）、电动门、卷帘门和大型门的附近应另设平开的疏散门。疏散门的宽度应满足安全疏散及残疾人通行的要求。

② 公共出入口的外门应为外开或双向开启的弹簧门。位于疏散通道上的门应向疏散方向开启。托儿所、幼儿园、小学或其他儿童集中活动的场所不得使用弹簧门。

③ 湿度大的门不宜选用纤维板门或胶合板门。

④ 大型餐厅至备餐间的门宜做成双扇分上下行的单面弹簧门，要镶嵌玻璃。

⑤ 体育馆内运动员经常出入的门，门扇净高不得低于 2.2m。

⑥ 双扇开启的门洞宽度不应小于 1.2m，当为 1.2m 时，宜采用大小扇的形式。

⑦ 所有的门若无隔音要求，不得设门槛。

⑧ 推拉门、旋转门、电动门、卷帘门、吊门、折叠门不应作为疏散门。

2. 门的布置

① 两个相邻并经常开启的门，应避免开启时相互碰撞。

② 向外开启的平开外门，应有防止风吹碰撞的措施。如将门退进墙洞，或设门挡风钩等固定措施，并应避免与墙垛、腰线等突出物碰撞。

③ 门开向不宜朝西或朝北。

④ 凡无间接采光通风要求的套间内门，不需设上亮子，也不需设纱扇。

⑤ 经常出入的外门宜设雨篷，楼梯间外门雨篷下如设吸顶灯时应防止被门扉碰碎。

⑥ 变形缝处不得利用门框盖缝，门扇开启时不得跨缝。

⑦ 住宅内门的位置和开启方向，应结合家具布置考虑。

7.2.3 木门的组成与构造

木门主要由门框、门扇、腰窗、贴脸板（门头线）、筒子板（垛头板）、配套五金零件等部分组成，如图 7.5 所示。

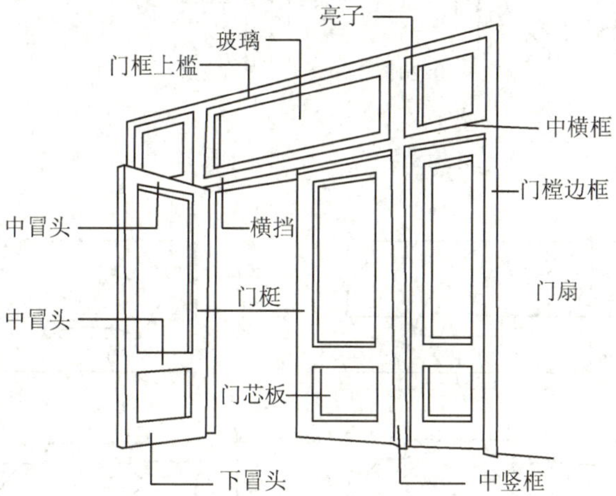

(a) 平开木门整体

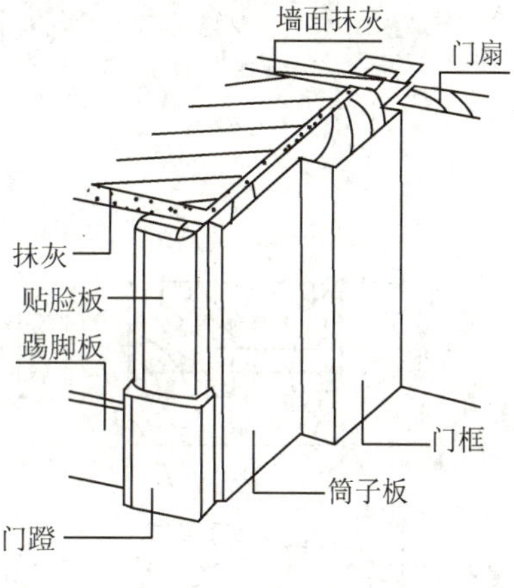

(b) 平开木门与墙衔接

图 7.5 平开木门的组成

1. 门框

门框又称门樘，其主要作用是固定门扇和腰窗并与门洞间相联系，一般由两根边框和上槛组成，有腰窗的门还有中横档；多扇门还有中竖梃，外门及特种需要的门有些还有下槛。门框用料一般分为四级，净料宽为 135mm、115mm、95mm、80mm，厚度分别为 52mm、67mm 两种。框料厚薄与木材优劣有关，一般采用松木和杉木。木门框的构造和断面形式与尺寸分别如图 7.6 和图 7.7 所示。为了掩盖门框与墙面抹灰之间的裂缝，提高室内装饰的质量，门框四周加钉，带有装饰框之间的镶合均用榫接，如图 7.6 所示。

2. 门扇

木门扇主要由上冒头、中冒头、下冒头、门框及门芯板等组成。按门板的材料，木门又有全玻璃门、半玻璃门、镶板门、夹板门、纱门、百叶门等类型。

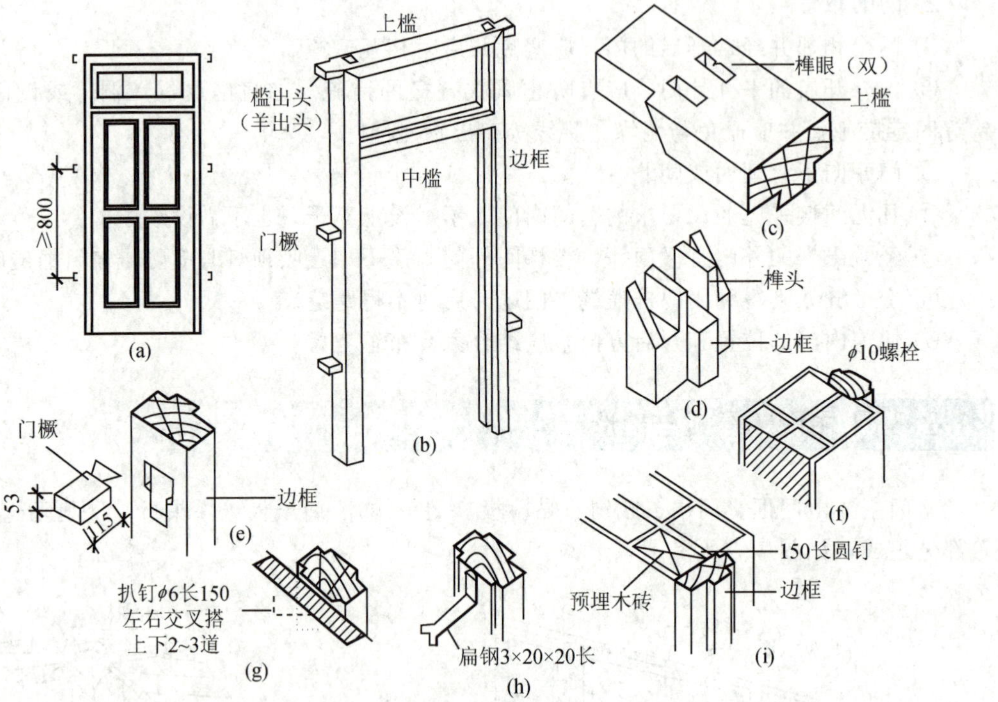

图 7.6 木门框的构造

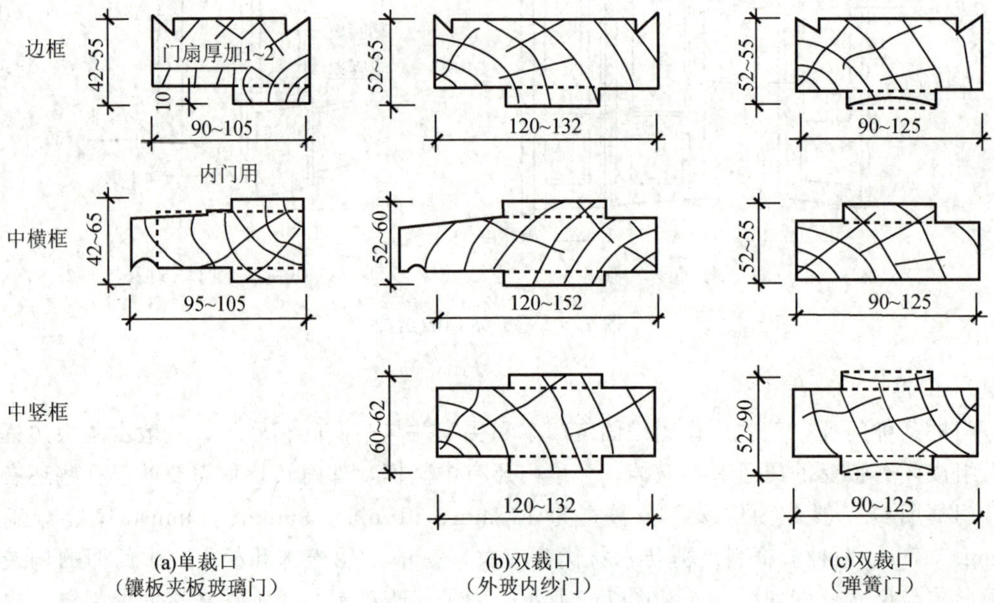

图 7.7 木门框的断面形式与尺寸

(1) 镶板门、玻璃门、纱门

主要骨架由上下冒头和两根边梃组成框子，有时中间还有一条或几条横冒头或一条竖向中梃，在其中镶装门芯板、纱。门芯板可用 10～15mm 厚木板拼装成整块，镶入边框。

有的地区门芯板用多层胶合板、硬质纤维板或其他塑料板等所代替。门扇边框的厚度即上下冒头和门梃厚度，一般为40～45mm，纱门的厚度为30～35mm，上冒头和两旁边梃的宽度为75～120mm，下冒头因踢脚等原因一般宽度较大，常用150～300mm。

(2) 夹板门和百叶门

先用木料做成木框格，再在两面用钉或胶粘的方法加上面板，框料的做法不一，如图7.8所示。外框用料35mm×(50～70)mm，内框用33mm×(25～35)mm的木料，中距100～300mm。夹板门构造须注意：面板不能胶粘到外框边，否则经常碰撞容易损坏。为了装门锁和铰链，边框料须加宽，也可局部另钉木条。为了保持门扇内部干燥，最好在上下框格上贯通透气孔，孔径为9mm。面板一般为胶合板、硬质纤维板或塑料板，用胶结材料双面胶结。有换气要求的房间，选用百叶门，如卫生间、厨房等。

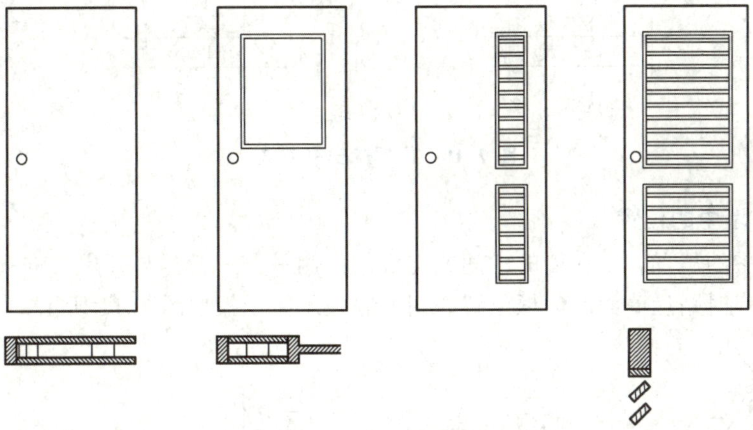

图7.8　夹板门示意图

3. 腰窗

腰窗构造同窗构造基本相同，一般采用中悬开启形式，也可以采用上悬、平开及固定窗形式，如图7.4～图7.6所示。

4. 门的五金零件

门的五金零件主要有铰链、插销、门锁和拉手(图7.9)等，均为工业定型产品，形式多种多样。在选型时，铰链需特别注意其强度，以防止其变形影响门的使用；拉手需结合建筑装修进行选型。

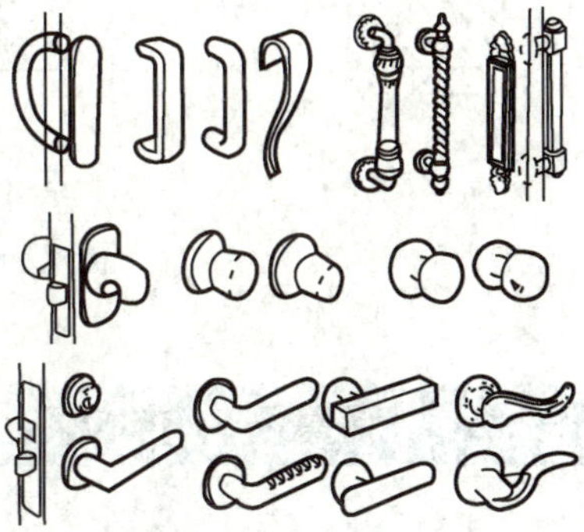

图7.9　拉手和拉手门锁

7.2.4　门的安装

门窗的安装

1. 门的安装

门的安装有先立口和后塞口两类，但均需在地面找平层和面层施工前进行，以便门边框伸入地面20mm以上。先立口安装目前使用较少。后塞口安装是在门洞口侧墙上每隔 500～800mm 高预埋木砖，用长钉、木螺钉等固定门框。门框外侧与墙面（柱面）的接触面、预埋木砖均需进行防腐处理，如图 7.10 所示。

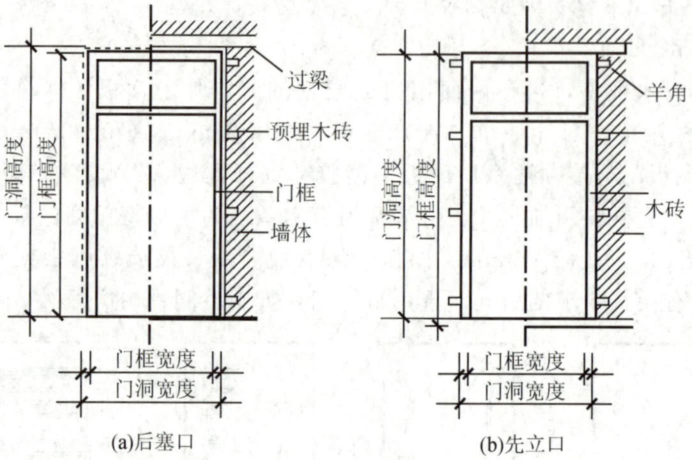

图 7.10 门框的安装方式

2. 门框在墙中的位置

门框在墙中的位置，可在墙的中间或与墙的一侧平。一般多与开启方向一侧平齐，尽可能使门扇开启时贴近墙面。门框位置、门贴脸板及筒子板如图 7.11 所示。

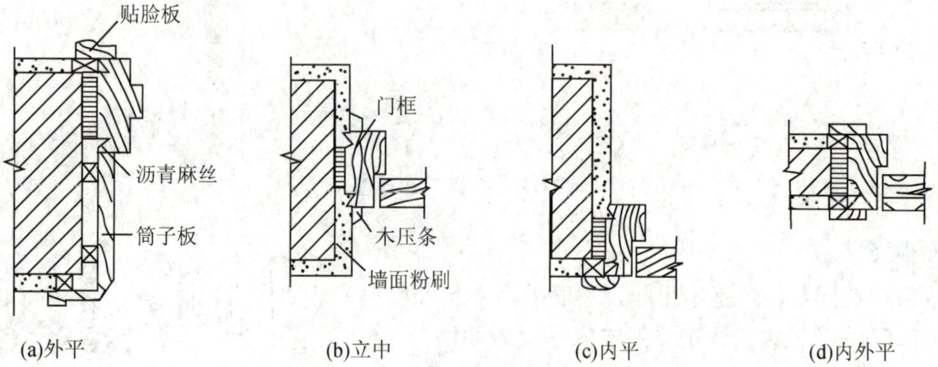

图 7.11 门框位置、门贴脸板及筒子板

7.2.5 弹簧门、推拉门、卷帘门、转门和玻璃门

门的分类

1. 弹簧门

弹簧门形式同平开门，但采用了弹簧铰链，可单向或内外弹动且开启后可自动关闭，所以兼具有内外平开门的特点，可进行多扇组合，一般适用于人流较多的公共场所。单面弹簧门多为单扇，常用于需有温度调节及气味要遮挡的房间，如厨房、厕所等；双面弹簧门适用于公共建筑的过厅、走廊及人流较多的房间。应在门扇上安装玻璃或者采用玻璃门扇，以免与人相互碰撞。弹簧门使用方便，但存在因关闭不严密造成空间密闭性不好的缺点。

2. 推拉门

推拉门是沿设置在门上部或下部的轨道左右滑移的门，可为单扇或双扇，有普通推拉门，也有电动及感应推拉门等。推拉门不占室内空间，门洞尺寸也可以较大，但有关闭不严密使空间密闭性不好的缺点。

3. 卷帘门

卷帘门是在门洞上部设置卷轴，利用卷轴将门帘上卷或放下来开关门洞口的门，主要由帘板、导轨及传动装置组成。页板的上部与卷筒连接，开启时，页板沿着门洞两侧的导轨上升，卷在卷筒上。门洞的上部安设传动装置，传动装置分手动和电动两种。卷帘门主要适用于商场、车库、车间等需大尺寸门洞的场合。

4. 转门

转门是20世纪90年代以来建筑入口非常流行的一种装修形式，它改变了门的入口形式。利用门的旋转给人带来一种动的美感，丰富了入口的内涵，同时又由于转门构造合理，开启方便，密封性能良好，赋予建筑现代感，广泛用于宾馆、商厦、办公大楼、银行等高级场所。转门的优点是室内外始终处于隔绝状态，能够有效防止室内外空气对流；缺点是交通能力小，不能作为安全疏散门，需要和平开门、弹簧门等组合使用。

转门为旋转结构，是由三或四扇门连成风车形，在两个固定弧形门套内旋转的门，旋转方向通常为逆时针，门扇的惯性转速可通过阻尼调节装置按需要进行调整，转门构造如图7.12所示，转门的标准尺寸见表7-1。转门按材质分为铝合金、钢质、钢木结合三种类型。铝合金转门采用转门专用挤压型材，由外框、圆顶、固定扇和活动扇四部分组成。氧化色常用仿金、银白、古铜等色。转门的轴承应根据门的重量选用。

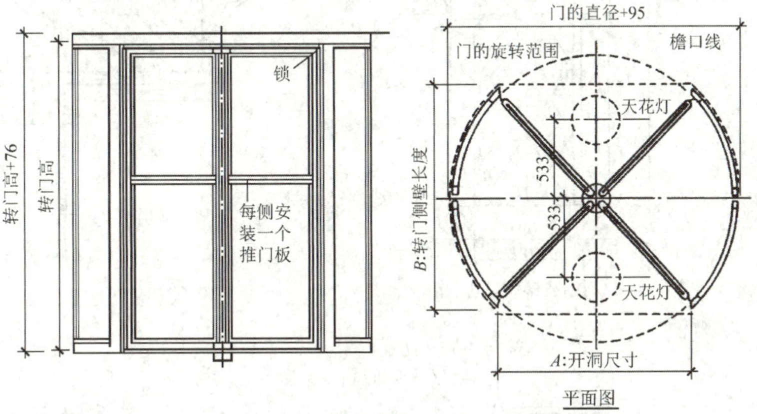

图7.12 转门构造图

表7-1 转门的标准尺寸　　单位：mm

直径	A	B
1980	1350	1520
2030	1370	1549
2080	1420	1587
2130	1440	1600
2180	1500	1651

续表

直径	A	B
2240	1520	1695
2290	1580	1730

转门的构造复杂、结构严密，起到控制人流通行量、防风保温的作用。转门不适用于人流较大且集中的场所，更不可作为疏散门使用。设置转门需有一定的空间，通常在转门的两侧加设平开门、弹簧门，以增加疏通量。

5. 玻璃门

玻璃门在必须采光与通透的出入口使用。除透明玻璃外，还有平板玻璃、毛玻璃及防冻玻璃等。

玻璃门的门扇构造与镶板门基本相同，只是镶板门的门芯板用玻璃代替，也可在门扇的上部装玻璃，下部装门芯板。对于小格子玻璃门，最好安装车边玻璃，这样的门显得十分精致而高贵。玻璃门也可采用无框全玻璃门，它用 10mm 厚的钢化玻璃做门扇，在上部装转轴铰链，下部装地弹簧，门的把手一定要醒目，以免伤人，玻璃门构造图如图 7.13 所示。

玻璃工程

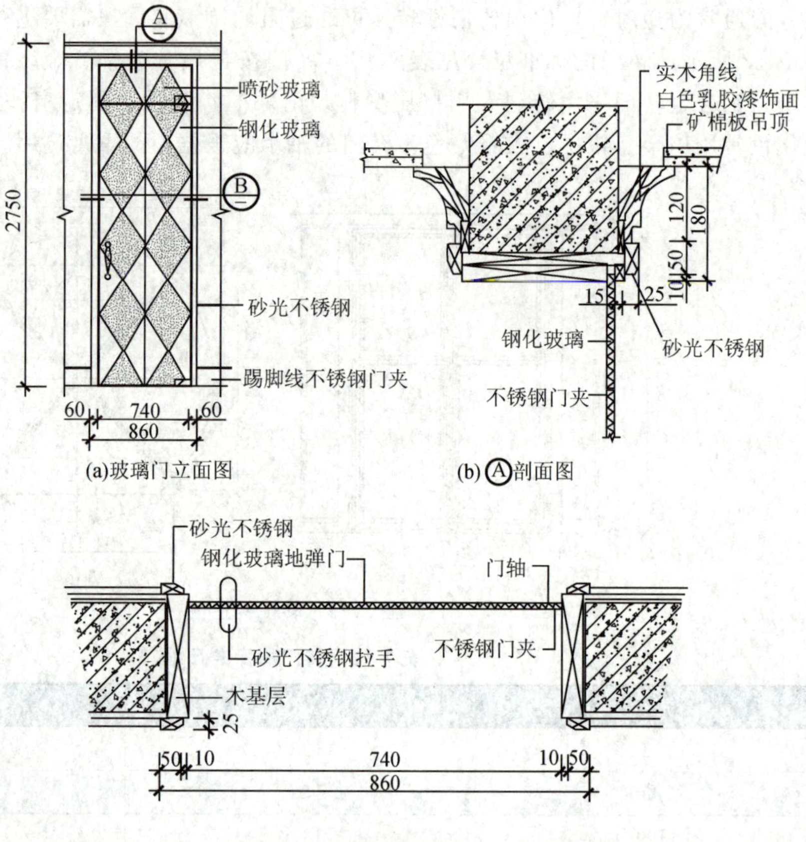

图 7.13　玻璃门构造

7.3 窗

想一想

我国南方属于温暖和炎热地区，为了通风的需要，窗扇经常处于开启状态，所以通常采用平开窗。木窗是建筑常用的形式，木窗的构造组成如何？其安装方法如何？

7.3.1 窗的分类与一般尺寸

窗按使用材料分为木窗、钢窗、铝合金窗、塑料窗、玻璃钢窗、塑钢窗等。

窗按开启方式分为固定窗、平开窗、悬窗、立式转窗、推拉窗、百叶窗等，如图7.14所示。

窗的分类

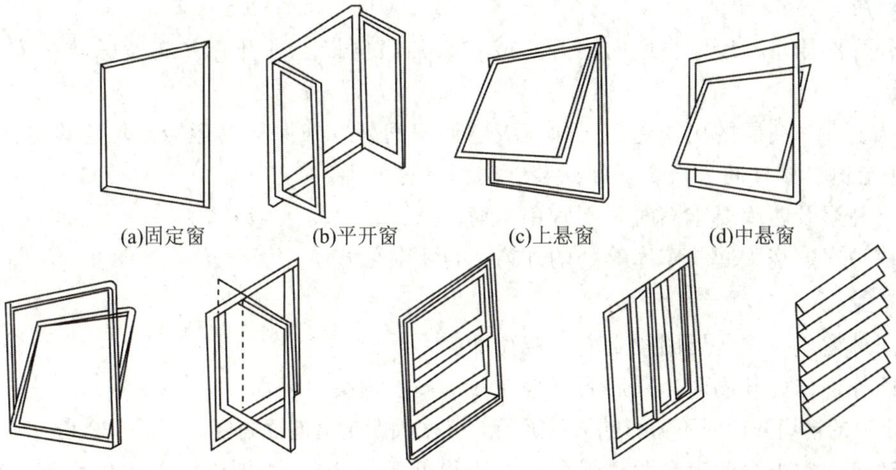

图 7.14 窗按开启方式分类

(1) 固定窗

固定窗是无窗扇、不能开启的窗。固定窗的玻璃直接嵌固在窗框上，可供采光和眺望之用。

(2) 平开窗

平开窗铰链安装在窗扇一侧与窗框相连，向外或向内水平开启。有单扇、双扇、多扇，有向内开与向外开之分。其构造简单、开启灵活、制作维修方便，是民用建筑中采用最广泛的窗。

(3) 悬窗

因铰链和转轴的位置不同，悬窗可分为上悬窗、中悬窗和下悬窗。

(4) 立式转窗

立式转窗引导风进入室内效果较好，防雨及密封性较差，多用于单层厂房的低侧窗。因密闭性较差，立式转窗不宜用于寒冷和多风沙的地区。

(5) 推拉窗

推拉窗分垂直推拉窗和水平推拉窗两种。它们开启时不占据室内外空间，窗扇受力状态较好，适宜安装较大玻璃，但通风面积受到限制。

(6) 百叶窗

百叶窗主要用于遮阳、防雨及通风，但采光差。百叶窗可用金属、木材、玻璃、钢筋混凝土等制作，有固定式和活动式两种形式。

窗的尺度主要取决于房间的采光、通风、构造做法和建筑造型等要求，并要符合现行《建筑模数协调统一标准》的规定。为使窗坚固耐久，一般平开木窗的窗扇高度为800～1200mm，宽度不宜大于500mm；上下悬窗的窗扇高度为300～600mm；中悬窗窗扇高不宜大于1200mm，宽度不宜大于1000mm；推拉窗高宽均不宜大于1500mm。对一般民用建筑用窗，各地均有通用图，各类窗的高度与宽度尺寸通常采用扩大模数3M数列作为洞口的标志尺寸，需要时只要按所需类型及尺寸大小直接选用。

7.3.2 窗的选用与布置

1. 窗的选用

① 面向外廊的居室、厨厕窗应向内开，或在人的高度以上外开，并应考虑防护安全及密闭性要求。

② 无论低、多、高层的民用建筑，除高级空调房间外（确保昼夜运转）均应设纱扇，并应注意防止走道、楼梯间、次要房间漏装纱扇而常进蚊蝇。

③ 高温、高湿及防火要求高时，不宜用木窗。

④ 用于锅炉房、烧火间、车库等处的外窗，可不装纱扇。

2. 窗的布置

① 楼梯间外窗应考虑各层圈梁走向，避免冲突。

② 楼梯间外窗作内开扇时，开启后不得在人的高度内突出墙面。

③ 公共走道的窗扇开启时不得影响人员通行，其底面距走道地面高度不应低于2.0m。

④ 公共建筑临空外窗的窗台距楼地面净高不得低于0.8m，否则应设置防护设施，防护设施的高度由地面起算不应低于0.8m。

⑤ 居住建筑临空外窗的窗台距楼地面净高不得低于0.9m，否则应设置防护设施，防护设施的高度由地面起算不应低于0.9m。

⑥ 当凸窗窗台高度低于或等于0.45m时，其防护高度从窗台面起算不应低于0.9m；当凸窗窗台高度高于0.45m时，其防护高度从窗台面起算不应低于0.6m。

⑦ 需做暖气片时，窗台板下净高净宽需满足暖气片及阀门操作的空间需要。

⑧ 错层住宅屋顶不上人处，尽量不设窗，如因采光或检修需设窗时，应有可锁启的铁栅栏，以免儿童上屋顶发生事故，并可以减少屋面损坏。

7.3.3 窗的组成与构造

窗主要由窗框、窗扇和五金零件三部分组成，如图7.15所示。

① 窗框又称窗樘。其主要作用是与墙连接并通过五金零件固定窗扇。窗框由上槛、中槛、下槛、边框用合角全榫拼接成框。一般尺度的单层窗窗樘的厚度常为40～50mm，宽度为70～95mm，中竖梃双面窗扇需加厚一个铲口的深度10mm，中横档除加厚10mm外，若要加披水，一般还要加宽20mm左右。

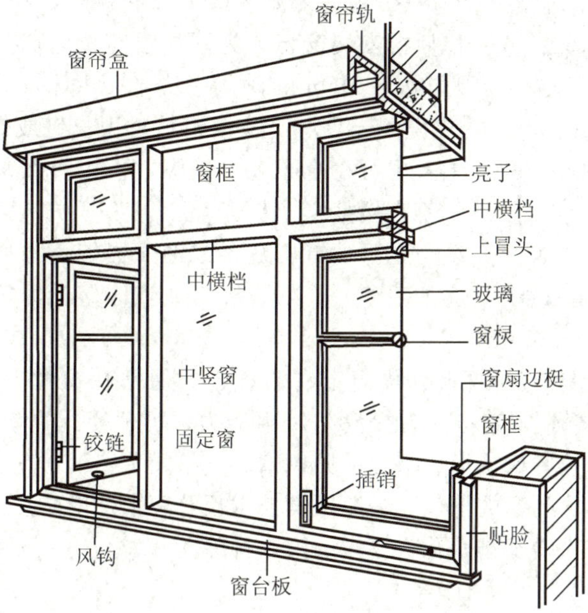

图7.15 窗的组成

② 窗扇。平开玻璃窗一般由上下冒头和左右边梃榫接而成，有的中间还设窗棂。窗扇厚度为35～42mm，一般为40mm。上下冒头及边梃的宽度视木料材质和窗扇大小而定，一般为50～60mm，下冒头可较上冒头适当加宽10～25mm，窗棂宽度约27～40mm。

玻璃常用厚度为3mm，较大面积可采用5mm或6mm。为了隔声保温等需要可采用双层中空玻璃；需遮挡或模糊视线可选用磨砂玻璃或压花玻璃；为了安全可采用夹丝玻璃、钢化玻璃以及有机玻璃等；为了防晒可采用有色、吸热和涂层、变色等种类的玻璃。

纱窗窗扇用料较小，一般为30mm×50mm～35mm×65mm。

百叶窗中的固定百叶窗（硬百叶窗）用（10～15)mm×(50～75)mm的百叶板，两端开半榫装于窗梃内侧，成30°～45°之斜度，间距约为30mm。固定百叶窗的规格一般宽为400、600、1000、1200mm，高为600、800、1000mm几种。活动百叶窗百叶板间距约为40mm，用垂直于百叶板的调节木棒装羊眼螺钉与板联系，该木棒俗称猢狲棒。

③ 五金零件一般有铰链、插销、窗钩、拉手和铁三角等。铰链又称合页，是连接窗扇和窗框的连接件，窗扇可绕铰链转动；插销和窗钩是固定窗扇的零件；拉手为开关窗扇用。

7.3.4 窗的安装方法

窗的安装也是分先立口和后塞口两类。

① 立口又称立樘子，施工时先将窗樘放好后砌窗间墙。上下档各伸出约半砖长的木

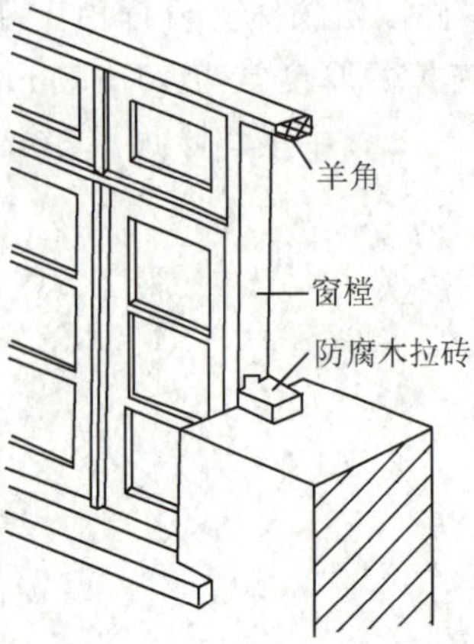

图 7.16　窗的先立口安装

段（羊角或走头），在边框外侧每 500～700mm 设一木拉砖（木鞠）或铁脚砌入墙身，如图 7.16 所示。这种方法的特点：窗樘与墙的连接紧密，但施工不便，窗樘及其临时支撑易被碰撞，较少采用。

② 塞口又称塞樘子或嵌樘子，在砌墙时先留出窗洞，以后再安装窗樘。为了加强窗樘与墙的联系，窗洞两侧每隔 500～700mm 砌入一块半砖大小的防腐木砖（窗洞每侧应不少于两块），安装窗樘时用长钉或螺钉将窗樘钉在木砖上，也可在樘子上钉铁脚，再用膨胀螺钉在墙上或用膨胀螺钉直接把樘子钉于墙上。为了抗风雨，外侧须用砂浆嵌缝，也可加钉压缝条或油膏嵌缝，寒冷地区应用纤维或毡类如毛毡、矿棉、麻丝或泡沫塑料绳等垫塞。塞樘子的窗樘每边应比窗洞小 10～20mm。

一般窗扇都用铰链、转轴或滑轨固定在窗樘上。通常在窗樘上做铲口，深约 10～12mm，也有钉小木条形成铲口。为提高防风雨能力，可适当提高铲口深度（约 15mm）或钉密封条，或在窗樘留槽，形成空腔的回风槽。

外开窗的上口和内开窗的下口，一般须做披水板及滴水槽以防止雨水内渗，同时在窗樘内槽及窗盘处做积水槽及排水孔将渗入的雨水排除。

窗框在墙中的位置

窗框在墙中的位置，一般是与墙内表面平，安装时窗框突出砖面 20mm，以便墙面粉刷后与抹灰面平。框与抹灰面交接处，应用贴脸板搭盖，以阻止由于抹灰干缩形成缝隙后风透入室内，同时可增加美观。贴脸板的形状及尺寸与门的贴脸板相同。

当窗框立于墙中时，应内设窗台板，外设窗台。窗框外平时，靠室内一面设窗台板。

7.4　铝合金门窗和塑料门窗

想一想

我国南方地区气候炎热，通常采用带型窗，某大学教学楼，采用铝合金推拉窗。南方某住宅小区采用塑钢窗，密闭性好。

铝合金门窗的构造做法如何？铝合金门窗的安装方法如何？塑钢门窗的构造如何？塑钢门窗的安装方法如何？

7.4.1　铝合金门窗

铝合金是以铝为主，加入适量钢、镁等多种元素的合金。具有质量轻、强度高、耐腐蚀、无磁性、易加工、质感好，特别是其密闭性能好，远比钢、木门窗优越，广泛应用于各种建筑中，但造价较高；铝合金门、窗扇面积较大，其结构坚挺，从建筑的立面效果看，大块玻璃门窗，使建筑物显得简洁明亮，更有现代感。

1. 铝合金门

铝合金门的形式很多，其构造方法与木门、钢门相似。也由铝合金门框、门扇、腰窗及五金零件组成。按其门芯板的镶嵌材料有铝合金条板门、半玻璃门、全玻璃门等形式，主要有平开、弹簧、推拉三种开启方法，其中铝合金的弹簧门、铝合金推拉门是目前最常用的，图 7.17 为铝合金弹簧门的构造示意。

铝合金门为避免门扇变形，其单扇门宽度受型材影响有如下限制，平开门最大尺寸：55 系列 900mm×2100mm；70 系列型材：900mm×2400mm；推拉门最大尺寸：70 系列型材 900mm×2100mm；90 系列型材 1050mm×2400mm；地弹簧门最大尺寸：90 系列型材 900mm×2400mm；100 系列 1050mm×2400mm。铝合金门构造有国家标准图集，各地区也有相应的通用图供选用。

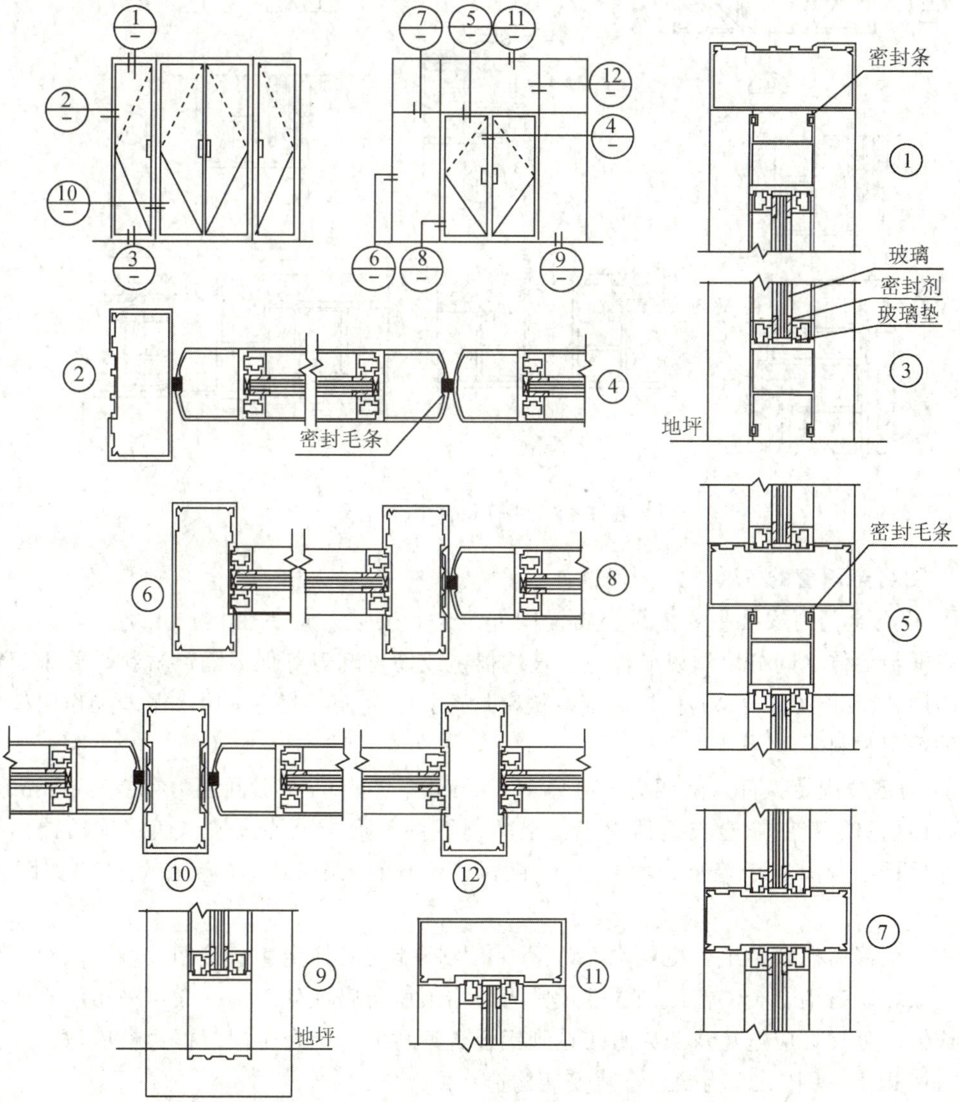

图 7.17 铝合金弹簧门的构造示意

2. 铝合金窗

铝合金窗质量轻、气密性和水密性能好，其隔音、隔热、耐腐蚀等性能也比普通木窗、钢窗有显著提高，并且不需要日常维护；其框料还可通过表面着色、涂膜处理等获得多种色彩和花纹，具有良好的装饰效果，是目前建筑中使用较为广泛的基本窗型。不足的是强度较钢窗、塑钢窗低，其平面开窗尺寸较大时易变形。平开铝合金窗构造如图 7.18 所示。

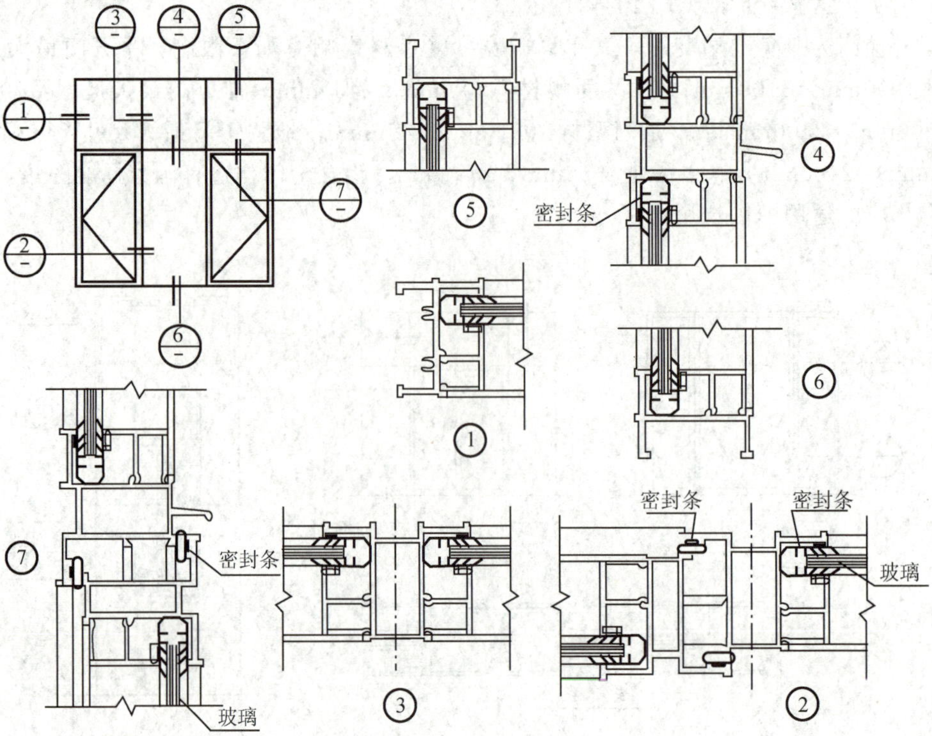

图 7.18　平开铝合金窗构造

3. 铝合金门窗的安装

① 铝合金门窗安装主要依靠金属锚固件定位，安装时应保证定位正确、牢固，然后在门窗框与墙体之间分层填以矿棉毡、玻璃棉毡或沥青麻刀等保温隔声材料，并于门窗框内外四周各留 5～8mm 深的槽口后填建筑密封膏。铝合金门窗不宜用水泥砂浆作门框与墙体间的填塞材料。

② 门窗框固定铁件，除四周离边角 180mm 设一点外，一般间距为 400～500mm，铁件可采用射钉、膨胀螺栓或钢件焊于墙上的预埋件等形式，锚固铁卡两端均须伸出铝框外，然后用射钉固定于墙上，固定铁卡用厚度不小于 1.5mm 厚的镀锌铁片，如图 7.19 所示。

铝合金门窗框料及组合梃料除不锈钢外，均不能与其他金属直接相接触，以免产生电腐蚀现象，所有铝合金门窗的加强件及紧固件均须做防腐蚀处理，一般可采用沥青防腐漆满涂或镀锌处理，应避免将灰浆直接粘到铝合金型材上，铝合金门门框边框应深入地面面层 20mm 以上，图 7.20 为铝合金窗安装构造示意。

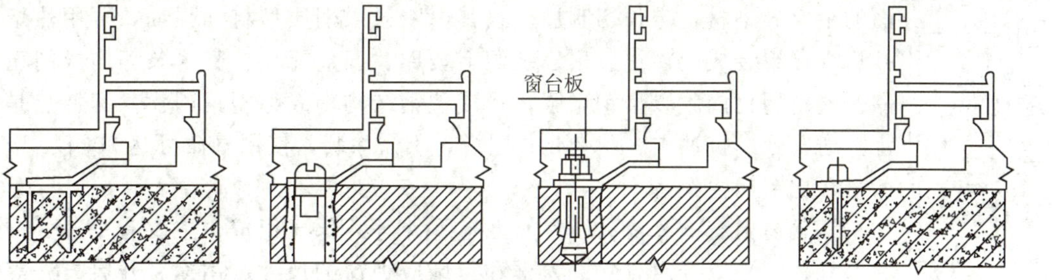

(a)预埋件焊接连接　(b)燕尾铁脚螺栓连接　(c)金属胀锚螺栓连接　(d)射钉连接

图 7.19　铝合金窗的安装构造

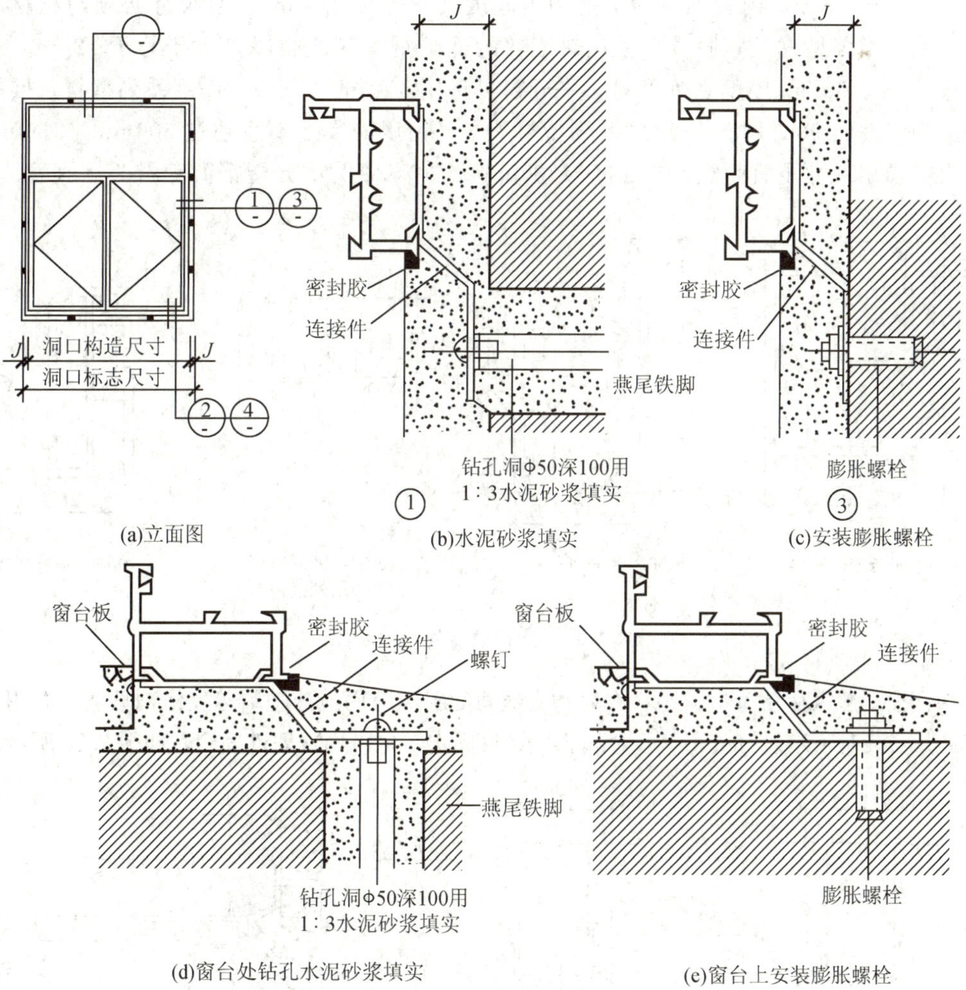

图 7.20　铝合金窗安装构造示意

7.4.2　塑钢门窗

塑钢门窗是以改性硬质聚氯乙烯（简称 UPVC）为原料，经挤塑机挤出成型为各种断

塑钢门窗构造及安装

面的中空异型材，定长切割后，在其内腔衬入钢质型材加强筋，再用热熔焊接机焊接组装成门窗框、扇、装配上玻璃、五金配件、密封条等构成门窗成品。塑料型材内膛以型钢增强，形成塑钢结构，故称塑钢门窗。其特点是耐水、耐腐蚀、抗冲击、耐老化、阻燃，不需涂装，使用寿命可达 30 年。节约木材，比铝门窗经济。

塑钢窗由窗框、窗扇、窗的五金零件等三部分组成，主要有平开、推拉和上悬、中悬等开启方式。窗框和窗扇应视窗的尺寸、用途、开启方法等因素选用合适的型材，材质应符合《门、窗用未增塑聚氯乙烯（PVC－U）型材》（GB/T 8814—2017）的规定。一般情况下，型材框扇外壁厚度大于等于 2.3mm，内腔加强筋厚度大于等于 1.2mm，内腔加衬的增强型钢厚度大于等于 1.2mm，且尺寸必须与型材内腔尺寸一致。增强型钢及紧固件应采用热镀锌的低碳钢，其镀膜厚度大于等于 12μm。固定窗可选用 50、60mm 厚度系列型材，平开窗可选用 50、60、80mm 厚度系列型材，推拉窗可选用 60、80、90、100mm 厚度系列型材。平开窗扇的尺寸不宜超过 600mm×1500mm，推拉窗的窗扇尺寸不宜超过 900mm×1800mm。图 7.21 为部分塑钢窗专用型材示意。

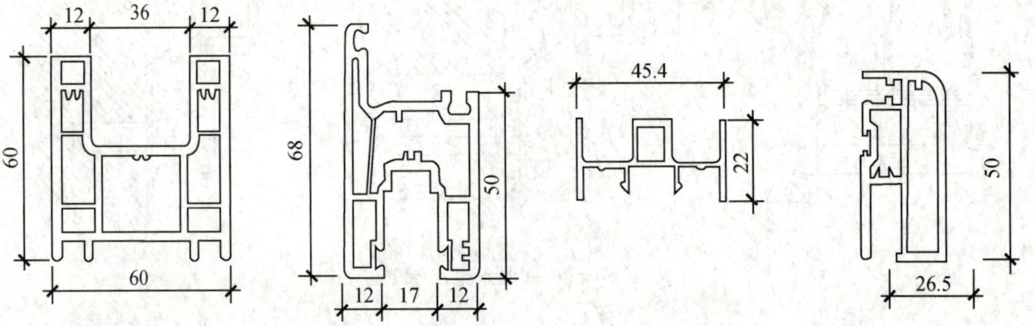

(a)60系列推拉框　(b)60、90系列推拉扇　(c)60、90系列经济90系列接口梃　(d)60、90系列纱窗

图 7.21　塑钢窗专用型材示意

塑钢窗一般采用后塞口安装，在墙和窗框间的缝隙应用泡沫塑料等发泡剂填实，并用玻璃胶密封。安装时可用射钉或塑料、金属膨胀螺钉固定，也可用预埋件固定，如图 7.22 所示。

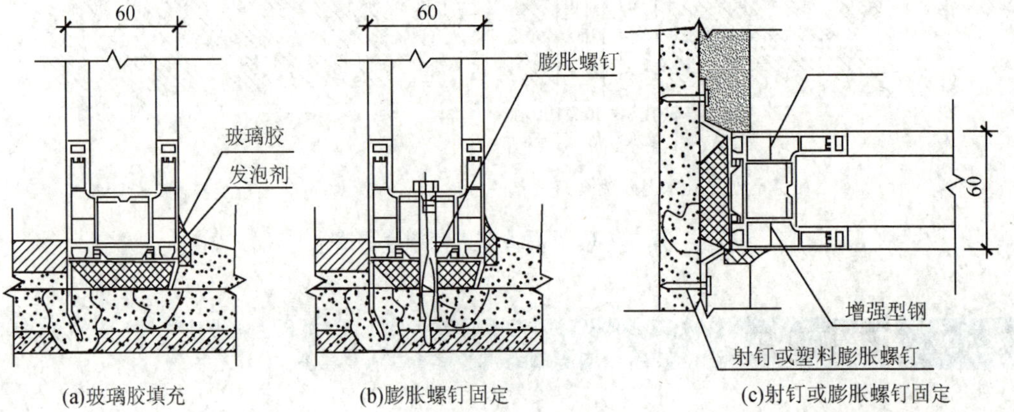

(a)玻璃胶填充　(b)膨胀螺钉固定　(c)射钉或膨胀螺钉固定

图 7.22　塑钢窗的安装

7.5 遮阳构造

想一想

在《夏热冬冷地区居住建筑节能设计标准》(JGJ 134—2010)中规定外窗(包括阳台门透明部分)面积不应过大，外窗宜设置活动外遮阳；《民用建筑热工设计规范》(GB 50176—2016)规定空调建筑的向阳面，特别是东、西向窗户，应采取热反射玻璃、反射阳光涂膜、各种固定式和活动式遮阳等有效的遮阳措施；《工业建筑供暖通风与空气调节设计规范》(GB 50019—2015)规定空调房间应尽量减少外窗的面积，并应采取遮阳措施。那么，在建筑中，是怎么满足遮阳这一需求和功能的呢？

遮阳是为了避免阳光直射室内，防止局部过热，减少太阳辐射热或产生眩光以及保护物品而采取的建筑措施。建筑遮阳方法很多，如室外绿化、室内窗帘、设置百叶窗等均是有效方法，但对于太阳辐射强烈的地区，特别是朝向不利的墙面上、建筑的门窗等洞口，应设置专用遮阳措施。

在窗外设置遮阳设施对室内通风和采光均会产生不利影响，对建筑造型和立面设计也会产生影响。因此，遮阳构造设计时应根据采光、通风、遮阳、美观等统一考虑。

7.5.1 遮阳的形式

建筑遮阳包括建筑外遮阳、玻璃遮阳、建筑内遮阳和窗遮阳等。

建筑遮阳

1. 建筑外遮阳

建筑外遮阳是非常有效的遮阳措施，它可以是永久性的建筑遮阳构造，如遮阳板、遮阳挡板、屋檐等；也可以是可拆卸的，如百叶、活动挡板、花格等。

简易活动遮阳是利用苇席、布篷竹帘等措施进行遮阳，简易遮阳简单、经济、灵活，但耐久性差，如图 7.23 所示。

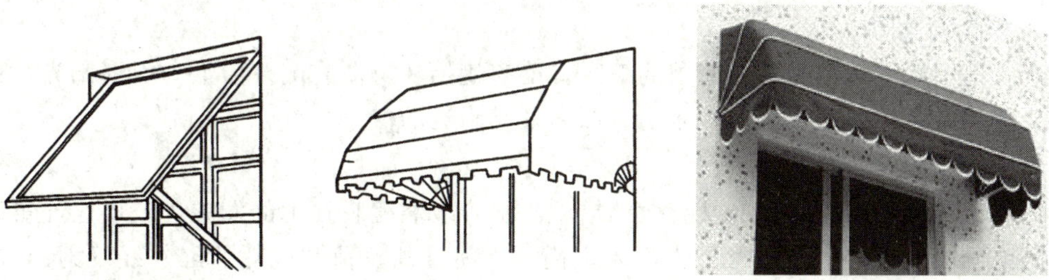

(a) 活动挡板　　(b) 布篷　　(c) 布篷实物图

图 7.23　简易遮阳

固定遮阳板按其形状和效果，可分为：水平遮阳、垂直遮阳和综合式遮阳，如图 7.23 所示。在工程中应根据太阳光线的高度角及方向选择遮阳板的尺寸和布置形式。

(1) 水平遮阳

水平遮阳能够遮挡高度角较大的、从窗口上方照射下来的阳光，它适用于南向及附近的窗口或北回归线以南低纬度地区之北向及其附近的窗口，如图 7.24 所示。

图 7.24 水平遮阳

(2) 垂直遮阳

垂直遮阳主要应用于东西向的建筑，如图 7.25 所示。

图 7.25 垂直遮阳

(3) 综合式遮阳

综合式遮阳水平遮阳和垂直遮阳的综合，能够遮挡从窗左右侧及前上方斜射阳光，遮挡效果比较均匀，主要适用于南、东南、西南及其附近的窗口。

2. 玻璃遮阳

降低玻璃的遮蔽系数也是非常有效的措施。随着玻璃镀膜技术的发展，玻璃已经可以对入射的太阳光进行选择，将可见光引入室内，而将增加负荷和能耗的红外线反射出去。玻璃遮阳已经成为现代建筑遮阳最主要的手段之一。

3. 建筑内遮阳和窗遮阳

建筑内遮阳和窗遮阳设施也被广泛采用，有时在建筑造型的限制下，建筑内遮阳和窗遮阳设施的设置还是必须采取的唯一选择措施。

知识延伸：欧洲的建筑遮阳

欧洲的建筑遮阳

1. 住宅建筑遮阳

欧洲的建筑几乎都有遮阳设施，居住建筑遮阳多种多样，并且绝大多数是使用活动外遮阳。夏季，遮阳设施把强烈的太阳热辐射热阻挡在室外，只让光线进入室内，少用或者不用空调制冷，室内温度也很舒服。冬季在夜间，将遮阳帘（板）闭合，可有效阻挡夜间的冷风和冷空气进入室内，有利于保持室内的热舒适度，降低采暖能耗，并且可以防盗；白天把遮阳帘（板）打开，让阳光照射进室内，提高了室内温度和光照度。图 7.26 为德国住宅建筑遮阳。

位于地中海地区、阳光照射强烈的意大利，更加重视建筑遮阳。住宅建筑全部都有遮阳设施。没有遮阳设施的房子，根本无法出租，更不要说出售了。意大利的住房，其遮阳早已与建筑融为一体，围护结构的透明部分，必定有遮阳设施。甚至窗户与遮阳设施是设计、制造为一体的，不必在安装好窗户之后再安装遮阳设施。在安装窗户的同时，窗户遮阳就已经被同时安装到位。

不论是年代久远的建筑还是现代建筑、新建建筑，建筑遮阳设施在欧洲住宅建筑中应有尽有，不拘一格。这些遮阳设施，不仅为居住者提供了舒适的室内温度，还构成亮丽的城市风景，成为建筑风格的一个有机的组成部分。

(a) 德国建筑的传统外遮阳板

(b) 德国住宅金属外遮阳活动百叶卷帘

图 7.26 德国住宅建筑遮阳

2. 公共建筑遮阳

欧洲城市历史悠久，高大宏伟的古典建筑比比皆是。这些建筑向人们诉说着城市的历史，也为世人展现出不同形式的建筑遮阳，有的甚至还为建筑风格起到了画龙点睛的作用。欧洲的古典大型建筑，往往是从建筑构造方面解决垂直遮阳和水平遮阳问题。

当代建筑的遮阳形式更是多种多样，融入了现代化科技内容：在建筑的透明部位安设太阳光伏板，在用太阳能发电的同时又起到为建筑遮阳的作用；出挑的屋面，利用结构起到遮阳作用；在玻璃幕墙上做文章，使用充惰性气体的中空玻璃，并且在内外层玻璃当中安设遮阳百叶，也是对建筑透明部分遮阳的好方法。

图 7.27 为德国某公共建筑活动外遮阳翻板，遮阳翻板可以根据需要局部或全部打开。图 7.28 为德国某公共建筑玻璃遮阳板，玻璃可以有效地避免眩光，玻璃与玻璃之间的缝

隙可以满足通风的需要。

活动外遮阳是降低建筑能耗、获得室内热舒适环境的良好途径。由于遮阳设施是可移动的，在我们需要阳光时，将其移开，让温暖的阳光进入室内，增加室内温度。冬季的夜晚，活动外遮阳主动地将寒风和冷空气挡在室外，有利于在保持室内热舒适度的同时，降低采暖能耗。在夏季，当我们不需要强烈的太阳辐射进入室内时，使用活动外遮阳帘板，阻挡强烈的太阳辐射热进入室内，降低了空调制冷的能耗，室内同样可以保持凉爽。据调查研究，采取建筑遮阳措施可以将空调能耗降低25%左右，采暖能耗降低10%左右。对节约能源、减少有害气体的产生以及保护环境等，都是巨大的贡献。

图 7.27　德国某公共建筑活动外遮阳翻板

图 7.28　德国某公共建筑玻璃遮阳板

7.5.2　遮阳板的构造及建筑处理方法

遮阳板一般采用混凝土板，也可以采用钢构架石棉瓦、压型金属板等构造。建筑立面上设置遮阳板时，为兼顾建筑造型和立面设计要求，遮阳板布置宜整齐有规律。建筑通常将水平遮阳板或垂直遮阳板连续设置，形成较好的立面效果，如图 7.29 所示。

遮阳板

图 7.29　遮阳板的建筑立面效果

模块小结

门在建筑上的主要功能是围护、分隔和室内、室内外交通疏散，并兼有采光、通风和装饰作用。

窗的主要建筑功能是通风和采光，兼有装饰、观景的作用。

门按开启方式分为平开门、弹簧门、推拉门、折叠门、转门，其他还有上翻门、升降门、卷帘门等。

木门主要由门樘、门扇、腰窗、贴脸板、筒子板、五金零件等部分组成。

门的安装有先立口和后塞口两类。

窗主要由窗框、窗扇和五金零件三部分组成。

门的安装有先立口和后塞口两类。

铝合金门的形式很多，其构造方法由铝合金门框、门扇、腰窗及五金零件组成。

铝合金门窗安装主要依靠金属锚固件定位，在门窗框与墙体之间分层填以矿棉毡、玻璃棉毡或沥青麻刀等保温隔声材料，并于门窗框内外四周各留 5～8mm 深的槽口后填建筑密封膏。

塑钢窗由窗框、窗扇、窗的五金零件等三部分组成。塑钢窗一般采用后立口安装，在墙和窗框间的缝隙应用泡沫塑料等发泡剂填实，并用玻璃胶密封。

建筑的外遮阳是非常有效的遮阳措施。

复习思考题

一、填空题

1. 门窗框的安装方法有（　　　）和（　　　）两种。
2. 平开窗的组成主要有（　　　）、（　　　）、（　　　）组成。
3. 门洞宽度和高度的级差，基本按扩大模数（　　　）递增。
4. 只可采光而不可通风的窗是（　　　）。

二、选择题

1. 民用建筑窗洞口的宽度和高度均应采用（　　）模数。
   A. 300mm　B. 30mm　C. 60mm　D. 600mm
2. 以下说法中正确的是（　　）。
   A. 推拉门是建筑中最常见、使用最广泛的门
   B. 转门可向两个方向旋转，故可做疏散门
   C. 转门可作为寒冷地区公共建筑的外门，可作为疏散门
   D. 平开门是建筑中最常见、使用最广泛的门
3. 平开木窗的窗扇由（　　）组成。
   A. 上冒头、下冒头、窗芯、玻璃　B. 边框、上下框、玻璃
   C. 边框、五金零件、玻璃　D. 亮子、上冒头、下冒头、玻璃
4. 只能采光不能通风的窗是（　　）。
   A. 固定窗　B. 悬窗　C. 立转窗　D. 百叶窗
5. 民用建筑中应用最广泛的门是（　　）。
   A. 平开门　B. 玻璃门　C. 推拉门　D. 弹簧门
6. 民用建筑中应用最广泛的窗是（　　）。
   A. 平开窗　B. 上悬窗　C. 推拉窗　D. 立转窗
7. 门窗常采用的安装方法是（　　）。
   A. 后塞口　B. 先立口
   C. 预埋木框　D. 与砖墙砌筑同时施工
8. 下列门中不宜用于幼儿园的门是（　　）。
   A. 平开门　B. 折叠门　C. 推拉门　D. 弹簧门
9. 安装窗框时，若采用塞口的施工方法，预留的洞口比窗框至少大（　　）mm。
   A. 10　B. 20　C. 30　D. 50

三、简答题

1. 门和窗的作用分别是什么？
2. 简述平开木窗、木门的构造组成。
3. 门和窗各有哪几种开启方式？它们各有何特点？使用范围是什么？
4. 安装木窗框的方法有哪些？各有什么特点？
5. 铝合金门窗和塑料门窗有哪些特点？
6. 铝合金门窗和塑钢窗的构造是什么？

7. 铝合金门窗和塑料门窗的安装要点是什么?

8. 建筑中遮阳措施有哪些?

模块7
在线答题

模块 8 变形缝

思维导图

- 变形缝
  - 变形缝的类型
    - 熟悉｜伸缩缝的概念
    - 熟悉｜沉降缝的概念
    - 熟悉｜防震缝的概念
  - 变形缝的设置原则
    - 掌握｜伸缩缝的设置原则
    - 掌握｜沉降缝的设置原则
    - 掌握｜防震缝的设置原则
  - 变形缝的构造
    - 掌握｜变形缝在墙体、楼地面、屋面各个位置的构造处理方法

知识点滴

后浇带施工控制措施

在建筑施工中为防止现浇钢筋混凝土结构由于温度、收缩不均可能产生的有害裂缝。按照设计或施工规范要求，在基础底板、墙、梁相应位置留设临时施工缝，将结构暂时划分为若干部分，经过构件内部收缩，在若干时间后再浇捣该施工缝混凝土，将结构连成整体的过程称为后浇带施工。

后浇带按作用分可分为三种：用于解决高层主体与低层裙房的差异沉降者，称为沉降后浇带；用于解决钢筋混凝土收缩变形者，称为收缩后浇带；用于解决混凝土温度应力者，称为温度后浇带。后浇带一般可同时考虑几种作用。

设置后浇带的位置、距离通过设计计算确定，其宽度考虑施工简便、避免应力集中，通常为800～1200mm。在有防水要求的部位设置后浇带，应考虑止水带构造。后浇带部位填充的混凝土强度等级须比原结构提高一级。收缩后浇带在混凝土浇筑以后2个月浇筑。沉降后浇带在主体结构封顶以后2个月浇筑。后浇带浇筑时可在水泥中掺微量铝粉，形成微膨胀混凝土，其强度等级应比构件强度高一级，防止新老混凝土之间出现裂缝，造成薄弱部位。

8.1 变形缝的类型与设置原则

想一想

某地区安居工程，总建筑面积为50万平方米，包括单体建筑110幢，其中大部分为砖混结构，长度在50m左右，采用钢筋混凝土坡屋面。一期工程完成后发现，没有设置变形缝的房屋两端山墙均不同程度地出现裂缝，而设置变形缝的房屋两端山墙则基本无此现象。很明显，裂缝产生的原因是温度应力，建设单位要求设计单位在二期工程中对于长度较大的房屋均应设置温度变形缝。那么，在实际建设工程中，变形缝该怎么设计和设置呢？

8.1.1 变形缝的类型

当建筑物的长度超过规定、体型复杂、平立面特别不规则、平面图形曲折变化比较多，或同一建筑物不同部分的高度或荷载差异较大时，建筑构件内部会因温度变化、地基的不均匀沉降或地震等原因产生附加应力。当这种应力较大而又处理不妥当时，会引起建筑构件产生变形，导致建筑物出现裂缝甚至破坏，影响正常使用与安全。为了预防和避免这种情况发生，一般可以采取两种措施：加强建筑物的整体性，使之具有足够的强度和刚度来克服这些附加应力和变形；或在设计和施工中预先在这些变形敏感部位将建筑构件垂直断开，留出一定的缝隙，将建筑物分成若干独立的部分，形成多个较规则的抗侧力结构单元。这种将建筑物垂直分开的预留缝隙称为变形缝，如图 8.1 所示。

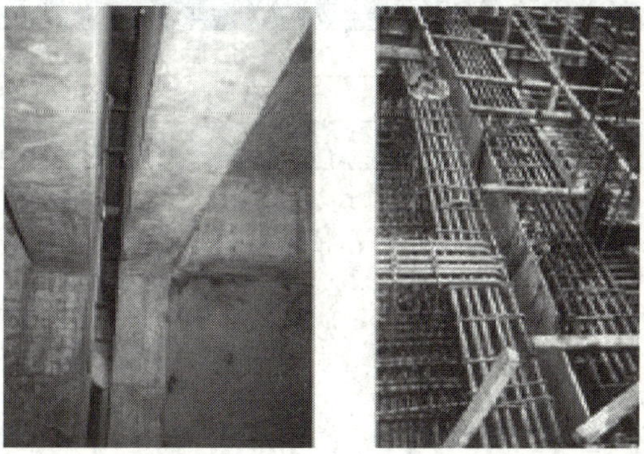

图 8.1　变形缝

变形缝按其作用的不同分为伸缩缝、沉降缝、防震缝三种。伸缩缝又称温度缝，是为防止由于建筑物超长而产生的伸缩变形。沉降缝是解决由于建筑物高度不同、质量不同、平面形状复杂等而产生的不均匀沉降变形。防震缝是解决由于地震产生的相互撞击变形。虽然各种变形缝的功能不同，但它们的构造要求基本相同，应依据工程实际情况设置，符合设计规范规定要求。采用的构造处理方法和材料应根据设缝部位和需要分别满足盖缝、防水、防火、防虫、保温等方面的要求，要确保变形缝两侧的建筑物各独立部分能自由变形，互不影响。

8.1.2　变形缝的设置原则

1. 伸缩缝

变形缝

建筑物因受到温度变化的影响而产生热胀冷缩，使结构构件内部产生附加应力而变形。当建筑物体型较长时为避免建筑物因热胀冷缩较大而使结构构件产生裂缝，建筑物中需设置伸缩缝。当下列情况出现时，建筑中需设置伸缩缝：① 建筑物长度超过一定长度；② 建筑平面复杂，变化较多；③建筑中结构类型变化较大时。

设置伸缩缝时，通常是沿建筑物长度方向每隔一定距离或结构变化较大处在垂直方向预留缝隙。伸缩缝的最大间距应根据不同结构类型、材料和当地温度变化情况而定。砌体结构、钢筋混凝土结构房屋伸缩缝的最大间距分别见表 8－1 和表 8－2。

表 8－1　砌体结构房屋伸缩缝的最大间距

屋盖或楼盖的类别		间距/m
整体式或装配整体式钢筋混凝土结构	有保温层或隔热层的屋盖、楼盖	50
	无保温层或隔热层的屋盖	40
装配式无檩体系钢筋混凝土结构	有保温层或隔热层的屋盖、楼盖	60
	无保温层或隔热层的屋盖	50

续表

屋盖或楼盖的类别		间距/m
装配式有檩条体系钢筋混凝土结构	有保温层或隔热层的屋盖	75
	无保温层或隔热层的屋盖	60
瓦材屋盖、木屋盖或楼盖、轻钢屋盖		100

注：1. 对烧结普通砖、烧结多孔砖、配筋砌块砌体房屋，取表中数值；对石砌体、蒸压灰砂普通砖、蒸压粉煤灰普通砖、混凝土砌块、混凝土普通砖和混凝土多孔砖房屋，取表中数值乘以0.8的系数，当墙体有可靠外保温措施时，其间距可取表中数值。
2. 在钢筋混凝土屋面上挂瓦的屋盖应按钢筋混凝土屋盖采用。
3. 层高大于5m的烧结普通砖、烧结多孔砖，配筋砌块砌体结构单层房屋，其伸缩缝间距可按表中数值乘以1.3。
4. 温差较大且变化频繁地区和严寒地区不采暖的房屋及构筑物墙体的伸缩缝的最大间距，应按表中数值予以适当减小。
5. 墙体的伸缩缝应与结构的其他变形缝相重合，缝宽度应满足各种变形缝的变形要求；在进行立面处理时，必须保证缝隙的变形作用。

表8-2 钢筋混凝土结构房屋伸缩缝的最大间距

结构	类型	室内或土中/m	露天/m
排架结构	装配式	100	70
框架结构	装配式	75	50
	现浇式	55	35
剪力墙结构	装配式	65	40
	现浇式	45	30
挡土墙及地下室墙壁等结构	装配式	40	30
	现浇式	30	20

注：1. 装配整体式结构的伸缩缝间距，可根据结构的具体情况取表中装配式结构与现浇式结构之间的数值；
2. 框架-剪力墙结构或框架-核心筒结构房屋的伸缩缝间距，可根据结构的具体情况取表中框架结构与剪力墙结构之间的数值；
3. 当屋面无保温或隔热措施时，框架结构、剪力墙结构的伸缩缝间距宜按表中露天栏的数值取用。

如有充分依据对下列情况，表8-2中的伸缩缝最大间距可适当增大：

① 采取减小混凝土收缩或温度变化的措施；

② 采用专门的预加应力或增配构造钢筋的措施；

③ 采用低收缩混凝土材料，采取跳仓浇筑、后浇带、控制缝等施工方法，并加强施工养护。

高层建筑伸缩缝的最大间距见表8-3。

表8-3 高层建筑伸缩缝的最大间距

结构体系	施工方法	最大间距/m
框架结构	现浇式	55
剪力墙结构	现浇式	45

注：1. 框架-剪力墙结构的伸缩缝间距可根据结构的具体布置情况取表中框架结构与剪力墙结构之间的数值；
2. 当屋面无保温或隔热措施、混凝土的收缩较大或室内结构因为施工外露时间较长时，伸缩缝间距应适当较少；
3. 位于气候干燥地区、夏季炎热且暴雨频繁地区的结构，伸缩缝的间距宜适当减小。

当采用有效的构造措施和施工措施减小温度和混凝土收缩对结构的影响时，可适当放宽伸缩缝的间距。这些措施可包括但不限于下列方面：顶层、底层、山墙和纵墙端开间等受温度变化影响较大的部位提高配筋率；顶层加强保温隔热措施，外墙设置外保温层；每30～40m间距留出施工后浇带，带宽800～1000mm，钢筋采用搭接接头，后浇带混凝土宜在45d后浇筑；采用收缩小的水泥、减少水泥用量、在混凝土中加入适宜的外加剂；提高每层楼板的构造配筋率或采用部分预应力结构。

伸缩缝宽一般为20～40mm，通常采用30mm。

在结构处理上，砖混结构的墙和楼板及屋顶结构布置可采用单墙或双墙承重方案，如图8.2、图8.3所示。框架结构一般采用悬臂梁方案，也可采用双梁双柱方式，但施工较复杂。伸缩缝最好设置在平面形状有变化处，便于隐藏处理。

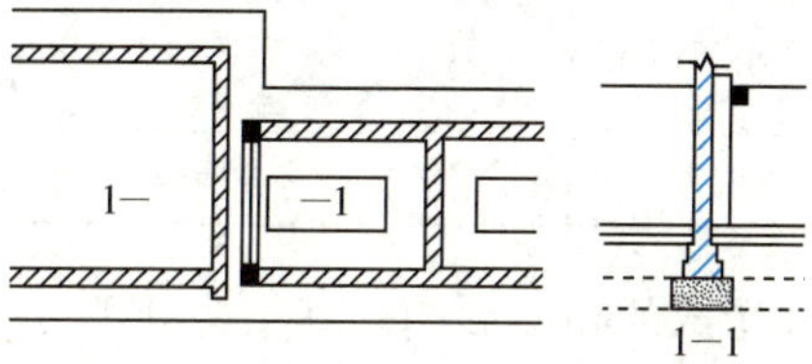

图8.2　单墙承重方案

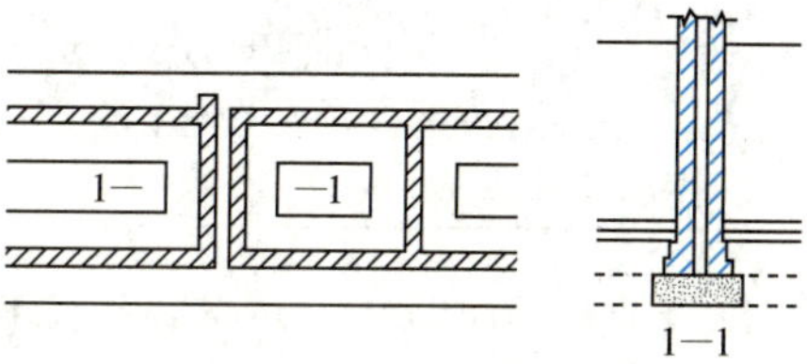

图8.3　双墙承重方案

砖墙伸缩缝一般做成平缝或错口缝，240mm以上外墙应做成错口缝或企口缝（图8.4）。外墙外侧常用浸沥青的麻丝或木丝板及泡沫塑料条、油膏弹性防水材料塞缝，缝隙较宽时，可用镀锌铁皮、铝皮作盖缝处理。

2. 沉降缝

沉降缝是为了预防建筑物各部分由于地基承载力不同或各部分荷载差异较大等原因导致建筑物不均匀沉降引起的破坏而设置的变形缝。符合下列情况之一者应设置沉降缝。

① 当建筑物建造在不同的地基上时。

② 当同一建筑物相邻部分高度相差在两层以上或部分高度差超过10m时。

③ 当同一建筑相邻基础的结构体系、宽度和埋置深度相差悬殊时。

④ 原有建筑物和新建建筑物紧相毗连时。

⑤ 建筑平面形状复杂，高度变化较多时，应将建筑物划分为几个简单的体型，在各部分之间设置沉降缝，如图8.5所示。

⑥ 当建筑物部分的基础底部压力值有很大差别时。

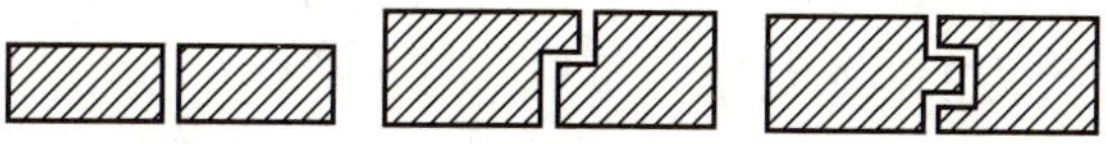

(a) 平缝　(b) 错口缝　(c) 企口缝

图8.4　砖墙伸缩缝的截面形式

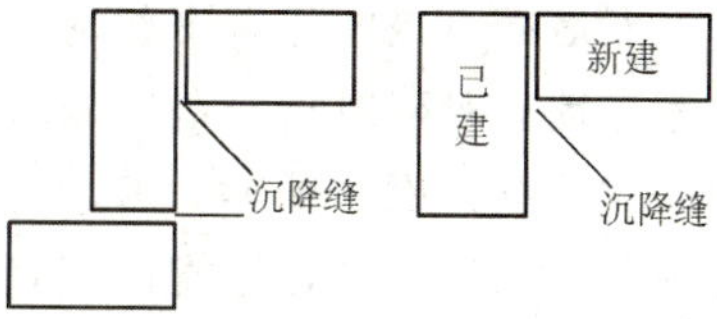

(a) 平面复杂　(b) 新、旧建筑物之间

图8.5　设置沉降缝示意

设置沉降缝时，必须将建筑的基础、墙体、楼层及屋顶等部分全部在垂直方向断开，使各部分形成能各自自由沉降的独立的刚度单元。基础必须断开是沉降缝不同于伸缩缝的

主要特征。沉降缝的宽度与地基的性质和建筑物的高度有关，见表 8－4。地基越弱，建筑产生沉陷的可能越大；建筑越高，沉陷后产生的倾斜越大。沉降缝一般兼起伸缩缝的作用，其构造与伸缩缝基本相同，但必须注意保证盖缝条及调节片构造能在水平方向和垂直方向自由变形。

表 8－4　沉降缝的宽度

地基性质	建筑物高度	沉降缝宽度/mm
一般地基	$H<5\text{m}$	30
	$H=5\text{m}\sim10\text{m}$	50
	$H=10\text{m}\sim15\text{m}$	70
软弱地基	2～3 层	50～80
	4～5 层	80～120
	5 层以上	>120
湿陷性黄土地基		≥30～70

沉降缝的基础应断开，并应避免因不均匀沉降造成的相互影响。其结构处理有砖混结构和框架结构两种情况，砖混结构墙下条形基础通常有双墙偏心基础、挑梁基础和交叉式基础等三种处理形式，如图 8.6 所示。框架结构通常也有双柱下偏心基础、挑梁基础、柱交叉布置等三种处理形式。

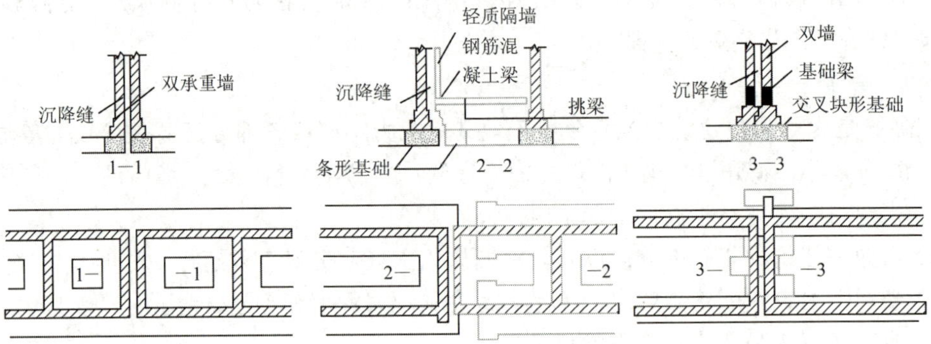

(a) 双墙方案沉降缝　　(b) 悬挑基础方案沉降缝　　(c) 双墙基础交叉排列方案沉降缝

图 8.6　基础沉降缝处理示意

3. 防震缝

强烈地震对地面建筑物和构筑物的影响或损坏是极大的，因此在地震区建造房屋必须充分考虑地震对建筑物所造成的影响。《建筑抗震设计规范》(2016 年版) 中明确了我国各地区建筑物抗震的基本要求。建筑物的防震和抗震通常可从设置防震缝和对建筑进行抗震加固两方面考虑。在地震区建造房屋，应力求体形简单，质量、刚度对称并均匀分布，建筑物的形心和重心尽可能接近，避免在平面和立面上的突然变化，同时最好不设变形缝，以保证结构的整体性，加强整体刚度。

对体形复杂、平立面特别不规则的建筑结构，可按实际需要在适当部位设置防震缝，形成多个较规则的抗侧力结构单元。防震缝应根据抗震设防烈度、结构材料种类、结构类型、结构单元的高度和高差情况，留有足够的宽度，其两侧的上部结构应完全分开，一般情况下基础可不设防震缝，但在平面复杂的建筑中或与震动有关的建筑各相连部分的刚度差别很大时，需将基础分开。具有沉降缝要求的防震缝也应将基础分开。当设置伸缩缝和沉降缝时，其宽度应符合防震缝的要求。

在地震设防烈度为7～9度地区，有下列情况之一时需设防震缝：

① 毗邻房屋立面高差大于6m。

② 房屋有错层且楼板高差较大。

③ 房屋毗邻部分结构的刚度、质量截然不同。

防震缝的宽度与房屋高度和抗震设防烈度有关。砌体结构防震缝的宽度应根据设防烈度和房屋高度确定，对多层房屋可采用70～100mm，对高层砌体房屋可采用100～150mm。

高层建筑防震缝的宽度应符合下列规定：

① 框架结构房屋，高度不超过15m时不应小于100mm。

② 超过15m时，6度、7度、8度和9度分别每增加高度5m、4m、3m和2m，宜加宽20mm。

③ 框架-剪力墙结构房屋不应小于①项规定数值的70%，剪力墙结构房屋不应小于①项规定数值的50%，且二者均不宜小于100mm。

④ 防震缝两侧结构体系不同时，防震缝宽度应按不利的结构类型确定。

⑤ 防震缝两侧的房屋高度不同时，防震缝宽度可按较低的房屋高度确定。

⑥ 8度、9度抗震设计的框架结构房屋，防震缝两侧结构层高相差较大时，防震缝两侧框架柱的箍筋应沿房屋全高加密，并可根据需要沿房屋全高在缝两侧各设置不少于两道垂直于防震缝的抗撞墙。

⑦ 当相邻结构的基础存在较大沉降差时，宜增大防震缝的宽度。

⑧ 防震缝宜沿房屋全高设置，地下室、基础可不设防震缝，但在与上部防震缝对应处应加强构造和连接。

⑨ 结构单元之间或主楼与裙房之间不宜采用牛腿托梁的做法设置防震缝，否则应采取可靠措施。

变形缝比较

对建筑防震来说，一般只考虑水平地震作用的影响。所以，防震缝的构造与伸缩缝相似。但墙体不能做成错口缝或企口缝。由于防震缝一般较宽，通常采取覆盖的做法，盖缝应满足牢固、防风和防水等要求，同时还应具有一定的适应变形的能力。

8.2　变形缝的构造

想一想

某建筑由于长度过长设置了变形缝（伸缩缝），变形缝在墙体、地面、屋面处的构造如何？

变形缝处墙体构造

《建筑外墙防水工程技术规程》（JGJ/T 235—2011）中规定：变形缝部位应增设合成高分子防水卷材附加层，卷材两端应满粘于墙体，满粘的宽度不应小于 150mm，并应钉压固定；卷材收头应用密封材料密封（图 8.7）。

1. 楼地板变形缝构造

楼地板变形缝的缝内常用油膏、沥青麻刀、金属或塑料调节片等材料做封缝处理。上铺金属、混凝土或橡塑板等活动盖板，如图 8.8 所示。其构造处理需满足地面平整、光洁、防水、卫生等使用要求。顶棚伸缩缝需结合室内装修进行，一般采用金属板、木板、橡塑板等盖缝，盖缝板只能固定于一侧，以保证缝的两侧构件能在水平方向自由伸缩变形。

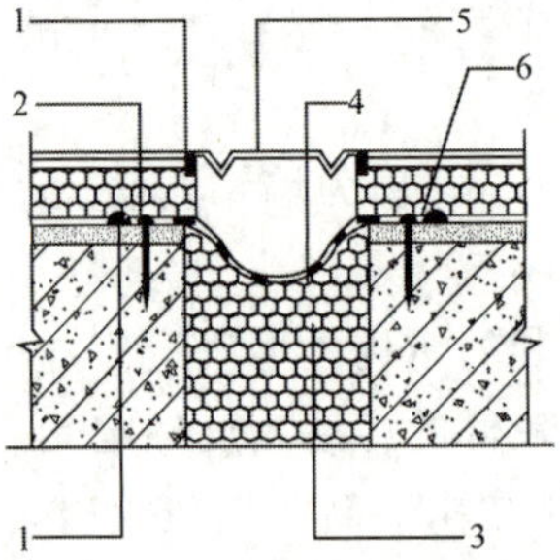

1—密封材料；2—锚栓；3—衬垫材料；
4—合成高分子防水卷材（两端黏结）；
5—不锈钢板；6—压条

图 8.7　墙体变形缝防水构造

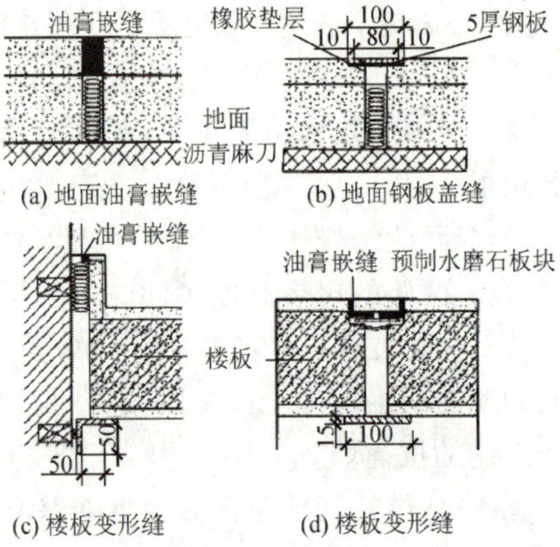

图 8.8　楼地板伸缩缝构造

2. 屋面变形缝构造

屋面变形缝位置一般有设在同一标高屋面或高低错落处屋面两种。缝的构造处理原则是在保证两侧结构构件能在水平方向自由伸缩的同时又能满足防水、保温、隔热等屋面构造的要求。

当变形缝两侧屋面标高相同又为上人屋面时，通常做油膏嵌缝并注意防水处理；为非上人屋面一般在变形缝处加砌半砖矮墙，屋面防水和泛水基本上同常规做法，在矮墙顶上，传统做法用镀锌铁皮盖缝，近年逐步流行用彩色薄钢板、铝板甚至不锈钢皮等盖缝，如图 8.9（a）、图 8.9（b）所示。

变形缝防水构造应符合下列规定：

① 变形缝泛水处的防水层下应增设附加层，附加层在平面和立面的宽度不应小于 250mm。

② 防水层应铺贴或涂刷至泛水墙的顶部。

③ 变形缝内应预填不燃保温材料，上部应采用防水卷材封盖，并放置衬垫材料，再

在其上干铺一层卷材。

④ 等高屋面变形缝顶部宜加扣混凝土或金属盖板［图 8.9（a）］。

⑤ 高低跨屋面变形缝在立墙泛水处，应采用有足够变形能力的材料和构造作密封处理［图 8.9（b）］。

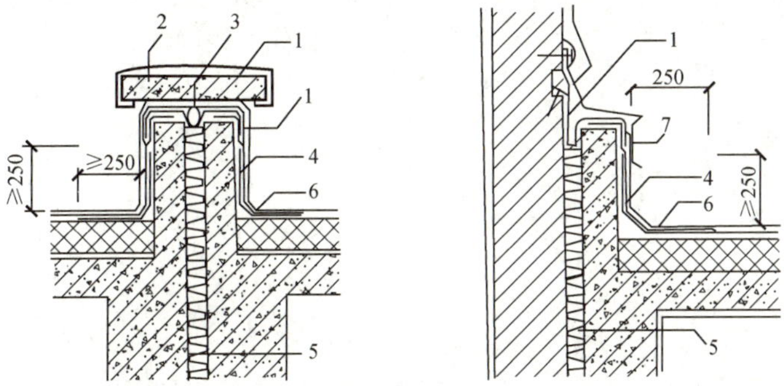

(a) 等高屋面变形缝构造　　(b) 高低跨屋面变形缝构造

1—卷材封盖；2—混凝土盖板；3—衬垫材料；

4—附加层；5—不燃保温材料；6—防水层；7—金属盖板

图 8.9　屋面变形缝构造

模块小结

变形缝是为了解决建筑物由于温度变化、不均匀沉降及地震等因素影响而产生裂缝的一种措施。按其作用的不同分为伸缩缝、沉降缝、防震缝三种。

伸缩缝是为防止由于建筑物超长而产生的伸缩变形。

沉降缝是解决由于建筑物高度不同、质量不同、平面形状复杂等而产生的不均匀沉降变形。

防震缝是解决由于地震产生的相互撞击变形而设置的。

伸缩缝要求在建筑的同一位置将基础以上的墙体、楼板层、屋顶等部分全部断开，分为各自独立的能在水平方向自由伸缩的部分，而基础部分因受温度变化影响较小，不需断开。

设置沉降缝时，必须将建筑的基础、墙体、楼层及屋顶等部分全部在垂直方向断开，使各部分形成能各自自由沉降的独立的刚度单元。

防震缝的构造与伸缩缝相似。

当需要设置伸缩缝、沉降缝和防震缝时，需要考虑缝的兼顾性。

变形缝的构造和材料应满足盖缝、防水、防火、防虫、保温等方面的要求，要确保变形缝两侧的建筑物各独立部分能自由变形，互不影响。

复习思考题

一、名词解释

1. 变形缝
2. 伸缩缝
3. 沉降缝
4. 防震缝

二、判断题

1. 变形缝分为伸缩缝、沉降缝和防震缝。(　　)
2. 为防止建筑物因温度变化而发生不规则破坏而设置的缝称为伸缩缝。(　　)
3. 为防止建筑物因不均匀沉降而导致破坏而设的缝称为沉降缝。(　　)
4. 设置伸缩缝时，基础可以不断开。(　　)
5. 沉降缝可以替代伸缩缝。(　　)
6. 设置沉降缝时应将基础以上部位沿竖向全部断开，基础可以不断开。(　　)
7. 防震缝的最小宽度为70mm。(　　)
8. 在地震区设置伸缩缝时，必须满足防震缝的缝宽要求。(　　)
9. 由于屋顶防水的需要，变形缝在屋顶处不必断开。(　　)
10. 屋顶变形缝处需要做泛水处理，泛水高度不小于200mm。(　　)

三、简答题

1. 建筑中哪些情况应设置伸缩缝、沉降缝、防震缝？如何确定变形缝的宽度？

2. 伸缩缝、沉降缝、防震缝在外墙、地面、楼面、屋面等位置时如何进行盖缝处理的？

3. 伸缩缝、沉降缝、防震缝各自存在什么特点？哪些变形缝能相互替代使用？

模块8
在线答题

模块 9　课程实训任务与指导

思维导图

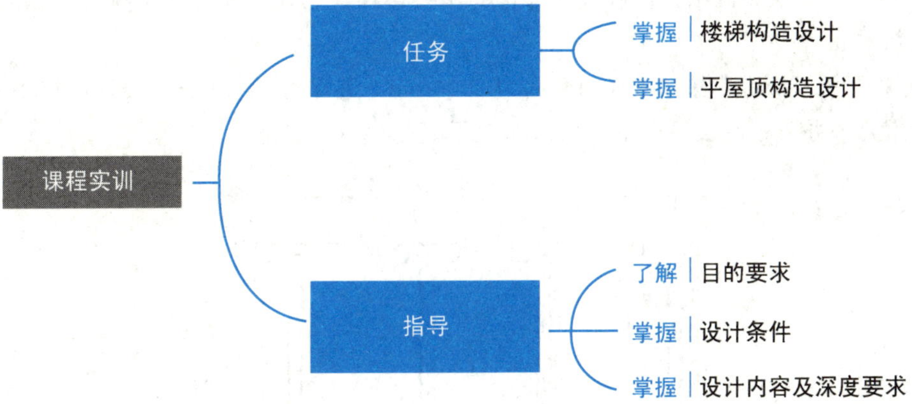

9.1 楼梯构造设计

9.1.1 题目——楼梯构造设计

1. 目的要求

通过楼梯构造设计，掌握楼梯方案选择和详细构造设计的主要内容，训练绘制和识读施工图的能力。

2. 设计条件

① 设计某3层砖混结构内廊式办公楼的次要楼梯，已知该办公楼层高为3.3m，室内外高差0.45m。

② 采用平行双跑楼梯，楼梯间开间为3300mm，进深为5700mm，楼梯底层中间平台下做通道，该办公楼底层局部平面如图9.1所示。

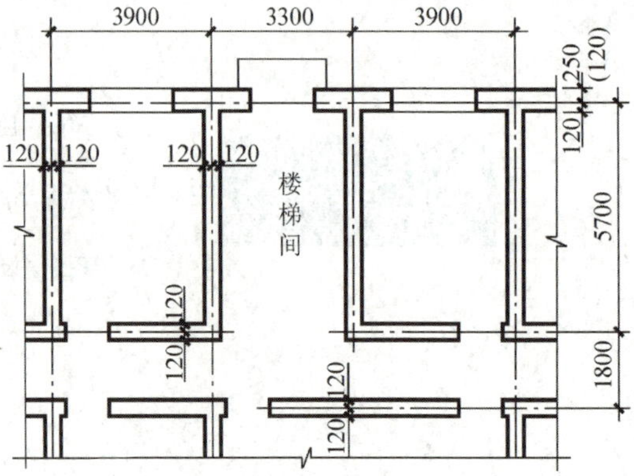

图9.1 某3层砖混结构内廊式办公楼底层局部平面

③ 楼梯间的门洞口尺寸为1500mm×2100mm，窗洞口尺寸为1500mm×1800mm，房间的门洞口尺寸为900mm×2100mm，窗洞口尺寸为1800mm×1800mm。

④ 采用现浇整体式钢筋混凝土楼梯，梯段形式、步数、踏步尺寸、栏杆（栏板）形式、踏步面装修做法及材料由学生按当地习惯自行确定。

⑤ 楼梯间的墙体为砖墙，窗可用木窗、钢窗、铝合金窗及塑钢窗。

⑥ 楼层地面、平台地面做法及材料由学生自行确定。

3. 设计内容及深度要求

(1) 设计内容

按所给出的平面图，在各层平面中设计布置底层通道、各梯段、平台、栏杆、扶手等。绘制以下内容。

① 楼梯间底层、二层、顶层，3个平面图，比例1∶30。

② 楼梯间剖面图，比例1∶30。

③ 楼梯节点详图（2～3个）。

(2) 绘图要求

用2#绘图纸一张（禁用描图纸），以铅笔或墨笔绘成。图中线条、材料符号等一律按《房屋建筑制图统一标准》（GB/T 50001—2017）建筑制图标准表示。要求字体工整，线条粗细分明。

(3) 设计深度

① 在楼梯各平面图中绘出定位轴线，标出定位轴线至墙边的尺寸。在底层平面图中绘出楼梯间墙、出门窗、楼梯踏步平台及栏杆扶手、折断线。以各层地面为基准标注楼梯的上、下行指示箭头，并在上行指示箭头旁注明到上层的踏步数和踏步尺寸。

② 在楼梯各层平面图中注明中间平台及各层地面的标高。

③ 在首层楼梯平面图上注明剖面剖切线的位置及编号，注意剖切线的剖视方向。剖切线应通过楼梯间的门和窗。还应绘出室外台阶或坡道、部分散水的投影等。

④ 在平面图上标注三道尺寸。

内部标注楼层和中间平台标高、室内外地面标高，标注楼梯上下行指示箭头；注明该层楼梯的踏步数和踏步尺寸。注写图名、比例，底层平面图还应标注剖切符号。

a. 进深方向：第一道，平台净宽、梯段长：踏步宽×踏步数；第二道，楼梯间净长；第三道，楼梯间进深轴线尺寸。

b. 开间方向：第一道，楼梯段宽度和楼梯井宽；第二道，楼梯间净宽；第三道，楼梯间开间轴线尺寸。

⑤ 首层平面图上要绘出室外（内）台阶，散水。二层平面图应绘出雨篷，三层或三层以上平面图不再绘出雨篷。

⑥ 剖面图应注意剖视方向，不要把方向弄错。剖面图可绘制顶层栏杆扶手，其上用折断线切断，暂不绘出屋顶。

⑦ 剖面图的内容为楼梯的断面形式，栏杆（栏板），扶手的形式，墙、楼板和楼层地面，顶棚、台阶，室外地面，首层地面等。

⑧ 标注标高：楼梯间底层地面。室内地面、室外地面、各层平台、各层地面、窗台及窗顶、门顶、雨篷上、下皮等处。

⑨ 在剖面图中绘出定位轴线，并标注定位轴线间的尺寸。注出详图索引号。

⑩ 详图应注明材料、做法和尺寸。与详图无关的连续部分可用折断线断开，注出详图编号。

9.1.2 楼梯设计举例

1. 楼梯的设计步骤

① 确定踏步的高和宽 $b+h=450$ (mm)；$b+2h=600\sim620$ (mm)。

② 楼梯段宽度 B。

③ 踏步数量 $n=H/h$。

④ 梯段踏步数 $18\geqslant n\geqslant 3$。

⑤ 楼梯水平投影长度 $L_1=(n-1)b$。

⑥ 梯井宽 $B_2=(B-2B_1)$ (开间净宽度) $\geqslant$ 150mm。

⑦ 平台宽度 $L_2\geqslant B_1$。

⑧ 首层平台下净空净高 $H_1\geqslant$ 2m。

2. 设计举例

【例】已知某单元住宅，一梯两户，耐火等级为二级；楼梯开间 2700mm，进深 5100mm；层高为 2.7m，共三层，底层平台下供人通行，楼梯间承重墙厚 240mm，轴线居墙中，门宽 1000mm。试设计该楼梯。

设计步骤如下。

① 由于是住宅，一楼两户，取楼梯段宽为 1200mm。

② 选双跑式楼梯，设楼梯井宽 60mm，则楼梯间开间为 1200×2+60+240=2700 (mm)。

③ 考虑到是住宅，取踏步面宽为 b=260mm，h=[(600～610)－260]÷2=170～ 175(mm)。

④ 确定楼梯级数。2700÷170＝15.88 (级)，选 16 级，则楼梯踏步高为 168.75mm，符合表中的最大高度规定。采用双跑楼梯，则每跑为 8 级。

⑤ 确定平台的宽及标高。按照平台净宽大于等于楼梯段净宽要求，取平台净宽为 1230mm (加 1/2 墙厚 120mm，则平台边缘至楼梯间纵轴线距离为 1350mm)。

底层平台下要通行人，净高不得小于 2m，设休息平台梁高为 0.3m。若第一跑与第二跑等长，则第一个休息平台面标高仅为 1.350m [2.7÷2=1.35 (m)]，扣除休息平台的结构尺寸 0.3m，梁底标高仅为 1.050m，这显然不符合通行要求。解决这一问题的方法是适当加长第一跑 (注意还要考虑楼层净高是否满足要求) 以及提高室内外高差，并将室外的台阶移至室内。把第一跑加长到 10 级，休息平台面高为 10×0.16875=1.6875 (m)，扣除休息平台梁高度 0.3m，标高为 1.3875m。取室内外高差为 0.7m，4 级台阶[700÷4=175(mm)]移至室内，则底层平台下高度为 1.3875+0.7=2.0875 (m)，符合要求。

⑥ 确定楼梯间进深。底层第一跑为 10 级 (计 9 个踏面)，则楼梯间的尺寸为 9×260+1230+120+1000=4690 (mm)，余 410mm 考虑住宅入户门开门要求，进深符合要求。

⑦ 根据上述计算绘制的楼梯平面及剖面图如图 9.2 所示。

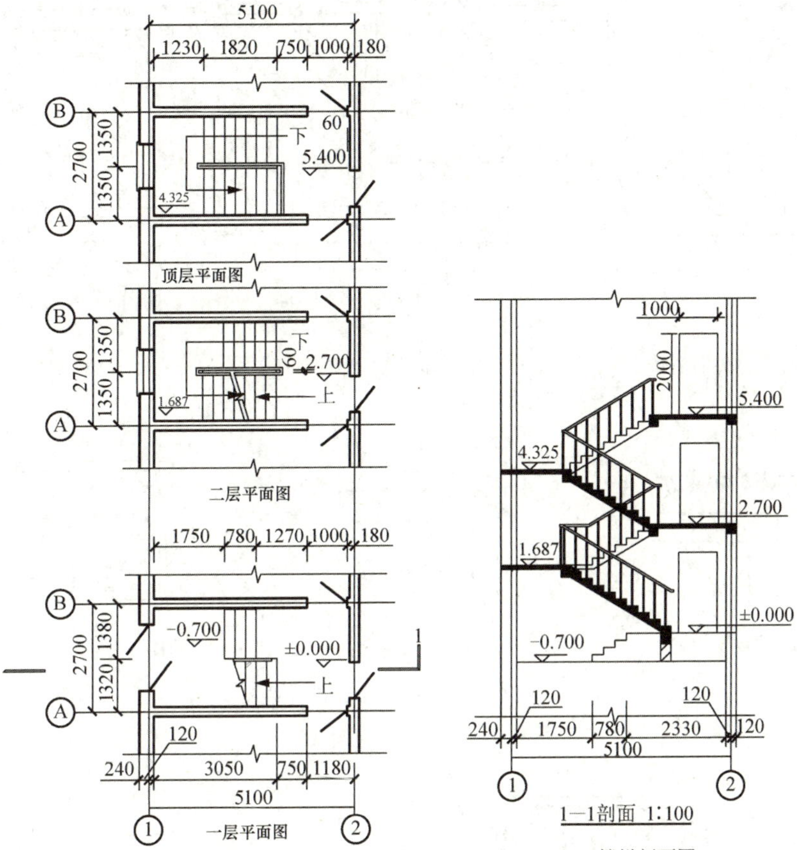

(a) 楼梯平面图　　(b) 楼梯剖面图

图 9.2　楼梯平面及剖面图

9.1.3　楼梯构造设计及节点构造设计参考资料

1. 楼梯踏步、栏杆参考构造

楼梯踏步、栏杆参考构造分别如图 9.3、图 9.4 所示。

2. 楼梯栏杆安装参考构造

楼梯栏杆安装参考构造如图 9.5、图 9.6 所示。

3. 楼梯扶手参考构造

楼梯扶手参考构造如图 9.7 所示。

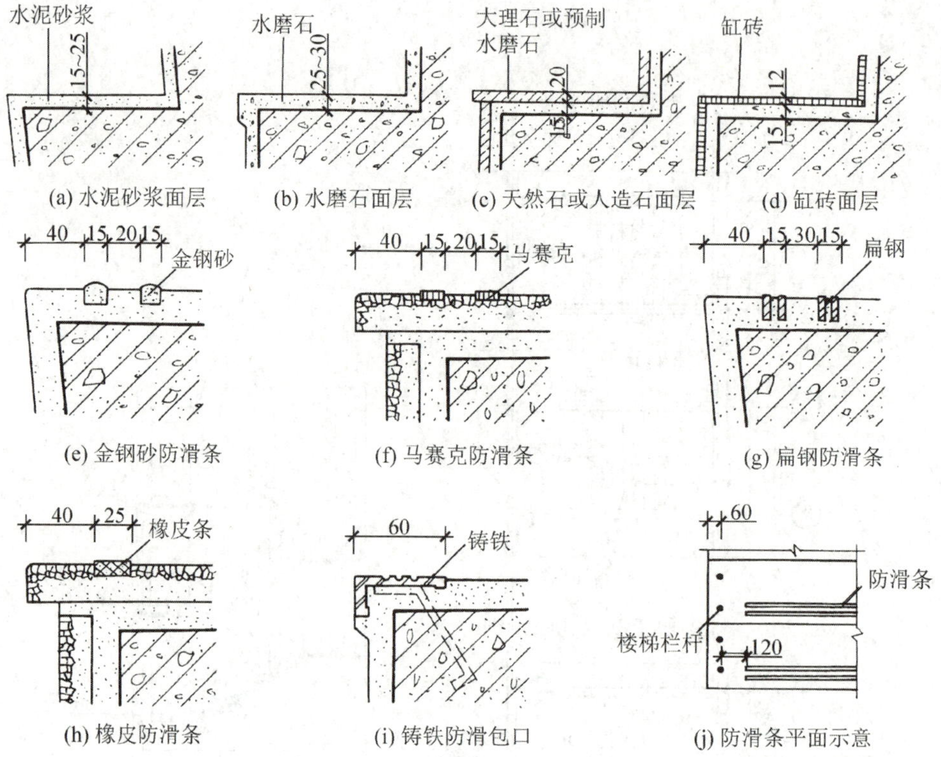

图 9.3　楼梯踏步参考构造

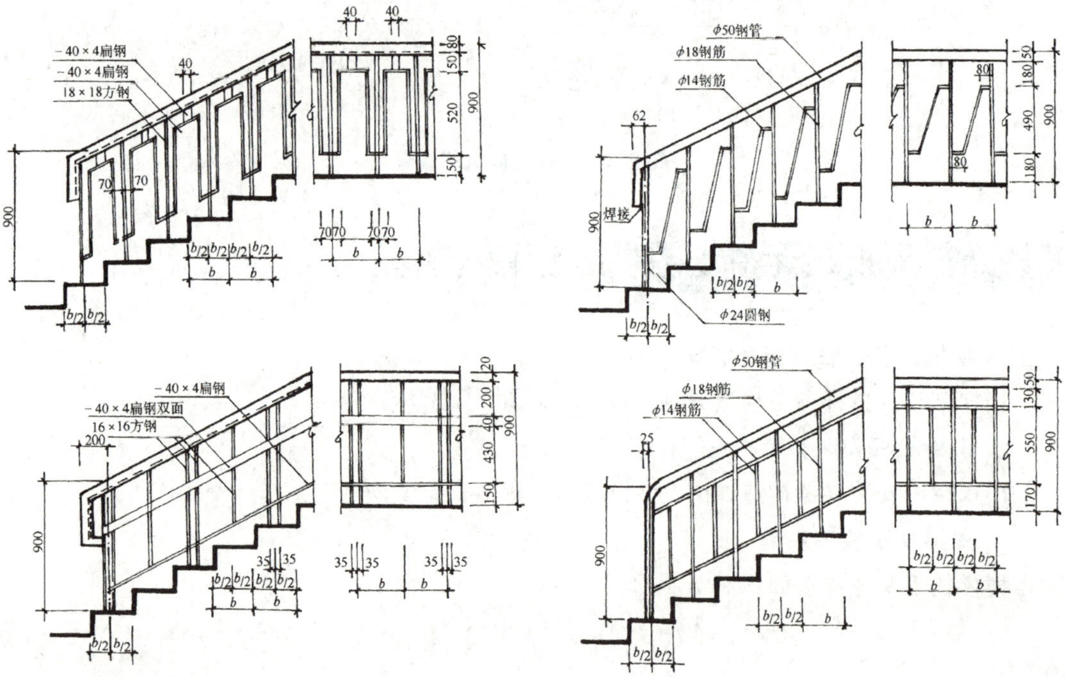

图 9.4　楼梯栏杆参考构造

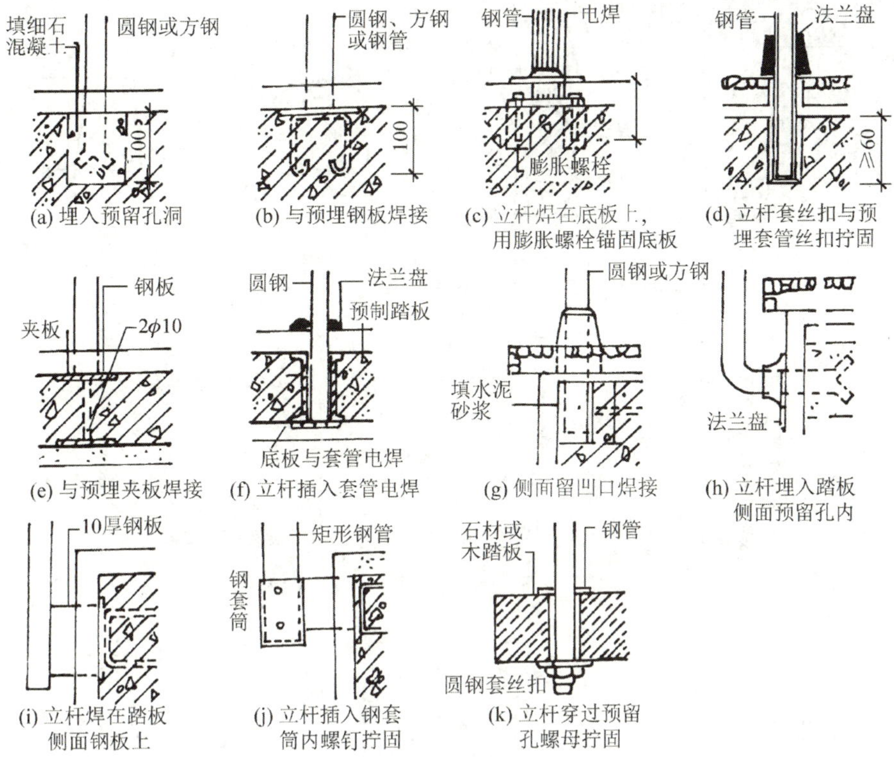

图 9.5　楼梯栏杆安装参考构造

注：①栏杆须具有一定强度，应按规范要求进行结构计算；并选择恰当的与踏板的连接方式。

②常用立杆断面：圆钢 Φ16～Φ25，方钢 Φ16～Φ25，钢管 Φ20～Φ50。

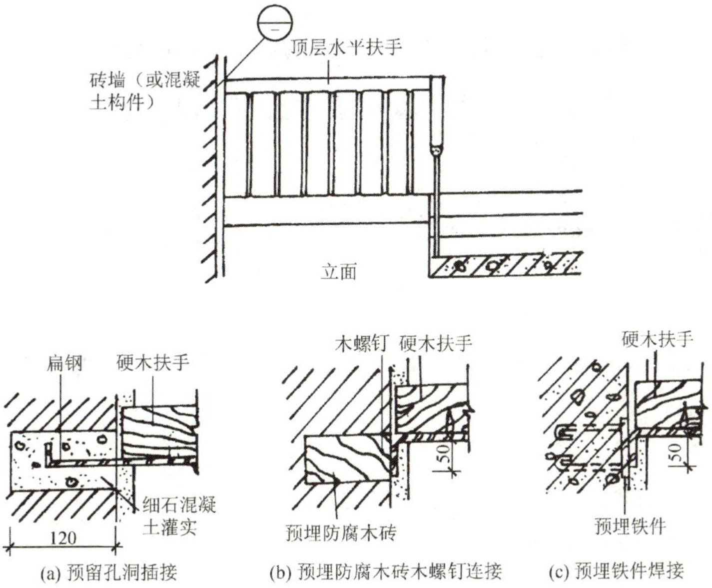

图 9.6　扶手端部与墙的连接

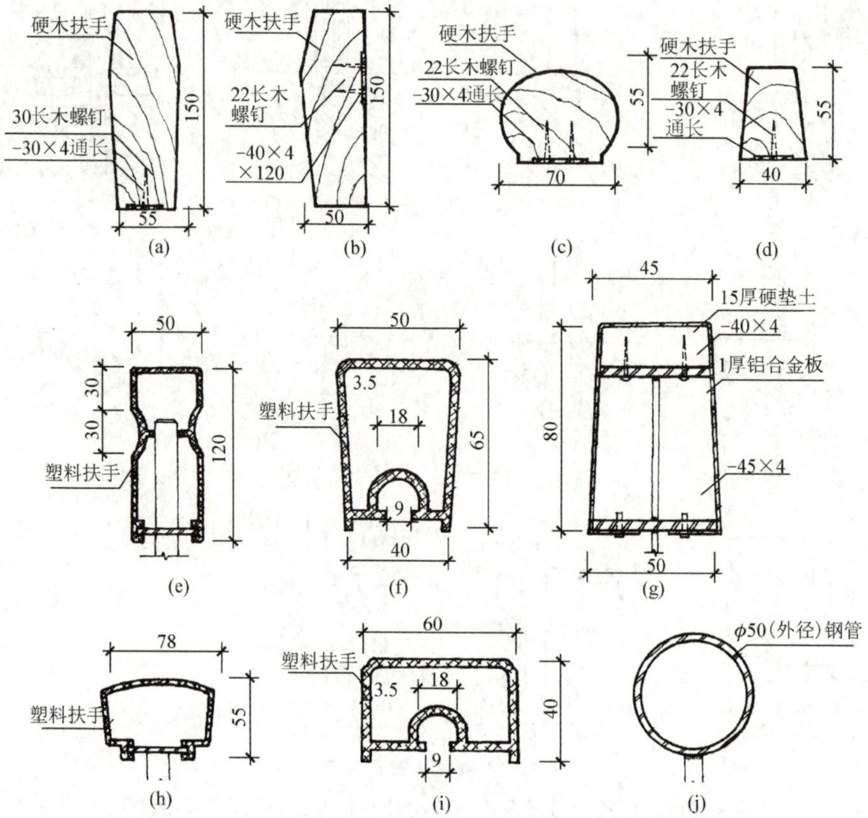

图 9.7　楼梯扶手参考构造

9.2　平屋顶构造设计

9.2.1　题目——平屋顶构造设计

1. 目的要求

通过本次作业，掌握屋顶有组织排水的设计方法和屋顶构造节点详图设计，训练绘制和识读施工图的能力。

2. 设计条件

① 某 6 层学生宿舍，层高 3.30m，底层地面标高为±0.000m，室外标高为－0.300m，顶层地面标高为 16.500m，屋面结构层标高为 19.765m。图 9.8 为某宿舍楼顶层平面图。

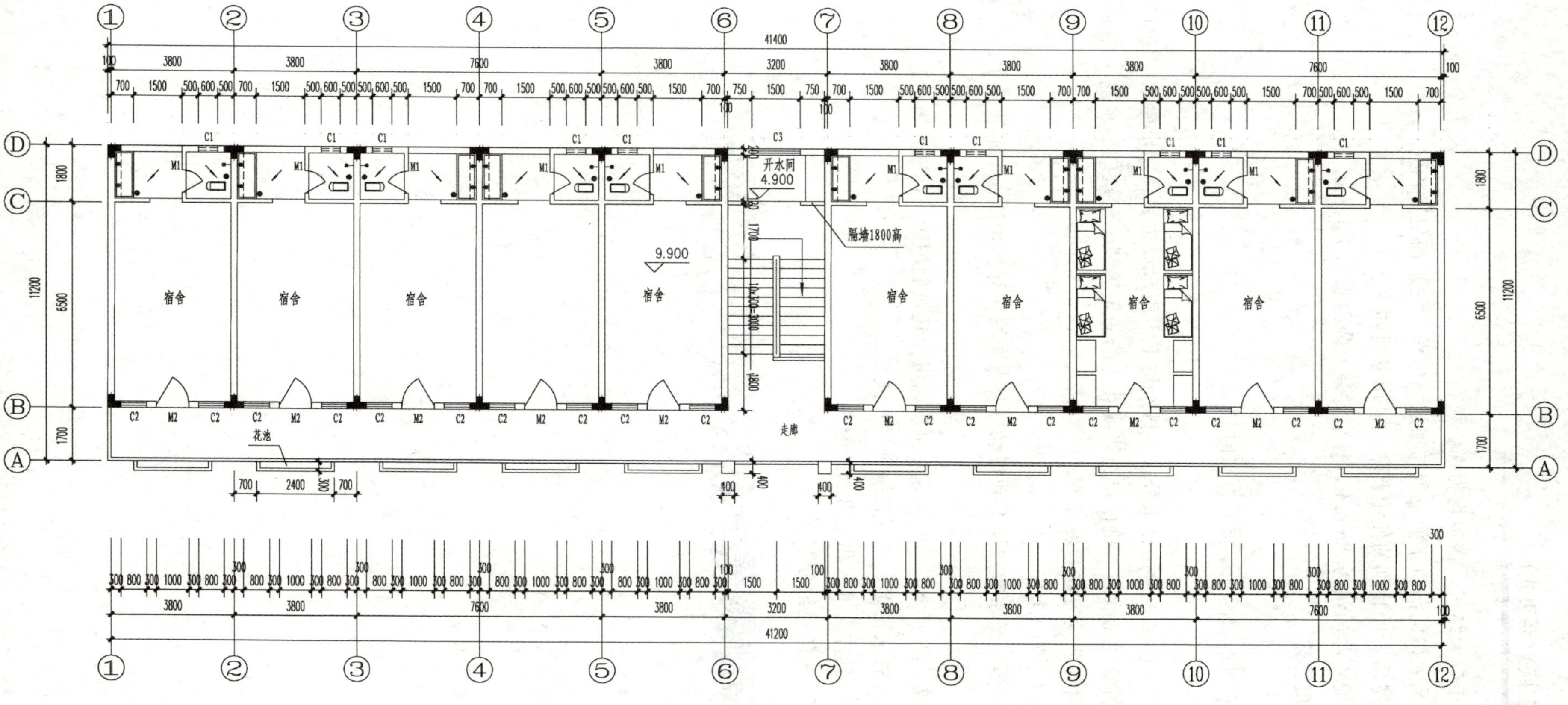

六层平面 1：100

图9.8　某宿舍顶层平面图（比例1:100）

② 采用钢筋混凝土框架结构，楼板均为现浇板。

③ 下部各层门窗及入口的洞口平面位置与顶层门窗洞口的平面位置相同。

④ 屋面为不上人屋面，无特别的使用要求，采用卷材防水。

⑤ 该建筑物所在地年降雨量为 900mm，每小时最大降雨量为 100mm。

3. 设计内容及深度要求

(1) 设计内容

绘制该宿舍楼的屋顶平面图和屋顶节点详图。

① 屋顶平面图（比例 1∶100）。

绘制出屋面平面图，明确表示出排水分区、排水坡度、雨水口位置、穿出屋顶的突出物的位置等。要求绘制檐沟轮廓线、挑檐口边线或女儿墙的轮廓线、建筑的分水线，并标注其位置；标注出屋面各坡度方向和坡度值。

② 屋顶节点详图（比例 1∶10）。

包括挑檐口节点详图、泛水节点详图和雨水口节点详图，详图用断面图形式表示。

(2) 设计要求

① 用 2# 图纸完成。图中线条、材料等一律按《房屋建筑制图统一标准》表示。

② 各种节点的构造做法很多，可任选一种做法绘制。

③ 在图中必须注明具体尺寸、做法和所用材料。

④ 要求字迹工整，线条粗细分明。

9.2.2 屋顶节点构造设计参考资料

1. 挑檐口构造

挑檐口构造可参考图 6.21。

2. 水落口构造

水落口构造可参考图 6.22。

3. 泛水构造

泛水构造可参考图 6.19。

模块 10 装配式建筑概述

思维导图

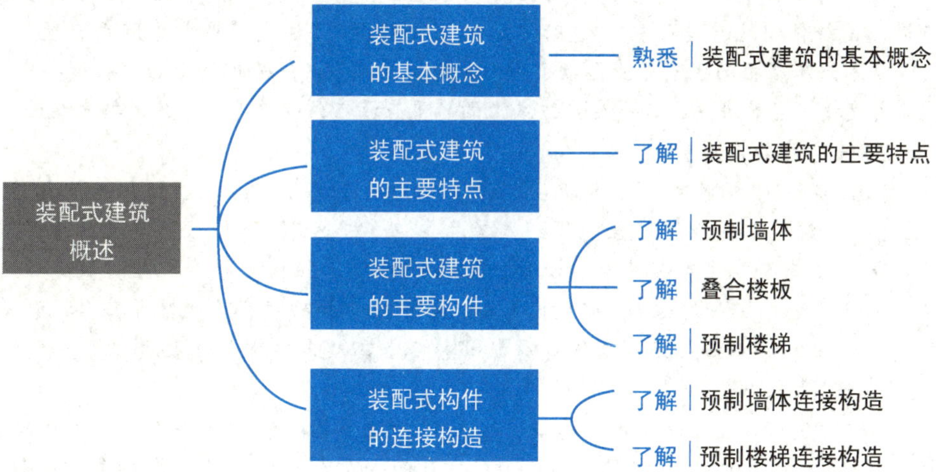

10.1 我国装配式建筑发展概况

知识点滴

日本住宅产业化对我国的借鉴意义

1. 产生背景和发展状况

住宅产业化（Housing Industrialization）概念由日本通产省于1968年提出，是指采用工业化的方式生产住宅，将建筑（尤其是住宅）分解为构件、部品，在现场进行组装的建造方式，具有工厂化、规模化、体系化等优势。日本住宅产业化是随着建筑工业化的发展而出现、并逐步深入的。20世纪60年代中期，混凝土构配件与制品的工厂化生产、商品化供应快速发展，各厂家为了适应这种发展趋势，围绕住宅生产与供应，进行“系统化”协调，“住宅产业”也随之产生。

日本政府在推动住宅产业化做了两方面的重点引导：一是政策上的，从调整产业结构角度提出发展设想；二是生产方式上的，重点放在住宅产业工业化的技术层面。

2. 住宅产业标准化

1969年，日本制定了《推动住宅产业标准化五年计划》，“住宅性能标准”“住宅性能测定方法和住宅性能等级标准”以及“施工机具标准”“设计方法标准”等。日本各类住宅部件（构配件、制品设备）工业化、社会化生产的产品标准已十分齐全，占标准总数的80%以上，部件尺寸和功能标准也已形成体系。各生产厂家按照标准生产出构配件以及制品，在装配建筑物时都可通用。

3. 住宅部件化

日本住宅部件化程度很高。建筑产品采用标准的构配件。全套的卫生洁具（浴缸、坐厕、洗脸盆）、地板、墙面，在工厂生产的一个个整体部件组装而成。一座三层的别墅式住宅，两三天便可以完成钢结构的框架安装，从开工到室内装修完毕，只需一个月左右的时间。

4. 住宅智能化与节能

日本新建的建筑物中60%以上是智能化的，自动热水冲洗坐厕、可视电话家庭监控系统和GIS卫星地理信息系统等，都已在智能住宅内得到应用。太阳能的利用比较普遍。住宅的建造通常采用新型的绿色节能材料，以减少采暖降温的费用、节省能源。

我国1994年提出了住宅产业化概念，并开始不断探索走中国住宅产业化的道路。我国住宅产业化正式推进的标志是1999年国务院出台《关于推进住宅产业现代化提高住宅质量的若干意见》，该意见要求用现代科技对传统的住宅产业进行系统、全面的改造。2007年2月2日，万科新里程（上海）首批产业化住宅楼启动，标志着住宅产业化进入了一个新的时期。经历了二十多年的发展，我国住宅产业化推广也取得了一些进展。

10.1.1 装配式建筑的基本概念

装配式混凝土结构是由预制混凝土构件或部件通过可靠的连接方式装配而成的混凝土结构，包括装配整体式混凝土结构、全装配混凝土结构等。在建筑工程中，习惯将采用此结构的建筑简称为装配式建筑。

我国的装配式建筑主要采用装配整体式混凝土结构，外墙采用预制混凝土构件的结构体系，而建筑结构主体采用现场浇筑混凝土（图 10.1）。而预制装配式混凝土外墙挂板（简称 PC 墙板）作为装配式建筑的重要组成部分，因其出色的工业化产品质量，较好地解决了传统建筑外墙漏水、裂缝等顽疾，成为当前采用预制部件的首选。

图 10.1　主体结构现浇、墙体预制装配

装配式建筑有以下主要特点。

① 工业化程度高：有利于管理信息化、施工装配化、生产工厂化和设计标准化，构件越标准，生产效率越高。

② 符合绿色建筑的要求：采用建筑、装修一体化设计、施工，装修可随主体施工同步进行。

③ 机械化程度提高，劳动力需求减少，又可以减少现场湿作业量，缩短施工周期。

④ 环保节能：由于采用工厂化生产，使得施工现场的建筑垃圾大量减少，因而更环保。

⑤ 高空湿作业减少，施工对周边环境影响小。

10.1.2 我国装配式建筑的发展概况

建筑工业化是建筑业发展的一个方向，1989 年在国际建筑研究与文献委员会（CIB）第十一届大会上，各国专家在总结各国经验的基础上，把建筑工业化的发展列为世界建筑技术的八大发展趋势之一。新加坡、日本等国家及中国香港地区大部分的住宅（含公屋和商品住宅）都达到了较高的建筑产业化水平。中国香港地区43%的住宅使用了预制外墙，19%的住宅使用了预制楼梯，17%的住宅使用了半预制楼板。

我国正处于经济快速发展的时期，也处于城镇化率30%～70%的快速发展区间，城镇化的快速发展促使了建筑业的飞速扩张，同时也带来了能耗和污染双重危机。在我国，建筑能耗占总能耗的27%以上，而且还在以每年1%的速度增加。我国要实现节能减排的目标，必须依靠科技进步和技术创新，提高住宅产业的集约化程度，促进住宅建设整体水平提高。

《国家新型城镇化规划（2014－2020年）》中指出要提高城市可持续发展能力，推动新型城市建设，实施绿色建筑行动计划，加快既有建筑节能改造，大力发展绿色建材，强力推进建筑工业化。2016年9月李克强总理主持召开国务院常务会议，会议认为，按照推进供给侧结构性改革和新型城镇化发展的要求，大力发展钢结构、混凝土结构等装配式建筑，具有发展节能环保新产业、提高建筑安全水平、推动化解过剩产能等一举多得之效。会议决定，以京津冀、长三角、珠三角城市群和常住人口超过300万的其他城市为重点，加快提高装配式建筑占新建建筑面积的比例。随后国务院办公厅印发了《国务院办公厅关于大力发展装配式建筑的指导意见》（国办发〔2016〕71号）和《国务院办公厅关于促进建筑业持续健康发展的意见》（国办发〔2017〕19号），指出到2020年，全国装配式居住占新建建筑的比例达到15%以上，其中重点地区达到20%以上，培育50个以上装配式建筑示范城市，200个以上装配式建筑产业基地，要力争用10年左右的时间，使装配式建筑占新建建筑面积的比例达到30%。

广东省人民政府办公厅文件《广东省人民政府办公厅关于大力发展装配式建筑的实施意见》（粤府办〔2017〕28号）中将珠三角城市群列为重点推进地区，要求到2020年底，政府投资工程装配式建筑面积比例达到50%以上，到2025年年底前，装配式建筑占新建建筑面积比例达到35%以上，其中政府投资工程装配式建筑面积比例达到70%以上。

对于装配式建筑的设计和施工，国家或地方已出台了相应的技术规范和图集，主要有《装配式混凝土结构技术规程》（JGJ 1—2014）、《装配式混凝土建筑技术标准》（GB/T 51231—2016）、《装配式建筑评价标准》（GB/T 51129—2017）、《预制预应力混凝土装配整体式框架结构技术规程》（JGJ 224—2010）、《钢筋套筒灌浆连接应用技术规程》（JGJ 355—2015）、《装配式混凝土结构表示方法及示例（剪力墙结构）》（15G107—1）、《装配式混凝土结构连接节点构造》（G310—1）、《装配式混凝土结构连接节点构造（剪力墙结构）》（15G310—2）、《预制混凝土剪力墙外墙板》（15G365—1）、《预制混凝土剪力墙内墙板》（15G365—2）等。

在国内，北京、上海、长沙、深圳、沈阳、济南、广州等城市走在建筑工业化的前列，推动了我国建筑产业化的进程，出现了多种新型结构体系。我国的装配式结构体系中，以装配式混凝土结构为主，其次为钢结构。推动我国建筑工业化发展的企业有很多，这里主要介绍以下两个。

1. 万科集团

万科集团从1999年开始成立住宅研究院，2004年正式启动住宅产业化研究，在东莞松山湖建立了万科建筑研究基地，技术研发方面投入数亿元，从研究和学习日本的装配式建筑开始，逐渐变为自主研发创新发展，目前已初见成效。现在万科在深圳、北京、上海、广州、沈阳、南京等 20 多个城市建造装配式住宅，仅 2010—2013 年就累计完成 13000 多万平方米的装配式住宅，成为国内引领产业化发展的龙头企业。

(1) 深圳万科第五园

该住宅小区位于深圳市龙岗区，总建筑面积约 63 万平方米，占地 5 万平方米，计划分 9 期开发完毕，包括别墅、叠院和高层建筑（包括住宅和公寓）。该小区的公寓楼（图 10.2）是万科集团首次使用产品开发流程进行工业化住宅产品开发的项目。

图 10.2　万科第五园公寓楼

(2) 广州南沙府前一号

广州南沙府前一号位于广州市南沙行政中心南侧，地块用地面积为 134760 平方米，整个小区总建筑面积 32 万平方米，含会所及高层洋房。其中 E、F 组团采用预制装配式建筑，用地面积约 2.2 万平方米，由 8 栋 28～30 层高层住宅组成 [图 10.3 (a)、(b)]。住宅楼结构形式为框剪结构，预制外墙为围护构件，采用预制混凝土墙体、凸窗 [图 10.3 (c)、(d)]，结构的竖向及水平受力均由异形柱、框架和剪力墙承担；楼梯采用预制混凝土装配式楼梯 [图 10.3 (e)]；阳台板采用预制叠合板 [图 10.3 (f)]，设计采用单向板形式。

2. 长沙远大住工

长沙远大住宅工业集团股份有限公司（简称远大住工），是国内最早从事建筑工业化体系研发和产业化应用的综合型企业之一。历经二十余年，已有超过 1000 个工业化建筑项目的市场实践，远大住工已成为集研发设计、工业化生产 [图 10.4 (a)]、工程施工 [图 10.4 (b)]、装备制造、运营服务为一体的新型建筑工业企业，拥有预制混凝土成套装备研发制造能力及工厂的整体规划、运营管理和技术服务能力，提供包括装配式建筑、地下综合管廊、海绵城市建设相关的多种产品及服务，为推进装配式建筑产业发展提供系统化的专业解决方案。

至 2017 年远大住工已在 100 多个城市布局，覆盖京津冀、长三角、中原经济区、丝路经济带、珠三角等节点城市，基本实现了全国重点城市的战略布局。

现拥有 100 余家研发制造基地，而伴随“远大联合”扩围态势的持续加速，更多国内和海外基地正在筹备，2018 年实现产能布局 1 亿平方米。

拓展讨论

(a) 效果图 (b) 立面图 (c) 预制墙体

(d) 预制凸窗 (e) 预制楼梯 (f) 预制阳台

图 10.3 南沙府前一号装配式建筑

(a) 工业化生产 (b) 工程施工

图 10.4 远大住工装配式建筑工业化生产与工程施工

党的二十大报告提出，推动战略性新兴产业融合集群发展，构建新一代信息技术、人工智能、生物技术、新能源、新材料、高端装备、绿色环保等一批新的增长引擎。作为一个未来的建设者，你该如何面对这些增长引擎，对你未来的发展规划有何影响?

10.2 预制装配式结构的主要构件

10.2.1 预制墙体

预制墙体按位置可分为外墙、内墙和凸窗。装配式结构经常采用“内浇外挂体系”，即建筑结构主体采用现场浇注混凝土，外墙采用预制混凝土（PC）构件的结构体系。根据深圳市《预制装配混凝土外墙技术规程》(SJG 24—2012)，PC外墙应按非结构构件考虑，整体分析应计入PC外墙板及连接对结构整体刚度的影响。PC外墙可采用悬挂式和侧连式的连接构造形式(图10.5)，并根据不同的连接形式采用相应的计算方法。

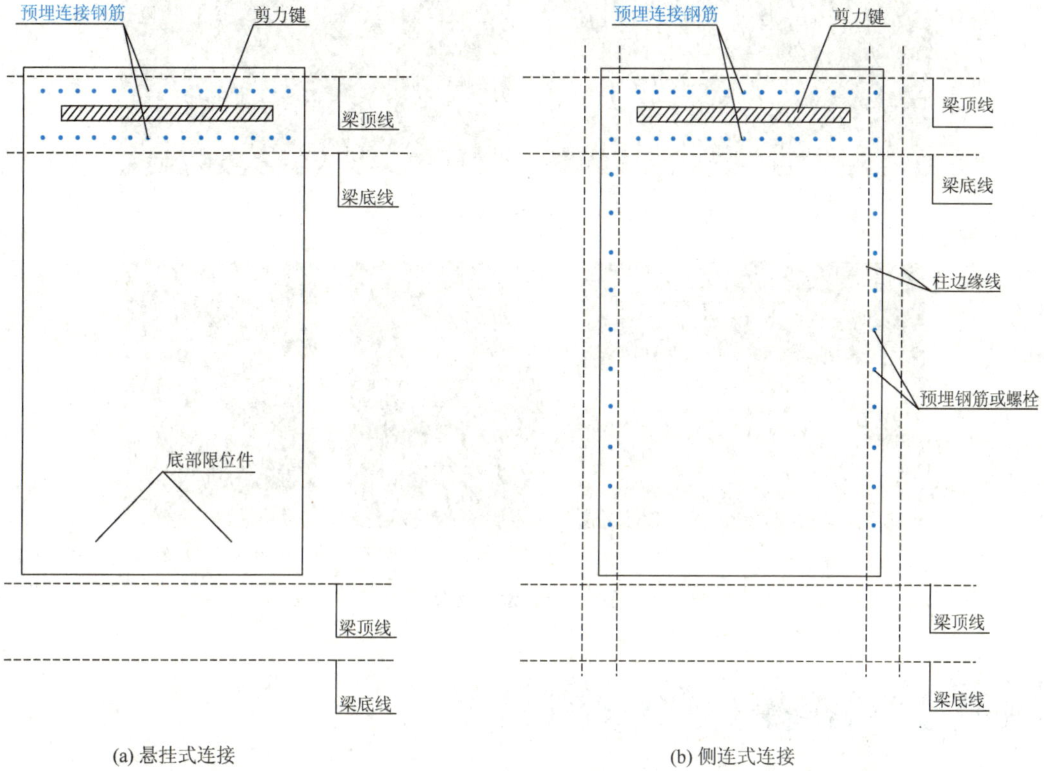

图 10.5　PC外墙的连接方式示意

预制墙体按工艺可分为全预制墙体(图10.6)和半预制墙体，半预制墙体是指在墙体的背面还需要现绑钢筋浇筑混凝土的预制墙体(图10.7)。墙体在预制时，可根据不同的要求增加保温层或外墙装饰层，如图10.8所示。

图 10.6　全预制墙体与凸窗

图 10.7　半预制墙体

(a) 保温墙体预制　(b) 粘贴陶瓷的外墙　(c) 粘贴文化石的外墙

图 10.8　预制墙体

10.2.2 叠合楼板

叠合楼板是以预制薄板作为模板，其上现浇钢筋混凝土层而成的装配整体式楼板(图 10.9)。预制薄板可以采用预应力混凝土薄板和钢筋桁架混凝土薄板，是楼板结构的一部分，又是楼板的永久性模板，具有模板、结构和装修三方面的功能。各种设备管线可敷设在叠合层内，现浇层内只需配置少量的支座负筋。

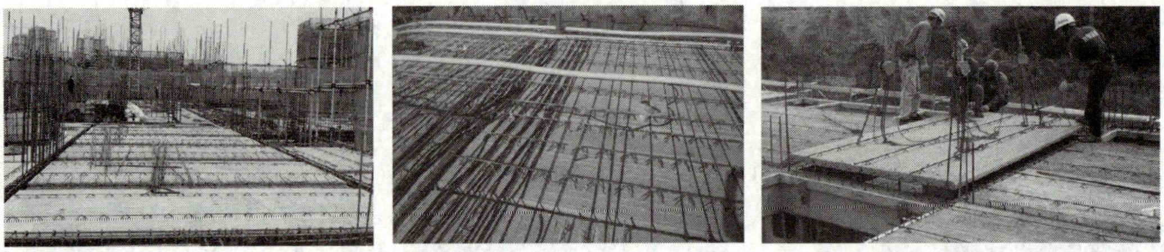

图 10.9　钢筋桁架混凝土叠合楼板

叠合楼板大多采用钢筋桁架混凝土叠合板，外露部分为桁架钢筋，桁架钢筋的主要作用是将后浇筑的混凝土层与预制底板形成整体，并在制作和安装过程中提供刚度。

10.2.3 预制楼梯

预制楼梯（图 10.10）一般采用板式楼梯，通常是把整个斜向梯段作为一个预制件。

图 10.10 预制楼梯

10.3 预制装配构件的连接构造

10.3.1 预制墙体的连接构造

1. 预制墙体安装时的临时支撑系统

PC外墙可采用悬挂式和侧连式的连接构造形式（图10.5），墙体在安装时，预制墙板的临时支撑系统由2组水平连接和2组斜向可调节螺杆组成（图10.11），下口设置2组微调预埋件和可调支座。可调节螺杆外管为Φ52×6，中间螺杆直径为Φ28，材质为45＃中碳钢，抗拉强度按Ⅱ级钢材计算。根据现场施工情况现对质量过重的悬挑构件采用2组水平连接两头设置和3组可调节螺杆均布设置，确保施工安全。

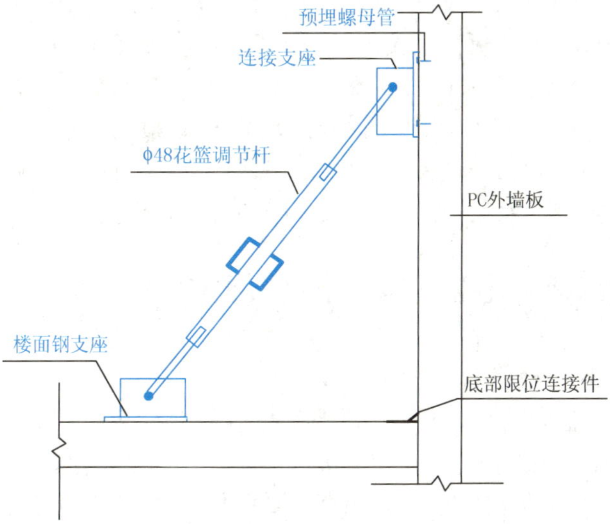

(a) PC外墙斜撑示意图

图 10.11 PC外墙斜撑安装示意

(b) PC外墙斜撑现场图

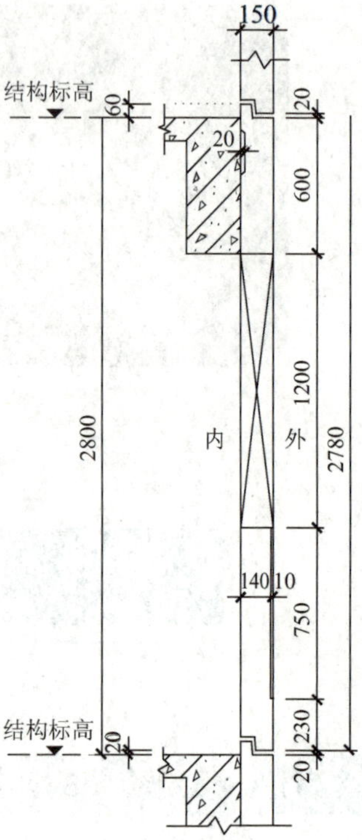

(c) PC外墙竖向连接

图 10.11　PC 外墙斜撑安装示意（续）

2. 墙体的防水构造

外墙预制墙板防水做法采用空腔构造防水，墙板边缘嵌口相互咬合形成构造空腔。无论是墙板的横缝还是竖向接缝，在板面的拼缝口处都用 PE 棒塞缝，并用高分子密封材料封闭，材料密封胶采用硅酮建筑密封胶，以防水汽进入墙体内部。墙板的上下两端分别设置配套连接的企口，将墙板横向接缝设计成内高外低的企口缝，利用水流重力作用自然垂流的原理，可有效防止水进一步渗入，如图 10.12（a）所示；竖向构造防水缝采用双直槽缝，如图 10.12（b）所示；预制外墙板与非预制外墙接缝部位的防水构造采用材料防水和构造防水相结合的做法，如图 10.12（c）所示。预制外墙板中挑出墙面的部分在其底部周边设置滴水措施。

10.3.2　预制楼梯的连接构造

预制装配式钢筋混凝土楼梯是将楼梯分成平台板、平台梁和楼梯段三个部分。将构件在加工厂或施工现场进行预制，施工时将预制构件进行装配、焊接。楼梯段和平台梁可采取固定铰支座连接或滑动铰支座连接，图 10.13 为某装配式楼梯的平面图、剖面图及节点详图，图中高端支承连接采用固定铰支座，低端支承采用滑动铰支座。

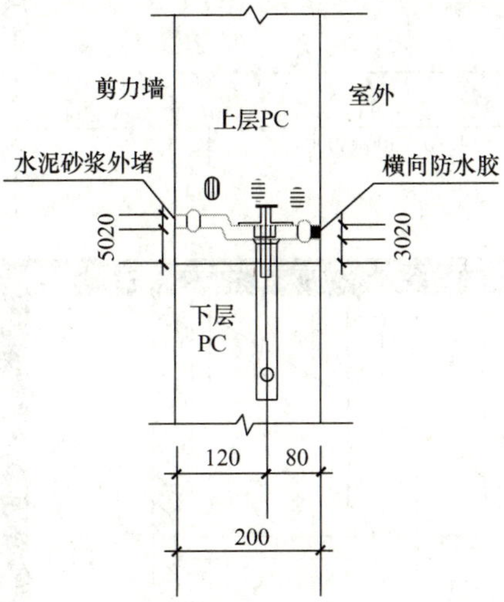

(a) 水平构造防水缝

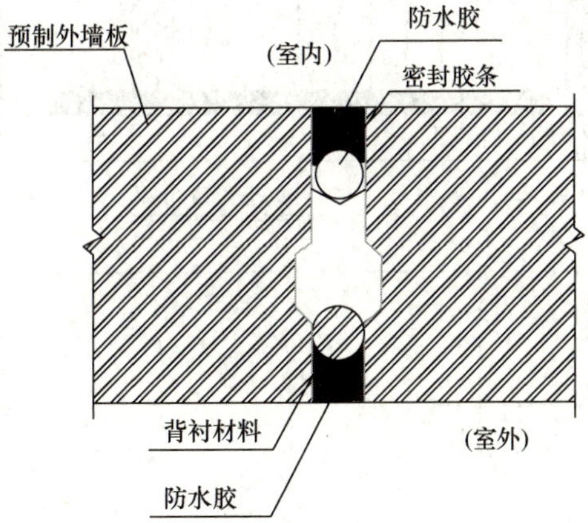

(b) 竖向构造防水缝

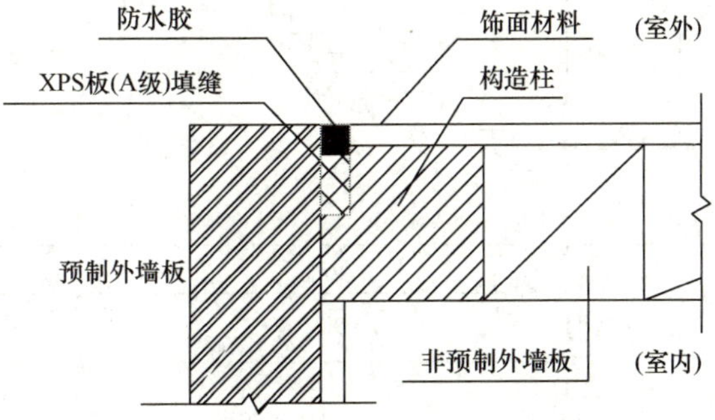

(c) 材料防水和构造防水相结合

图 10.12　PC 墙体内外企口缝

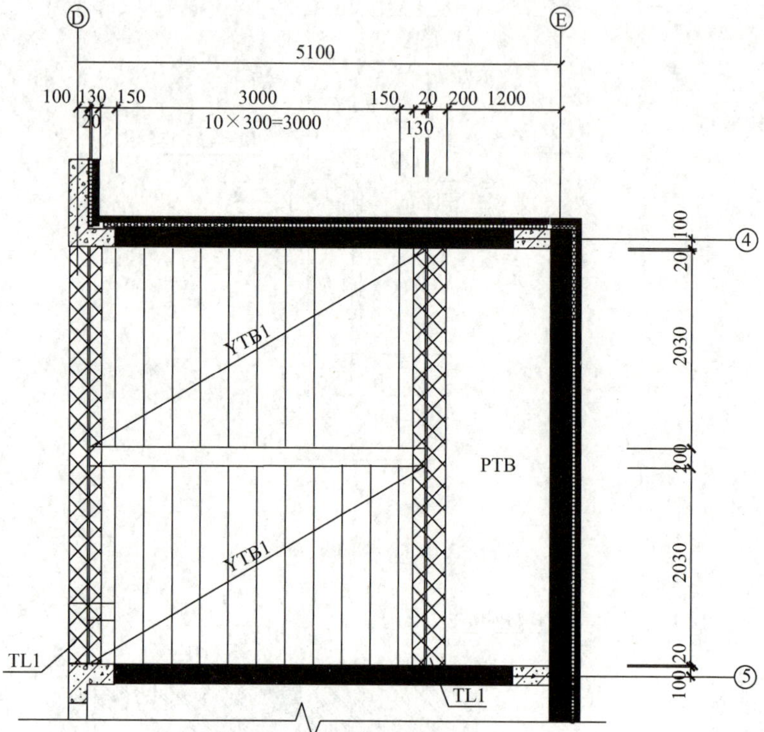

楼梯间平面布置

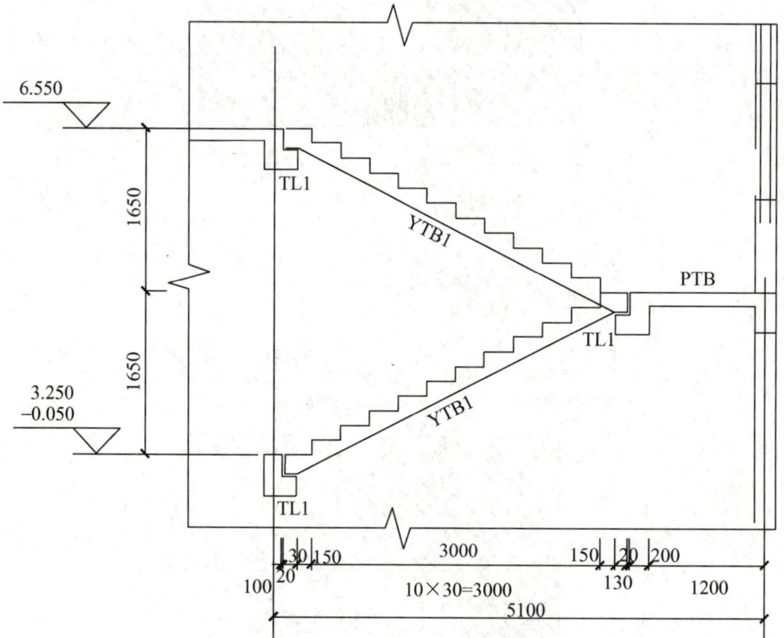

楼梯剖面图

PTB板厚100，配筋为 $\phi 8@180$双层双向

图 10.13　装配式楼梯平面图、剖面图及节点详图

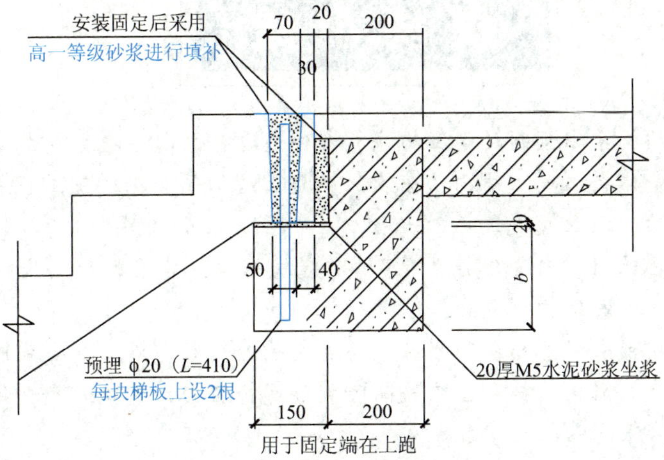

详图A 固定铰支座

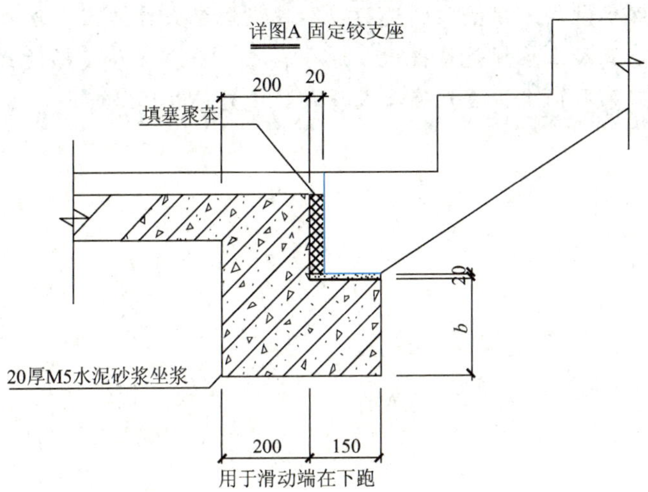

详图B 滑动铰支座

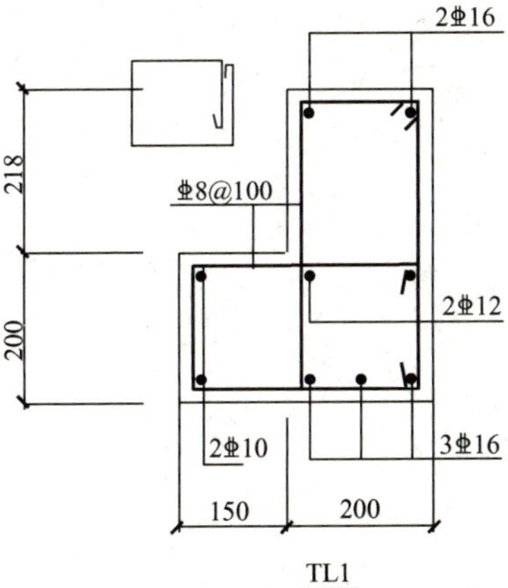

TL1

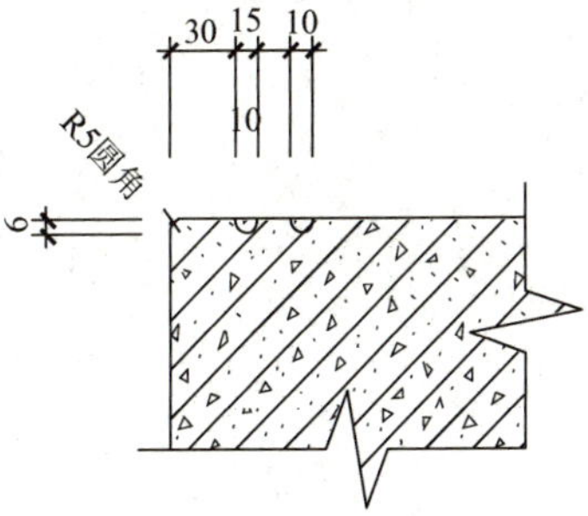

防滑槽节点

图 10.13 装配式楼梯平面图、剖面图及节点详图（续）

模块小结

装配式混凝土结构系由预制混凝土构件或部件通过可靠的连接方式装配而成的混凝土结构，包括装配整体式混凝土结构、全装配混凝土结构等。在建筑工程中，习惯将采用此结构的建筑简称为装配式建筑。

装配式结构经常采用“内浇外挂体系”，即建筑结构主体采用现场浇注混凝土，外墙采用预制混凝土构件的结构体系。

预制混凝土外墙可采用悬挂式和侧连式的连接构造形式，墙体在安装时，预制墙板的临时支撑系统由2组水平连接和2组斜向可调节螺杆组成，下口设置2组微调预埋件和可调支座。

外墙预制墙板防水做法采用空腔构造防水，墙板边缘嵌口相互咬合形成构造空腔。

预制装配式钢筋混凝土楼梯是将楼梯分成平台板、平台梁和楼梯段三个部分，楼梯段和平台梁的连接可采取固定铰支座连接或滑动铰支座连接。

复习思考题

1. 什么是装配式建筑？
2. 预制混凝土外墙采用的连接构造形式有哪几种？
3. 外墙预制墙板防水采用什么构造做法？
4. 预制楼梯段和平台梁的采取什么方式连接？

参 考 文 献

同济大学，韩建新，刘广洁，2004. 建筑装饰构造［M］. 2 版. 北京：中国建筑工业出版社.

《建筑设计资料集》编委会，1994. 建筑设计资料集［G］. 2 版. 北京：中国建筑工业出版社.

李必瑜，王雪松，2014. 房屋建筑学［M］. 5 版. 武汉：武汉理工大学出版社.

林晓东，2005. 建筑装饰构造［M］. 天津：天津科学技术出版社.

舒秋华，2018. 房屋建筑学［M］. 6 版. 武汉：武汉工业大学出版社.

同济大学，西安建筑科技大学，东南大学，等，2016. 房屋建筑学［M］. 5 版. 北京：中国建筑工业出版社.

吴健，2002. 装饰构造［M］. 南京：东南大学出版社.

中国建设教育协会组织编写，2000. 建筑构造［M］. 北京：中国建筑工业出版社.

赵研，2013. 房屋建筑学［M］. 2 版. 北京：高等教育出版社.